高分辨率遥感卫星应用

——成像模型、处理算法及应用技术

（第二版）

张永生　刘　军　巩丹超等　著

科学出版社
北　京

内 容 简 介

本书主要介绍高分辨率遥感卫星图像空间信息处理的理论、方法与应用技术，重点围绕高分辨率光学传感器的成像模型、星载传感器定标、空间影像定位、立体影像匹配、三维信息采集、图像融合处理的理论和算法进行系统论述。全书共十一章，综合介绍高分辨率遥感卫星及相关技术的进展，全面分析光学线阵 CCD 传感器的严密成像模型及目标三维定位技术，以有理函数理论为基础扩展通用传感器模型的完整技术方法与算法，基于投影轨迹法的立体影像广义核线模型及动态核线技术的应用，同轨与异轨卫星影像的立体匹配技术与实现方法，遥感影像融合与去云雾技术，高分辨率影像地物提取技术，遥感影像处理的并行化方法，还介绍海量遥感影像管理的数据结构与算法，以及遥感数据的网格剖分组织与可视化技术。

本书可供遥感科学与技术、地理信息系统、地球空间信息科学、对地观测、信息资源开发、3S 系统集成、资源与环境、国土资源调查、地理空间国情调查、测绘、卫星应用技术等学科领域的研究开发者、管理者阅读参考，也可作为高等院校高年级学生和研究生的教材或教学参考书。

图书在版编目（CIP）数据

高分辨率遥感卫星应用：成像模型、处理算法及应用技术 / 张永生等著. —2 版. —北京：科学出版社，2014. 12

ISBN 978-7-03-042652-9

Ⅰ. ①高… Ⅱ. ①张… Ⅲ. ①高分辨率-遥感卫星-遥感图象-图象处理 Ⅳ. ①TP751

中国版本图书馆 CIP 数据核字（2014）第 280721 号

责任编辑：张井飞 韩 鹏 / 责任校对：李 影
责任印制：赵 博 / 封面设计：华路天然

科学出版社出版
北京东黄城根北街 16 号
邮政编码：100717
http://www.sciencep.com

北京市金木堂数码科技有限公司印刷

科学出版社发行 各地新华书店经销

*

2004 年 5 月第 一 版 开本：787×1092 1/16
2014 年 12 月第 二 版 印张：18 3/4
2025 年 1 月第七次印刷 字数：441 000

定价：158.00 元

（如有印装质量问题，我社负责调换）

高分辨率遥感卫星应用
——成像模型、处理算法及应用技术

编写小组名单

张永生　刘　军　巩丹超
王　涛　童晓冲　纪　松
范永弘　戴晨光　王冬红
杨静宇　董广军　张　勇

第二版序言

本书第一版自 2004 年问世以来，承蒙同行学者和读者朋友们的厚爱已数次重印，从各界反馈的大量真知灼见让作者受益匪浅，由衷地感动。十年来，高分辨率卫星遥感技术得到快速发展，日益呈现出欣欣向荣的局面，新理论、新方法及应用需求的不断拓展，为更新本书内容提供了十分丰富的素材。作者所在的研究团队，在高分辨率卫星遥感应用领域持续开展的研究和教学实践工作，也为本书第二版的推出积累了更加充实的资料、更为鲜活的营养。

系统论述高分辨率卫星遥感图像空间信息处理的理论与方法，是本书第一版撰写的初衷。在此之前，国际上已出版的几本相关的资料，基本上都是论文集，每篇文章集中探讨某个单项技术，普遍缺乏系统性和完整性；国内已出版的本领域的专著和教材，基本上以介绍和论述通用遥感数据处理的技术为主，较少涉及高分辨率卫星遥感图像的处理和应用技术。此次再版，参照第一版的体例，全书仍分为十一章。其中，删除了卫星遥感影像测图处理系统、航天飞机干涉雷达全球测图及遥感图像信息系统等以特定工程和产品为主的内容，增加了星载传感器综合定标场、遥感影像处理的并行化方法及遥感数据的网格剖分组织与可视化技术等新的章节，与本书主体内容更加一致且体现了相关理论和技术的最新发展走向。

近十年来，世界各国高分辨率遥感卫星计划层出不穷，已有 20 余颗搭载先进高分辨率成像传感器的遥感卫星陆续发射升空并投入使用，相应的产业应用也取得了空前的进步。我国遥感测绘卫星的发展和国家高分辨率对地观测系统重大科技专项的强力推进，也为高分辨率遥感卫星应用技术提升和产业升级注入了新的活力。本书第二版的修订，一方面完善了与光学 CCD 传感器成像模型、目标三维定位及立体影像匹配相关的理论和技术方法；另一方面结合科研实践和工程应用需求，重点扩充了高分辨率遥感传感器几何定标技术和定标实验场建设的方法，增加了与光学遥感卫星影像质量改善密切相关的云雾去除技术，针对海量遥感数据快速处理则较为系统地介绍了 GPU 并行处理的原理和实现方法，结合全球空间网格剖分理论对遥感数据的高效组织和可视化表达进行了深入的论述。在新增内容部分，吸收了刘军、王涛、童晓冲、纪松、杨靖宇、王冬红等博士学位论文的研究成果。特别地，刘军博士为内容的整理和插图做出了很大的贡献，张永生对全书进行了最终的修改和定稿。

本书是作者团队十余年来围绕高分辨率卫星遥感应用领域科研和学术研究工作的系统总结，也借鉴和吸收了国内外同行的成果并在参考文献中尽可能详尽地列出。限于作者的学识水平，疏漏和不当之处实难避免，敬请读者批评指正。

作　者

2014 年 2 月

第一版序言

随着空间技术的不断发展，空间遥感活动中所使用的遥感器的工作波段已得到充分扩展，遥感成像传感器的空间分辨率也在迅速提高。从20世纪90年代初以来的十多年，航天遥感已步入一个能快速提供多种高分辨率对地观测海量数据的新阶段，航天遥感已逐步发展成为实用化、产业化的高新技术，在军事和民用领域都得到了广泛的应用。面对和平与发展的历史潮流，各空间技术大国相继制定了将军事航天遥感与民用商业遥感相互结合、互相促进的技术发展政策。各军事大国从自身利益出发，都竞相将其所拥有的部分高技术转为民用，欲以高分辨率的卫星遥感图像来占领利润极高的航天遥感市场。自1999年国际上第一颗高分辨率商业遥感卫星发射成功以来，已陆续有多颗性能相近的卫星投入业务运行，因高分辨率卫星图像的高精度、适宜的成本、丰富的产品样式，在地学、资源环境、大型基础建设工程等领域，激发出前所未有的技术热情和深入、广泛的应用。目前民用遥感传感器的空间分辨率已达到米级甚至亚米级。空间分辨率达到米级的立体遥感图像，已有能力替代传统用于1∶2.5万和1∶1万比例尺地形图测绘或地理信息更新的航空摄影。

航天测图从20世纪60年代初期开始研究，到了70年代伴随空间技术和测绘仪器的发展而不断进步，航天测图方案日趋成熟，80年代航天测图逐步趋于实用，90年代航天测图进入提高的新阶段。国内利用高分辨率遥感卫星图像进行三维定位和测图的起步比较晚，目前虽然在多个领域开展了一些相关项目（利用航天影像测图）的研究，但是大都处于研究、探索阶段，尤其是对高分辨率卫星图像的应用还缺乏系统配套的理论、技术和处理系统。本书正是针对这一现状，结合我们承担的多项国家高技术计划信息领域和航天领域的研究项目，瞄准高分辨率遥感卫星图像空间信息处理的核心技术，探索从遥感卫星传感器成像模型的建立，到地面目标三维定位、立体影像匹配、地图测图、图像融合诸多方面涉及的理论、方法和应用处理方案。特别是在传感器有理函数模型、广义核线模型、立体图像匹配技术等方面具有显著特色，相关的研究成果已得到工程实践的检验和实际生产的应用。

本书既注重基础理论和核心技术，也十分重视实用技术，特别兼顾了多个应用领域的需求和具体应用背景，使得相关技术能够方便在工程实践中推广应用。

本书是作者近几年在高分辨率卫星遥感应用领域科研和学术研究工作的总结，在写作过程中借鉴、吸收、参考了国内外同行的研究成果与有益经验。限于作者的专业范围、技术视野和学术水平，疏漏和不当之处在所难免，敬请读者批评指正。

作　者

2003年11月

目　　录

第 1 章　高分辨率遥感卫星进展

1.1　高分辨率遥感卫星发展现状

1957 年苏联将全球首颗人造地球卫星成功送入预定轨道，开创了空间科学研究和技术应用的新局面。虽然人造地球卫星上天迄今仅有短短 50 余年的时间，但它已经在空间探测、资源调查、通信、导航、气象、测绘和军事侦察等领域获得了广泛的应用。由于卫星遥感获取资料迅速，并且不受领土归属和空域限制，可以自由地获取覆盖全球的对地观测信息，因此，随着卫星平台和传感器技术的日益成熟，人们对航天遥感应用技术的研究也在逐步深化。

发展高分辨率遥感卫星的最初动力来自于军事目标侦察。20 世纪 50 年代，美国空军和中央情报局联合制定了“科罗纳”（Corona）太空侦察卫星发展计划，用于业务化地获取苏联的军事情报。在历经 13 次卫星发射失败、付出极大的代价之后，最终于 1960 年 8 月 18 日成功获取了苏联施密特空军基地优于 8m 分辨率的遥感影像，但当时有关技术和成果处于极其严格的保密之下，直到 1995 年克林顿政府才对美国第一代照相侦察卫星发展脉络及影像资料进行了解密。

20 世纪 70 年代初，美国成功发射了世界上第一颗资源调查类的传输型地球观测卫星——陆地卫星 Landsat-1，其多光谱扫描仪的空间分辨率达到 80m。利用陆地卫星影像，美国编制了全国 1∶100 万的影像图，不仅显著地降低了生产成本，更大大提高了作业效率。1986 年 2 月法国 SPOT 卫星成功发射，其高分辨率可见光传感器（High Resolution Visible，HRV）的地面分辨率达到 10m，并能通过侧视观测在相邻轨道间构成异轨立体，其良好的基高比较适合立体测图，对卫星影像的测绘应用产生了重大影响。在 1991 年开始的海湾战争中，以美军为首的多国部队采用 SPOT 影像，不仅修测了大量地形图，而且还为多国部队空袭目标定位和打击效果评估做出显著贡献，推动了航天影像测图技术走向实用。

全球基础地理信息采集与地图测绘方面的应用需求，开拓了卫星遥感数据的重要市场。面对资源环境调查、土地整治及国防应用对 1∶1 万甚至更大比例尺、更高精度基础地理信息更新的巨大需求，迫切需要发展高分辨率的卫星遥感技术，作为大规模采集地球空间信息的有效手段。不同比例尺的地图生产需要的遥感原始数据的分辨率水平，是各不相同的。表 1.1 列出它们的一一对应关系。

表 1.1　不同比例尺地形图对遥感图像地面分辨率的基本要求

地图比例尺	1∶25 万	1∶5 万	1∶2.5 万	1∶1 万	1∶5000
地图测图需求/m		3 ~ 5	2	0.8 ~ 1	0.4 ~ 0.5
更新图件需求/m	20 ~ 30	5 ~ 10	3 ~ 5	2	~ 1

虽然航天摄影测量技术从20世纪60年代初就开始研究，但长期以来，由于受到传感器立体成像能力和影像分辨率的制约，以及“冷战”期间西方国家恪守的所谓“君子协定”的限制，出售可能用于军事目的的遥感影像，地面分辨率不得优于5m，航天影像测图一直局限在中小比例尺的水平。SPOT影像虽然在世界范围内得到广泛应用，但其10m的地面分辨率仅可用于测绘1：10万的地形图，难以满足1：5万以上大比例尺地形图的测绘精度要求。

20世纪90年代，随着“冷战”的结束，俄罗斯将苏联情报部门的KVR1000全色相机获取的2m分辨率卫星影像进行商业销售，一举成为高分辨率卫星影像的唯一供应商。为了保持商业竞争优势，美国政府先是在1988年取消了空间分辨率在10m以上传感器的商业应用禁令，之后又在1994年颁布PDD第23号令，允许私营企业经营分辨率不高于1m的高分辨率遥感卫星系统，并有条件地允许向国外提供卫星系统和销售影像，揭开了发展高分辨率商业遥感卫星的序幕。在不太长的时间里，美国国内便有四家私营公司提出五套高分辨率卫星遥感系统方案并获得发射许可。其中，地球观测公司（EarthWatch）（现改称为数字地球公司（DigitalGlobe））提出“EarlyBird”（晨鸟）和“QuickBird”（快鸟）卫星系统；GDE公司提出GDE卫星系统；轨道成像公司（Orbimage）提出“OrbView”（轨道观测）卫星系统；空间成像公司（Space Imaging）提出IKONOS卫星系统（张军屏等，2001）。1999年9月24日，IKONOS-2卫星率先发射升空，这是高分辨率商业遥感卫星发展史上的一个里程碑，它首次在民用领域将星载传感器的地面分辨率提高到1m之内，打破了较大比例尺地形图测绘只能依赖航空遥感的局面；2001年10月18日，DigitalGlobe公司的QuickBird-2卫星也发射成功，地面分辨率进一步提高到0.61m。随后，以色列的EROS-2和法国的SPOT-5等高分辨率遥感卫星系统也相继面世。这些卫星的传感器多采用线阵列CCD探测器，按照线阵推扫式成像，可同时获取地面的高分辨率全色和多光谱影像。为了缩短重访周期，卫星能在穿轨方向上以一定的角度左右侧视，获取相邻轨道的星下点影像；同时，为了获取同轨立体像对，还能在沿轨方向上前视和后视成像，形成无明显时间差的立体影像覆盖。

2000年12月，美国政府批准了Space Imaging公司和DigitalGlobe公司经营0.5m分辨率商业遥感卫星的许可证申请，第二代高分辨率商业遥感卫星的研制全面展开。2007年9月DigitalGlobe公司率先发射了0.5m分辨率的WorkdView-1卫星，延续了其高分辨率卫星遥感影像的服务，两年之后又成功发射后续卫星WorldView-2，分辨率进一步提高到0.46m。2006年1月美国OrbImage公司成功收购了Space Imaging公司，合并成立了世界上最大的商业遥感卫星营运公司GeoEye，并于2008年9月成功发射了第一颗以其公司命名的遥感卫星GeoEye-1，空间分辨率最高可达0.40m，是目前国际上分辨率最高的商业遥感卫星。我国近年来在高分辨率遥感卫星系统研制方面也取得了重大进展，2010年8月以来先后成功发射了“天绘一号”（TH-1）、“资源三号”（ZY-3）测绘卫星三颗，空间分辨率最高可达2m，虽然在空间解析能力上距发达国家仍有一定差距，但已能满足基本比例尺地形图测绘的需求。表1.2列举了几种载有高分辨率光学传感器的遥感卫星系统。除了光学传感器以外，还有一些雷达卫星和航天飞机的微波遥感传感器用于测图，如表1.3所示。

表 1.2　几种典型的高分辨率光学传感器

卫星/运营商	国家或地区	发射日期	传感器	成像波段和立体能力	空间分辨率	条带宽度
IKONOS II GeoEye	美国	1999. 9. 24	全色 多光谱	同轴立体 B、G、R、NIR	1m 4m	11km 11km
QuickBird II DigitalGlobe	美国	2001. 10. 18	全色 多光谱	立体：前/后 B、G、R、NIR	0. 61m 2. 44m	16. 5km 16. 5km
EROS A1 EROS B1 ImageSat	以色列	2000. 12. 5 2002. 10. 2	全色 全色		1. 8m 0. 8m	12. 6km 16km
OrbView 4 OrbImage	美国	2001. 9. 21	全色 多光谱 高光谱	立体：前/后 B、G、R、NIR 200 波段	1m 4m 8m/20m	8km 8km 5km
SPOT-5 Astrium	法国	2002. 5. 4	全色 多光谱	同轴立体（双线阵） B、G、R SWIR	HRG：5m/2. 5m HRS：10m 10m 20m	60km
SPOT-6 Astrium	法国	2012. 9. 9	全　色 多光谱	立体：三线阵 B、G、R、NIR	1. 5m 6. 0m	60km
Pleiades-1A Astrium	法国	2011. 12. 17	全　色 多光谱	立体：前/后 B、G、R、NIR	0. 7m 2. 8m	20km
IRS-P5 ISRO	印度	2005. 5. 5	全色	同轴立体（双线阵）	2. 5m	前视：29. 4km 后视：25. 2km
Formosat-2 NSPO	中国 台湾	2004. 5. 20	全色 多光谱	同轴立体 B、G、R、NIR	2m 8m	24km
WorldView-1 DigitalGlobe	美国	2007. 9. 18	全色	同轴立体	0. 5m	17. 6km
WorldView-2 DigitalGlobe	美国	2009. 10. 9	全色 多光谱	同轴立体 B、G、R、NIR1、红边、海岸、黄、NIR2	0. 46m 1. 84m	16. 4km
GeoEye-1 GeoEye	美国	2008. 9. 6	全色 多光谱	同轴立体 B、G、R、NIR	0. 41m 1. 65m	15. 2km
天绘 1 号 （TH-1） 0. 1、0. 2	中国	2010. 8. 24 2012. 5. 6	全色 多光谱	同轴立体（三线阵） B、G、R、NIR	单线阵：2m 三线阵：5m 多光谱：10m	60km
资源 3 号 （ZY-3）	中国	2012. 1. 10	全色 多光谱	同轴立体（三线阵） B、G、R、NIR	前、后视：4m 下视：2. 5m 多光谱：10m	52km

表 1.3　适于测图的微波遥感航天系统

航天平台/传感器	发射日期	传感器	成像模式	极化方式	空间分辨率	条带宽度
SRTM	2000. 2. 12	SIR-C X-SAR	条带	全极化		
RadarSat 1	1995. 11. 4	SAR C 波段	精细/标准/宽幅/扫描等 7 种	HH	9m 28m 28m	45km 100km 150km
RadarSat 2	2007. 12. 14	SAR C 波段	聚束/超精细/标准/宽幅等 17 种	单极化 双极化 全极化	1m 25m 30m	20km 100km 150km
ENVISAT	2002. 3. 1	ASAR C 波段	成像/双极化/宽幅等 5 种	单极化 双极化	30m	100km
ALOS/PALSAR	2006. 1. 24	PALSAR L 波段	精细 扫描 极化	HH 或 VV HH 或 VV 全极化	7 ~ 44m 100m 24 ~ 89m	40 ~ 70km 40 ~ 70km 20 ~ 65km
TerraSAR	2007. 7. 15	X 波段	聚束 条带 扫描	HH&VV HH&HV VV&HV	1 ~ 2m 3 ~ 6m 16m	10km 30km 100km

当前高分辨率遥感卫星的技术状况可概括为以下几点：

（1）探测手段趋于多样化，新型传感器不断涌现，探测波段不断扩展，灵敏度不断提高。

（2）空间分辨率、光谱分辨率、时间分辨率持续提高。空间分辨率已接近物理极限，商业遥感卫星的空间分辨率也已达到 0. 5m 以内，与航摄像机的分辨率差距进一步缩小，可用于 1 : 5000 比例尺的地形图测绘，光谱分辨率达到纳米级，对重点目标的重访周期达到 1 天之内。

（3）控制力矩陀螺等新技术的应用，使得遥感卫星的机动能力和目标对准能力显著提高，成像方式也更加灵活，立体成像能力进一步增强，早期测绘卫星利用相邻轨道侧摆获取异轨立体的方式基本不再采用，通过推扫或摆扫获取无明显时差的同轨立体成为当前发展的主流。

（4）卫星定轨、测姿技术快速发展，星历、姿态数据的精度大幅提高，卫星遥感影像的无控定位精度显著改善，可大大减少甚至省却了对地面控制点的需求。

（5）合成孔径雷达 SAR 的性能逐步提高，商业 SAR 卫星的空间分辨率也已达到 1m 之内。

在 Landsat-1 成功发射后的几十年里，研制出具有 1m 分辨率成像能力的卫星传感器曾是可望而不可即的梦想，而在 1999 年商业遥感市场上出现第一景 IKONOS 卫星影像时，人们的愿望终于变成现实。随着 WorldView-2、GeoEye-1 等第二代高分辨率卫星影像进入世界遥感影像数据市场，卫星影像与航空像片之间分辨能力的差距进一步被缩小，较大比例尺地形图测绘只能依赖航空遥感的局面也被打破。目前，高分辨率卫星遥感影像及其测绘产品已与人们的日常生活密切相关，GoogleEarth 更是让它走入寻常百姓家。高分辨率遥感卫星不仅是有关国家空间信息基础设施的重要组成部分，也是十分重要的战略资源，即便是商业遥感卫星也具有极大的军事应用潜力。在阿富汗战争和伊拉克战争中，IKONOS、QuickBird 等商业卫星为美军提供了大量高品质、有价值的情报，美军把高分辨率商业卫星作为其间谍卫星的重要补充。美国国家影像与测绘局 NIMA（地理空间情报局 NGA 的前身）2001 年提出的下一代成像卫星计划“NextView”，目的就是发展军民两用对地观测卫星，WorldView-1 和 GeoEye-1 都是其关键成员（曲宏松等，2009）。面临国民经济建设和军事应用的巨大需求，高分辨率对地观测卫星正在进入一个蓬勃发展的时期。

1.2　国外几种典型高分辨率商业遥感卫星系统

1.2.1　GeoEye 公司卫星群

GeoEye 公司目前有三套卫星系统在轨运营，即原 Space Imaging 公司的 IKONOS-2、原 OrbView 公司的 OrbView-3 以及近年来发射的 GeoEye-1，空间分辨率高达 0.25m 的 GeoEye-2 卫星拟更名为 WorldView-4 也正在研制之中。

1. IKONOS 卫星系统

IKONOS 是美国 Space Imaging 公司为满足高解析度和高精确度空间信息的获取而设计制造的，是全球首颗高分辨率商业遥感卫星。IKONOS-1 于 1999 年 4 月 27 日发射失败，同年 9 月 24 日，IKONOS-2 发射成功，紧接着于 10 月 12 日成功接收到第一幅影像。

IKONOS 卫星由洛克希德-马丁公司（Lockheed Martin）制造，重约 720kg，由 Athena II 火箭于加利福尼亚州的范登堡空军基地发射成功，卫星的设计寿命为 7 年。它采用太阳同步轨道，轨道倾角 98.1°，平均飞行高度 681km，轨道周期 98.3min，通过赤道的当地时间为上午 10：30，在地面上空平均飞行速度为 6.79km/s，卫星平台自身高 1.8m，直径 1.6m。

IKONOS 卫星的传感器系统由美国伊斯曼-柯达公司（Eastman Kodak，现在的 ITT 公司）研制，包括一个 1m 分辨率的全色传感器和一个 4m 分辨率的多光谱传感器，其中的全色传感器由 13 816 个 CCD 单元以线阵列排成，CCD 单元的物理尺寸为 12μm×12μm，多光谱传感器分四个波段，每个波段由 3454 个 CCD 单元组成。传感器光学系统的等效焦距为 10m，视场角（FOV）为 0.931°，因此当卫星在 681km 的高度飞行时，其星下点的地面分辨率在全色波段最高可达 0.82m，多光谱可达 3.28m，扫描宽度约为 11km。传感器可倾斜至 26°立体成像，平均地面分辨率为 1m 左右，此时扫描宽度约为 13km。IKONOS 的多光谱波段与 LANDSAT TM 的 1-4 波段大体相同，并且全部波段都具有 11 位的动态范围，从而使其影像包含更加丰富的信息。

IKONOS 卫星载有高性能的 GPS 接收机、恒星跟踪仪和激光陀螺。GPS 数据通过后处理可以提供较精确的轨道星历信息；恒星跟踪仪用以高精度确定卫星的姿态，其采样频率低，激光陀螺则可高频地测量成像期间卫星的姿态变化，短期内有很高的精度，恒星跟踪数据与激光陀螺数据通过卡尔曼滤波能提供成像期间卫星较精确的姿态信息（Grodecki and Dial，2001）。GPS接收机、恒星跟踪仪和激光陀螺提供的较高精度的轨道星历和姿态信息，保证了在没有地面控制的情况下，IKONOS卫星影像也能达到较高的地理定位精度。

与LANDSAT和SPOT1-4卫星相比，IKONOS卫星的成像方式更加灵活，其传感器系统采用独特的机械设计，可以十分灵活地以任意方位角成像，偏离正底点的摆动角甚至可达到60°。IKONOS卫星360°的照准能力使其既可侧摆成像以获取异轨立体或缩短重访周期，也可通过沿轨道方向的前后摆动同轨立体成像，具有推扫、摆扫成像的能力。

IKONOS卫星能获取同轨立体影像。当卫星接近目标时，传感器光学系统先沿着轨道向前倾斜，照准目标区域并采集第一幅影像，接着控制系统操纵传感器向后摆动，大约100s后再次照准目标区并采集第二幅影像，如图1.1所示。由于IKONOS卫星利用单线阵CCD传感器，通过光学系统的前后摆动实现同轨立体成像，因此，相应的立体覆盖是不连续的。

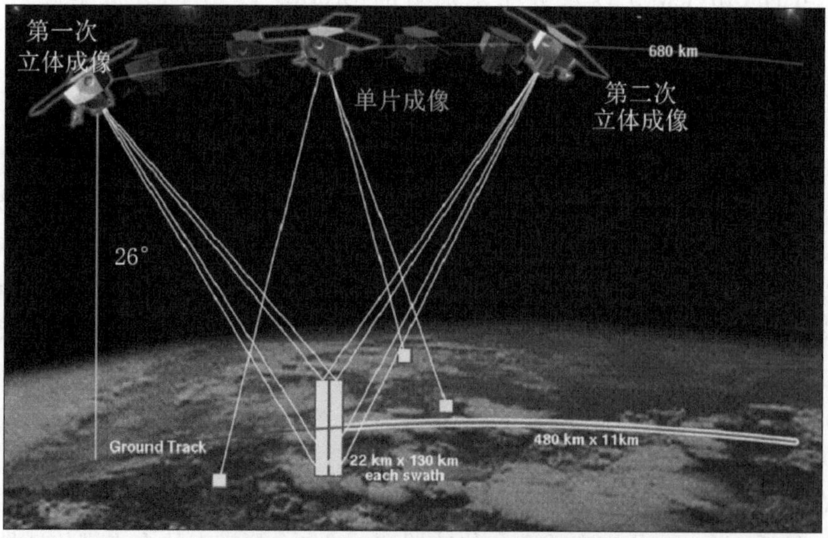

图1.1 IKONOS卫星立体成像模式

2. GeoEye-1卫星系统

GeoEye-1（地球之眼，图1.2）卫星是GeoEye公司发展的第二代高分辨率商业遥感卫星，是IKONOS卫星的换代系统，用于为军民用户提供高分辨率卫星遥感图像，美国地理空间情报局NGA是该卫星的最大用户。

GeoEye-1于2008年9月6日在加利福尼亚州范登堡空军基地由Delta-II型运载火箭将其发射升空。GeoEye-1卫星的轨道参数与IKONOS相似，采用高度为681km、倾角为98°的太阳同步轨道，降交点通过轨道的时间为上午10：30，重约1950kg，设计寿命7年，但

图 1.2　GeoEye-1 卫星

装载的燃料可用 15 年。GeoEye-1 卫星的光电探测系统由 ITT 公司制造，采用 TDI CCD 线阵扫描成像，镜头口径 1.1m，等效焦距 13.3m，视场角大于 1.28°，且具有全色和红、绿、蓝、近红外多光谱影像同步采集能力。GeoEye-1 卫星的显著特点是全色影像的星下点空间分辨率达到 0.41m（优于 0.5m 分辨率的图像不能公开，只提供给美国军方使用），倾斜 28°时全色影像分辨率下降为 0.5m，多光谱影像的星下点分辨率为 1.65m，是迄今为止分辨率最高的商用遥感卫星。GeoEye-1 卫星具有高效的数据获取能力，星下点影像幅宽可达 15.2km，每天可以采集近 70 万 km^2 的全色影像数据（相当于青海省的面积）或近 35 万 km^2 的全色融合影像数据（相当于湖南、湖北两个省的面积总和）。

GeoEye-1 卫星除了分辨率指标令人称道之外，还有许多技术指标代表了世界卫星工业的最高水平。GeoEye-1 的轨道高度比之前的 WorldView-1 卫星高近 200km，但星下点分辨率却仍优于 WorldView-1，而且还具有多光谱影像同步获取能力。GeoEye-1 配备的固态存储设备达到 1TB，数传速率达到 740Mb/s，也是处于世界领先水平。GeoEye-1 卫星的姿态控制系统性能优异，它动用军用卫星上使用的姿控设备，由双高精度星敏、高精度陀螺、10 芯太阳敏感器、3 个磁力矩和 2 个 GPS 共同构成姿态敏感器群，指向精度优于 75″（3σ），姿态机动速度可达 2.4°/s，能够以任意角度成像，3 天（或更短）时间内可实现对地球任一位置实现重访，是世界上最敏捷的卫星之一。高精度的星历、姿态数据有效保证了 GeoEye-1 影像的定位精度，不需要地面控制点支持，GeoEye-1 的单片定位可达到 5m CE90 的精度（不考虑地形起伏的影响），立体定位可达到 4m CE90 的平面精度和 6m LE90 的高程精度。

2010 年 3 月，GeoEye 公司与洛克希德-马丁公司签订了下一代高分辨率商业遥感卫星 GeoEye-2 的研制合同。GeoEye-2 卫星的星下点分辨率将达到 0.25m，轨道略低于 GeoEye-1 卫星，采用更为先进的控制力矩陀螺，敏捷性进一步提高。按计划，GeoEye-2 卫星将于 2016 年采用洛克希德-马丁公司的宇宙神-5 运载火箭发射，如果顺利在轨运行，它将成为全球分辨率最高的商业遥感卫星。

表 1.4 是 GeoEye 公司在轨运营和即将发射的高分辨率遥感卫星的简单对比。

表 1.4　GeoEye 公司的高分辨率遥感卫星比较

轨道	IKONOS	GeoEye-1	GeoEye-2
轨道高度	681km	684km	500km
轨道倾角/类型	98.1°/太阳同步	98.1°/太阳同步	97.8°/太阳同步
轨道周期	98min	98min	97min
过赤道时间	10：30am	10：30am	10：30am 或 2：30pm（TBR）
重访周期	3 天	3 天	3 天
偏离底点成像	60°	60°	60°
影像质量			
星下点分辨率（GSD）	Pan=0.82m MSI=3.20m	Pan=0.41m MSI=1.65m	Pan=0.25m MSI=1.0m
成像谱段	1 Pan/4 MSI	1 Pan/4 MSI	1 Pan/4-8 MSI
光谱范围	Pan=526～929nm MSI 1（B）=445～516nm MSI 2（G）=506～595nm MSI 3（R）=632～698nm MSI 4（NIR）=757～853nm	Pan=450～800nm MSI 1（B）=450～510nm MSI 2（G）=510～580nm MSI 3（R）=655～690nm MSI 4（NIR）=780～920nm	Pan=450～800nm MSI 1（B）=450～510nm MSI 2（G）=510～580nm MSI 3（R）=655～690nm MSI 4（NIR）=780～920nm MSI 5-8：待定
量化位数	11bits/pixel	11bits/pixel	11bits/pixel
最小覆盖面积	121km^2	231km^2	200km^2
时间延迟积分	32 级（可选）	64 级（可选）	64 级（可选）
NIIRS	4.5	>5.7	>6.0
采集能力			
每天全色影像面积	150 000km^2	700 000km^2	～700 000km^2
每天多光谱影像面积	150 000km^2	350 000km^2	～350 000km^2
条带宽度	11.3km	15.2km	14.2km
在线存储能力	80GB	1TB	4TB
定位精度			
单片 CE90（无控）	≤10m	<5m	<3m
立体 CE90/LE90（无控）	10m/10m	4m/6m	2m/3m

1.2.2　DigitalGlobal 公司卫星群

1. QuickBird 卫星系统

QuickBird 卫星由 Ball 航天技术公司（Ball Aerospace & Technologies）、伊斯曼-柯达公司（Eastman Kodak）和 Fokker 空间公司（Fokker Space）联合研制，由 DigitalGlobe 运营，是当时世界上空间分辨率最高的商用卫星。早在 1997 年 12 月 24 日，EarthWatch，就用俄罗斯 START-1 运载火箭发射了 EarlyBird 卫星，但卫星在入轨 4 天后失踪；3 年以后，在

2000 年 11 月 20 日 Earthwatch 公司又发射了 QuickBird-1 卫星，仍采用俄罗斯的运载火箭发射，但卫星未入轨而宣告失败；一年后 Earthwatch 公司改名为 Digital Globe 公司，并于 2001 年 10 月 18 日改用美国波音公司 Delta II 型运载火箭在加利福尼亚州范登堡空军基地发射 QuickBird-2 卫星，获得成功。现在我们所称的 QuickBird 卫星即是指 QuickBird-2 卫星（图 1.3）。

图 1.3　QuickBird-2 卫星

QuickBird 卫星是为高效、精确、大范围地获取地面高清晰度影像而设计制造，在当时运营的商业遥感卫星中，QuickBird 卫星能提供最大的条带宽度、最大的在线存储容量和最高的地面分辨率。QuickBird 卫星采用 97.2°倾角、高度为 450km 的太阳同步轨道，具有全色和 R、G、B、NIR 四波段多光谱影像同步采集的能力，星下点空间分辨率全色可达 0.61m，多光谱可达 2.44m，是当时空间分辨率最高的商业遥感卫星。与 IKONOS 卫星类似，QuickBird 卫星也具有推扫、横扫成像能力，可以获取同轨立体或异轨立体影像，但一般情况下通过推扫获取同轨立体影像，立体影像的基高比在 0.6～2.0，但绝大多数情况下位于 0.9～1.2 范围内，适合三维信息提取。根据纬度的不同，卫星的重访周期在 1～3.5 天。垂直摄影时，QuickBird 卫星影像的条带宽为 16.5km，比 IKONOS 宽 60%，当传感器摆动 30°时，条带宽约 19km。

与 Space Imaging 公司销售 IKONOS 卫星影像的策略不同，DigitalGlobe 公司同时提供严密传感器模型和有理多项式系数模型来处理 QuickBird 卫星影像，以满足不同用户的需要。严密传感器模型是依据传感器的成像几何关系，利用成像瞬间地面点、透视中心和相应像点三点共线的几何关系建立的数学模型，是摄影测量学最常采用的成像模型，具有最高的定位精度，但形式较为复杂。严密模型所需的传感器成像参数、姿态参数和轨道星历保存在影像支持数据（Image Support Data，ISD）文件中。RPC 模型是对严密传感器模型的拟合，它直接提供了地面坐标同像点坐标之间的映射关系，理想情况下也能达到跟严密模型相当的定位精度。QuickBird 影像无控定位精度平面可达 23m CE90，高程可达 17m CE90。

2. WorldView 系列卫星

WorldView（世界观测）卫星是美国 DigitalGlobe 公司发展的第二代高分辨率商业遥感卫星，为军民用户提供高分辨率卫星遥感影像，美国军事图像情报部门 NGA 是其最大用户。WorldView 卫星是 QuickBird 卫星的换代产品，截至目前已成功发射 2 颗，其中 WorldView-1 卫星是世界上首颗分辨率突破 0.5m 的商业遥感卫星。

2003 年 9 月 30 日，DigitalGlobe 公司宣布赢得了 NIMA 的 5 亿美元成像卫星合同，研制一颗下一代商业高分辨率成像卫星，这就是“NextView 计划”的第一颗卫星 WorldView-1（图 1.4）。2007 年 9 月 18 日，DigitalGlobe 公司利用波音公司的 Delta Ⅱ运载火箭在加利福尼亚州范登堡空军基地将 WorldView-1 成功发射。WorldView-1 卫星也是由 Ball 宇航公司制造，采用高度为 496km 的太阳同步轨道，轨道周期为 95min，平均重访周期为 1.7 天，卫星设计寿命为 7.25 年。在论证 WorldView-1 卫星之初，Ball 提出了 WorldView 110 和 WorldView 60 两套技术方案，分别采用口径为 110cm 和 60cm 的光学系统，前者可配备“全色+多光谱”的传感器，但技术跨度较大，研制周期较长。为了弥补“未来成像体系”（FIA）计划失败造成的美军间谍卫星数量不足的现状，2005 年 8 月 NGA 最终选用了 WorldView 60 方案，因此 WorldView-1 卫星上仅搭载了全色 TDI CCD 相机。WorldView-1 卫星的空间分辨率最高可达 50cm，条带宽度可达 17.7km，具有 75 万 km^2/天的数据采集能力，是当时分辨率最高、最敏捷的商业遥感卫星。WorldView-1 卫星的姿态敏感器和控制器较 QuickBird 有了明显改进，它配备了控制力矩陀螺、恒星跟踪器、固态惯性敏感器和 GPS 等姿轨控制设备，具有更高的敏捷性和更灵活的拍摄能力，其重新指向速度可达 4.45°/s，加速度可达 2.5°/s^2。不考虑地形起伏和倾斜摄影的影响，WorldView-1 影像无控定位的标称精度为 12.2m CE90，但一般在 3.0～7.6m CE90，有控制点时精度提高到 2m CE90。

图 1.4　WorldView-1 卫星

2009 年 10 月 9 日，在加利福尼亚州范登堡空军基地 DigitalGlobe 公司再次采用波音公司的 Delta Ⅱ运载火箭成功发射了 WorldView-2 卫星（图 1.5）。WorldView-2 卫星的性能较 WorldView-1 有了重大改进，它采用 770km 高的太阳同步轨道，轨道高度提高近 270km，但仍能提供 0.46m 分辨率的全色影像和 1.85m 分辨率的多光谱影像，平均重访周期也提高到 1.1 天。另外，WorldView-2 卫星还是首颗具有 8 个多光谱波段的高分辨率商业遥感卫星，除了 R、G、B、NIR 四个标准多光谱波段之外，还提供 4 个新波段：海岸带、黄、红边和 NIR2，每天具有 78.5 万 km^2 的 8 波段影像采集能力。当倾斜角度小于 30°时，不考虑地形起伏的影响，WorldView-2 卫星影像标称定位精度为 5.0m CE90，但预期精度范围在 4.6～10.7m CE90，当有地面控制点时精度可提高到 2.0m CE90。

图 1.5　WorldView-2 卫星

DigitalGlobe 在 2014 年 8 月 13 日成功发射了 WorldView-3 卫星。WorldView-3 是全球首个多有效载荷、超光谱、高分辨率的商业遥感卫星，它采用高度为 617km 的太阳同步轨道，降交点通过赤道的时间为下午 1：30，轨道周期 97min。WorldView-3 卫星除了具有 WorldView-2 的全色和 8 个多光谱波段之外，经过美国国家海洋和大气管理局 NOAA 的许可，还可采集 8 波段的短波红外影像，且空间分辨率较 WorldView-2 有了进一步提高，全色影像达 0.31m，多光谱影像达 1.24m，短波红外影像达到 3.70m，预期无控定位精度将达到 3.0m CE90。WorldView-3 卫星的星下点条带宽度可达 13.2km，每天影像采集能力可达 68 万 km^2，在线存储能力达到 2199GB，平均重访周期小于 1 天，将会大大增强 DigitalGlobe 采集高分辨率卫星遥感影像的能力。

图 1.6 是 QuickBird 与 WorldView 系列卫星成像模式的示意图。从图中可以看出，QuickBird 卫星虽具有立体成像能力，但一般仅采用两种工作模式，即长条带推扫和感兴趣区域的单点扫描，单轨最长连续影像条带可达 360km。WorldView 系列卫星成像方式更加灵活，除了长条带推扫、单点扫描之外，还都具有大区域多条带扫描和多条带立体扫描成像的能力。WorldView-1 单轨可连续采集的单张影像最大覆盖范围为 111km×112km，由 6 次摆扫形成；立体影像的最大连续覆盖范围为 51km×112km，由 3 次往复扫描形成。WorldView-2 卫星单轨单张影像最大连续覆盖范围为 138km×112km，由 8 次摆扫形成；单轨立体影像最大连续覆盖范围为 63km×112km，由 4 次往复扫描完成。WorldView-3 卫星单轨单片最大连续覆盖范围为 66.5km×112km，由 5 次摆扫形成；单轨立体最大连续覆盖范围为 26.6km×112km，由 2 次往复扫描形成。

1.2.3　SPOT-5 卫星系统

SPOT 是法国发展的民用光学成像卫星系列，用于全球连续高分辨率光学成像，并通

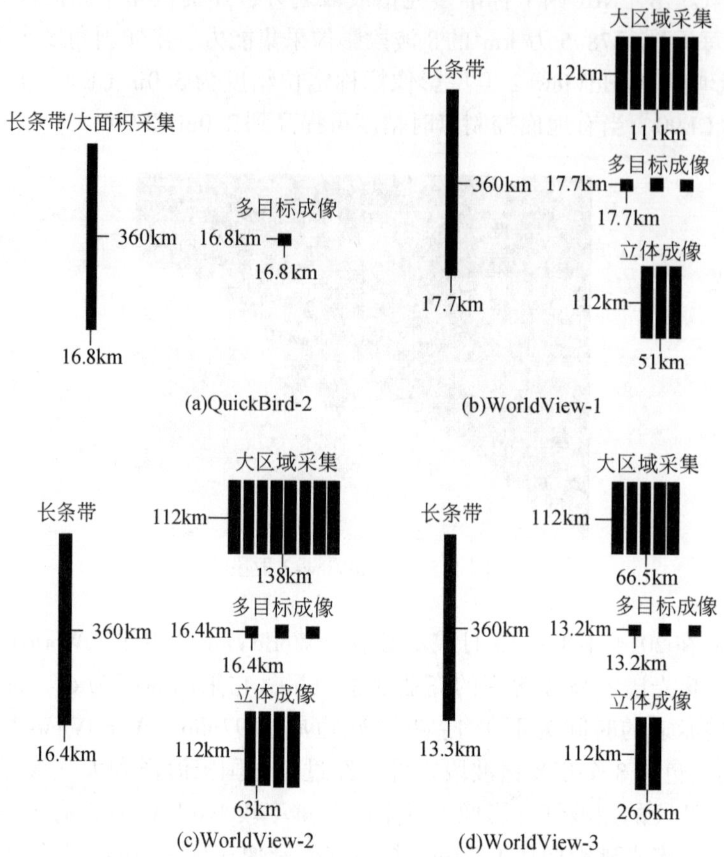

图 1.6　DigitalGlobe 公司高分辨率遥感卫星的成像模式

过视宝卫星图像（SPOT Image）公司实现其遥感产品的商业运营。截至目前，法国共发展了 3 代 SPOT 卫星，第一代为 SPOT-1、SPOT-2 和 SPOT-3 卫星，第二代为 SPOT-4 卫星，第三代为 SPOT-5 卫星。SPOT-1 卫星于 1986 年 2 月 22 日发射，SPOT-4 卫星于 1998 年 3 月 24 日发射。第一代 SPOT 卫星携带的主要载荷是 2 台高分辨率可见光相机 HRV，采用长为 6000 像元的线阵 CCD 探测器推扫式成像，像元分辨率 10m，可通过侧摆获取异轨立体影像。第二代 SPOT 相机的主要载荷是高分辨率可见光和红外相机 HRVIR，其像元分辨率为 10m。其主相机分辨率提高到 5m，经地面处理后可达 2.5m。第三代的 SPOT-5 卫星在 2002 年 5 月 4 日凌晨 1 时 31 分（GMT），由 Ariane 4 火箭从圭亚那航天发射中心将其成功送入太空。它采用倾角 98.7°、高 822km 的太阳同步轨道，重 3000kg，当地时间上午 10：30 左右通过赤道，卫星设计寿命 5 年。

1. 传感器系统

SPOT 卫星除了带有 2 台高分辨率几何成像装置（High Resolution Geometric，HRG）和植被探测器外，新增了一套高分辨率立体成像装置（High Resolution Stereoscopic，HRS）。HRG 相机是 SPOT-4 卫星上 HRVIR 相机的改进型，相机带有可旋转反射镜，不需要卫星姿态机动就可实现侧视，能够进行异轨立体观测。HRG 由法国 THOMSON 公司制造的两条线阵 CCD 探测器构成，每条长 12 000 像元，CCD 器件的物理尺寸为 6. 5μm×6. 5μm，它们安置在同一焦平面上，并在飞行方向和线阵方向上分别交错半个像元排列。通常情况下，HRG 装置获取 5m 分辨率的全色影像，为进一步提高分辨率，HRG 采用了一种新的成像模式——超级模式（supermode），可将地面分辨率提高到 2. 5m，即所谓的“亚像元”技术。HRG 的成像条带保持以往 60km 的宽度，长度在 60 ~ 80km。SPOT-5 的传感器系统还集成了 3 条多光谱波段（G、R、NIR）和 1 条短波红外（SWIR）线阵 CCD 探测器，能分别获取 10m 分辨率的多光谱影像和 20m 分辨率的短波红外影像。

SPOT-5 还具有同轨立体成像能力，其 HRS 相机为双线阵测绘相机，可实现单轨立体成像。HRS 装置由前视、后视相机组成，相机的望远镜系统在轨道面内前后偏离铅垂线的夹角均为 20°。飞行期间，前视传感器首先对目标成像，90s 后后视相机对该地区第二次成像，因此 HRS 装置在同一轨道上几乎在同一时刻以同一辐射条件获取立体影像，避免了由于成像时间差过大引起的影像色调变化，便于后续的摄影测量处理。HRS 装置的线阵 CCD 探测器长 12 000 像素，工作在全色波段，影像的分辨率在飞行方向为 10m，线阵方向为 5m，立体覆盖面积为 600km×120km。HRS 装置获取的同轨立体影像的基高比可达 0. 84，良好的基高比保证了生成 DEM 的精度。SPOT-5 采用了新的恒星跟踪仪和定轨装置 DORIS，可以更精确地测定卫星位置和姿态，从而有效地提高影像的定位精度。

2. SPOT-5 的超级模式

超级模式是 SPOT-5 特有的影像重采样技术，它可利用两幅同时获取的 5m 分辨率的全色图像重采样得到 2. 5m 分辨率的全色图像。这项新技术是法国空间局 CNES 的专利。

重采样过程包括以下三步：

（1）内插。两幅 5m 分辨率的影像是隔行扫描的，通过内插得到中间行的像素值。

（2）去卷积。利用 HRG 装置的反传递函数构造的滤波器进行滤波，消除影像的模糊。

（3）消除噪声。消除去卷积过程引入的噪声。

图 1. 7 是 SPOT-5 超级模式处理过程的示意图，它可由两幅 12 000×12 000 像素、5m 分辨率的全色影像 A 和 B 生成 24 000×24 000 像素、2. 5m 分辨率的高分辨率影像。

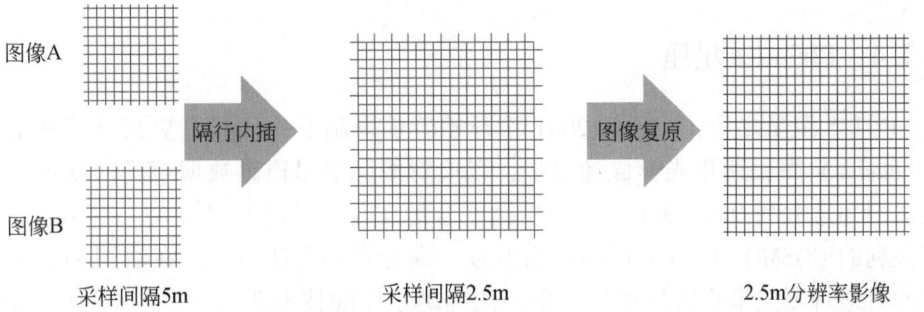

图 1. 7　SPOT-5 的超级模式处理

3. 未来计划

法国 Astrium 公司 2009 年决定发展第 4 代 SPOT 卫星，即 SPOT-6 和 SPOT-7（表 1.5），以保证 SPOT 系列卫星高分辨率数据采集和发布的连续性。SPOT-6 和 SPOT-7 卫星质量约 800kg，设计寿命 10 年，主要有效载荷是两个完全相同的高分辨率光学相机，它们在延续 SPOT 系列卫星 60km 幅宽的同时，将全色影像的空间分辨率进一步提高到 1.5m。同时，SPOT-6 和 SPOT-7 与其运营公司 Astrium 的另外两颗高分辨率遥感卫星 Pleiades HR-1A 和 HR-1B 在同一时期在轨工作，将成为 Pleiades HR 数据的重要补充，可满足多样化任务的需求。它们使用了与 Pleiades 相同的 CMG 组件，一次过境可完成多项接收任务，常规摆动角可达到±30°，极限可达到±45°。双星结合对目标区可实现 1 天重访，单星可实现 3 天重访。SPOT-6 和 SPOT-7 运行在同一轨道面上，都能同时采集全色和多光谱影像，定位精度可达 10m（CE90）。Astrium 公司以约 1900 万美元的价格，将 SPOT-6 卫星的发射委托给印度空间研究组织 ISRO。2012 年 9 月 9 日，ISRO 采用其 PSLV-CA 运载火箭成功发射了 SPOT-6 卫星。

表 1.5　SPOT-6 和 SPOT-7 卫星指标

项目	指标
成像波段	全色：450 ~ 745nm　蓝：450 ~ 520nm 绿：530 ~ 590nm　红：625 ~ 695nm 近红外：760 ~ 890nm
星下点分辨率	全色：1.5m　多光谱：6m
成像模式	单景、条带、立体
幅宽	单景：60km×60km　条带：600km（最长）
图像定位精度	10m
观测范围	最大：± 45° <3m 分辨率：±30°
接收能力	3 000 000km²/天

1.2.4　Pleiades 星座

继 SPOT-5 卫星之后，法国自 2001 年开始着手研制下一代具有更高分辨率的“昴宿星”（Pleiades）军民两用光学成像卫星，以应对国际卫星遥感数据市场的发展。Pleiades 卫星是法国和意大利 ORFEO（光学和雷达联合地球观测系统）计划的一部分，该计划还包括意大利的 COSMO-SkyMed（宇宙-地中海）高分辨率雷达系统。在法国和意大利 2001 年签署的对地观测卫星系统发展计划中，法国国家空间技术研究中心（CNES）负责研制 Pleiades 卫星，并把它作为 SPOT 系列卫星的后续计划，以满足民用及国防对空间对地观测的需要。

2003 年 10 月，CNES 和阿斯特留姆公司（Astrium）签署了价值 3.14 亿欧元的合同，用以研发两颗 Pleiades 卫星，同时由泰雷兹-阿莱尼亚宇航公司（Thales Alenia Space）负责星上成像仪的开发。2006 年，CNES 再次明确了 Pleiades 卫星的任务和研制计划，并将计划中前两颗卫星分别命名为 Pleiades HR-1A 和 Pleiades HR-1B。第一颗 Pleiades 卫星最早计划于 2009 年初发射，15 个月后发射第二颗，但由于种种原因直到 2011 年 12 月 17 日 Pleiades HR-1A 才发射升空。两颗 Pleiades 卫星运行在同一轨道面上，它们将与 SPOT-6 和 SPOT-7 卫星交替排列组成空间卫星星座，相邻卫星之间的相位差均为 90°，可进一步缩短对敏感区域的重访周期。Astrium 公司制订了这四颗卫星的发射计划，如图 1.8 所示，在 2013 年底前都将发射升空，从而可将有保障的高分辨率卫星遥感影像数据服务延续到 2023 年。

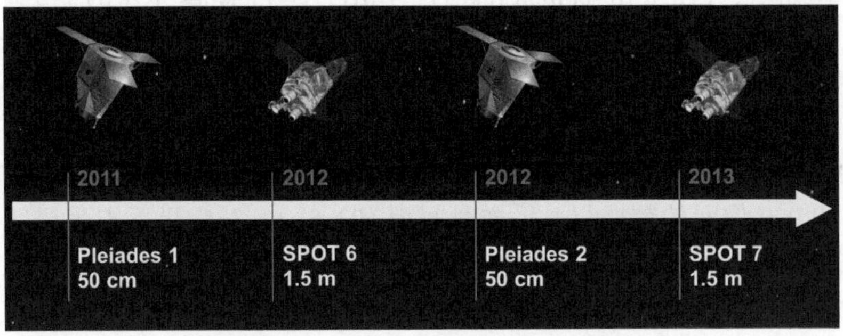

图 1.8　Pleiades 卫星星座发射时间表

1. 卫星概况

Pleiades 卫星运行在高度 694km、倾角 98.2°的太阳同步轨道，降交点地方时为上午 10：30，轨道重复周期为 26 天。卫星采用 Astrium 公司的 Astrosat-1000 平台，三轴姿态稳定，可进行滚动和倾斜机动，倾角高达 60°。星载 3 个星跟踪器采用准四面体结构，使姿态定位精度最优化，姿态控制精度可达 0.017°。Pleiades 星座的两颗卫星以 180°相位等间隔排列，1 颗 Pleiades 卫星可在 5 天内实现全球覆盖，在星座部署完成之后 4 天能实现全球覆盖。

表 1.6 是 Pleiades 卫星的主要参数。

表 1.6　Pleiades 卫星的主要参数

每天飞行圈数	14 + 15/26
重复周期/天	26
波段	B0：蓝　　B1：绿　B2：红 B3：近红外　PA：全色
星下点空间分辨率/m	PA：0.7 B0，B1，B2，B3：2.8
侧视角度/(°)	±30
星上存储能力/Gb	750（约保存 250 景）
成像幅宽/km	20

Pleiades 是一种敏捷、灵巧的高分辨率光学遥感卫星，它一方面继续保持了 SPOT 系列卫星在波段设置、立体成像、星座运行等方面的特点，另一方面在空间分辨率、观测灵活性以及数据获取模式等方面进行了重新设计，使 Pleiades 卫星成为未来 5 年内具有较高技术水准和较强竞争力的遥感卫星。在姿态控制和侧视能力方面，Pleiades 卫星采取了使卫星整体绕滚动轴、俯仰轴大角度侧摆的方式，灵活地实现对不同目标的观测。另外，Pleiades 卫星除具有侧视能力外，还可在很短的时间内调整观测角度，对点状目标进行成像，也可以沿飞行轨迹向前或向后摆扫成像，生成近同时的立体像对。

2. 高分辨率成像仪

高分辨率成像仪（High Resolution Imager，HiRI）是 Pleiades 卫星的主要有效载荷，质量为 200kg，口径为 650mm，焦距为 12 905mm，能提供高分辨率、高精度的全色和多光谱影像，其结构如图 1.9 所示。HiRI 相机采用线阵推扫成像原理，其中全色波段采用了时间延迟积分（Time Delay Integration，TDI）CCD 探测器，保证在卫星高速运行时仍能获得高空间分辨率的遥感影像。HiRI 相机的全色波段采用了 5 组 TDI 器件，每组 6000 探元，共同组成一条 30 000 像元的数据行，采样时间为 103.5μs，对应星下点采样间隔为 0.7m；多光谱波段采用 5 组 CCD 器件，每组 1500 探元，共同组成一条 7500 像元的数据行，星下点像元大小为 2.8m，如图 1.10 所示。经过地面处理系统的处理，Pleiades 卫星数据可以实现全色波段 0.5m 和多光谱波段 2m 的空间分辨能力。

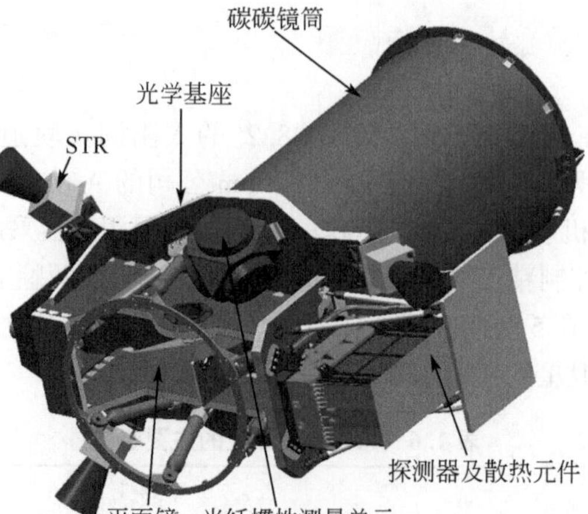

图 1.9　HiRI 相机结构示意图

HiRI 相机在设计上采用了许多最新的技术，主要体现在相机对准、望远镜系统的热控和机械组装以及视频处理等方面。在探测器的电子学设计上，HiRI 采用新研发的高集成探测器电子学子系统（Highly Integrated Detection Electronics，SEDHI）结构，用以支持焦平面系统的集成视频处理、高速数据链和星上数字化处理。HiRI 的中心安装了姿态敏感器（星相机和陀螺仪），以保证相机姿态测量的准确性。HiRI 相机的有关参数如表 1.7 所示。

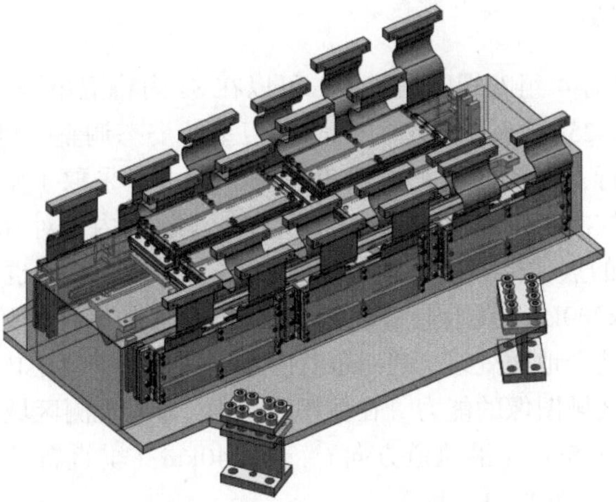

图 1. 10　HiRI 相机焦平面的探测器阵列

表 1. 7　HiRI 相机的主要参数

参数	指标
质量/kg	约 200
功率/W	约 400
谱段/nm	全色：480 ~ 830（时间延迟积分模式仅用于全色图像） 多光谱：B1 = 430 ~ 550（蓝），B1 = 490 ~ 610（绿），B2 = 600 ~ 720（红），B3 = 750 ~ 950（近红外）
光学系统	口径 65cm，焦距 12. 9m
空间分辨率/m	0. 7（全色），2. 8（多光谱）
天底点幅宽/km	20（目标视场 60°）
全色谱段信噪比（SNR）	90
全色谱段调制传递函数（MTF）	0. 07（奈奎斯特频率为 $f_e/2$（$1/2\times0.7m^{-1}$）时，其中 f_e 为采样频率）
探测器	全色：5×6000 像素，像素大小为 13μm； 多光谱：5×1500 像素，像素大小为 52μm
时间延迟积分探测器数据率/(10^6pixel/s)	290（每个探测器为 700Mbit/s，最大值为 3. 5Mbit/s）
数据量化等级/bit	12
图像位置精度/m	有地面控制点：1；无地面控制点：20（99. 7%），10（90%）
成像稳定度	<0. 1 像素（动力稳定）
下行链路输出数据率	总数据率为 4. 5Gbit/s；总数据传输量约 465Mbit/s（X 频段，3×155Mbit/s）
数据压缩	小波算法，标准压缩比为 4 : 1（最大可达 7 : 1）
指向灵敏度/（°）	60（滚动灵敏度，25s 内），60（俯仰灵敏度，25s 内）

3. 敏捷的成像能力

Pleiades 卫星上装有 4 组陀螺驱动装置，可以在 8s 内将卫星姿态调整 5°，10s 内将卫星姿态调整 10°，或在 25s 内调整 60°。Pleiades 卫星的姿态调整，可以在沿卫星飞行方向和垂直飞行方向上进行，有效的侧视成像角为±30°。由于采取了整体转动的姿态控制方式，通过卫星的编程控制，可以使 Pleiades 卫星在一个轨道内，对 1000km×1000km 区域内的 20 个直径为 20km 的点状目标进行瞬时观测（图 1. 11（a）），也可以通过编程将这 20 个目标设定在 100km×200km 范围内，以实现对危机地区和事件的随时观测。此外，通过反复调整俯仰角度并结合地面处理，Pleiades 卫星具有在一个轨道内实现将多个数据条带拼接成一个完整观测区域图像的能力。在侧摆 30°时，最大观测区域为 60km（垂直轨道方向，3 个数据条带）×315km（沿轨道方向），或 140km（垂直轨道方向，7 个数据条带）×85km（沿轨道方向）（图 1. 11（b））。

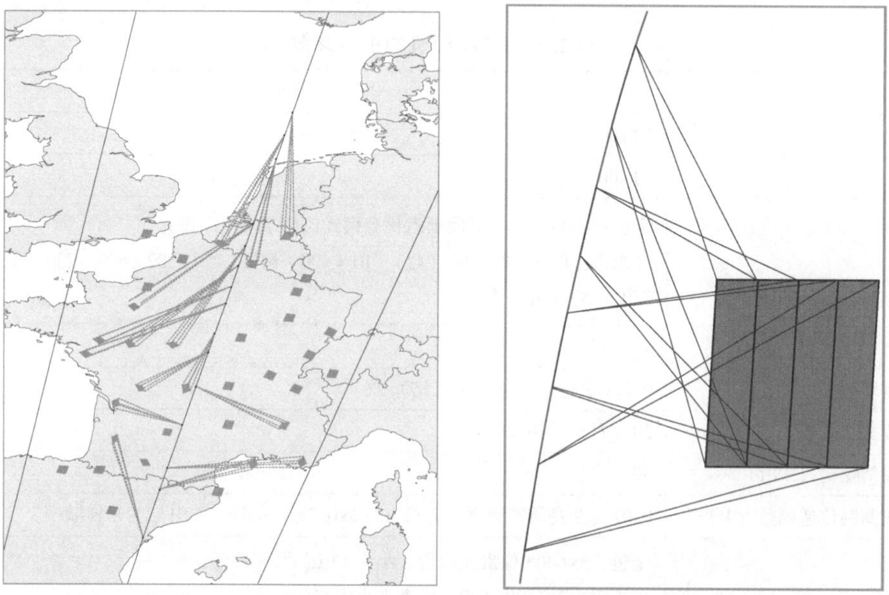

(a)对点目标的瞬时观测　　(b)区域成像

图 1. 11　Pleiades 卫星灵活的成像能力

Pleiades 卫星的一个重要创新就是其立体成像能力。它除了可以利用一个轨道飞行实现传统的两视角立体成像外，还可以通过调整卫星姿态实现三视角的立体成像（tri-stereo），并且可通过编程调整立体成像的基高比以获取不同长度的立体像对数据条带，如图 1. 12 所示。

从上面的介绍可以看出，作为法国新一代的光学成像卫星，Pleiades 卫星在很多方面都处于世界领先水平，和美国的同类卫星相比也不落下风。该卫星的一些设计理念值得我国借鉴。

单立体覆盖

B/H	条带长
0.15	20 km
0.2	60 km
0.3	120 km
0.4	175 km
0.5	225 km
0.6	280 km

立体成像模式

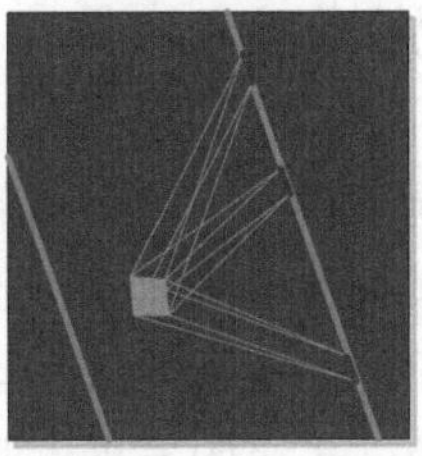

三立体覆盖

B/H	条带长
0.3	20 km
0.4	60 km
0.5	90 km
0.6	120 km
0.7	145 km
0.8	175 km

图 1.12　不同基高比下的 Pleiades 卫星立体影像条带长度

1.2.5　IRS-P5 卫星

“印度遥感卫星”（Indian Remote Sensing Satellites，IRS）是印度空间研究组织 ISRO 发展的低地球轨道对地观测卫星系统，已形成“资源卫星”“海洋卫星”和“制图卫星”三大系列。印度军用卫星也编入 IRS 系列卫星之中。IRS 卫星项目于 20 世纪 80 年代中期启动，以当时的美国陆地卫星 Landsat 为参考，主要用于民用陆地资源遥感，形成资源卫星系列。20 世纪末，印度开始发展海洋观测卫星，并形成了 IRS 卫星系列中的海洋卫星系列。进入 21 世纪，在强烈军事需求的影响下，印度开始发展分辨率优于 1m 的高分辨率遥感卫星和测绘卫星，并形成了测绘卫星系列。随着卫星种类和型号的日益增多，印度放弃了 IRS 系列编号，将陆地资源类、海洋观测类和高分辨率测绘类星分别改用“资源卫星”（ResourceSat）、“海洋卫星”（OceanSat）和“制图卫星”（CartoSat）进行编号。

IRS 卫星系统的空间部分由 IRS-1A、IRS-1B、IRS-1C、IRS-1D、IRS-P2、IRS-P3、IRS-P4、IRS-P5 和 IRS-P6 卫星等组成。其中，IRS-1A、IRS-1B 是印度的第一代遥感卫星，携带的 LISS-1 和 LISS-2 传感器分辨率分别为 72.5m 和 36.25m；IRS-1C、IRS-1D 为第二代遥感卫星，其全色传感器的分辨率为 5.8m，幅宽为 70km，且可以在垂直于轨道的方向上侧视±26°成像；IRS-P4（OCEANSAT-1）和 IRS-P6（RESOURCESAT-1）分别为海洋和资源应用遥感卫星。

目前，印度已发射的专用测绘卫星包括 CartoSat-1（即 IRS-P5）、CartoSat-2、CartoSat-2A 和 CartoSat-2B。其中，IRS-P5 是一颗高分辨率的测图卫星，主要用于地形图制图和数字高程建模采集，对制图和城镇规划等应用具有重要意义。IRS-P5 于 2005 年 5 月 5 日成功发射，达到了国际同类卫星的先进水平，标志着印度的航天遥感技术进入了一个新的发展阶段。IRS-P5 的轨道高度为 618km，搭载有两个相同的全色相机，焦距为 1945mm，它们沿轨道方向分别前视 26°、后视 5°通过推扫采集同轨立体影像，前、后视星下点分辨率分别为 2.45m 和 2.18m。IRS-P5 获取同名地物立体影像的时间间隔为 52s，具有 0.62 的固定基高比。卫星平台在运行的过程中通过一定量的调整来补偿地球自转的影响，从而使不同视角的两个相机能够照准地面的同一地区，形成的立体像对有效幅宽可达 26km。

CartoSat-2、CartoSat-2A 和 2B 是 CartoSat-1 的后续卫星，主要用于高分辨率（优于 1m）成像观测，以及在全球基准框架测绘基础上进行重点地区详细测绘。三颗卫星几乎完全相同，都运行在高度为 635km、倾角为 98°的太阳同步圆轨道，降交点地方时为上午 9：30。CartoSat-2 是印度公开承认的第一颗军事侦察卫星，三颗卫星只用于军事领域。

1.3 我国高分辨率遥感卫星系统的进展

近三十年来，我国在对地观测领域取得了巨大成就，已建立了资源、气象、海洋、环境与减灾卫星系列，初步形成了国家对地观测体系，已基本能够满足国民经济建设以及国家安全的需要。从20世纪80年代开始，我国连续在4个五年计划中将遥感技术的发展与应用列入国家科技攻关重大项目。经过多年的发展，目前已初步建成由中巴地球资源卫星（CBERS）系列、环境与灾害监测预报小卫星星座（HJ-1A/B/C）等构成的陆地卫星观测体系。

中巴地球资源卫星CBERS（资源一号）是由中国和巴西联合研制的地球资源系列卫星，至今投入应用运行超过10年，已经发射4颗卫星。1999年10月CBERS-1 01星成功发射，搭载多波段CCD相机、红外多光谱扫描仪IRMSS和宽视场成像仪WFI。2003年10月，CBERS-1 02星接替运行，星上载荷的分辨率和图像质量比CBERS-1 01星有较大提高。2007年9月发射的CBERS-02B星，开始搭载高分辨率光学相机HR。HR相机的星下点空间分辨率可达2.36m，是我国当时分辨能力最高的星载CCD相机。CBERS-1 02C星也于2011年12月成功发射，搭载了2台HR相机，拼接后幅宽达到54km，其全色和多光谱相机的分辨率也提高到5m和10m。

经过多年的发展，尽管我国在卫星研制、发射、运管以及数据接收、处理、分发和应用等关键环节均掌握了核心技术，积累了丰富经验，但与发达国家相比，在载荷分辨率、全天候观测能力、空间基础设施建设等方面还存在较大差距。CBERS-1 02B星和计划中的CBERS-3/4的高分辨率影像原则上可对1∶5万和1∶2.5万的基础地理信息进行部分要素的更新，但由于立体观测能力非常有限，无法生成数字高程模型，难以满足1∶5万和更大比例尺的测绘的全面需求。长期以来，我国一直缺少能够满足基本比例尺测绘要求的自主高分辨率遥感卫星，直到近两年“天绘一号”和“资源三号”两个传输型测绘卫星的成功发射后才取得重大突破。

1.3.1 “天绘一号”和“资源三号”测绘卫星

2010年8月24日，我国在酒泉卫星发射中心用长征二号丁运载火箭成功将“天绘一号”卫星送入预定轨道。“天绘一号”卫星由航天东方红卫星有限公司研制，是我国首颗传输型的立体测绘小卫星，其搭载了三线阵立体测绘相机、单线阵高分辨率相机和4波段多光谱相机等多种任务载荷。其中，三线阵立体测绘相机LMCCD的交会角为±25°，空间分辨率优于10m；高分辨率相机的空间分辨率优于2m；多光谱相机工作在R、G、B、NIR四个波段，光谱范围分别为0.43～0.52μm、0.52～0.61μm、0.61～0.69μm和0.76～0.90μm，空间分辨率优于10m。各种影像幅宽均为60km，均采用有理多项式RPC作为基本定位模型。

2008年3月12日，经国务院批准“资源三号”卫星工程项目立项并开展研制建设。“资源三号”卫星也是一颗高分辨率光学传输型立体测绘卫星，集测绘和资源调查功能于一体，将用于1∶5万立体测图及更大比例尺基础地理信息产品的生产和更新以及国土资源的调查与监测。“资源三号”卫星已于 2012 年 1 月 9 日在太原卫星发射中心由长征四号乙运载火箭成功发射升空，采用 505km 高的太阳同步圆轨道，倾角为 97.4°，降交点通过赤道的时间为上午 10：30，回归周期为 59 天，重访周期为 5 天，设计工作寿命为 4 年，可对地球南北纬 84°以内地区实现无缝影像覆盖。

“资源三号”卫星配备了全色三线阵测绘相机和多光谱相机等有效载荷，如图 1.13 所示。全色相机按照正视、前视、后视方式排列，前视、后视影像像元分辨率优于 4m，正视影像像元分辨率优于 2.5m，立体影像的基高比介于 0.85 ~ 0.95。多光谱相机具有 B、G、R、NIR 四波段成像能力，像元分辨率优于 10m，光谱范围分别为 0.45 ~ 0.52μm、0.52 ~ 0.59μm、0.63 ~ 0.69μm 和 0.77 ~ 0.89μm。“资源三号”卫星影像的地面覆盖宽度，前后视和多光谱相机为 52km，正视相机为 51km。

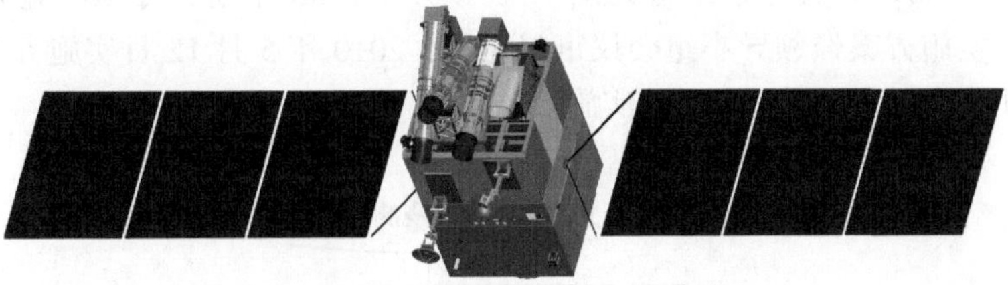

图 1.13　“资源三号”卫星示意图

根据国家测绘地理信息局的“十二五”航天规划，我国还将大力发展自主测绘卫星，满足国家对地理信息探测的迫切需求，主要包括五个系列的测绘卫星，即高分辨率光学测图卫星、雷达测图卫星、激光测高卫星、重力卫星和导航定位卫星，如图 1.14 所示，实现国产卫星从实验型卫星向业务型卫星的根本转变（孙承志等，2009；唐新明，2010）。

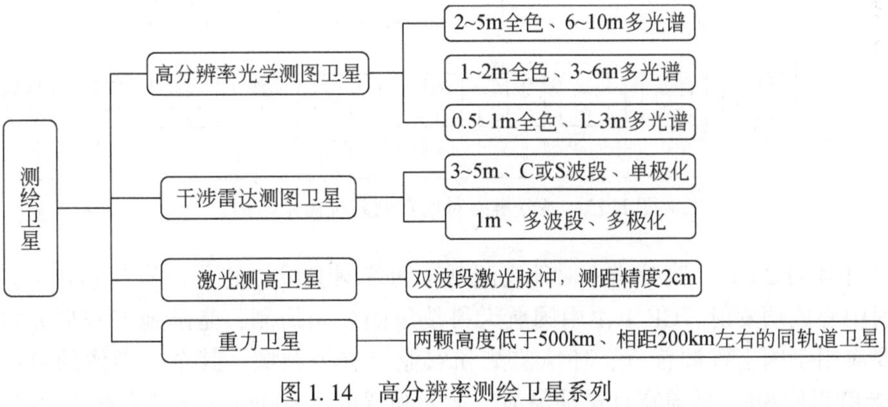

图 1.14　高分辨率测绘卫星系列

1.3.2　“高分辨率对地观测系统”重大专项

随着我国经济社会的快速发展，对对地观测数据的需求不断提高，国产遥感卫星在图像质量和服务能力等方面与用户的期望有较大差距。虽然经过多年的艰苦努力，在中低分辨率数据方面打破了国外垄断的局面，但在高分辨率卫星影像的市场竞争面前依然艰难前行。多个以行业为主体的系列卫星同步推进，载荷需求重叠，时间、空间分辨率难以互补，高分辨率数据源未形成系列化、型谱化，急缺优于 1m 分辨率的卫星影像数据，每年都要斥巨资从国外购买商业卫星影像数据。

为了加强我国对地观测系统的统筹规划与集中建设，在 2006 年发布的《国家中长期科学和技术发展规划纲要（2006—2020 年）》中，将“高分辨率对地观测系统”重大专项（简称高分专项）列为国家 16 个重大科技专项之一。其基本目标是：建设基于卫星、平流层飞艇和飞机的高分辨率先进观测系统，与其他观测手段结合，形成全天候、全天时、全球覆盖的对地观测能力；整合并完善地面资源，建立数据与应用中心；到 2020 年，建成我国自主的陆地、大气、海洋先进对地观测系统，为现代农业、防灾减灾、资源环境、公共安全等重大领域提供服务和决策支撑，确保掌握信息资源自主权，促进形成空间信息产业链（李德仁，2009），其体系结构如图 1.15 所示。2006 年高分专项实施方案论证工作启动，2009 年实施方案经领导小组会议审议通过，2010 年 5 月 12 日实施方案经国务院常务会议审议通过，高分专项全面启动实施。

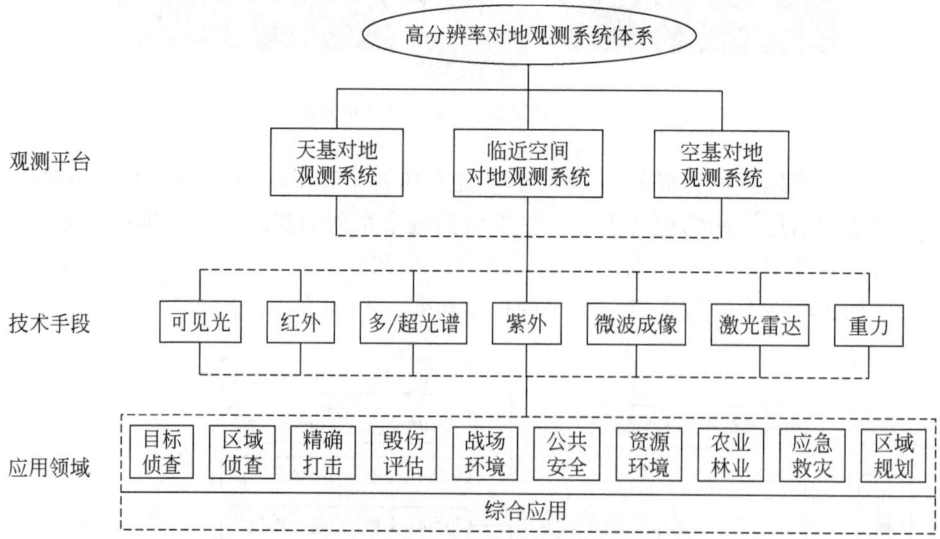

图 1.15　高分辨率对地观测系统体系结构

2013 年 4 月 26 日，高分辨率对地观测系统的首颗卫星“高分一号”（GF-1）在酒泉卫星发射中心成功发射。GF-1 由中国航天科技集团公司研制，是陆地普查型光学成像卫星，主要应用于国土资源普查、环境监测和农业调查等领域。其全色影像的空间分辨率 2m，多光谱影像 8m，覆盖宽且机动灵活，最大幅宽可达 800km，设计寿命 5 ~ 8 年。

第 2 章　线阵 CCD 传感器严密几何模型

2.1　引　　言

IKONOS、QuickBird 等高分辨率卫星影像的出现，极大地丰富了世界遥感影像市场，也为航天摄影测量提供了新的研究内容，引起了国际摄影测量界的普遍关注。围绕高分辨率遥感影像的处理，出现了许多理论和技术方面值得研究的问题，如各种新型遥感传感器的成像机理、卫星遥感图像三维处理及测图技术、卫星遥感图像智能识别与数据处理技术、多时相、多传感器影像信息的匹配和融合技术等。高分辨率遥感卫星影像具有广阔的应用前景，而其多样性和复杂性使得传统的摄影测量处理技术不再完全适用，因此开展高分辨率卫星遥感影像的基础理论和应用技术研究是十分必要的。

在各类成像传感器中，特别值得重视的是能够实现对地立体观测的线阵 CCD 推扫式传感器。作为一类重要的传感器，其突出的优势表现在目标定位和立体测图方面。法国 SPOT 卫星、印度的 IRS-1D 卫星、美国的 IKONOS、QuickBird 卫星、我国的“天绘一号”“资源三号”及“高分一号”卫星等都载有线阵 CCD 推扫式传感器。这是目前对地观测十分有效的传感器，在今后可预期的一段时间内，该类传感器仍具有很好的应用前景。本章重点分析线阵 CCD 传感器的严密模型。

2.2　遥感影像传感器模型

2.2.1　经典的传感器几何模型

利用摄影测量与遥感技术能够实现由立体影像重建被摄物体的表面。摄影测量与遥感不仅要重建物体的几何表面，而且要进行“量测”，如量测 DEM、测绘地形图。从测绘科学的角度来看，摄影测量是一门“量测”的学科，著名的摄影测量学者 U. V. Helava (1995) 就认为“摄影测量的范畴是量测”。为了对影像进行几何处理，重建物体表面并进行量测，必须建立传感器成像的数学模型，我们也称为传感器的几何模型或简称为传感器模型。这个数学模型通常以像点和相应地面点的坐标关系来表示，如式 (2.1) 所示。

$$
\begin{aligned}
x_{ij} &= f_x(X_i, Y_i, Z_i, X_{0j}, Y_{0j}, Z_{0j}, \varphi_{0j}, \omega_{0j}, \kappa_{0j}) \\
y_{ij} &= f_y(X_i, Y_i, Z_i, X_{0j}, Y_{0j}, Z_{0j}, \varphi_{0j}, \omega_{0j}, \kappa_{0j})
\end{aligned}
\tag{2.1}
$$

遥感成像时刻，地面点与投影中心以及像点之间的几何关系可用图 2.1 来描述，其中 f 为相机主距，X_S，Y_S，Z_S 为描述投影中心位置的三个参数。φ，ω，κ 为描述传感器姿态的三个角度参数，这六个参数称为影像的外方位元素。传统的航空航天传感器几何模型的建立是以摄影时地面点、投影中心以及相应像点位于同一直线上这一假定为基础的。当摄影机的镜头是一个无畸变的理想光学系统时，能够保证出射光线与入射光线在同一直线或平行线上；镜头两边光线通过的介质是相同和均匀的，能够保证光线的直线传播，则上述假定便严格成立。传统航空遥感的传感器几何模型均是以共线条件方程为数学基础的。

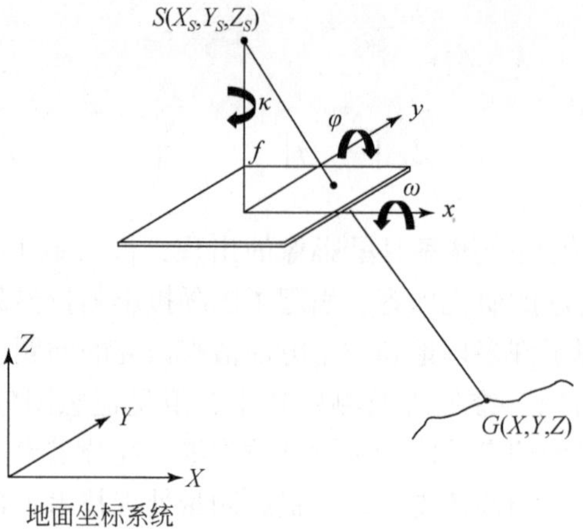

图 2.1　共线条件

2.2.2　传感器物理模型与通用模型及其分析

建立传感器模型的目的是建立有效的成像模型，以便正确描述物方空间坐标系中的地面点坐标与它在图像平面上像点坐标之间的几何关系。卫星影像在成像的过程中，受到透视投影、摄影轴倾斜、大气折光、地形起伏等诸多因素影响，致使影像中各像点产生不同程度的几何变形而失真，无法直接与垂直投影的地图套合以进行后续应用。因此要有效地使用遥感卫星影像，首先必须解决成像传感器的几何模型问题。遥感影像的传感器模型通常有多种，主要可分成两大类（Tao and Hu，2000a；Fritsch and Stallmann，2000；Fraser，2000）。

（1）物理传感器模型：考虑成像时造成影像变形的物理意义如地表起伏、大气折射、相机透镜畸变及卫星的位置、姿态变化等，然后利用这些物理条件建构成像几何模型。通常这类模型数学形式较为复杂且需要较完整的传感器信息，但由于其在理论上是严密的，因而模型的定位精度较高，故也称其为严密或严格传感器模型。在该类传感器模型中，最有代表性的是摄影测量中以共线条件方程为基础的传感器模型。

（2）通用传感器模型：不考虑传感器成像的物理因素，直接采用数学函数如多项式、直接线性变换方程以及有理多项式函数等形式来描述地面点和相应像点之间的几何关系。这类方法一般适用于平坦地区，并且与具体传感器无关，数学模型形式简单、计算速度快是其优点，属于理论不甚严密的表达形式。

自美国 LANDSAT 卫星及法国 SPOT 卫星成功发射且商业化运行以来，国内外学者已对遥感卫星影像的应用开展了大量的研究工作。在摄影测量与遥感领域中，有关航空影像的数字空中三角测量理论早已成熟，因此通常是将航测中惯用的光束法平差（王之卓，

1990；钱曾波等，1992；李德仁等，2001），经适当改造后应用于卫星影像的定位分析。由于SPOT 、IKONOS 及 QuickBird 等卫星皆为线阵 CCD 推扫式（push-broom）扫描成像，其成像在卫星飞行方向上为近似平行投影，扫描行方向则为严格行中心投影，与一般透视投影不同。因此在方位参数求解时，参数的变化可考虑以时间为函数的低阶多项式来描述。研究发现，SPOT 影像的位置及姿态皆采用二阶多项式时定向结果最为理想（Krupnik，2000）。在 IKONOS 卫星影像的应用中，针对该类影像的成像传感器长焦距、窄视场角的特点，Okamoto、Hattori 与 Ono 等研究利用仿射变换作为传感器模型的数学基础，试验结果表明：该方法可以产生一个高精度并且稳定的模型定向结果（Hattori，2000；Ono et al.，2000；张剑清，张祖勋，2002）。加拿大 CCRS 的学者 Toutin 等针对 IKONOS 卫星 Geo 级影像进行简单多项式、有理函数模型（rational function model，RFM）及严密模型的定位精度研究，实验结果证明严密模型的定位精度明显比其他两种效果好，且检查点平面误差在1 ~2m（Toutin and Cheng，2000；Toutin and Cheng，2001；Toutin and Cheng，2002）。Tao 等利用航空影像、SPOT 影像、IKONOS 影像来探讨共线方程、二维及三维多项式、透视投影和 RFM 等纠正方法，认为 RFM 纠正方法因不需要传感器信息及方位参数，且纠正精度仅次于共线方程，因此较适合目前未公开轨道参数的商业卫星 IKONOS（Tao and Hu，2000a；Tao and Hu，2000b；Tao and Hu，2001a；Tao and Hu，2001b；Tao and Hu，2001c；Tao and Hu，2001d；Yang，2000；Yang，2001；Dowman and Dolloff，2000）。

虽然在国际商业市场上有大量的高分辨率遥感卫星图像，但目前我国实际利用的影像资料并不很多，故针对成像特性的相关研究较少。该项技术的研究对于我国充分利用高分辨率遥感卫星资料进行测图生产有着重要的意义。

2.3　基于共线方程的严密传感器模型

2.3.1　基于共线方程的传感器模型的建立

线阵 CCD 传感器采用推扫式成像，获得连续的影像条带。每一扫描行影像与被摄物体之间具有严格的中心投影关系，并且都有各自的外方位元素。以扫描行方向为 x 方向，飞行方向为 y 方向，建立瞬时像平面坐标系，设第 i 扫描行的外方位元素为 X_{Si}，Y_{Si}，Z_{Si}，φ_i，ω_i，κ_i，则瞬时构像方程式为

$$\begin{bmatrix} x_i \\ 0 \\ -f \end{bmatrix} = \frac{1}{\lambda}\boldsymbol{M}_i^{\mathrm{T}}\begin{bmatrix} X - X_{Si} \\ Y - Y_{Si} \\ Z - Z_{Si} \end{bmatrix} \tag{2.2}$$

或

$$\begin{cases} x_i = -f\dfrac{a_1(X - X_{Si}) + b_1(Y - Y_{Si}) + c_1(Z - Z_{Si})}{a_3(X - X_{Si}) + b_3(Y - Y_{Si}) + c_3(Z - Z_{Si})} \\ y_i = 0 = -f\dfrac{a_2(X - X_{Si}) + b_2(Y - Y_{Si}) + c_2(Z - Z_{Si})}{a_3(X - X_{Si}) + b_3(Y - Y_{Si}) + c_3(Z - Z_{Si})} \end{cases} \tag{2.3}$$

式中，(X, Y, Z) 为地面点的空间坐标；λ 为比例因子；M_i 是由第 i 扫描行外方位角元素 φ_i，ω_i，κ_i 构成的旋转矩阵；a_1，a_2，…，c_3 是 M_i 中的各元素，具体公式如下：

$$
\begin{cases}
a_1=\cos\varphi_i\cos\kappa_i-\sin\varphi_i\sin\omega_i\sin\kappa_i\\
a_2=-\cos\varphi_i\sin\kappa_i-\sin\varphi_i\sin\omega_i\cos\kappa_i\\
a_3=-\sin\varphi_i\cos\omega_i\\
b_1=\cos\omega_i\sin\kappa_i\\
b_2=\cos\omega_i\cos\kappa_i\\
b_3=-\sin\omega_i\\
c_1=\sin\varphi_i\cos\kappa_i+\cos\varphi_i\sin\omega_i\sin\kappa_i\\
c_2=-\sin\varphi_i\sin\kappa_i+\cos\varphi_i\sin\omega_i\cos\kappa_i\\
c_3=\cos\varphi_i\cos\omega_i
\end{cases}
\tag{2.4}
$$

线阵 CCD 影像各扫描行的外方位元素随时间变化，并且存在很强的相关性，若把每一扫描行的外方位元素都作为独立参数来求解既不可能，也没必要。由于星载 CCD 传感器受外界阻力小，飞行轨道平稳，姿态变化率小，因此在一定的范围内，可以近似认为外方位元素随时间线性变化。假设每幅影像的像平面坐标原点在中央扫描行的中点，则可认为各扫描行的外方位元素随 y 值线性变化，这样就可将外方位元素表示为

$$
\begin{cases}
X_{Si}=X_{S0}+\dot{X}_S\cdot y\\
Y_{Si}=Y_{S0}+\dot{Y}_S\cdot y\\
Z_{Si}=Z_{S0}+\dot{Z}_S\cdot y\\
\varphi_i=\varphi_0+\dot{\varphi}\cdot y\\
\omega_i=\omega_0+\dot{\omega}\cdot y\\
\kappa_i=\kappa_0+\dot{\kappa}\cdot y
\end{cases}
\tag{2.5}
$$

式中，$(X_{S0}, Y_{S0}, Z_{S0}, \varphi_0, \omega_0, \kappa_0)$ 为中央扫描行的外方位元素；$(\dot{X}_S, \dot{Y}_S, \dot{Z}_S, \dot{\varphi}, \dot{\omega}, \dot{\kappa})$ 为外方位元素的一阶变化率，计 12 个参数，这样就将解算所有扫描行影像的外方位元素转换为求解这 12 个定向参数。

2.3.2 严密传感器模型的解算及应用

1. 空间后方交会

1）解算定向参数的误差方程

将式（2.4）、式（2.5）代入式（2.3），按照泰勒公式展开至一次项，得误差方程：

$$
\begin{aligned}
V_x &= a_{11}\Delta X_{S0} + a_{12}\Delta Y_{S0} + a_{13}\Delta Z_{S0} + a_{14}\Delta\varphi_0 + a_{15}\Delta\omega_0 + a_{16}\Delta\kappa_0 \\
&\quad + a_{11}y\Delta\dot{X}_S + a_{12}y\Delta\dot{Y}_S + a_{13}y\Delta\dot{Z}_S + a_{14}y\Delta\dot{\varphi} + a_{15}y\Delta\dot{\omega} + a_{16}y\Delta\dot{\kappa} - l_x \\
V_y &= a_{21}\Delta X_{S0} + a_{22}\Delta Y_{S0} + a_{23}\Delta Z_{S0} + a_{24}\Delta\varphi_0 + a_{25}\Delta\omega_0 + a_{26}\Delta\kappa_0 \\
&\quad + a_{21}y\Delta\dot{X}_S + a_{22}y\Delta\dot{Y}_S + a_{23}y\Delta\dot{Z}_S + a_{24}y\Delta\dot{\varphi} + a_{25}y\Delta\dot{\omega} + a_{26}y\Delta\dot{\kappa} - l_y
\end{aligned}
\tag{2.6}
$$

令

$$
\boldsymbol{V} = \begin{bmatrix} V_x \\ V_y \end{bmatrix},\ \boldsymbol{L} = \begin{bmatrix} l_x \\ l_y \end{bmatrix}
$$

$$
\boldsymbol{A} = \begin{bmatrix} a_{11} & a_{12} & a_{13} & a_{14} & a_{15} & a_{16} & a_{11}y & a_{12}y & a_{13}y & a_{14}y & a_{15}y & a_{16}y \\ a_{21} & a_{22} & a_{23} & a_{24} & a_{25} & a_{26} & a_{21}y & a_{22}y & a_{23}y & a_{24}y & a_{25}y & a_{26}y \end{bmatrix}
$$

$$
\boldsymbol{\Delta} = (\Delta X_{S0}\quad \Delta Y_{S0}\quad \Delta Z_{S0}\quad \Delta\varphi_0\quad \Delta\omega_0\quad \Delta\kappa_0\quad \Delta\dot{X}_S\quad \Delta\dot{Y}_S\quad \Delta\dot{Z}_S\quad \Delta\dot{\varphi}\quad \Delta\dot{\omega}\quad \Delta\dot{\kappa})^{\mathrm{T}}
$$

则式（2.6）可表示为

$$
V = A\Delta - L \tag{2.7}
$$

式中，a_{11}，a_{12}，…，a_{26}的具体表达式为

$$
\begin{cases}
a_{11} = (a_1 f + a_3 x)/\overline{Z} \\
a_{12} = (b_1 f + b_3 x)/\overline{Z} \\
a_{13} = (c_1 f + c_3 x)/\overline{Z} \\
a_{14} = -(f + x^2/f)\cdot b_2 \\
a_{15} = -(f + x^2/f)\cdot \sin\kappa \\
a_{16} = 0
\end{cases}
\qquad
\begin{cases}
a_{21} = (a_2\cdot f)/\overline{Z} \\
a_{22} = (b_2\cdot f)/\overline{Z} \\
a_{23} = (c_2\cdot f)/\overline{Z} \\
a_{24} = fb_1 + xb_3 \\
a_{25} = -f\cos\kappa \\
a_{26} = -x
\end{cases}
$$

l_x、l_y 是常数项

$$
l_x = x + \frac{f\cdot\overline{X}}{\overline{Z}},\quad l_y = \frac{f\cdot\overline{Y}}{\overline{Z}}
$$

其中

$$
\begin{cases}
\overline{X} = a_1(X - X_{S0}) + b_1(Y - Y_{S0}) + c_1(Z - Z_{S0}) \\
\overline{Y} = a_2(X - X_{S0}) + b_2(Y - Y_{S0}) + c_2(Z - Z_{S0}) \\
\overline{Z} = a_3(X - X_{S0}) + b_3(Y - Y_{S0}) + c_3(Z - Z_{S0})
\end{cases}
$$

误差方程中总共有 12 个未知参数，至少需要 6 个地面控制点才能反算这些定向参数。

大量试验表明，星载 CCD 传感器飞行高度很大，摄影视场角很小，造成共线方程的 12 个定向参数之间存在很强的相关性，例如，X_{S0}与 φ_0、Y_{S0}与 ω_0 等，从而导致误差方程系数矩阵的列向量之间存在近似的线性关系，即回归分析中所谓的复共线性。在复共线性存在的情况下，最小二乘估计的均方差较大，不再是最优估计。

2）定向参数相关性的克服方法

为克服定向参数之间的相关性，摄影测量学者提出了多种解决方案，代表性的有以下几种：

（1）增加虚拟误差方程。利用卫星轨道星历或姿态参数列出附加的观测方程，可以提高定向参数的独立性，但加大了法方程的系数矩阵。

（2）合并强相关项，但合并项的几何意义难以阐明。

（3）定向参数的线元素、角元素分开求解。先按照画幅式中心投影计算出定向参数的初始值，然后分别固定线元素和角元素，解答未固定的线元素和角元素，迭代进行便得到稳定解。试验证明这种方法的收敛速度较快，但在数学上不严密。

（4）岭估计，即采用有偏估计的方法计算外方位元素，可在很大程度上克服定向参数之间的相关性。

3）利用岭估计解算定向参数

Gauss-Markov 定理表明，如果误差服从正态分布，则在所有线性无偏估计中最小二乘估计具有最小的方差。但是，当待定参数之间存在近似线性关系时，其最小二乘估计的方差虽然在线性无偏估计中最小，但其值却很大。

设误差方程（2.7）中系数矩阵 $\boldsymbol{A}$ 的秩为 t，对应法方程系数矩阵 $\boldsymbol{A}^{\mathrm{T}}\boldsymbol{A}$ 的特征值记为 $\lambda_1 \geqslant \lambda_2 \geqslant \cdots \geqslant \lambda_t > 0$，则可将定向参数 $\boldsymbol{\Delta}$ 最小二乘估计的均方差表示为

$$\mathrm{MSE}(\boldsymbol{\Delta}) = \sigma_0^2 \sum_{i=1}^{t} 1/\lambda_i$$

在存在复共线性的情况下，$\boldsymbol{A}^{\mathrm{T}}\boldsymbol{A}$ 呈病态，甚至奇异，即 $\lambda_t \approx 0$，则由上式知 MSE（$\boldsymbol{\Delta}$）将变得很大，此时观测值微小的误差都易引起定向参数解的很大扰动，最小二乘估计不再是最优估计。为了改进最小二乘估计，许多学者提出了新的估计方法，其中很重要的一类是有偏估计，在众多有偏估计中影响较大的是岭估计。

岭估计是用（$\boldsymbol{A}^{\mathrm{T}}\boldsymbol{A}+\boldsymbol{KI}$，$K>0$）取代 $\boldsymbol{A}^{\mathrm{T}}\boldsymbol{A}$，其中 $\boldsymbol{I}$ 是 t 阶单位阵，将原法方程系数矩阵的最小特征根由 λ_t 提高到（λ_t+K），以达到降低均方误差 MSE（$\boldsymbol{\Delta}$）的目的。若 K 为大于零的常数，称为狭义岭估计，若 K 为对角阵 $\boldsymbol{K}=\mathrm{diag}$（$k_1$，$k_2$，…，$k_t$），且 $k_i \neq k_j$ 则称为广义岭估计。一般广义岭估计能够达到比狭义岭估计更低的均方误差。

用 $\tilde{\boldsymbol{\Delta}}$ 表示定向参数 $\boldsymbol{\Delta}$ 的广义岭估计，则

$$\tilde{\boldsymbol{\Delta}} = (\boldsymbol{A}^{\mathrm{T}}\boldsymbol{A} + \boldsymbol{KI})^{-1}\boldsymbol{A}^{\mathrm{T}}\boldsymbol{L} \tag{2.8}$$

解算广义岭估计值的关键是确定岭参数 k_i（$i=1$，2，…，t），其基本原则是寻找使均方差达到最小的对角阵 $\boldsymbol{K}$。可采用以下的实用公式计算岭参数：

$$k_i = \sigma_0^2/\alpha_i^2 \quad (i = 1,\ 2,\ \cdots,\ t)$$

式中，单位权方差 σ_0^2 可用最小二乘估计的验后单位权方差代替，即

$$\sigma_0^2 = \boldsymbol{V}^{\mathrm{T}}\boldsymbol{PV}/(n - t)$$

而 $\alpha_i = Q_i^{\mathrm{T}}\hat{\Delta}$，其中，$n$ 为误差方程总数，P 为权矩阵，Q_i 为矩阵 $\boldsymbol{A}^{\mathrm{T}}\boldsymbol{A}$ 的特征向量，$\hat{\Delta}$ 为 Δ 的最小二乘估计值。

2. 空间前方交会

在足够数量控制点支持下，利用空间后方交会分别计算出线阵 CCD 立体像对左右影像的定向参数之后，即可根据同名像点的影像坐标求得相应的地面坐标。与画幅式中心投影影像的前方交会不同的是，对每一对同名点都要重新计算旋转矩阵 $\boldsymbol{R}_{左}$，$\boldsymbol{R}_{右}$ 和基线分量 B_X，B_Y，B_Z。设某一对同名像点 p_i 和 p_i' 的影像坐标分别为（x_1,y_1）和（x_2,y_2），则计算相应地面点 P_i 坐标（X_i,Y_i,Z_i）的具体步骤如下：

（1）由 y_1，y_2 按照式（2.5）分别计算出 p_i，p_i' 对应的外方位元素（$X_{S1},Y_{S1},Z_{S1},\varphi_1,\omega_1,\kappa_1$）及（$X_{S2},Y_{S2},Z_{S2},\varphi_2,\omega_2,\kappa_2$），并由 φ_1、ω_1、κ_1 及 φ_2、ω_2、κ_2 按照式（2.4）计算出旋转矩阵 $\boldsymbol{R}_{左}$ 和 $\boldsymbol{R}_{右}$。

（2）按照下式计算 p_i 和 p_i' 的变换坐标（X_1,Y_1,Z_1）及（X_2,Y_2,Z_2）：

$$\begin{bmatrix} X \\ Y \\ Z \end{bmatrix} = R \begin{bmatrix} x \\ 0 \\ -f \end{bmatrix}$$

（3）计算投影系数 N_1 和 N_2：

$$\begin{cases} N_1 = \dfrac{B_X Z_2 - B_Z X_2}{X_1 Z_2 - X_2 Z_1} \\ N_2 = \dfrac{B_X Z_1 - B_Z X_1}{X_1 Z_2 - X_2 Z_1} \end{cases}$$

其中

$$\begin{cases} B_X = X_{S2} - X_{S1} \\ B_Y = Y_{S2} - Y_{S1} \\ B_Z = Z_{S2} - Z_{S1} \end{cases}$$

（4）计算地面坐标（X_i，Y_i，Z_i）：

$$\begin{cases} X_i = N_1 X_1 + X_{S1} \\ Y_i = N_1 Y_1 + Y_{S1} \\ Z_i = N_1 Z_1 + Z_{S1} \end{cases}$$

3. CCD 影像的光束法平差

1）物方坐标系的选择

航天影像的覆盖范围较大，当采用高斯直角坐标系表示地面点的坐标时是以平面代替球面，此时地球曲率的影响明显，高斯投影面与地面的差异产生了较大的系统性误差。航天摄影测量一般采用真正的大地空间坐标系——地心坐标系，但地心直角坐标数值很大，实际计算一般通过坐标系转换将其变换到局部切（割）面坐标系中。其中涉及的坐标系有：

——高斯-克吕格直角坐标（X_T,Y_T）和高程 h（正常高）；

——大地坐标系，用大地经度 L、大地纬度 B 和大地高 H 表示；

——地心直角坐标（$X_{心},Y_{心},Z_{心}$）；

——切面直角坐标（$X_{切}, Y_{切}, Y_{切}$）。

平差时采用切面坐标系，控制点的坐标需要转换到该坐标系中，转换顺序为

$(X_T, Y_T, h) \to (L, B, H) \to (X_{心}, Y_{心}, Z_{心}) \to (X_{切}, Y_{切}, Y_{切})$

测图在高斯-克吕格坐标系中进行，需要计算所有定向点的高斯坐标，顺序为

$(X_{切}, Y_{切}, Y_{切}) \to (X_{心}, Y_{心}, Z_{心}) \to (L, B, H) \to (X_T, Y_T, h)$

各变换公式参见文献（钱曾波等，1992）。

2）误差方程式的组成

星载 CCD 影像光束法平差的误差方程有三类。

（1）像点观测值的误差方程式。

在误差方程（2.6）中加入地面点坐标的改正数，则对第 i 点有

$$\begin{aligned} V_x = & a_{11}\Delta X_{S0} + a_{12}\Delta Y_{S0} + a_{13}\Delta Z_{S0} + a_{14}\Delta\varphi_0 + a_{15}\Delta\omega_0 + a_{16}\Delta\kappa_0 \\ & + a_{11}y\Delta\dot{X}_S + a_{12}y\Delta\dot{Y}_S + a_{13}y\Delta\dot{Z}_S + a_{14}y\Delta\dot{\varphi} + a_{15}y\Delta\dot{\omega} + a_{16}y\Delta\dot{\kappa} \\ & - a_{11}\Delta X_i - a_{12}\Delta Y_i - a_{13}\Delta Z_i - l_x \\ V_y = & a_{21}\Delta X_{S0} + a_{22}\Delta Y_{S0} + a_{23}\Delta Z_{S0} + a_{24}\Delta\varphi_0 + a_{25}\Delta\omega_0 + a_{26}\Delta\kappa_0 \\ & + a_{21}y\Delta\dot{X}_S + a_{22}y\Delta\dot{Y}_S + a_{23}y\Delta\dot{Z}_S + a_{24}y\Delta\dot{\varphi} + a_{25}y\Delta\dot{\omega} + a_{26}y\Delta\dot{\kappa} \\ & - a_{21}\Delta X_i - a_{22}\Delta Y_i - a_{23}\Delta Z_i - l_y \end{aligned}$$

（2）控制点观测方程式。

当控制点作为带权观测值时，若地面点坐标近似值取为该点已知值，则对第 i 点有

$$\begin{bmatrix} V_{Xi} \\ V_{Yi} \\ V_{Zi} \end{bmatrix} = \begin{bmatrix} \Delta X_i \\ \Delta Y_i \\ \Delta Z_i \end{bmatrix} - \begin{bmatrix} 0 \\ 0 \\ 0 \end{bmatrix}，权为 P_{Ti}$$

（3）“伪观测值”的误差方程。

为保证在定向参数高度相关的情况下解的稳定性，对定向参数有必要引进如下“伪观测值”，这在有轨道星历和卫星姿态的近似值时尤为必要。

$$X_{S0} = X_{S0}^{(0)}，\ Y_{S0} = Y_{S0}^{(0)}，\ Z_{S0} = h，\ \varphi_0 = \varphi_0^{(0)}，\ \omega_0 = \omega_0^{(0)}，\ \kappa_0 = \kappa_0^{(0)}$$

$$\dot{X}_S = \dot{X}_{S0}^{(0)}，\ \dot{Y}_S = \dot{Y}_{S0}^{(0)}，\ \dot{Z}_S = \dot{Z}_{S0}^{(0)}，\ \dot{\varphi} = \dot{\varphi}_0^{(0)}，\ \dot{\omega} = \dot{\omega}_0^{(0)}，\ \dot{\kappa} = \dot{\kappa}_0^{(0)}$$

把这些“伪观测值”作为带权观测值，且取近似值为伪观测值，有如下误差方程：

$$\begin{bmatrix} v_{\varphi_0} \\ v_{\omega_0} \\ \vdots \\ v_{\dot{Z}_S} \end{bmatrix} = \begin{bmatrix} \Delta\varphi_0 \\ \Delta\omega_0 \\ \vdots \\ \Delta\dot{Z}_S \end{bmatrix} - \begin{bmatrix} 0 \\ 0 \\ \vdots \\ 0 \end{bmatrix}，权为 P_{Si}$$

综合以上三类观测值，即可得总的误差方程，写成矩阵形式：

$$\begin{aligned} & V_{xy} = A_1X_1 + A_2X_2 + A_3X_3 - L_{xy}, \quad P_{xy} \\ & V_{XYZ_G} = B_1X_2 - O, \quad P_{Ti} \\ & V_{\varphi_0\text{-}\dot{Z}_S} = B_2X_1 - O, \quad P_{Si} \end{aligned}$$

其中，X_1 为定向参数，X_2 为控制点坐标的改正数，X_3 为未知地面点的坐标改正数。

总的形式为

$$\boldsymbol{V}=\boldsymbol{CX}-\boldsymbol{L}，\text{权为 } \boldsymbol{P}$$

解得

$$\boldsymbol{X}=(\boldsymbol{C}^{\mathrm{T}}\boldsymbol{PC})^{-1}\boldsymbol{C}^{\mathrm{T}}\boldsymbol{PL}$$

2.4　基于仿射变换的传感器模型

高分辨率卫星成像传感器的突出特征表现为长焦距和窄视场角。对于这种成像几何关系，如果采用基于共线方程的严密传感器模型来描述，将导致定向参数之间存在很强的相关性，从而影响定向的精度和稳定性。虽然存在多种解决相关性的方法如分组迭代、合并相关项等，但是结果并不十分理想，能达到的定位精度有限。特别是在视场角很小的情况下，问题变得特别突出。当然，如果传感器的定向参数是已知的，或者其他手段能为卫星成像时每一行影像提供高精度的位置和姿态参数，全部或者部分外方位元素的初值可以用作约束条件，那么这种严密传感器模型可以产生很高的定向精度。但在实际当中这些辅助数据的获取通常比较困难并且精度不易保证，因此学者们试图建立一种新的严密传感器模型，考虑把基于仿射变换的几何模型应用于摄影测量重建。因为在视场角相对较小的情况下，摄影光束可以看成是等效的平行投影。

2.4.1　研究现状

针对线阵 CCD 推扫式影像严密传感器模型的不足，Okamoto 提出了一种利用仿射投影变换来处理高分辨率星载线阵 CCD 推扫式影像的方法，通过 SPOT 1 级、2 级立体影像的定位实验证明，最少只需 6 个均匀分布的地面控制点，就可获得 6m 的平面精度和 7.5m 的高程精度（Okamoto，1999）。实验表明，利用仿射投影处理线阵 CCD 推扫式影像尽管在理论上存在不足，但获得的定位精度与严格几何模型相当或更优。Okamoto 的仿射变换模型以一维仿射投影影像为基础，提出了一种“中心投影-仿射投影”的改正方式，即利用成像时的几何关系，将行中心投影影像转化为相应的仿射投影影像，以仿射影像为基础，进行地面点的空间定位。相关文献（Hattori，2000；Ono，2000；张剑清，张祖勋，2002）进一步研究与应用了该模型。本节结合上述有关仿射变换用于卫星线阵列 CCD 推扫式影像传感器模型方面的理论和算法基础，从平行投影的成像几何关系、基于平行投影的传感器模型、透视投影与平行投影的投影转换，详细研究和分析基于仿射变换的传感器模型，以建立基于仿射变换的传感器几何模型的技术基础。

2.4.2　平行投影成像几何关系

线阵 CCD 推扫式影像的每一条扫描线满足一维的中心投影，每一条线都有不同的定向参数。对第 i 条线的外部定向参数包括以下 6 个参数：投影中心坐标 X_{0i}，Y_{0i}，Z_{0i} 和姿态角 φ_i，ω_i，κ_i，这些位置参数和姿态参数通常描述成时间的多项式。共线方程可以描述为下式：

$$
\begin{pmatrix} 0 \\ y \\ -f \end{pmatrix} = \lambda(R_{\varphi i},\ R_{\omega i},\ R_{ki}) \begin{pmatrix} X - X_{0i} \\ Y - Y_{0i} \\ Z - Z_{0i} \end{pmatrix} \quad \begin{matrix} (2.9a) \\ (2.9b) \\ (2.9c) \end{matrix}
$$

式中，X，Y，Z 是目标点的地面坐标；λ 是比例系数；f 是焦距；y 是影像扫描行方向的坐标；$R_{\varphi i}$，$R_{\omega i}$，R_{ki}是三个方向的旋转矩阵。在视场角比较小的情况下，场景可以近似看成通过平行投影构像于影像上，那么f就意味着无穷大，于是式（2.9c）失去意义，共线方程可以描述成下式：

$$
\begin{aligned} 0 &= a_{11}(X - X_{0i}) + a_{12}(Y - Y_{0i}) + a_{13}(Z - Z_{0i}) \\ y &= a_{22}(X - X_{0i}) + a_{22}(Y - Y_{0i}) + a_{23}(Z - Z_{0i}) \end{aligned} \tag{2.10}
$$

式中，a_{ij}（i=1,2；j=1,2,3）是旋转矩阵 λ（$R_{\varphi i}$,$R_{\omega i}$,$R_{\kappa i}$）的系数。进一步假设传感器在空间的运动是线性的，姿态不发生变化，那么第 i 行的投影中心可以描述成下式：

$$
\begin{aligned} X_{0i} &= X_0 + \Delta X \cdot i \\ Y_{0i} &= Y_0 + \Delta Y \cdot i \\ Z_{0i} &= Z_0 + \Delta Z \cdot i \end{aligned} \tag{2.11}
$$

式中，X_0，Y_0，Z_0 和 ΔX，ΔY，ΔZ 都是常量。其中，X_0，Y_0，Z_0 对应中央扫描行的投影中心。

影像的行数表达式为

$$
i = \frac{a_{11}(X - X_0) + a_{12}(Y - Y_0) + a_{13}(Z - Z_0)}{a_{11}\Delta X + a_{12}\Delta Y + a_{13}\Delta Z} \tag{2.12}
$$

影像行数也可以用飞行方向的图像坐标 x 来代替。假设姿态不发生变化，a_{ij}可以认为是常系数，则方程（2.10）可以描述成下述代数形式：

$$
\begin{aligned} x &= A_1X + A_2Y + A_3Z + A_4 \\ y &= A_5X + A_6Y + A_7Z + A_8 \end{aligned} \tag{2.13}
$$

其中，A_i 是相互独立的系数。式（2.13）表明平行光投影成像是一个从三维到二维的仿射变换。

2.4.3　基于平行投影的传感器模型

1. 基于一维仿射变换的几何模型

对于线阵 CCD 推扫式影像，由于其在扫描行方向依然满足中心投影的成像关系，传统的中心投影方程（共线条件方程）仍成立，对于线阵列推扫式影像的每一行影像，它的形式如下

$$
\begin{aligned} x = 0 &= a_{11}(X - X_{0i}) + a_{12}(Y - Y_{0i}) + a_{13}(Z - Z_{0i}) \\ y &= \frac{a_{21}(X - X_{0i}) + a_{22}(Y - Y_{0i}) + a_{23}(Z - Z_{0i})}{a_{31}(X - X_{0i}) + a_{32}(Y - Y_{0i}) + a_{33}(Z - Z_{0i})} \end{aligned} \tag{2.14}
$$

式中，X_{0i}，Y_{0i}，Z_{0i}是投影中心的坐标，其中，x 是飞行方向的坐标，y 是扫描行方向的坐

标。a_{ij}是旋转矩阵的元素。需要注意的是x等于零，我们可以修改式（2.14）为更一般的投影方程：

$$\begin{aligned} 0 &= X + A_1Y + A_2Z + A_3 \\ y &= \frac{A_4Y + A_5Z + A_6}{A_7Y + A_8Z + 1} \end{aligned} \tag{2.15}$$

式中，影像中每一扫描行的外部定向参数A_i是变化的，把这种变化可以描述为时间或者行数的连续函数。在视场角很小的情况下，为了避免多参数引起的相关（参数相关表现在X_S，α_x以及Y_S，ω之间），同时考虑摄影光束的形状更接近平行投影，因此可以用如下仿射变换公式近似替代式（2.15）：

$$\begin{aligned} 0 &= X + A_1Y + A_2Z + A_3 \\ y &= A_4Y + A_5Z + A_6 \end{aligned} \tag{2.16}$$

由于该模型只在扫描行方向引入仿射变换，因此称其为基于一维仿射变换的传感器模型。对于上述系数A_i的变化规律，实际中通常采用一个线性的变化关系式来描述，也就是对每一个系数引入两个变量并通过最小二乘平差方法来解算定向结果。

2. 基于二维仿射变换的几何模型

对于线阵CCD推扫式影像，其在扫描行方向是严格的中心投影，但在飞行方向并非严格的平行投影。在采用基于二维仿射变换的传感器模型描述整幅影像时，首先假定在飞行方向上遵循严格的平行投影关系，这就表明当卫星在轨道上飞行并形成一帧影像过程中，传感器的姿态角是不变的，而其投影中心的变化是线性的，也就意味着卫星的飞行轨迹为一条直线。

实际上，卫星是沿着开普勒轨道在平稳地运行，当卫星的影像覆盖范围相对比较小时，上述的假设是合理的。然而在扫描行方向，虽然其遵循严格的中心投影，该方向的定向模型可以根据透视变换严格构成，但是由于传感器成像的视场角太小而造成模型参数之间的相关性，定向模型的精度下降。另外，当传感器的视场角很小时，实际的情形更接近平行光投影而不是中心投影，因此利用仿射变换比透视变换更能有效地描述成像几何关系。扫描行方向的处理与一维的仿射变换模型是一致的。

有了上述两个假设作前提，就可以采用二维仿射变换公式（2.17）来描述线阵CCD推扫式影像的成像几何关系。

$$\begin{aligned} 0 &= a_{11}(X - X_{0i}) + a_{12}(Y - Y_{0i}) + a_{13}(Z - Z_{0i}) \\ y &= a_{22}(X - X_{0i}) + a_{23}(Y - Y_{0i}) + a_{23}(Z - Z_{0i}) \end{aligned} \tag{2.17}$$

式（2.17）可以进一步改化为

$$\begin{aligned} x_a &= A_1X + A_2Y + A_3Z + A_4 \\ y_a &= A_5X + A_6Y + A_7Z + A_8 \end{aligned} \tag{2.18}$$

2.4.4　透视投影与平行投影的投影转换

由于仿射变换对应平行投影，而透视变换对应中心投影，因此在用仿射变换描述透视变换的线阵列 CCD 推扫式影像时，必须进行扫描行方向上图像性质的转换：从透视变换转换到仿射变换。

下面以线阵 CCD 推扫式影像的其中一行影像为例，来详细推导转换过程，并在此基础上建立基于二维仿射变换的传感器数学模型。

1. 真实场景的缩小

由于投影转换是在同等比例尺的中心投影影像和仿射影像之间进行（类似我们进行同主距的水平像片与倾斜像片的转换），考虑平行投影的比例尺因素，故在进行投影的转换之前，需要将真实场景进行缩小，如图 2.2 所示，缩小倍数为 $m=\overline{Z}/f$，其中 f 为相机焦距，$\overline{Z}$ 为地面平均高度，然后通过缩小的地面模型来建立这种转换关系，这样得到缩小地面模型的平行投影影像。

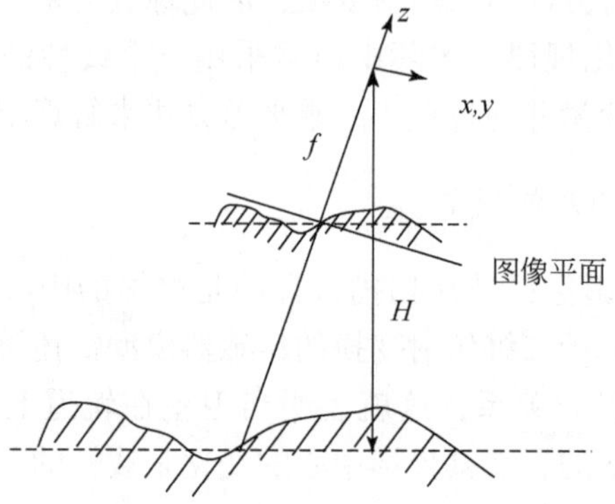

图 2.2　模型缩小

2. 坐标关系转换

为了更加详细地表述这个问题，下面分地形平坦和地形起伏两种情况，分析坐标关系的转换过程。

1）地形平坦的情形

当影像覆盖区域地势平坦时，设 CCD 传感器绕飞行方向的侧视角为 ω，并进一步假设成像瞬间中心投影影像线与缩小的地面模型相交于主点 O。用 S 表示投影中心，p（y_c）表示中心投影像点，P_g 为光线 Sp 与地面的交点，从 P_g 作中心投影影像线的垂线，垂足即为相应的仿射投影像点 p_a（y_a），如图 2.3 所示。

设传感器的焦距为 f，中心投影像点 p（y_c）的坐标为 y_c，镜头主点坐标为 y_H，仿射投影像点 p_a（y_a）的坐标为 y_a，则根据图 2.3 中的三角形相似关系，可以得出 p（y）与相应仿射投影像点 p_a（y_a）之间的坐标关系为

$$y_a=\frac{y_c-y_H}{1-(\tan\omega)(y_c-y_H)/f}$$

$$y=y_c-y_H$$

亦即

$$y_a = y/[1 - (\tan\omega) y/f] \tag{2.19}$$

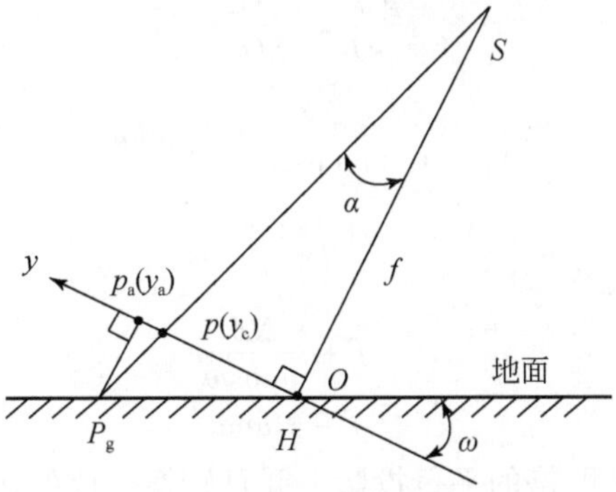

图 2.3　投影性质转换

2）地形起伏的情形

根据式（2.19），可将中心投影影像转换成仿射投影影像，如果地形起伏较大，生成的仿射投影影像含有不可忽视的转换误差。设某地面点与平均高程的高差为 ΔZ，传感器视场角为 2α，则根据图 2.4 所示的几何关系可知，忽略地形起伏而引起的像点转换误差 Δy，即 $p_a p_a'$ 为

$$\Delta y = \Delta Z/m[\tan(\omega + \alpha) - \tan \omega]\cos\omega \tag{2.20}$$

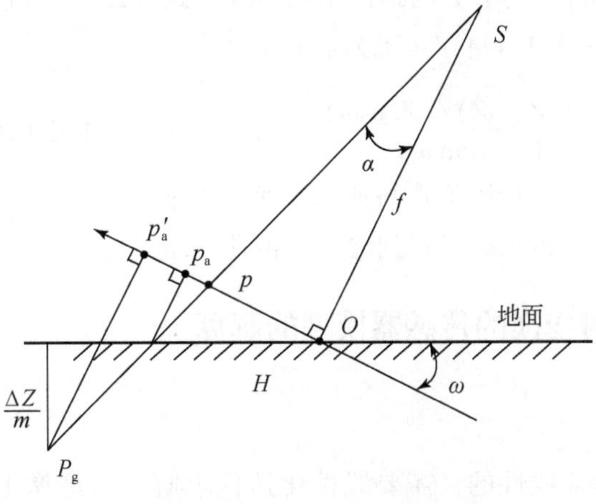

图 2.4　高程引起的转换误差

当传感器的视场角为 4°，成像侧视角为 30°，影像覆盖区的最大高差为 500m 时，根据式（2.20）计算可知，在不考虑比例尺的情况下，由地形起伏引起的影像转换误差可达到 10.3m，因此在基于仿射变换的定向解算中必须考虑地形起伏的影响。

3. 基于二维仿射变换的传感器模型建立

前面分两种情况分析了坐标转换关系，其中坐标的改正分两步完成，实际上这两步的改正也可以一次完成。下面推导一次改正公式，通过推导可得出基于二维仿射变换的传感器数学模型。

由图 2.4 中几何关系可以得出

$$\frac{p'_{a}p}{pO}=\frac{p'_{a}P_{g}}{SO} \tag{2.21}$$

$$\frac{y_{a}-y}{y}=\frac{\dfrac{\Delta Z}{m\cos\omega}+y_{a}\tan\omega}{f}$$

整理可得

$$y_{a}=\frac{f+\dfrac{\Delta Z}{m\cos\omega}}{f-y\tan\omega}y \tag{2.22}$$

由于假设在飞行方向是严格的平行投影，并且转换生成的仿射影像和原始的中心投影影像是同一比例尺，因此

$$x_{a}=x \tag{2.23}$$

将式(2.23)和式(2.22)代入 2.4.3 节二维仿射变换的式(2.18)，即可得到下述基于二维仿射变换的严格模型：

$$\begin{aligned}&x=A_{1}X+A_{2}Y+A_{3}Z+A_{4}\\&\frac{f+\Delta Z/(m\cos\omega)}{f-y\tan\omega}y=A_{5}X+A_{6}Y+A_{7}Z+A_{8}\end{aligned} \tag{2.24}$$

式中，$\Delta Z=\bar{Z}-Z$，$m=\bar{Z}/f$，其中 $\bar{Z}$ 为地面平均高度。式（2.24）进一步改化为

$$\begin{aligned}&x=A_{1}X+A_{2}Y+A_{3}Z+A_{4}\\&\frac{1+(\bar{Z}-Z)/(\bar{Z}\cos\omega)}{1-y\tan\omega/f}y=A_{5}X+A_{6}Y+A_{7}Z+A_{8}\end{aligned} \tag{2.25}$$

式（2.25）代表了真实中心投影像点与地面点通过二维仿射变换建立的严格几何关系。这里用更简单的方法推导出和文献（张剑清，张祖勋，2002）一致的公式。

2.4.5 基于仿射变换的传感器模型的解算

1. 模型参数解算

由于式（2.25）是非线性的，需要线性化迭代求解。考虑像坐标转换，以 x 代替 $x-x_0$，y 代替 $y-y_0$，将其线性化为

$$\begin{aligned}&X_{i}A_{1}+Y_{i}A_{2}+Z_{i}A_{3}+A_{4}-x_{i}=0\\&y_{i}\cdot\left[\frac{Z_{i}\sin\omega}{m(f-y_{i}\tan\omega)\cos^{2}\omega}-\frac{y_{i}(f-Z_{i}/(m\cos\omega))}{(f-y_{i}\tan\omega)^{2}\cos^{2}\omega}\right]\mathrm{d}\omega+X_{i}\mathrm{d}A_{5}+Y_{i}\mathrm{d}A_{6}\\&+Z_{i}\mathrm{d}A_{7}+\mathrm{d}A_{8}+X_{i}A_{5}+Y_{i}A_{6}+Z_{i}A_{7}+A_{8}-\frac{f-\dfrac{Z_{i}}{m\cos\omega}}{f-y_{i}\tan\omega}\cdot y_{i}=0\end{aligned} \tag{2.26}$$

依据上述误差方程，利用 5 个以上的控制点即可迭代求解 ω 与 A_i（$i=1$，8）。迭代过程中各未知数的初始值均取 0。

2. 由空间坐标（X，Y，Z）计算像坐标（x，y）

在利用控制点解得 ω 与 A_i（i=1，8）之后，可利用

$$x = A_1X + A_2Y + A_3Z + A_4 \tag{2.27}$$

$$y = \frac{(A_5X + A_6Y + A_7Z + A_8)fm\cos\omega}{(A_5X + A_6Y + A_7Z + A_8)m\sin\omega + (fm\cos\omega - Z)} \tag{2.28}$$

由空间坐标（X，Y，Z）计算像坐标（x，y）。

3. 由左、右像坐标（x_l，y_l）和（x_r，y_r）计算空间坐标（X，Y，Z）

由式（2.25）根据立体像对，得线性方程组：

$$\begin{bmatrix} A_{1l} & A_{2l} & A_{3l} \\ A_{5l} & A_{6l} & A_{7l} + \dfrac{y_l}{m\cos\omega_l(f - y_l\tan\omega_l)} \\ A_{1r} & A_{2r} & A_{3r} \\ A_{5r} & A_{6r} & A_{7r} + \dfrac{y_r}{m\cos\omega_r(f - y_r\tan\omega_r)} \end{bmatrix} \begin{bmatrix} X \\ Y \\ Z \end{bmatrix} = \begin{bmatrix} x_l - A_{4l} \\ \dfrac{fy_l}{f - y_l\tan\omega_l} - A_{8l} \\ x_r - A_{4r} \\ \dfrac{fy_r}{f - y_r\tan\omega_r} - A_{8r} \end{bmatrix} \tag{2.29}$$

或记为 $\boldsymbol{AX}=\boldsymbol{L}$，其解为 $\boldsymbol{X}=(\boldsymbol{A}^{\mathrm{T}}\boldsymbol{A})^{-1}\boldsymbol{A}^{\mathrm{T}}\boldsymbol{L}$。

由于焦距长、视场角小，高分辨率星载CCD影像的共线条件方程中定向参数之间相关性很大，造成解答过程的不稳定，尤其在缺乏高精度星历和姿态数据时，单纯依靠地面控制反求高分辨率卫星CCD影像的外方位元素很困难。与之相比，仿射变换模型根据高分辨率卫星CCD传感器的成像特点严格推导而来，不仅具有理论上的严密性，而且将外部定向参数由常规的12个减少为9个，大大降低了定向参数之间的相关性，而且解算过程中不需要卫星位置、姿态等初始信息，是高分辨率遥感卫星一种比较理想的定位模型。

第3章　通用传感器模型的理论与方法

3.1　引　　言

高分辨率遥感卫星的出现，使得利用卫星遥感立体影像实现地面目标的高精度定位与大比例尺测图成为可能。传感器成像几何模型的建立是进行摄影测量立体定位处理的基础，它反映了地面点三维空间坐标与相应像点在像平面坐标系中二维坐标之间的数学关系，一般分为两类：物理传感器模型和通用传感器模型。建立物理传感器模型时，需要考虑成像过程中造成影像变形的物理因素如地表起伏、大气折射、相机透镜畸变及卫星的位置、姿态等，再利用这些物理条件来建构成像几何模型；通用传感器模型建立时，则不考虑传感器成像的物理意义，直接采用一般数学函数式如多项式、直接线性变换、仿射变换及有理多项式等形式描述地面点和相应像点之间的几何关系。在传统的摄影测量领域，应用较多的是物理传感器模型。由于物理传感器模型与传感器物理和几何特性紧密相关，因此不同类型的传感器需要不同的模型。随着遥感技术和航天技术的发展，航天测绘传感器的地面分辨率大幅度提高，画幅式相机在摄影测量领域的垄断地位已被打破，传感器获取立体影像的方式日渐复杂，已不限于单线阵CCD传感器通过绕飞行方向侧摆（如SPOT）或三线阵CCD（如MOMS）的方式获取立体影像。一个典型的例子就是美国空间成像公司IKONOS卫星的传感器，它可以按需要绕其轴线进行任意角度的转动，以获取感兴趣区域的立体影像。传感器技术的发展给摄影测量提出了新的挑战并带来了新的应用问题：每一种新的传感器面世，我们都要根据其成像几何关系专门为其建立传感器模型，并在已有的摄影测量软件中加入相应模块进行支持，这就大大增加了程序设计、软件升级以及维护的难度。对于线阵CCD推扫式遥感影像，高空间分辨率的特点决定了卫星成像传感器长焦距和窄视场角的特征，如IKONOS的焦距为10m，而视场角小于1°。对于这种成像几何关系，如果采用基于共线方程的物理传感器模型描述，将导致定向参数之间的强相关，从而影响定向的精度和稳定性。虽然存在多种解决相关性的方法，如分组迭代、合并相关项等，但结果并不十分理想，能达到的定位精度有限，从而削弱了遥感影像高分辨率的固有优势。另外，物理传感器模型的建立涉及传感器物理构造、成像方式及各种成像参数，一些高分辨率商业遥感卫星（如IKONOS等）的传感器信息出于技术保密的目的暂时不向用户公开，在不知道轨道参数和成像参数的情况下，不可能使用严格的物理传感器模型处理其影像。鉴于上述原因，同时由于通用传感器模型与具体的传感器无关，更能适应传感器成像方式多样化的发展要求，因此，通用传感器模型的研究已成为当前摄影测量与遥感领域的一个重要研究方向。

3.2　传感器通用成像模型

3.2.1　基于多项式的传感器模型

基于多项式的传感器模型是一种简单的通用成像传感器模型，其原理直观明了，并且计算较为简单，特别是对地面相对平坦的情况，具有较好的精度。

这种方法的基本思想是回避成像的几何过程，而直接对影像的变形本身进行数学模拟。把遥感图像的总体变形看成平移、缩放、旋转、偏扭、弯曲，以及更高次的基本变形综合作用的结果，因而，纠正前后影像相应点之间的坐标关系可以用一个适当的多项式来表达。该方法尽管有不同程度的近似性，但对各种类型传感器都是普遍适用的。

常用的多项式模型有二维多项式和三维多项式两种。

$$
\begin{aligned}
x &= \sum_{i=0}^{m}\sum_{j=0}^{n} a_{ij}X^iY^j \\
y &= \sum_{i=0}^{m}\sum_{j=0}^{n} b_{ij}X^iY^j
\end{aligned}
\tag{3.1}
$$

$$
\begin{aligned}
x &= \sum_{i=0}^{m}\sum_{j=0}^{n}\sum_{k=0}^{p} a_{ijk}X^iY^jZ^k \\
y &= \sum_{i=0}^{m}\sum_{j=0}^{n}\sum_{k=0}^{p} b_{ijk}X^iY^jZ^k
\end{aligned}
\tag{3.2}
$$

其中，x，y 是像点坐标；X，Y，Z 是地面坐标。这里多项式的阶数一般不大于三次，因为更高阶的多项式往往不能提高精度反而会引起参数的相关，造成模型定向精度的降低。

由于二维的多项式函数不能真实描述影像形成过程中的误差来源以及地形起伏引起的变形，因此，其应用只限于变形很小的图像如垂直下视影像、小覆盖范围影像或者平坦地区的图像。三维的多项式模型是二维的多项式的扩展，即通过在多项式中增加与地形起伏相关的 Z 坐标。基于多项式的传感器模型，其定向精度与地面控制点的精度、分布和数量及实际地形有关。采用这种模型定向时，在控制点上拟合很好，但在其他点的内插值可能有明显偏离，而与相邻控制点不协调，即在某些点处产生振荡现象。

3.2.2　基于直接线性变换的传感器模型

直接线性变换（direct linear transformation，DLT）是直接建立像点坐标和空间坐标关系的一种数学变换式。这是一种典型的通用传感器模型。它不需要内外方位元素，具有表达形式简单、解算简便、无需初始值等特点，广泛用于近景摄影测量和摄影像片解析定位中。随着线阵 CCD 推扫式传感器的面世，许多学者又开始将 DLT 引入到星载 CCD 传感器的定向中，Manadili 等采用 DLT 对 SPOT 影像进行精纠正，用少量的控制点就可达到子像元的定位精度（Manadili and Novak，1996）；Savopol 等用 DLT 对印度卫星 IRS-1C 影像进行处理，在没有考虑系统误差的情况下定位误差也在一个像元之内（Savopol and Armenakis，1998）。

1. 扩展型直接线性变换模型

直接线性变换的基本表达式为

$$\begin{cases} x = \dfrac{L_1X + L_2Y + L_3Z + L_4}{L_9X + L_{10}Y + L_{11}Z + 1} \\ y = \dfrac{L_5X + L_6Y + L_7Z + L_8}{L_9X + L_{10}Y + L_{11}Z + 1} \end{cases} \tag{3.3}$$

上式可根据画幅式中心投影关系由共线方程严格推导得出。针对航天 CCD 阵列传感器的投影性质，Okamoto 对式（3.3）进行了改化，提出了扩展型直接线性变换（EDLT）（Okamoto，1999）：

$$\begin{cases} x = \dfrac{L_1X + L_2Y + L_3Z + L_4}{L_9X + L_{10}Y + L_{11}Z + 1} + L_{12}x^2 \\ y = \dfrac{L_5X + L_6Y + L_7Z + L_8}{L_9X + L_{10}Y + L_{11}Z + 1} + L_{13}xy \end{cases} \tag{3.4}$$

将式（3.4）线性化，得到求解待定系数的误差方程为

$$\begin{cases} v_x = -\dfrac{1}{A}(L_1X + L_2Y + L_3Z + L_4 - xXL_9 - xYL_{10} - xZL_{11} + Ax^2L_{12} - x) \\ v_y = -\dfrac{1}{A}(L_5X + L_6Y + L_7Z + L_8 - yXL_9 - yYL_{10} - yZL_{11} + AxyL_{13} - y) \end{cases} \tag{3.5}$$

其中，$A = L_9X + L_{10}Y + L_{11}Z + 1$。

2. 自检校型直接线性变换模型

以 CCD 扫描影像的严格几何模型为基础，Wang 推导出了一种新的 CCD 影像定位模型，称为自检校型直接线性变换模型（SDLT）（Wang，1999）。SDLT 模型不需要任何的传感器参数，如内方位元素、侧视角和星历信息，也不需要对原始影像进行几何预纠正，因而适合处理一些未公开传感器和星历信息的高分辨率遥感影像，如 IKONOS 等。

如以影像 y 坐标方向表示飞行方向，由于星载 CCD 传感器飞行平稳，因此常把传感器的外方位元素近似表示成

$$\begin{cases} X_S = X_{S0} + k_1 \cdot y + \cdots \\ Y_S = Y_{S0} + k_2 \cdot y + \cdots \\ Z_S = Z_{S0} + k_3 \cdot y + \cdots \\ \varphi = \varphi_0 + k_4 \cdot y + \cdots \\ \omega = \omega_0 + k_5 \cdot y + \cdots \\ \kappa = \kappa_0 + k_6 \cdot y + \cdots \end{cases}$$

令 $\boldsymbol{R} = \boldsymbol{R}_0 \Delta \boldsymbol{R}$，$\boldsymbol{R}_0 = \boldsymbol{R}(\omega_0)\boldsymbol{R}(\varphi_0)\boldsymbol{R}(\kappa_0)$，

$$\Delta \boldsymbol{R} = \boldsymbol{R}(\Delta\omega)\boldsymbol{R}(\Delta\varphi)\boldsymbol{R}(\Delta\kappa) = \begin{bmatrix} 1 & -\Delta\kappa & \Delta\varphi \\ \Delta\kappa & 1 & -\Delta\omega \\ -\Delta\varphi & \Delta\omega & 1 \end{bmatrix}$$

则共线方程可表示成：

$$\begin{bmatrix} X \\ Y \\ Z \end{bmatrix} = \lambda \boldsymbol{R}_0 \Delta \boldsymbol{R} \begin{bmatrix} x \\ 0 \\ -f \end{bmatrix} + \begin{bmatrix} X_S \\ Y_S \\ Z_S \end{bmatrix} = \lambda \boldsymbol{R}_0(\boldsymbol{E} + \boldsymbol{K}y) \begin{bmatrix} x \\ 0 \\ -f \end{bmatrix} + \begin{bmatrix} X_0 \\ Y_0 \\ Z_0 \end{bmatrix} + \begin{bmatrix} k_1 \\ k_2 \\ k_3 \end{bmatrix} \cdot y \tag{3.6}$$

其中，$\boldsymbol{K} = \begin{bmatrix} 0 & -k_6 & k_5 \\ k_6 & 0 & -k_4 \\ -k_5 & k_4 & 0 \end{bmatrix}$，$\boldsymbol{E}$ 表示单位阵。

由于 CCD 传感器在飞行方向上为平行投影，y 坐标正比于沿飞行方向的径向距离（图 3.1），于是，

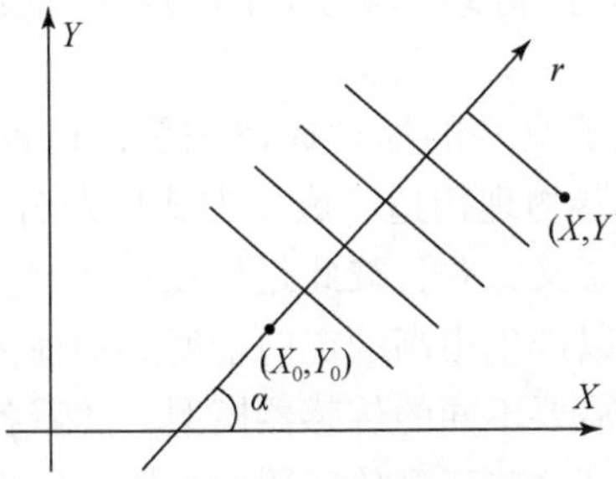

图 3.1　飞行方向与影像外定向

$$\begin{bmatrix} X_s \\ Y_s \\ Z_s \end{bmatrix} = \begin{bmatrix} X'_0 \\ Y'_0 \\ Z'_0 \end{bmatrix} + \begin{bmatrix} k'_1 \\ k'_2 \\ k'_3 \end{bmatrix} \cdot (X\cos\alpha + Y\sin\alpha) \tag{3.7}$$

其中，(X'_0, Y'_0, Z'_0) 与 (k'_1, k'_2, k'_3) 为表示 (X_0, Y_0, Z_0) 和 (k_1, k_2, k_3) 的常量。综合式（3.6）、式（3.7），得

$$\lambda \begin{bmatrix} x - k_5 fy \\ k_4 fy - k_6 xy \\ -f - k_5 xy \end{bmatrix} = \begin{bmatrix} l_1 X + l_2 Y + l_3 Z + l_4 \\ l_5 X + l_6 Y + l_7 Z + l_8 \\ l_9 X + l_{10} Y + l_{11} Z + l_{12} \end{bmatrix} \tag{3.8}$$

其中，$(l_1, l_2, \cdots, l_{12})$ 为常数。一般卫星在侧视成像获取旁向立体的过程中，传感器的侧视角度基本不变，因此式（3.8）中 k_5 的影响可以忽略不计。

由于像点的像素坐标 (x_p, y_p) 和像平面坐标 (x, y) 的关系可描述为

$$\begin{aligned} x &= S_x x_p + x_0 \\ y &= S_y y_p + y_0 \end{aligned} \tag{3.9}$$

其中，(S_x, S_y) 为 CCD 单元的尺寸，(x_0, y_0) 为坐标原点的偏移量。将式（3.9）代入式（3.8），并忽略 k_5，得到

$$\begin{cases} x_p = \dfrac{L_1X + L_2Y + L_3Z + L_4}{L_9X + L_{10}Y + L_{11}Z + 1} \\ y_p = \dfrac{L_5X + L_6Y + L_7Z + L_8}{L_9X + L_{10}Y + L_{11}Z + 1} + L_{12}x_py_p \end{cases} \tag{3.10}$$

式（3.10）直接建立了像点像素坐标（x_p, y_p）与相应地面点坐标（X, Y, Z）的变换关系，与常规的 DLT 模型相比，它增加了对像点坐标的改正，因此可称之为自检校型 DLT 模型。式（3.10）的线性化结果为

$$\begin{cases} v_x = \dfrac{1}{A}(L_1X + L_2Y + L_3Z + L_4 - xXL_9 - xYL_{10} - xZL_{11} - x) \\ v_y = \dfrac{1}{A}(L_5X + L_6Y + L_7Z + L_8 - yXL_9 - yYL_{10} - yZL_{11} + AxyL_{12} - y) \end{cases}$$

其中，$A = L_9X + L_{10}Y + L_{11}Z + 1$。

3.3 基于有理函数的通用传感器模型

由于物理传感器模型描述了真实的物理成像关系，这种传感器模型在理论上是严密的。该类模型的建立涉及传感器物理构造、成像方式以及各种成像参数。在这类模型中，每个定向参数都有严格的物理意义，并且彼此是相互独立的。这类传感器模型适用于传统的空中三角测量处理，并且可以产生很高的定向精度。物理传感器模型是与传感器紧密相关的，因此不同类型的传感器需要不同的传感器模型。随着各种新型航空和航天传感器的出现，从应用的角度，为了处理这些新型传感器的数据，用户需要改变他们的软件或者增加新的传感器模型到他们的系统中，这给用户带来诸多不便。另外，物理传感器模型并非总能得到。物理传感器模型的建立需要传感器的物理构造及成像方式等信息，但是为了技术保密，一些高性能传感器的镜头构造、成像方式及卫星轨道等信息并未被公开，因而用户不可能建立这些传感器的严格成像模型。传感器参数的保密性、成像几何模型的通用性以及更高的处理速度均要求使用与具体传感器无关的、形式简单的通用传感器模型取代物理传感器模型完成摄影测量处理任务。

3.3.1 通用传感器有理函数模型的引入

在通用传感器模型中，目标空间和影像空间的转换关系可以通过一般的数学函数来描述，并且这些函数的建立不需要传感器成像的物理模型信息。这些函数可用多种不同的形式如多项式、直接线性变换以及有理函数等来表示。显然通用传感器模型更能适应传感器成像方式多样化的发展要求。用通用的传感器模型代替严格的传感器模型的研究已经有十余年的历史，它最早应用在美国的军事部门中，另外这种方法在一些数字摄影测量系统中也出现过。

尽管有理函数的理论在十几年前已经出现，但仅在近几年才受到普遍关注。有理函数模型在摄影测量和遥感领域应用较少，相关研究也不多，IKONOS 卫星的成功发射推动了对有理函数模型的全面研究。国际摄影测量与遥感协会（ISPRS）已成立专门工作组研究

有关有理函数模型的精度、稳定性等各方面问题；加拿大 Calgary 大学也于 1999 年初启动了对有理函数模型在摄影测量中应用问题的研究；Tao 分析了不同的控制点数目与分布对有理函数模型定位精度的影响（Tao and Hu，2000a；Tao and Hu，2000b；Tao and Hu，2001a；Tao and Hu，2001b；Tao and Hu，2001c；Tao and Hu，2001d）；Yang 采用了正解和反解两种数学形式，分析了有理函数模型的纠正精度（Yang，2000；Yang，2001）；Dowman 则对有理函数模型的精度和稳健性进行分析，并提出了误差传递的算法（Dowman and Dolloff，2000）；后来 Hu 又提出了特定条件下的有理函数模型立体重建算法以及利用控制点更新现有模型的算法（Hu and Tao，2001）。本章从基于有理函数的通用传感器模型的建立、立体交会、控制方案、理论特性等方面进行了系统介绍，最后通过航空影像、SPOT 影像等的比较试验，全面分析了有理函数模型拟合严格成像模型的精度以及三维定位精度。

3.3.2　有理函数的定义

有理函数模型（rational function model，RFM）是将像点坐标（r,c）表示为以相应的面点空间坐标（X,Y,Z）为自变量的多项式的比值，如式（3.11）所示。

$$
\begin{aligned}
r_n &= \frac{p_1(X_n,Y_n,Z_n)}{p_2(X_n,Y_n,Z_n)} \\
c_n &= \frac{p_3(X_n,Y_n,Z_n)}{p_4(X_n,Y_n,Z_n)}
\end{aligned}
\tag{3.11}
$$

式中，（r_n,c_n）和（X_n,Y_n,Z_n）分别表示像素坐标（r,c）和地面点坐标（X,Y,Z）经平移和缩放后的标准化坐标，取值位于$-1.0\sim+1.0$，其变换关系为

$$
\begin{gathered}
X_n = \frac{X-X_0}{X_s},\quad Y_n = \frac{Y-Y_0}{Y_s},\quad Z_n = \frac{Z-Z_0}{Z_s} \\
r_n = \frac{r-r_0}{r_s},\quad c_n = \frac{c-c_0}{c_s}
\end{gathered}
\tag{3.12}
$$

其中，（X_0,Y_0,Z_0,r_0,c_0）为标准化的平移参数，（X_s,Y_s,Z_s,r_s,c_s）为标准化的比例参数。RFM 采用标准化坐标的目的是减少计算过程中由于数据数量级差别过大引入的舍入误差。

多项式中每一项的各个坐标分量 X，Y，Z 的幂最大不超过 3，每一项各个坐标分量的幂的总和也不超过 3（通常有 1，2，3 三种取值）。另外，分母项 p_2 和 p_4 的取值可以有两种情况：$p_2=p_4$（可以是一个多项式，也可以是常量 1），$p_2\neq p_4$。每个多项式的形式如下：

$$
\begin{aligned}
p = \sum_{i=0}^{m_1}\sum_{j=0}^{m_2}\sum_{k=0}^{m_3} a_{ijk}X^iY^jZ^k &= a_0 + a_1Z + a_2Y + a_3X + a_4ZY + a_5ZX + a_6YX + a_7Z^2 + a_8Y^2 \\
&\quad + a_9X^2 + a_{10}ZYX \\
&\quad + a_{11}Z^2Y + a_{12}Z^2X + a_{13}Y^2Z + a_{14}Y^2X + a_{15}ZX^2 + a_{16}YX^2 \\
&\quad + a_{17}Z^3 + a_{18}Y^3 + a_{19}Z^3
\end{aligned}
\tag{3.13}
$$

式中，a_i（$i=0,1,\cdots,19$）是多项式的系数。式（3.11）也可写成如下形式：

$$r=\frac{(1\quad Z\quad Y\quad X\quad\cdots\quad Y^3\quad X^3)\cdot(a_0\quad a_1\quad\cdots\quad a_{19})^{\mathrm{T}}}{(1\quad Z\quad Y\quad X\quad\cdots\quad Y^3\quad X^3)\cdot(1\quad b_1\quad\cdots\quad b_{19})^{\mathrm{T}}}$$
$$c=\frac{(1\quad Z\quad Y\quad X\quad\cdots\quad Y^3\quad X^3)\cdot(c_0\quad c_1\quad\cdots\quad c_{19})^{\mathrm{T}}}{(1\quad Z\quad Y\quad X\quad\cdots\quad Y^3\quad X^3)\cdot(1\quad d_1\quad\cdots\quad d_{19})^{\mathrm{T}}} \tag{3.14}$$

式中，多项式的系数称为有理函数的系数（rational function coefficient，RFC）。Space Imaging 公司称包含 RFCs 的文件为 RPC（rapid positioning capability 或 rational polynomial coefficient）文件。RFCs 一般表示为 LINE_ NUM_ COEF_ n，LINE_ DEN_ COEF_ n，SAMP_ NUM_ COEF_ n，SAMP_ DEN_ COEF_ n（$n=1$，2，…，20）的形式。

在模型中由光学投影引起的畸变表示为一阶多项式，而像地球曲率、大气折射及镜头畸变等改正，可由二阶多项式趋近。高阶部分的其他未知畸变可用三阶多项式模拟。式（3.11）是 RFM 的正解形式，其反解的公式如下：

$$X_n=\frac{p_5(r_n,c_n,Z_n)}{p_6(r_n,c_n,Z_n)}$$
$$Y_n=\frac{p_7(r_n,c_n,Z_n)}{p_8(r_n,c_n,Z_n)} \tag{3.15}$$

式中，多项式 p_i（$i=5$，6，7，8）形式如下：

$$p_i(r,\ c,\ Z)=a_0+a_1Z+a_2c+a_3r+a_4cZ+a_5rZ+a_6cr+a_7Z^2+a_8c^2+a_9r^2+a_{10}crZ$$
$$+a_{11}cZ^2+a_{12}rZ^2+a_{13}c^2Z+a_{14}c^2r+a_{15}r^2Z+a_{16}cr^2+a_{17}Z^3+a_{18}c^3+a_{19}r^3$$

不同于共线方程，RFM 只能提供物方到像方或像方到物方之中的某一个方向变换，反变换需要对正变换模型线性化，通过一定初始值下的迭代过程来完成。

RFM 实质上是多项式模型的扩展形式。在引入 RFM 之前，先来回顾一下传统的共线方程。

共线方程作为一种物理传感器模型，它描述了投影中心、地面点和相应像点共线的几何关系，因此需考虑成像时的几何条件：传感器的姿态与投影中心的位置。传统的框幅式影像成像的共线方程如下：

$$x=-f\frac{a_1(X-Xs)+b_1(Y-Ys)+c_1(Z-Zs)}{a_3(X-Xs)+b_3(Y-Ys)+c_3(Z-Zs)}$$
$$y=-f\frac{a_2(X-Xs)+b_2(Y-Ys)+c_2(Z-Zs)}{a_3(X-Xs)+b_3(Y-Ys)+c_3(Z-Zs)} \tag{3.16}$$

以 SPOT 为例，线阵列 CCD 推扫式图像的每一行影像的外方位元素是随时间变化的。通常可以用时间的多项式来描述。由于卫星在太空飞行时不再考虑大气干扰，又加上采用惯性平台、跟踪恒星的姿态控制系统等先进技术，其姿态变化可认为是相当平稳的。假设每一幅图像的像平面坐标原点在中央扫描行的中点，则可认为每一扫描行的外方位元素是随着 x 值（飞行方向）变化的，其构像方程可用如下的数学模型进行描述：

$$0=-f\frac{a_1(X-Xs_i)+b_1(Y-Ys_i)+c_1(Z-Zs_i)}{a_3(X-Xs_i)+b_3(Y-Ys_i)+c_3(Z-Zs_i)}$$
$$y_i=-f\frac{a_2(X-Xs_i)+b_2(Y-Ys_i)+c_2(Z-Zs_i)}{a_3(X-Xs_i)+b_3(Y-Ys_i)+c_3(Z-Zs_i)} \tag{3.17}$$

$$
\begin{aligned}
X_{S_i} &= X_{S_0} + \dot{X}_S \cdot x, \quad & \varphi_i &= \varphi_0 + \dot{\varphi} \cdot x \\
Y_{S_i} &= Y_{S_0} + \dot{Y}_S \cdot x, \quad & \omega_i &= \omega_0 + \dot{\omega} \cdot x \\
Z_{S_i} &= Z_{S_0} + \dot{Z}_S \cdot x, \quad & \kappa_i &= \kappa_0 + \dot{\kappa} \cdot x
\end{aligned} \tag{3.18}
$$

式中，（X_{S_0}，Y_{S_0}，Z_{S_0}，φ_0，ω_0，κ_0）为中央扫描行的外方位元素；（$\dot{X}_S$，$\dot{Y}_S$，$\dot{Z}_S$，$\dot{\varphi}$，$\dot{\omega}$，$\dot{\kappa}$）为外方位元素的一阶变率。从式（3.16）可以推出 DLT 的公式：

$$
\begin{aligned}
x &= \frac{A_1X + B_1Y + C_1Z + D_1}{A_3X + B_3Y + C_3Z + 1} \\
y &= \frac{A_2X + B_2Y + C_2Z + D_2}{A_3X + B_3Y + C_3Z + 1}
\end{aligned} \tag{3.19}
$$

将式（3.18）代入式（3.17），然后将外方位元素按泰勒级数展开，取一次项即可以得出

$$
\begin{aligned}
x &= A_1X + B_1Y + C_1Z + D_1 \\
y &= \frac{A_2X + B_2Y + C_2Z + 1}{A_3X + B_3Y + C_3Z + D_3}
\end{aligned} \tag{3.20}
$$

从式（3.15）、式（3.19）及式（3.20）中可以发现 RFM 的雏形。另外，当式（3.11）中的 $p_2=p_4=1$，此时的 RFM 也就变为一般的多项式。与常用的多项式模型比较，RFM 实际上是多种传感器模型的一种更通用的表达方式，它适用于各类传感器包括最新的航空和航天传感器模型。基于 RFM 的传感器模型并不要求了解传感器的实际构造和成像过程，因此它适用于不同类型的传感器，而且新型传感器只是改变了获取参数这一部分，应用上却独立于传感器的类型。根据以上特点，很多卫星资料供应商把 RFM 作为影像传递的标准。这种通用的传感器模型通常是用严格的传感器模型变换得到的。据报道，IKONOS 影像供应商首先解算出严格的传感器模型参数，然后利用严格模型的定向结果反求出 RFM 的参数，最后将 RFC 作为影像元数据的一部分提供给用户，这样用户可以在不知道精确传感器模型的情况下进行影像纠正以及后续的影像数据处理。与严格的传感器模型不同，RFM 不需要了解每一种类型成像传感器的物理特性，如轨道参数和平台的定向参数，因此可以说 RFM 是一种通用的传感器模型。

3.3.3　RFM 的应用

1. RFM 的答解

为了采用最小二乘原理求解 RFC，需要将式（3.11）线性化得出下述误差方程：

$$
\begin{aligned}
v_r &= \left[\frac{1}{B} \quad \frac{Z}{B} \quad \frac{Y}{B} \quad \frac{X}{B} \quad \cdots \quad \frac{Y^3}{B} \quad \frac{X^3}{B} \quad \frac{-rZ}{B} \quad \frac{-rY}{B} \cdots \frac{-rY^3}{B} \quad \frac{-rX^3}{B}\right] \cdot \boldsymbol{J} - \frac{r}{B} \\
v_c &= \left[\frac{1}{D} \quad \frac{Z}{D} \quad \frac{Y}{D} \quad \frac{X}{D} \quad \cdots \quad \frac{Y^3}{D} \quad \frac{X^3}{D} \quad \frac{-rZ}{D} \quad \frac{-rY}{D} \cdots \frac{-rY^3}{D} \quad \frac{-rX^3}{D}\right] \cdot \boldsymbol{K} - \frac{c}{D}
\end{aligned} \tag{3.21}
$$

这里

$$B = (1 \quad Z \quad Y \quad X \quad \cdots \quad Y^3 \quad X^3) \cdot (1 \quad b_1 \quad \cdots \quad b_{19})^{\mathrm{T}}$$

$$\boldsymbol{J} = (a_0 \quad a_1 \quad \cdots \quad a_{19} \quad b_1 \quad b_2 \quad \cdots \quad b_{19})^{\mathrm{T}}$$

$$D = (1 \quad Z \quad Y \quad X \quad Y^3 \quad X^3) \cdot (1 \quad d_1 \quad \cdots \quad d_{19})^{\mathrm{T}}$$

$$\boldsymbol{K} = (c_0 \quad c_1 \quad \cdots \quad c_{19} \quad d_1 \quad d_2 \quad \cdots \quad d_{19})^{\mathrm{T}}$$

写成矩阵形式

$$\boldsymbol{V}_r = \boldsymbol{MJ} - \boldsymbol{R} \tag{3.22}$$

$$\begin{bmatrix} B_1 v_{r1} \\ B_2 v_{r2} \\ \vdots \\ B_n v_{rn} \end{bmatrix} = \begin{bmatrix} 1 & Z & \cdots & X_1^3 & -r_1 Z_1 & -r_1 X_1^3 \\ 1 & Z & \cdots & X_2^3 & -r_2 Z_2 & -r_2 X_2^3 \\ \vdots & & & & & \\ 1 & Z & \cdots & X_n^3 & -r_n Z_n & -r_n X_n^3 \end{bmatrix} \cdot \boldsymbol{J} - \begin{bmatrix} r_1 \\ r_2 \\ \vdots \\ r_n \end{bmatrix}$$

法方程则为

$$\boldsymbol{M}^{\mathrm{T}} \boldsymbol{W}_r \boldsymbol{MJ} - \boldsymbol{M}^{\mathrm{T}} \boldsymbol{W}_r \boldsymbol{R} = 0$$

其中

$$W_r = \begin{bmatrix} \frac{1}{B_1^2} & 0 & \cdots & 0 \\ 0 & \frac{1}{B_2^2} & 0 & \vdots \\ \vdots & 0 & \ddots & 0 \\ 0 & \cdots & 0 & \frac{1}{B_n^2} \end{bmatrix}$$

由于原始方程是非线性的，故最小二乘的答解需要迭代进行，其中取 $\boldsymbol{W}_r$ 为单位阵可以解算出 $\boldsymbol{J}$ 的初值，然后迭代求解直至各改正数小于限差为止。这是答解行方向的过程，列方向与之类似。行列同时答解误差方程：

$$\begin{bmatrix} \boldsymbol{V}_r \\ \boldsymbol{V}_c \end{bmatrix} = \begin{bmatrix} \boldsymbol{M} & 0 \\ 0 & \boldsymbol{N} \end{bmatrix} \cdot \begin{bmatrix} \boldsymbol{J} \\ \boldsymbol{K} \end{bmatrix} - \begin{bmatrix} \boldsymbol{R} \\ \boldsymbol{C} \end{bmatrix} \tag{3.23}$$

$$\boldsymbol{V} = \boldsymbol{TI} - \boldsymbol{G}$$

法方程为

$$\boldsymbol{T}^{\mathrm{T}} \boldsymbol{WTI} - \boldsymbol{T}^{\mathrm{T}} \boldsymbol{WG} = 0$$

其中

$$\boldsymbol{W} = \begin{bmatrix} W_r & 0 \\ 0 & W_c \end{bmatrix}$$

整体答解过程：首先取 $\boldsymbol{W}$ 为单位矩阵，求解出 $\boldsymbol{I}$ 的初值，然后由式（3.23）迭代求解直至各改正数小于限差为止。

2. 基于正解 RFM 的三维重建算法

立体像对的左右影像分别建立各自正解形式的有理函数模型以后，如何根据同名像点的像坐标计算出相应地面点的空间坐标，这就是基于 RFM 的三维重建问题。目前，虽然在一些商业遥感软件包中已经有基于 RFM 的三维重建模块，如 SOCET SET、ERDAS OrthoBase、PCI Geomatica 等，但是技术细节并未公布。在一些文献中提出了在一种左右影像 RFM 的坐标标准化参数相同的情况下，求解地面点坐标的迭代算法。本节将以此为基础，推导出在左右影像的 RFM 具有不同坐标标准化参数的情况下，重建地面三维形态的数学模型。

1）三维重建的数学模型推导

由坐标的标准化式（3.12），令

$$X_n = f_X(X) = \frac{X - X_0}{X_s},\ Y_n = f_Y(Y) = \frac{Y - Y_0}{Y_s},\ Z_n = f_Z(Z) = \frac{Z - Z_0}{Z_s}$$

则有

$$\frac{\mathrm{d}X_n}{\mathrm{d}X} = f'_X(X) = \frac{1}{X_s},\ \frac{\mathrm{d}Y_n}{\mathrm{d}Y} = f'_Y(Y) = \frac{1}{Y_s},\ \frac{\mathrm{d}Z_n}{\mathrm{d}Z} = f'_Z(Z) = \frac{1}{Z_s}$$

将 $r_n = \frac{r - r_0}{r_s}$，$c_n = \frac{c - c_0}{c_s}$ 代入到式（3.21）中，整理得

$$\begin{cases} r = r_s \cdot \dfrac{p_1(X_n, Y_n, Z_n)}{p_2(X_n, Y_n, Z_n)} + r_0 \\ c = c_s \cdot \dfrac{p_3(X_n, Y_n, Z_n)}{p_4(X_n, Y_n, Z_n)} + c_0 \end{cases}$$

令 $F(X_n, Y_n, Z_n) = \frac{p_1(X_n, Y_n, Z_n)}{p_2(X_n, Y_n, Z_n)}$，$G(X_n, Y_n, Z_n) = \frac{p_3(X_n, Y_n, Z_n)}{p_4(X_n, Y_n, Z_n)}$，则

$$\begin{cases} r = r_s \cdot F(X_n, Y_n, Z_n) + r_0 \\ c = c_s \cdot G(X_n, Y_n, Z_n) + c_0 \end{cases} \tag{3.24}$$

将上式的两个方程按照泰勒公式展开至一次项

$$\begin{cases} r \approx \hat{r} + \dfrac{\partial r}{\partial X} \cdot \Delta X + \dfrac{\partial r}{\partial Y} \cdot \Delta Y + \dfrac{\partial r}{\partial Z} \cdot \Delta Z \\ c \approx \hat{c} + \dfrac{\partial c}{\partial X} \cdot \Delta X + \dfrac{\partial c}{\partial Y} \cdot \Delta Y + \dfrac{\partial c}{\partial Z} \cdot \Delta Z \end{cases}$$

于是误差方程为

$$\begin{cases} v_r = \begin{bmatrix} \dfrac{\partial r}{\partial Z} & \dfrac{\partial r}{\partial Y} & \dfrac{\partial r}{\partial X} \end{bmatrix} \begin{bmatrix} \Delta Z \\ \Delta Y \\ \Delta X \end{bmatrix} - (r - \hat{r}) \\ v_c = \begin{bmatrix} \dfrac{\partial c}{\partial Z} & \dfrac{\partial c}{\partial Y} & \dfrac{\partial c}{\partial X} \end{bmatrix} \begin{bmatrix} \Delta Z \\ \Delta Y \\ \Delta X \end{bmatrix} - (c - \hat{c}) \end{cases} \tag{3.25}$$

其中

$$\frac{\partial r}{\partial X} = r_s \cdot \frac{\partial F}{\partial X} = r_s \cdot \frac{\partial F}{\partial X_n} \cdot \frac{\mathrm{d}X_n}{\mathrm{d}X} = \frac{r_s}{X_s} \cdot \frac{\partial F}{\partial X_n} = \frac{r_s}{X_s} \cdot \frac{\dfrac{\partial p_1}{\partial X_n} \cdot p_2 - p_1 \cdot \dfrac{\partial p_2}{\partial X_n}}{p_2 \cdot p_2}$$

$$\frac{\partial r}{\partial Y}=r_s\cdot\frac{\partial F}{\partial Y}=r_s\cdot\frac{\partial F}{\partial Y_n}\cdot\frac{\mathrm{d}Y_n}{\mathrm{d}Y}=\frac{r_s}{Y_s}\cdot\frac{\partial F}{\partial Y_n}=\frac{r_s}{Y_s}\cdot\frac{\frac{\partial p_1}{\partial Y_n}\cdot p_2-p_1\cdot\frac{\partial p_2}{\partial Y_n}}{p_2\cdot p_2}$$

$$\frac{\partial r}{\partial Z}=r_s\cdot\frac{\partial F}{\partial Z}=r_s\cdot\frac{\partial F}{\partial Z_n}\cdot\frac{\mathrm{d}Z_n}{\mathrm{d}Z}=\frac{r_s}{Z_s}\cdot\frac{\partial F}{\partial Z_n}=\frac{r_s}{Z_s}\cdot\frac{\frac{\partial p_1}{\partial Z_n}\cdot p_2-p_1\cdot\frac{\partial p_2}{\partial Z_n}}{p_2\cdot p_2}$$

$$\frac{\partial c}{\partial X}=c_s\cdot\frac{\partial G}{\partial X}=c_s\cdot\frac{\partial G}{\partial X_n}\cdot\frac{\mathrm{d}X_n}{\mathrm{d}X}=\frac{c_s}{X_s}\cdot\frac{\partial G}{\partial X_n}=\frac{c_s}{X_s}\cdot\frac{\frac{\partial p_3}{\partial X_n}\cdot p_4-p_3\cdot\frac{\partial p_4}{\partial X_n}}{p_4\cdot p_4}$$

$$\frac{\partial c}{\partial Y}=c_s\cdot\frac{\partial G}{\partial Y}=c_s\cdot\frac{\partial G}{\partial Y_n}\cdot\frac{\mathrm{d}Y_n}{\mathrm{d}Y}=\frac{c_s}{Y_s}\cdot\frac{\partial G}{\partial Y_n}=\frac{c_s}{Y_s}\cdot\frac{\frac{\partial p_3}{\partial Y_n}\cdot p_4-p_3\cdot\frac{\partial p_4}{\partial Y_n}}{p_4\cdot p_4}$$

$$\frac{\partial c}{\partial Z}=c_s\cdot\frac{\partial G}{\partial Z}=c_s\cdot\frac{\partial G}{\partial Z_n}\cdot\frac{\mathrm{d}Z_n}{\mathrm{d}Z}=\frac{c_s}{Z_s}\cdot\frac{\partial G}{\partial Z_n}=\frac{c_s}{Z_s}\cdot\frac{\frac{\partial p_3}{\partial Z_n}\cdot p_4-p_3\cdot\frac{\partial p_4}{\partial Z_n}}{p_4\cdot p_4}$$

各偏导数的形式为

$$\frac{\partial p(X,\ Y,\ Z)}{\partial Z}=a_1+a_4Y+a_5X+2a_7Z+a_{10}YX+2a_{11}ZY+2a_{12}ZX+a_{13}Y^2+a_{15}X^2+3a_{17}Z^2$$

$$\frac{\partial p(X,\ Y,\ Z)}{\partial Y}=a_2+a_4Z+a_6X+2a_8Y+a_{10}ZX+a_{11}Z^2+2a_{13}YZ+2a_{14}YX+a_{16}X^2+3a_{18}Y^2$$

$$\frac{\partial p(X,\ Y,\ Z)}{\partial X}=a_3+a_5Z+a_6Y+2a_9X+a_{10}ZY+a_{12}Z^2+a_{14}Y^2+2a_{15}ZX+2a_{16}YX+3a_{19}X^2$$

则由左右像片的同名点坐标（r_l，c_l），（r_r，c_r），可以列出以下四个误差方程：

$$\begin{bmatrix} v_{rl}\\ v_{rr}\\ v_{cl}\\ v_{cr}\end{bmatrix}=\begin{bmatrix}\frac{\partial r_l}{\partial Z} & \frac{\partial r_l}{\partial Y} & \frac{\partial r_l}{\partial X}\\ \frac{\partial r_r}{\partial Z} & \frac{\partial r_r}{\partial Y} & \frac{\partial r_r}{\partial X}\\ \frac{\partial c_l}{\partial Z} & \frac{\partial c_l}{\partial Y} & \frac{\partial c_l}{\partial X}\\ \frac{\partial c_r}{\partial Z} & \frac{\partial c_r}{\partial Y} & \frac{\partial c_r}{\partial X}\end{bmatrix}\begin{bmatrix}\Delta Z\\ \Delta Y\\ \Delta X\end{bmatrix}-\begin{bmatrix} r_l-\hat{r}_l\\ r_r-\hat{r}_r\\ c_l-\hat{c}_l\\ c_r-\hat{c}_r\end{bmatrix} \tag{3.26}$$

$$\boldsymbol{V}=\boldsymbol{A\Delta}-\boldsymbol{l}$$

于是坐标改正数 $\boldsymbol{\Delta}$ 的最小二乘解为

$$\boldsymbol{\Delta}=[\Delta Z\quad \Delta Y\quad \Delta X]^{\mathrm{T}}=(\boldsymbol{A}^{\mathrm{T}}\boldsymbol{A})^{-1}\boldsymbol{A}^{\mathrm{T}}\boldsymbol{l}$$

2）初始值的确定方法

由于解算地面点坐标采用的数学模型是线性化的模型，获取最优解需要进行迭代。地面坐标的初始值（$X^{(0)}$，$Y^{(0)}$，$Z^{(0)}$）可以按照以下两种方式获取。

（1）将左右影像对应 RFM 的标准化平移参数平均值作为（$X^{(0)}$，$Y^{(0)}$，$Z^{(0)}$），即

$$X^{(0)}=\frac{X_{0l}+X_{0r}}{2},\quad Y^{(0)}=\frac{Y_{0l}+Y_{0r}}{2},\quad Z^{(0)}=\frac{Z_{0l}+Z_{0r}}{2} \tag{3.27}$$

(2) 利用 RFM 的一次项求解 ($X^{(0)}$, $Y^{(0)}$, $Z^{(0)}$)。舍去式 (3.21) 中多项式的高次项，得

$$\begin{cases} r_n = \dfrac{a_0 + a_1 Z_n + a_2 Y_n + a_3 X_n}{1 + b_1 Z_n + b_2 Y_n + b_3 X_n} \\ c_n = \dfrac{c_0 + c_1 Z_n + c_2 Y_n + c_3 X_n}{1 + d_1 Z_n + d_2 Y_n + d_3 X_n} \end{cases} \tag{3.28}$$

将 $r_n = \dfrac{r - r_0}{r_s}$ 代入上式的第一分式中，有

$$r = r_s \cdot \frac{a_0 + a_1 Z_n + a_2 Y_n + a_3 X_n}{1 + b_1 Z_n + b_2 Y_n + b_3 X_n} + r_0$$

于是

$$\begin{aligned} v_r &= (r_s a_1 + r_0 b_1 - r b_1) Z_n + (r_s a_2 + r_0 b_2 - r b_2) Y_n + (r_s a_3 + r_0 b_3 - r b_3) X_n - (r - r_0 - r_s a_0) \\ &= (r_s a_1 + r_0 b_1 - r b_1) \frac{Z - Z_0}{Z_s} + (r_s a_2 + r_0 b_2 - r b_2) \frac{Y - Y_0}{Y_s} + (r_s a_3 + r_0 b_3 - r b_3) \frac{X - X_0}{X_s} - (r - r_0 - r_s a_0) \\ &= \frac{r_s a_1 + r_0 b_1 - r b_1}{Z_s} Z + \frac{r_s a_2 + r_0 b_2 - r b_2}{Y_s} Y + \frac{r_s a_3 + r_0 b_3 - r b_3}{X_s} X - \frac{r_s a_1 + r_0 b_1 - r b_1}{Z_s} Z_0 \\ &\quad - \frac{r_s a_2 + r_0 b_2 - r b_2}{Y_s} Y_0 - \frac{r_s a_3 + r_0 b_3 - r b_3}{X_s} X_0 - (r - r_0 - r_s a_0) \end{aligned}$$

即

$$v_r = \begin{bmatrix} m_1 & m_2 & m_3 \end{bmatrix} \begin{bmatrix} Z \\ Y \\ X \end{bmatrix} - s$$

同理可将式 (3.28) 的第二个方程线性化。为不与 RFM 中的多项式系数混淆，令像坐标的标准化参数 $c_s = f_s$，$c_0 = f_0$，则有

$$\begin{aligned} v_c = &\frac{f_s c_1 + f_0 d_1 - c d_1}{Z_s} Z + \frac{f_s c_2 + f_0 d_2 - c d_2}{Y_s} Y + \frac{f_s c_3 + f_0 d_3 - c d_3}{X_s} X - \frac{f_s c_1 + f_0 d_1 - c d_1}{Z_s} Z_0 \\ &- \frac{f_s c_2 + f_0 d_2 - c d_2}{Y_s} Y_0 - \frac{f_s c_3 + f_0 d_3 - c d_3}{X_s} X_0 - (c - f_0 - f_s c_0) \end{aligned}$$

即

$$v_c = \begin{bmatrix} n_1 & n_2 & n_3 \end{bmatrix} \begin{bmatrix} Z \\ Y \\ X \end{bmatrix} - t$$

则由同名点坐标 (r_l, c_l)，(r_r, c_r)，可列出以下四个误差方程：

$$\begin{bmatrix} v_{rl} \\ v_{rr} \\ v_{cl} \\ v_{cr} \end{bmatrix} = \begin{bmatrix} m_{1l} & m_{2l} & m_{3l} \\ m_{1r} & m_{2r} & m_{3r} \\ n_{1l} & n_{2l} & n_{3l} \\ n_{1r} & n_{2r} & n_{3r} \end{bmatrix} \begin{bmatrix} Z \\ Y \\ X \end{bmatrix} - \begin{bmatrix} s_l \\ s_r \\ t_l \\ t_r \end{bmatrix}$$

也可表示为

$$V = A^{(0)}\Delta^{(0)} - l^{(0)} \tag{3.29}$$

所以

$$\Delta^{(0)} = [Z^{(0)} \quad Y^{(0)} \quad X^{(0)}]^{\mathrm{T}} = (\boldsymbol{A}^{(0)\mathrm{T}}\boldsymbol{A}^{(0)})^{-1}\boldsymbol{A}^{(0)\mathrm{T}}\boldsymbol{l}^{(0)}$$

3）计算步骤

（1）计算地面坐标初始值 $X^{(0)}$，$Y^{(0)}$，$Z^{(0)}$，并分别用左右影像的标准化参数将其转换为对应的标准化坐标（$X_{nl}^{(0)}$，$Y_{nl}^{(0)}$，$Z_{nl}^{(0)}$）及（$X_{nr}^{(0)}$，$Y_{nr}^{(0)}$，$Z_{nr}^{(0)}$）；

（2）分别利用（$X_{nl}^{(i)}$，$Y_{nl}^{(i)}$，$Z_{nl}^{(i)}$）和（$X_{nr}^{(i)}$，$Y_{nr}^{(i)}$，$Z_{nr}^{(i)}$）（i=0，1，…）计算式（3.25）中的各个偏导数以及 $\hat{r}$ 和 $\hat{c}$，并根据同名点坐标（r_l，c_l）和（r_r，c_r）组成误差方程（3.26）；

（3）将式（3.26）法化并求解，得到坐标改正数 $\Delta Z^{(i)}$，$\Delta Y^{(i)}$，$\Delta X^{(i)}$（i=0，1，…）。如果改正数超出容许范围，则修正当前的地面坐标值，即令 $X^{(i+1)} = X^{(i)} + \Delta X^{(i)}$，$Y^{(i+1)} = Y^{(i)} + \Delta Y^{(i)}$，$Z^{(i+1)} = Z^{(i)} + \Delta Z^{(i)}$，并计算 $X^{(i+1)}$，$Y^{(i+1)}$，$Z^{(i+1)}$ 的左右片标准化坐标（${X_{nl}}^{(i+1)}$，${Y_{nl}}^{(i+1)}$，${Z_{nl}}^{(i+1)}$）和（${X_{nr}}^{(i+1)}$，${Y_{nr}}^{(i+1)}$，${Z_{nr}}^{(i+1)}$），转回第（2）步迭代进行。否则跳出循环，最终的 $X^{(i+1)}$，$Y^{(i+1)}$，$Z^{(i+1)}$ 即为地面点空间坐标。

利用正解 RFM 解算地面点坐标的流程如图 3.2 所示。

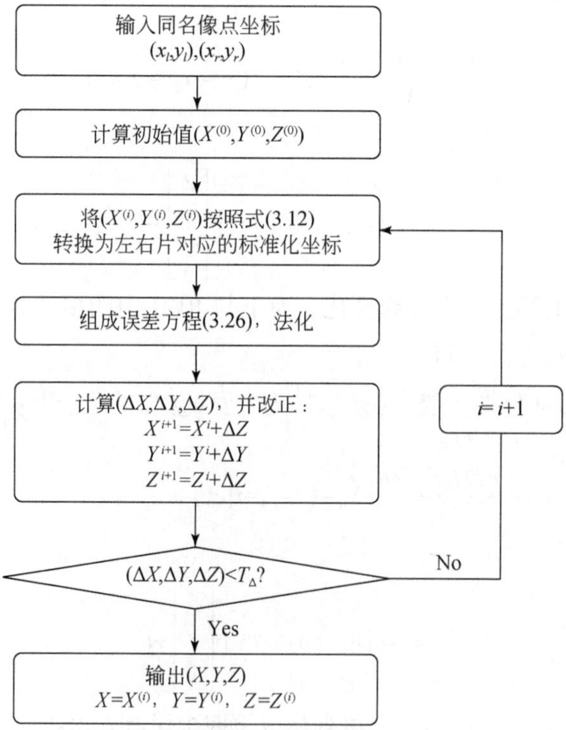

图 3.2　正解 RFM 三维交会流程图

3. 反解 RFM 的建立与三维重建算法

1）利用反解 RFM 解算地面点坐标的算法

如果立体像对的每幅影像都建立了形如式（3.15）的反解 RFM，则根据立体像对的同名像点坐标可迭代计算出相应地面点的三维空间坐标，数学模型推导如下。

将式（3.12）代入到式（3.15），直接建立原始坐标 X、Y 与 Z 之间的关系：

$$\begin{cases} X = X_s \cdot \dfrac{p_5(r_n, c_n, Z_n)}{p_6(r_n, c_n, Z_n)} + X_0 \\ Y = Y_s \cdot \dfrac{p_7(r_n, c_n, Z_n)}{p_8(r_n, c_n, Z_n)} + Y_0 \end{cases}$$

令 $F(r, c, Z) = \dfrac{p_5(r_n, c_n, Z_n)}{p_6(r_n, c_n, Z_n)}$，$G(r, c, Z) = \dfrac{p_7(r_n, c_n, Z_n)}{p_8(r_n, c_n, Z_n)}$，则上式可表示为

$$\begin{cases} X = X_s \cdot F(r, c, Z) + X_0 \\ Y = Y_s \cdot G(r, c, Z) + Y_0 \end{cases} \tag{3.30}$$

如果给定地面点高程的初始值 $Z^{(0)}$，把上式按泰勒级数展开，将平面坐标 X、Y 表示为高程改正数 ΔZ 的线性形式，即

$$\begin{cases} X \approx \hat{X} + \dfrac{\partial X}{\partial Z} \cdot \Delta Z = \hat{X} + \dfrac{X_s}{Z_s} \cdot \dfrac{\partial F}{\partial Z_n} \\ Y \approx \hat{Y} + \dfrac{\partial Y}{\partial Z} \cdot \Delta Z = \hat{Y} + \dfrac{Y_s}{Z_s} \cdot \dfrac{\partial G}{\partial Z_n} \end{cases}$$

其中

$$\frac{\partial F}{\partial Z} = \frac{\dfrac{\partial p_5}{\partial Z} \cdot p_6 - \dfrac{\partial p_6}{\partial Z} \cdot p_5}{p_6 \cdot p_6}, \qquad \frac{\partial G}{\partial Z} = \frac{\dfrac{\partial p_7}{\partial Z} \cdot p_8 - \dfrac{\partial p_8}{\partial Z} \cdot p_7}{p_8 \cdot p_8}$$

$$\hat{X} = X_s \cdot F(r, c, Z^{(0)}) + X_0, \qquad \hat{Y} = Y_s \cdot G(r, c, Z^{(0)}) + Y_0$$

$$\frac{\partial p}{\partial Z} = a_1 + a_4 c + a_5 r + 2a_7 Z + a_{10} cr + 2a_{11} cZ + 2a_{12} rZ + a_{13} c^2 + a_{15} r^2 + 3a_{17} Z^2$$

于是，对于立体像对的一对同名像点 (r_l, c_l) 和 (r_r, c_r) 以及相应地面点的高程初始值 $Z^{(0)}$，有以下关系：

$$\begin{cases} X \approx \hat{X}_l + \dfrac{X_{sl}}{Z_{sl}} \cdot \dfrac{\partial F_l}{\partial Z_n} \\ Y \approx \hat{Y}_l + \dfrac{Y_{sl}}{Z_{sl}} \cdot \dfrac{\partial G_l}{\partial Z_n} \end{cases} \qquad \begin{cases} X \approx \hat{X}_r + \dfrac{X_{sr}}{Z_{sr}} \cdot \dfrac{\partial F_r}{\partial Z_n} \\ Y \approx \hat{Y}_r + \dfrac{Y_{sr}}{Z_{sr}} \cdot \dfrac{\partial G_r}{\partial Z_n} \end{cases}$$

对应式相减，消去 X 和 Y，得高程改正数 ΔZ 的误差方程：

$$\begin{cases} v_X = \left(\dfrac{X_{sr}}{Z_{sr}} \cdot \dfrac{\partial F_r}{\partial Z_n} - \dfrac{X_{sl}}{Z_{sl}} \cdot \dfrac{\partial F_l}{\partial Z_n} \right) \cdot \Delta Z - (\hat{X}_r - \hat{X}_l) \\ v_Y = \left(\dfrac{Y_{sr}}{Z_{sr}} \cdot \dfrac{\partial G_r}{\partial Z_n} - \dfrac{Y_{sl}}{Z_{sl}} \cdot \dfrac{\partial G_l}{\partial Z_n} \right) \cdot \Delta Z - (\hat{Y}_r - \hat{Y}_l) \end{cases} \tag{3.31}$$

依据最小二乘原理将上式法化，从中解出 ΔZ：

$$\Delta Z = \frac{\left(\dfrac{X_{sr}}{Z_{sr}} \cdot \dfrac{\partial F_r}{\partial Z_n} - \dfrac{X_{sl}}{Z_{sl}} \cdot \dfrac{\partial F_l}{\partial Z_n} \right) \cdot (\hat{X}_r - \hat{X}_l) + \left(\dfrac{Y_{sr}}{Z_{sr}} \cdot \dfrac{\partial G_r}{\partial Z_n} - \dfrac{Y_{sl}}{Z_{sl}} \cdot \dfrac{\partial G_l}{\partial Z_n} \right) \cdot (\hat{Y}_r - \hat{Y}_l)}{\left(\dfrac{X_{sr}}{Z_{sr}} \cdot \dfrac{\partial F_r}{\partial Z_n} - \dfrac{X_{sl}}{Z_{sl}} \cdot \dfrac{\partial F_l}{\partial Z_n} \right)^2 + \left(\dfrac{Y_{sr}}{Z_{sr}} \cdot \dfrac{\partial G_r}{\partial Z_n} - \dfrac{Y_{sl}}{Z_{sl}} \cdot \dfrac{\partial G_l}{\partial Z_n} \right)^2} \tag{3.32}$$

2）利用反解 RFM 解算地面坐标（X，Y，Z）的步骤

（1）给定地面点高程的初始值 $Z^{(0)}$，一般取为覆盖区的平均高程值，并计算 $Z^{(0)}$ 对应的左右标准化坐标 $Z_{nl}^{(0)}$ 和 $Z_{nr}^{(0)}$。

（2）利用 $Z_{nl}^{(0)}$，r_l，c_l 计算（$\hat{X}_l$，$\hat{Y}_l$，p_{5l}，p_{6l}，p_{7l}，p_{8l}，$\frac{\partial p_{5l}}{\partial Z}$，$\frac{\partial p_{6l}}{\partial Z}$，$\frac{\partial p_{7l}}{\partial Z}$，$\frac{\partial p_{8l}}{\partial Z}$），利用 $Z_{nr}^{(0)}$，r_r，c_r 计算（$\hat{X}_r$，$\hat{Y}_r$，p_{5r}，p_{6r}，p_{7r}，p_{8r}，$\frac{\partial p_{5r}}{\partial Z}$，$\frac{\partial p_{6r}}{\partial Z}$，$\frac{\partial p_{7r}}{\partial Z}$，$\frac{\partial p_{8r}}{\partial Z}$）。

（3）利用式（3.32）计算高程改正值 ΔZ，并用其修正高程 Z，即 $Z^{(i+1)}=Z^{(i)}+\Delta Z$（$i=0$，1，2，…），并计算 $Z^{(i+1)}$ 的左右标准化坐标 $Z_{nl}^{(i+1)}$ 和 $Z_{nr}^{(i+1)}$。

（4）重复第（2）和（3）步，不断更新 Z 值，直到 ΔZ 达到给定的限差或迭代到一定的次数。

（5）将最后的高程 Z 和像点（r_l，c_l）和（r_r，c_r）代入方程（3.15），计算出（$\hat{X}_l$，$\hat{Y}_l$）和（$\hat{X}_r$，$\hat{Y}_r$），最后得到的地面坐标为 $X=(X_l+X_r)/2$，$Y=(Y_l+Y_r)/2$。

利用反解 RFM 计算地面点坐标的具体过程如图 3.3 所示。

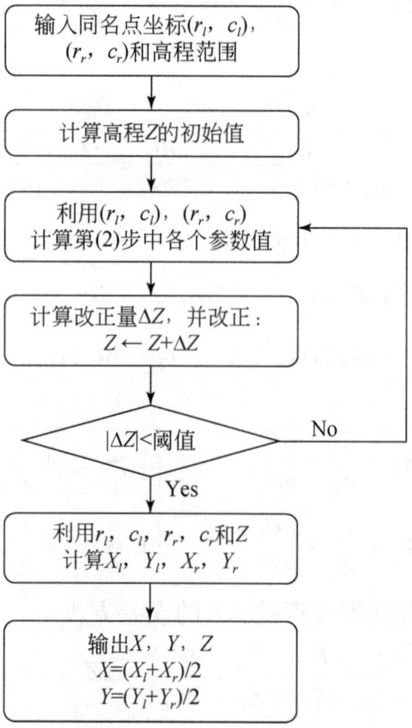

图 3.3　利用反解 RFM 计算地面点坐标流程

4. 建立 RFM 的控制方案

RFM 的未知参数解算既可以在严格传感器模型已知的条件下进行，也可以在未知条件下进行，因此它的解算有两种方案：地形无关和与地形相关。如果严格的传感器模型是已知的，就可以采用与地形无关的方案，否则 RFM 的解算只能采用与地形相关的方案而

严格依靠控制点。

1）地形无关的解算方案

如果有严格的传感器模型可以利用，则可用该模型建立一组虚拟的三维目标格网点作为控制点来解算 RFC。这些格网点的坐标可以利用严格传感器模型计算得到（通常是利用像坐标和高程值计算地面点的平面位置，其中高程值的确定是通过估计地面的起伏，在地面的起伏范围内，取若干高程面），而不需要实际的地形信息，因此这种解算方案与实际的地形无关。采用这种方案，可实现 RFM 对严格传感器模型的高精度拟合，进而取代严格传感器模型完成摄影测量处理。这种方案的解算步骤如下。

（1）控制点获取。

（a）将整幅影像均匀分成 $m\times n$ 个网格，通常 m，n 取相同的值。当 $m=n=10$ 时，在整幅影像上有 $11\times11=121$ 个均匀分布的像点。

（b）将影像覆盖区域的高程范围（$h_{\min}\sim h_{\max}$）均匀分为 k 层（为避免法方程出现病态，一般 $k>3$），每层具有相同的高程 Z，并都有上述 $(m+1)\times(n+1)$ 个均匀分布的像点。这样就产生 $(m+1)\times(n+1)\times k$ 个在平面、高程上均匀分布的格网点，并且每个格网点的像点坐标（r，c）及高程 Z 均已知。

（c）利用影像的严格传感器模型，根据每个控制点的像坐标（x，y）和高程 Z 计算出地面坐标（X，Y），这样就得到 $(m+1)\times(n+1)\times k$ 个格网点的全部坐标。

最后生成的层状控制格网点分布如图 3.4 所示。

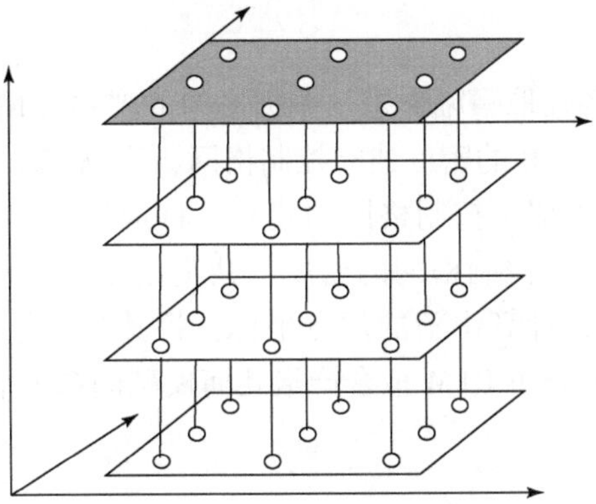

图 3.4　控制格网示意图

（2）检查点获取。

（a）将整幅影像覆盖的地面区域均匀分成 $m\times n$ 个网格，通常 m，n 取相同的值。当 $m=n=20$ 时，在整幅影像的覆盖区域有 $21\times21=441$ 个均匀分布的地面格网点。

（b）根据上述地面点的平面坐标，利用该区域高精度的 DTM 数据内插出上述每一个地面格网点的高程值 Z，这样每个格网点地面坐标均已知。

（c）利用影像的严格几何模型，根据每个检查点的地面坐标（X，Y，Z）计算出像点坐标（x，y），这样就得到 $(m+1)\times(n+1)$ 个格网点的全部坐标。

（3）RFM 系数的解算。

用上述的层状控制格网点来解算 RFM 的系数。

(4) 精度检查。

用解算出来的 RFM 的系数计算这些格网检查点的地面位置或相应像点的位置。通过比较解算的坐标和已知的格网点坐标就可以获得精度。

2) 地形相关的方案

如果没有严格传感器模型的定向参数，为了解算 RFM 的未知系数，必须通过从地图上量测或者野外实测的方式获取若干真实的地面控制点。在这种情况下，解法完全决定于实际的地形起伏以及控制点的数量与分布，因此这种方法与地形严格相关。当传感器的模型过于复杂很难建立或者精度要求不是很高的时候，这种方法已经被广泛地应用于摄影测量与遥感领域。由于高阶 RFM 需要的控制点比较多，故当控制点数目不足时，可视当地地形变化程度，考虑仅使用 RFM 的二阶形式。

3.4 计算与分析

RFM 是与传感器无关的几何模型，它能处理画幅式、推扫式、全景式、SAR 等多种性质影像。在本章的实验中，仅对摄影测量中最常用的画幅式及推扫式线阵列 CCD 影像进行了 RFC 解算和三维重建的计算与精度分析。

3.4.1 正解 RFM 的建立及拟合精度分析

1. 实验方法

从数据Ⅰ、数据Ⅱ中各任取一幅影像，根据影像的严格几何模型，按照 3.3.3 节所述的方法，以 6 层高程值、10×10 的密度建立控制格网，得到 726 个空间分布均匀的格网点，以此为控制点计算 RFCs。类似于控制格网的建立，将地形起伏范围均分为 7 层并去掉最高和最低两层，每层以二倍于控制格网的密度，共生成 2205 个检查点。将检查点的地面坐标代入解算出的 RFM 中，计算出新的像点坐标，将其与原始像点坐标比较，计算均方差和最大误差，以此为依据分析 RFM 拟合严格几何模型的精度。

2. 结果与分析

表 3.1 所示的是数据Ⅰ画幅式像片的检查点上正解 RFM 拟合共线条件方程的误差情况。

表 3.1 画幅式像片的 RFM 拟合统计 (单位：mm)

多项式次数	分母组合	x 最大残差	x 均方差	y 最大残差	y 均方差
3	$p_2 \neq p_4$	9.750e-005	5.863e-006	5.045e-004	2.929e-005
	$p_2 = p_4$	4.835e-005	2.585e-006	1.922e-004	8.961e-006
	$p_2 = p_4 \equiv 1$	3.615e-003	1.015e-003	2.744e-003	9.352e-004

续表

多项式次数	分母组合	x 最大残差	x 均方差	y 最大残差	y 均方差
2	$p_2 \neq p_4$	7.057e-006	2.082e-006	7.832e-004	4.579e-005
	$p_2 = p_4$	3.551e-005	2.301e-006	1.652e-005	1.643e-006
	$p_2 = p_4 \equiv 1$	2.004e-001	1.054e-001	1.920e-001	1.052e-001
1	$p_2 \neq p_4$	2.574e-006	1.289e-006	2.702e-006	1.309e-006
	$p_2 = p_4$	2.565e-006	1.289e-006	2.708e-006	1.309e-006

分析实验结果，不难得出如下结论：

（1）一阶的 RFM 能给出最高的拟合精度，即对于画幅式相机拟合其严格几何模型（共线条件方程）一阶 RFM 已足够，高阶 RFM 并不能提高其拟合精度，其原因是显而易见的，因为共线方程本身就是一个一阶的 RFM。

（2）带有分母多项式的 RFM（$p_2 \neq p_4$ 及 $p_2 = p_4$）的拟合精度较普通多项式（$p_2 = p_4 \equiv 1$）有明显提高，用普通多项式取代严格几何模型不可行。

数据Ⅱ中 SPOT 影像严格几何模型的正解 RFM 拟合误差统计于表 3.2 中，从中可得如下结论：

（1）利用二阶及三阶的正解 RFM 拟合 SPOT 影像的严格几何模型，可取得很高的拟合精度，而一阶 RFM 则相对较差；当分母多项式不同时，RFM 一般能达到更高的拟合精度。

（2）带有分母多项式的 RFM 拟合严格几何模型的精度较普通多项式有明显提高。

（3）RFM 拟合线阵列 CCD 传感器影像严格几何模型的精度较之画幅式像片差。

表 3.2　SPOT 影像的 RFM 拟合统计　（单位：像素）

多项式次数	分母组合	x 最大残差	x 均方差	y 最大残差	y 均方差
3	$p_2 \neq p_4$	4.736e-002	1.346e-002	2.800e-002	6.798e-003
	$p_2 = p_4$	4.732e-002	1.346e-002	2.798e-002	6.797e-003
	$p_2 = p_4 \equiv 1$	5.059e-002	1.390e-002	2.814e-002	6.789e-003
2	$p_2 \neq p_4$	4.694e-002	1.330e-002	2.752e-002	6.810e-003
	$p_2 = p_4$	5.170e-001	1.355e-001	3.599e-001	1.618e-001
	$p_2 = p_4 \equiv 1$	1.137e+000	3.125e-001	5.317e-001	1.398e-001
1	$p_2 \neq p_4$	1.366e+000	3.512e-001	5.992e-001	1.431e-001
	$p_2 = p_4$	1.455e+001	5.737e+000	1.902e+001	4.848e+000

3.4.2　正解 RFM 三维重建及定位精度分析

1. 实验方法

先分别建立数据Ⅰ、数据Ⅱ立体像对各影像的 RFM。利用共线方程，计算出数据Ⅰ中每个 DEM 格网点对应的左右影像坐标（x_l，y_l）、（x_r，y_r）；之后依据 3.3 节正解 RFM 的三维重建原理，计算同名像点（x_l，y_l），（x_r，y_r）对应的地面坐标，将其与该 DEM 格网点的原始三维坐标相比，分析画幅式影像正解 RFM 的定位精度。同理，计算数据Ⅱ中各标志点的同名像点（S_l，L_l），（S_r，L_r）对应的地面坐标，将其与该标志点的前方交会结果比较，分析 CCD 线阵列影像的正解 RFM 的三维定位精度。

2. 实验结果分析

基于正解 RFM 的三维重建实验中只采用二阶、三阶带有分母多项式的 RFM，各检查点上定位误差如表 3.3、表 3.4 所示。其中，表 3.3 反映的是数据Ⅰ中各 DEM 格网点的定位误差；表 3.4 反映的是数据Ⅱ中各标志点的定位误差。通过对实验情况的分析，有以下几点结论：

（1）按照 3.3 节给出方法建立的 RFM 具有与严格几何模型相当的定位精度，可以替代严格几何模型完成摄影测量处理；同时由于 RFCs 不含有物理意义，实现了对传感器成像信息的隐藏。

（2）对于画幅式影像，随着其 RFM 阶数的提高，三维定位精度有所下降，这是因为低阶的 RFM 与画幅式影像的严格几何模型形式更相近；而对于线阵列 CCD 行中心投影影像，由于其严格几何模型比较复杂，高阶的有理模型定位精度相对较高。

为使三维定位的迭代过程收敛，RFCs 在检查点像坐标 S、L 上的拟合误差必须相当。

表 3.3　画幅式立体像对正解 RFM 的定位精度　（单位：m）

多项式次数	分母组合	X 均方差	Y 均方差	Z 均方差
3	$p_2 \neq p_4$	0.0114	0.0135	0.0304
	$p_2 = p_4$	0.0009	0.0023	0.0070
2	$p_2 \neq p_4$	0.0242	0.0316	0.0626
	$p_2 = p_4$	0.0006	0.0008	0.0019

表 3.4　SPOT 立体像对正解 RFM 的定位精度　（单位：m）

多项式次数	分母组合	X 均方差	Y 均方差	Z 均方差
3	$p_2 \neq p_4$	25.724	21.831	23.811
	$p_2 = p_4$	25.723	21.831	23.813
2	$p_2 \neq p_4$	25.723	21.831	23.811
	$p_2 = p_4$	25.721	21.831	23.808

3.4.3　RFM 的综合评价

本章系统地总结了国内外对 RFM 研究的成果，全面介绍了 RFM 的定义、答解方式和利用立体像对的 RFM 计算地面点空间坐标的方法。实验结果表明，适当方式解算出的 RFM 与严格几何模型定位精度相当，可以替代严格几何模型完成摄影测量处理，同时由于有理函数系数不包含传感器的有关信息，能有效地实现对传感器成像信息的隐藏。

同严格的传感器模型相比，有理函数的特点可以归纳为以下几个方面。

（1）采用一般的多项式作为模型时，它与确定系数的地面控制点（GCP）拟合很好，但在其他点的内插值可能有明显偏离，而与相邻GCP不协调，即在某些点处产生振荡现象。这导致了多项式近似计算中误差的界限明显超出平均误差，而RFM可以更均匀地分布拟合误差。

（2）RFM具有独立性，拥有一个可变的坐标系，也就是说，它可以适应大多数坐标系统中的物方坐标，例如，地心坐标、地理坐标或任何地图投影坐标系。RFM允许有不同的地理参考坐标系，并且不需要成像参数，这也是其能在遥感中得到广泛应用的重要原因。

（3）RFM和物理传感器模型的本质差别为，物理传感器模型对于每一个地面点和其相应的像点都严格成立，而RFM的函数关系从理论上讲只在GCP上是较严格的，而在其他点则是近似的。实际上，由于有理函数的系数是利用GCP数据通过最小二乘法解算确定的，因此RFM的函数关系在所有的点都不会严格成立。也就是说有理函数的拟合曲面并不严格通过GCP，也就不代表地面的真实起伏，而是纯以数学模型来套合地形。因此，有理函数的模型精度与地面控制点的精度、分布和数量及纠正范围密切相关。

（4）RFM较之物理传感器模型有以下几个突出的优点：①一般性，适用于大多数传感器，其系数包含了各种因素的影响（传感器构造、地球曲率、大气折光等），并且其形式简单，对于非摄影测量专业人员尤为适合。②保密性，RFC中隐含了传感器信息，并且从RFC中反解传感器参数基本是不可能的，采用这种模型厂家不再担心其传感器设计参数信息被泄漏。③高效性，便于实时处理。利用有理函数这种模型，影像供应商仅提供给用户影像和相应的一组RFM的系数，这样用户就可以避免涉及影像的前提处理，从而可以直接进行后续的处理。

（5）RFM的缺点也很明显。①不稳定性：高阶RFM因参数过多会导致解的不稳定性，在某些情况下分母可能为0，此时要进行复杂的处理；物理意义不甚明确的RFC可能隐含了一些系统性误差。②精度局限性：使用RFM时可能会带来额外的内插误差。采用地形无关的方案，RFM的精度依赖于严格传感器模型的解算精度；采用地形相关的方案，RFM的精度与控制点的数量与分布密切相关。

RFM并不要求了解传感器的几何性质，引入新型传感器只是改变了获取参数这一部分，因此它在应用上是独立于传感器类型的。根据以上特点，很多卫星资料供应商把RFM作为影像传递的标准。IKONOS影像供应商便是首先解算出严格的几何模型，然后利用严格几何模型的结果反求RFM，最后将RFC作为影像元数据的一部分提供给用户。因此，用户可以在不知道精确传感器模型的情况下进行影像纠正以及后续的影像数据处理。和真实的传感器模型不同，RFM不需要了解每一个类型的成像传感器的物理特性，如轨道参数和平台的定向参数。目前高分辨率的卫星遥感技术正在走向民用商业化和以民掩军、军民两用的轨道，高分辨率军用遥感卫星资料如果要实现在民用领域的应用，同时又不涉及军事机密和危害国家利益，RFM的应用将是十分有价值的。因此RFM在遥感领域有相当大的使用价值。

RFM 是纯以数学模式来套合地形，因此有理函数的模型精度与地面控制点的精度、分布、数量及纠正范围密切相关。作为一类抽象的传感器模型，有理函数的系数没有具体的物理含义，因此我们只能通过检查点来分析、评定其精度，无法对系数的作用和影响作定性的分析，也就无法根据误差传播信息来进行精度分析和解法的优化。另外，我们无法确定检查点之间的内插误差。综上所述，RFM 作为一类通用的传感器几何模型，其应用前景是令人鼓舞的，但是上述一系列问题仍然需要对其进行深入细致的分析和研究，只有这样才能进一步提高该模型的精度和稳定性以及实用性，从而使 RFM 的应用更加广泛。

3.5 高分辨率卫星影像 RPC 模型的区域网平差

出于技术或军事等方面的原因，从 Space Imaging 公司的 IKONOS 卫星影像开始，出现一种高分辨率卫星的影像数据销售策略，即采取不提供轨道参数、不提供原始影像和不提供严格模型的模式。商业市场上的各级 IKONOS 影像均已进行不同程度的几何校正，原始严格的成像关系已被破坏，不可能按照常规摄影测量理论进行处理。Space Imaging 提供给用户用于处理 IKONOS 影像的数学模型称之为有理多项式模型（rational polynomial coefficients，RPC），其中隐藏了所有传感器的成像信息。目前，RPC 模型已成为高分辨率卫星影像定位的基本数学模型之一，几乎被所有的高分辨率遥感卫星厂家所采用。

3.5.1 RPC 模型的定义

RPC 模型的实质就是上文提到的有理函数模型（RFM），其定义如下（Grodecki，2001）：

$$s=\frac{\mathrm{Num}_s(U,\ V,\ W)}{\mathrm{Den}_s(U,\ V,\ W)},\qquad l=\frac{\mathrm{Num}_l(U,\ V,\ W)}{\mathrm{Den}_l(U,\ V,\ W)} \tag{3.33}$$

其中，$\mathrm{Num}_s(U,V,W)$，$\mathrm{Den}_s(U,V,W)$，$\mathrm{Num}_l(U,V,W)$，$\mathrm{Den}_l(U,V,W)$ 都是如下形式的多项式：

$$\begin{aligned}p=&a_1+a_2V+a_3U+a_4W+a_5VU+a_6VW+a_7UW+a_8V^2+a_9U^2+a_{10}W^2+a_{11}UVW\\&+a_{12}V^3+a_{13}VU^2+a_{14}VW^2+a_{15}V^2U+a_{16}U^3+a_{17}UW^2+a_{18}V^2W+a_{19}U^2W+a_{20}W^3\end{aligned}$$

(U,V,W) 是标准化后的地面点空间坐标（纬度 φ、经度 λ 和高程 h），(s,l) 是标准化后的像点坐标 (S,L)，即

$$\begin{cases}U=(\varphi-\varphi_0)/\varphi_s\\V=(\lambda-\lambda_0)/\lambda_s\\W=(h-h_0)/h_s\end{cases}\qquad\begin{cases}s=(S-S_0)/S_s\\ \\l=(L-L_0)/L_s\end{cases} \tag{3.34}$$

式中，$(\varphi_0,\lambda_0,h_0,S_0,L_0)$ 为标准化平移参数，$(\varphi_s,\lambda_s,h_s,S_s,L_s)$ 为标准化比例参数，它们与 RPC 模型中四个多项式的 80 个系数共同保存在卫星厂家提供给用户的 RPC 文件中。

RPC 模型的建立采用“地形无关”的方式，即首先利用星载 GPS、恒星相机、惯性器

件等辅助设备提供的卫星星历数据建立严格几何模型，之后利用严格几何模型生成大量均匀分布的虚拟控制点，再利用这些控制点计算出 RPC 模型参数，具体实现流程如图 3.5 所示。Grodecki 的实验证明，IKONOS 卫星影像 RPC 模型的拟合误差最大不超过 0.04 个像素，均方差优于 0.01 个像素（Grodecki and Dial，2001）。关于 RPC 模型的解算以及立体定位算法，与 3.3 节中 RFM 的原理相同，这里不再赘述。

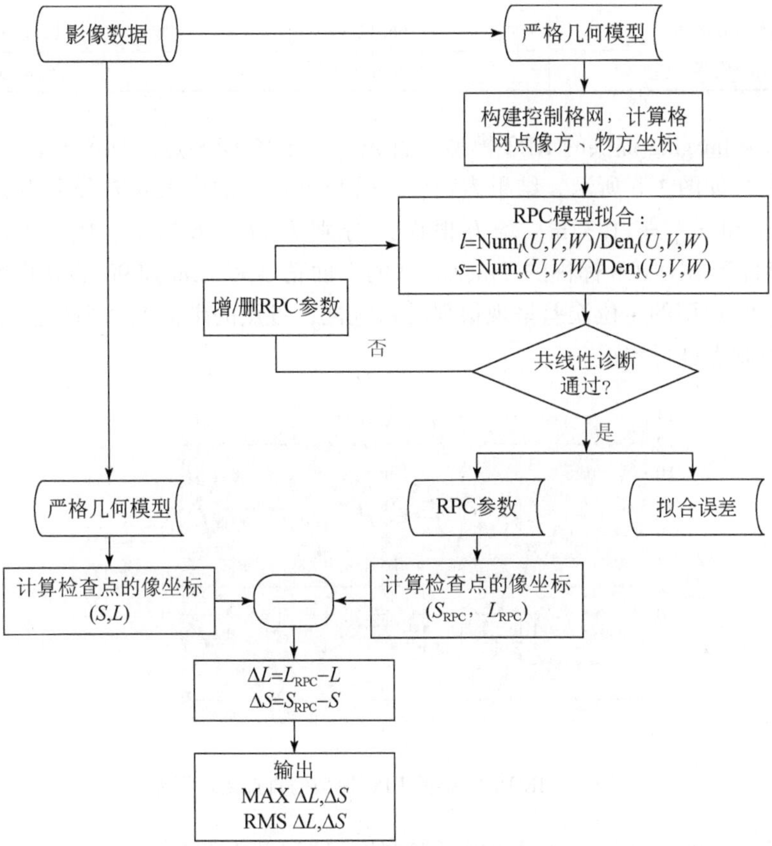

图 3.5　RPC 参数的解算过程

3.5.2　RPC 模型的系统误差及补偿

在没有地面控制参与的情况下，由于星载 GPS、恒星相机和陀螺等辅助设备测定的传感器位置、姿态数据存在一定的系统误差，加上太空环境与地面不同的大气、引力等条件导致传感器成像参数可能会发生一定的改变，从而直接利用卫星星历生成的 RPC 模型往往含有较大的系统误差，影响了影像定位的精度。本节采用 IKONOS 立体影像对 RPC 模型的精度特性进行了验证。实验数据是 Space Imaging 亚洲分公司 2001 年接收的锦州地区 IKONOS Reference 级立体影像，TIFF 格式并经核线重采样，大小均为 11 212 像素×14 040 像素。在元数据文件中记录了影像获取时的有关参数，如表 3.5 所示。在立体覆盖区利用 GPS 实测了 38 个明显地物点（道路交叉点、房角点、田角等）用于精度验证。

表 3.5 锦州 IKONOS 立体影像采集信息

参数	左片	右片
影像采集时间	12/4/2001，02：58	12/4/2001，02：59
太阳方位角	154.4377°	154.7932°
太阳高度角	55.38705°	55.45709°
传感器方位角	317.4162°	242.8947°
传感器高度角	66.12894°	62.81855°
GSD（沿轨/穿轨）	0.93m/0.94m	1.00m/0.93m

利用 Space Imaging 提供的 RPC 模型，首先计算出各 GPS 点的地面坐标，并统计出各点的定位误差，如图 3.6 所示。结果表明，RPC 模型定位的最大误差分别为 $X_{max}=9.66$m，$Y_{max}=-5.98$m 和 $Z_{max}=11.37$m，均方根误差分别为 $M_X=6.70$m，$M_Y=3.65$m 和 $M_Z=8.53$m，明显优于 IKONOS 标称的 25m CE90 的平面精度和 12m LE90 的高程精度。图 3.6 同时表明，RPC 模型的定位误差呈现很强的系统性，各点的坐标差大小很接近，这可以通过引入少量控制点进行改正。

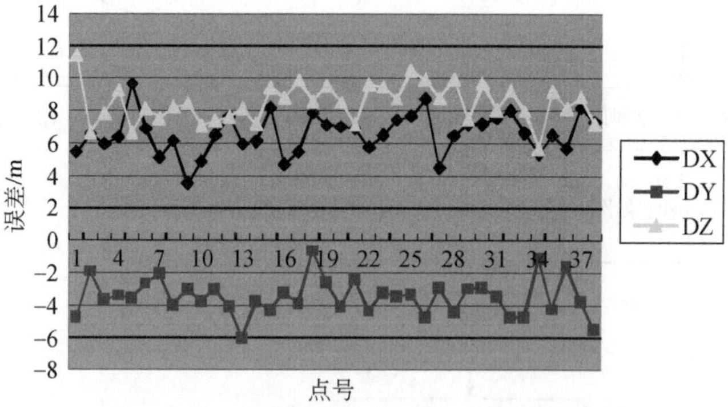

图 3.6 IKONOS 影像 RPC 模型的直接定位误差

在地面控制点的支持下，消除 RPC 模型的系统误差有两种办法，其一是利用控制点直接更新 RPC 参数，其二是引入误差改正模型对 RPC 模型中的物方或像方坐标进行系统误差补偿，并利用控制点确定改正参数。利用控制点直接更新 RPC 模型的理想方案是将这些控制点纳入到解算 RPC 模型的三维虚拟物方格网中，重新拟合出 RPC 模型，但通常情况下很难获得由严格几何模型生成的虚拟物方格网，这种方案往往不可行。在没有严格几何模型的情况下，Hu 和 Tao 提出了一种终端用户更新 RPC 模型的方案，称之为"递增离散卡尔曼滤波"（incremental discrete Kalman filtering，IDKF），它假设已知 RPC 参数的协方差，通过对地面控制点的分组，利用递增的动态离散卡尔曼滤波过程实现对现有 RPC 参数的更新（Hu and Tao，2001）。由于 RPC 模型一般并不提供各参数之间的协方差信息，IDKF 方法所用的协方差矩阵要人为给定，具有随意性。

补偿 RPC 模型系统误差比较有效、可行的方法是引入改正模型，然后利用少量地面控制点求解改正模型的参数，本质上是对 RPC 模型进行扩展。Fraser、Hanley、Grodecki 和 Dial 等学者提出了多种改正模型，均能显著地提高 RPC 模型的定位精度（Fraser，2002；

Fraser, 2003; Grodecki and Dial, 2003a; 张永生，刘军，2004)。这些模型大体上可分为两类：像方改正模型和物方改正模型。

1. 物方补偿方案

物方补偿方案认为RPC模型定位的系统误差主要是由于其物方坐标系与控制点坐标系不一致造成的，这种不一致性可通过引入空间相似变换参数进行改正，认为两个坐标系之间存在空间的平移、旋转和缩放，即

$$\begin{bmatrix} X \\ Y \\ Z \end{bmatrix}_{\text{GCP}} = \lambda \cdot \boldsymbol{M} \cdot \begin{bmatrix} X \\ Y \\ Z \end{bmatrix}_{\text{RPC}} + \begin{bmatrix} X_0 \\ Y_0 \\ Z_0 \end{bmatrix} \tag{3.35}$$

其中，λ 为尺度常量，$\boldsymbol{M}$ 为旋转矩阵，由两坐标系间轴线偏差角（Φ, Ω, K）构成，（X_0, Y_0, Z_0）为平移参数。空间相似变换中共有7个独立参数，至少需要3个地面控制点才能解算。实际上，控制点坐标系和RPC模型的物方坐标系吻合是很好的，因此尺度参数 λ 一般取为1，小范围情况下旋转矩阵 $\boldsymbol{M}$ 一般认为是单位阵，这时式（3.35）就简化为坐标的平移变换，只需要一个平高控制点就可确定平移参数。

2. 像方补偿方案

由于RPC模型存在系统误差，由其计算出的像点坐标（S, L）与在影像上量测的实际像素坐标（C, R）存在偏差 ΔS 和 ΔL。Grodecki 提出把 ΔS 和 ΔL 表示成像点坐标（S, L）的普通多项式，即

$$\begin{cases} \Delta S = e_0 + e_S \cdot S + e_L \cdot L + e_{SL} \cdot S \cdot L + e_{L2} \cdot L^2 + e_{S2} \cdot S^2 + \cdots \\ \Delta L = f_0 + f_S \cdot S + f_L \cdot L + f_{SL} \cdot S \cdot L + f_{L2} \cdot L^2 + f_{S2} \cdot S^2 + \cdots \end{cases} \tag{3.36}$$

其中，e_0, e_S, e_L, …和 f_0, f_S, f_L, …为改正参数，各参数均有其物理意义。e_0 吸收了扫描方向各种误差引起的像点 S 坐标移位，包括扫描方向的星历误差、翻滚角（roll）误差和主点 S 坐标的检校误差和CCD器件物理位置检校误差等；f_0 则吸收了飞行方向各种误差引起的像点 L 坐标移位，包括飞行方向的星历误差、俯仰角（pitch）误差、主点 L 坐标的检校误差和CCD器件物理位置检校误差等。参数 e_L 和 f_L 吸收了因成像期间陀螺漂移引起的微小误差，实验证明，仅当成像条带超过50km时，e_L 和 f_L 才发挥作用。参数 e_S 和 f_S 可吸收视向星历误差、内定向误差如透镜焦距和镜头扭曲误差等，对于IKONOS影像而言这些误差可以忽略不计（Grodecki and Dial, 2003a）。因此，当影像条带不超过50km时，IKONOS影像像点坐标的改正项可以简单地表示为 $\Delta S=e_0$ 及 $\Delta L=f_0$。实际使用中，ΔS, ΔL 采用的形式主要有以下几种：

（1）$\Delta S=e_0$, $\Delta L=f_0$；

（2）$\Delta S=e_0+e_S \cdot S$, $\Delta L=f_0+f_S \cdot S$；

（3）$\Delta S=e_0+e_L \cdot L$, $\Delta L=f_0+f_L \cdot L$；

（4）$\Delta S=e_0+e_S \cdot S+e_L \cdot L$, $\Delta L=f_0+f_S \cdot S+f_L \cdot L$。

如果采用（1）式的平移变换补偿RPC模型的系统误差，一个平高控制点就可确定变

换参数（e_0，f_0），而如果采用（4）式的仿射变换，则至少需要三个控制点。确定 ΔS 和 ΔL 的模型参数之后，就可对整个影像进行像点坐标改正，提高 RPC 模型的定位精度。

3.5.3 RPC 模型的区域网平差

依据上述像方和物方改正模型，可以采用类似于空间后方交会的方式确定单景影像 RPC 模型的系统误差参数。对于大范围立体测图，覆盖同一区域的多幅卫星影像往往具有相似的系统误差特性，采用区域网平差的方法同时确定所有影像 RPC 模型的误差参数理论上更加严密，具有更强的灵活性。

RPC 模型区域网平差的基本依据仍是上述物方或像方扩展的 RPC 模型。Grodecki 等于 2003 年初提出的 RPC 模型物方和像方区域网平差方案，成为后来高分辨率卫星影像测图广泛采用的技术方法，尤其是像方平差方案受到最多关注，并被国内外很多专业软件所采用（Grodecki and Dial，2003a）。下面重点对 RPC 模型的像方平差方案进行讨论。

1. 区域网平差的数学模型

考虑到 RPC 模型存在的像方系统误差 ΔS 和 ΔL，RPC 模型描述的地面坐标（φ，λ，h）与像点坐标（C，R）的关系可表示为

$$\begin{cases} C = S + \Delta S \\ R = L + \Delta L \end{cases} \tag{3.37}$$

其中，$S=S_S \cdot \dfrac{\mathrm{Num}_s\ (U,\ V,\ W)}{\mathrm{Den}_s\ (U,\ V,\ W)}+S_0$，$L=L_S \cdot \dfrac{\mathrm{Num}_l\ (U,\ V,\ W)}{\mathrm{Den}_l\ (U,\ V,\ W)}+L_0$。

由上文的分析可知，对于高分辨率卫星影像一般采用仿射变换就可有效补偿 RPC 模型在像方的系统误差，即 ΔS 和 ΔL 可表示为如下形式：

$$\begin{cases} \Delta S = e_0 + e_S \cdot S + e_L \cdot L \\ \Delta L = f_0 + f_S \cdot S + f_L \cdot L \end{cases} \tag{3.38}$$

将式（3.38）代入到式（3.37），整理可得

$$\begin{cases} F_S = e_0 + e_1 \cdot S + e_2 \cdot L - C = 0 \\ F_L = f_0 + f_1 \cdot S + f_2 \cdot L - R = 0 \end{cases} \tag{3.39}$$

式（3.39）即为 RPC 模型区域网平差的数学模型，是非线性的表达式，需进行线性化才可用于最小二乘平差。以仿射变换参数 e_0，e_1，e_2，f_0，f_1，f_2 和地面坐标（φ，λ，h）为未知数，将 F_S、F_L 泰勒展开到一次项，得到 RPC 模型区域网平差的基本误差方程为

$$\begin{cases} v_S = \dfrac{\partial F_S}{\partial e_0}\mathrm{d}e_0 + \dfrac{\partial F_S}{\partial e_1}\mathrm{d}e_1 + \dfrac{\partial F_S}{\partial e_2}\mathrm{d}e_2 + \dfrac{\partial F_S}{\partial f_0}\mathrm{d}f_0 + \dfrac{\partial F_S}{\partial f_1}\mathrm{d}f_1 + \dfrac{\partial F_S}{\partial f_2}\mathrm{d}f_2 \\ \qquad + \dfrac{\partial F_S}{\partial \varphi}\mathrm{d}\varphi + \dfrac{\partial F_S}{\partial \lambda}\mathrm{d}\lambda + \dfrac{\partial F_S}{\partial h}\mathrm{d}h + F_S^0 \\ v_L = \dfrac{\partial F_L}{\partial e_0}\mathrm{d}e_0 + \dfrac{\partial F_L}{\partial e_1}\mathrm{d}e_1 + \dfrac{\partial F_L}{\partial e_2}\mathrm{d}e_2 + \dfrac{\partial F_L}{\partial f_0}\mathrm{d}f_0 + \dfrac{\partial F_L}{\partial f_1}\mathrm{d}f_1 + \dfrac{\partial F_L}{\partial f_2}\mathrm{d}f_2 \\ \qquad + \dfrac{\partial F_L}{\partial \varphi}\mathrm{d}\varphi + \dfrac{\partial F_L}{\partial \lambda}\mathrm{d}\lambda + \dfrac{\partial F_L}{\partial h}\mathrm{d}h + F_L^0 \end{cases} \tag{3.40}$$

其中

$$\frac{\partial F_S}{\partial e_0}=\frac{\partial F_L}{\partial f_0}=1,\quad \frac{\partial F_S}{\partial e_1}=\frac{\partial F_L}{\partial f_1}=S,\quad \frac{\partial F_S}{\partial e_2}=\frac{\partial F_L}{\partial f_2}=L$$

$$\frac{\partial F_S}{\partial f_0}=\frac{\partial F_S}{\partial f_1}=\frac{\partial F_S}{\partial f_2}=\frac{\partial F_L}{\partial e_0}=\frac{\partial F_L}{\partial e_1}=\frac{\partial F_L}{\partial e_2}=0$$

$$\frac{\partial F_S}{\partial \varphi}=e_1\cdot\frac{\partial S}{\partial \varphi}+e_2\cdot\frac{\partial L}{\partial \varphi},\quad \frac{\partial F_S}{\partial \lambda}=e_1\cdot\frac{\partial S}{\partial \lambda}+e_2\cdot\frac{\partial L}{\partial \lambda}$$

$$\frac{\partial F_S}{\partial h}=e_1\cdot\frac{\partial S}{\partial h}+e_2\cdot\frac{\partial L}{\partial h},\quad \frac{\partial F_L}{\partial \varphi}=f_1\cdot\frac{\partial S}{\partial \varphi}+f_2\cdot\frac{\partial L}{\partial \varphi}$$

$$\frac{\partial F_L}{\partial \lambda}=f_1\cdot\frac{\partial S}{\partial \lambda}+f_2\cdot\frac{\partial L}{\partial \lambda},\quad \frac{\partial F_L}{\partial h}=f_1\cdot\frac{\partial S}{\partial h}+f_2\cdot\frac{\partial L}{\partial h}$$

$\frac{\partial S}{\partial \varphi}$，$\frac{\partial S}{\partial \lambda}$，$\frac{\partial S}{\partial h}$，$\frac{\partial L}{\partial \varphi}$，$\frac{\partial L}{\partial \lambda}$，$\frac{\partial L}{\partial h}$为 RPC 模型针对地面坐标（$\varphi$，$\lambda$，$h$）的偏导数，可参照3.3.3 节 RFM 模型的线性化方法推导出来，这里不再赘述，其具体形式可参见文献（刘军等，2006）。

用 $\mathrm{d}\boldsymbol{X}_A$表示各影像的仿射变换参数，$\mathrm{d}\boldsymbol{X}_G$表示连接点的地面坐标改正数，设参与平差的影像个数为 n，连接点的个数为 m，控制点个数为 p，则可将 $\mathrm{d}\boldsymbol{X}_A$，$\mathrm{d}\boldsymbol{X}_G$表示为

$$\mathrm{d}\boldsymbol{X}_A=[\mathrm{d}e_0^{(1)},\ \mathrm{d}e_1^{(1)},\ \mathrm{d}e_2^{(1)},\ \mathrm{d}f_0^{(1)},\ \mathrm{d}f_1^{(1)},\ \mathrm{d}f_2^{(1)},\ \cdots,\ \mathrm{d}e_0^{(n)},\ \mathrm{d}e_1^{(n)},\ \mathrm{d}e_2^{(n)},\ \mathrm{d}f_0^{(n)},\ \mathrm{d}f_1^{(n)},\ \mathrm{d}f_2^{(n)}]^{\mathrm{T}}$$

$$\mathrm{d}\boldsymbol{X}_G=[\mathrm{d}\varphi_1,\ \mathrm{d}\lambda_1,\ \mathrm{d}h_1,\ \cdots,\ \mathrm{d}\varphi_m,\ \mathrm{d}\lambda_m,\ \mathrm{d}h_m]^{\mathrm{T}}$$

于是，区域网平差的误差方程式可以表示为

$$\boldsymbol{V}=\boldsymbol{C}\cdot\mathrm{d}\boldsymbol{X}-\boldsymbol{D}\tag{3.41}$$

其中

$\boldsymbol{C}=[\boldsymbol{C}_A\quad \boldsymbol{C}_G]$，$\mathrm{d}\boldsymbol{C}=[\mathrm{d}\,\boldsymbol{C}_A\quad \mathrm{d}\,\boldsymbol{C}_G]^{\mathrm{T}}$；

$\boldsymbol{C}_A$为仿射变换参数的系数矩阵，$\boldsymbol{C}_A=[\boldsymbol{C}_{A1}\quad\cdots\quad\boldsymbol{C}_{Ai}\quad\cdots]^{\mathrm{T}}$；

$\boldsymbol{C}_G$为连接点物方坐标的设计矩阵，$\boldsymbol{C}_G=[\boldsymbol{C}_{G1}\quad\cdots\quad\boldsymbol{C}_{Gi}\quad\cdots]^{\mathrm{T}}$；

$\boldsymbol{D}$ 为残差向量，$\boldsymbol{D}=[\boldsymbol{D}_1\quad\cdots\quad\boldsymbol{D}_i\quad\cdots]^{\mathrm{T}}$。

如设第 k 个地面点在第 j 幅影像上的像点号为 i，则有

$$\boldsymbol{C}_{Ai}=\begin{bmatrix}0 & \cdots & 0 & \frac{\partial F_{Si}}{\partial e_0^{(j)}} & \frac{\partial F_{Si}}{\partial e_1^{(j)}} & \frac{\partial F_{Si}}{\partial e_2^{(j)}} & \frac{\partial F_{Si}}{\partial f_0^{(j)}} & \frac{\partial F_{Si}}{\partial f_1^{(j)}} & \frac{\partial F_{Si}}{\partial f_2^{(j)}} & 0 & \cdots & 0\\ 0 & \cdots & 0 & \frac{\partial F_{Li}}{\partial e_0^{(j)}} & \frac{\partial F_{Li}}{\partial e_1^{(j)}} & \frac{\partial F_{Li}}{\partial e_2^{(j)}} & \frac{\partial F_{Li}}{\partial f_0^{(j)}} & \frac{\partial F_{Li}}{\partial f_1^{(j)}} & \frac{\partial F_{Li}}{\partial f_2^{(j)}} & 0 & \cdots & 0\end{bmatrix}$$

$$\boldsymbol{C}_{Gi}=\begin{bmatrix}0 & \cdots & 0 & \frac{\partial F_{Si}}{\partial \varphi_k} & \frac{\partial F_{Si}}{\partial \lambda_k} & \frac{\partial F_{Si}}{\partial h_k} & 0 & \cdots & 0\\ 0 & \cdots & 0 & \frac{\partial F_{Li}}{\partial \varphi_k} & \frac{\partial F_{Li}}{\partial \lambda_k} & \frac{\partial F_{Li}}{\partial h_k} & 0 & \cdots & 0\end{bmatrix}$$

$$\boldsymbol{D}_i=\begin{bmatrix}C_i^{(j)}-e_0^{(j)}-e_1^{(j)}\cdot S_i^{(j)}-e_2^{(j)}\cdot L_i^{(j)}\\ R_i^{(j)}-f_0^{(j)}-f_1^{(j)}\cdot S_i^{(j)}-f_2^{(j)}\cdot L_i^{(j)}\end{bmatrix}$$

式（3.41）的最小二乘解为 $\mathrm{d}\boldsymbol{X}=(\boldsymbol{C}^{\mathrm{T}}\boldsymbol{C})^{-1}\boldsymbol{C}^{\mathrm{T}}\boldsymbol{D}$。

2. 实验与分析

本节利用上述锦州 IKONOS Reference 立体影像，对 RPC 模型的系统误差补偿以及区域网平差算法进行了验证，采用的定位方案有以下 5 种：

（1）无控制点 RPC 模型直接定位（RPC）；

（2）RPC 模型+物方坐标系平移方案（RPC&GT），分别采用了 1 个和 4 个控制点；

（3）RPC 模型+空间相似变换方案（RPC&ST），利用 4 个控制点计算变换参数；

（4）RPC 模型+像方坐标系平移方案（RPC&IT），也分别采用了 1 个和 4 个控制点；

（5）区域网平差方案（BA），采用 4 个控制点。

检查点上各种模型定位的中误差与最大误差如表 3.6 所示。

表 3.6 锦州 IKONOS 立体影像多种方案的定位精度比较

定位方案	GCP	M_X/m	M_Y/m	M_Z/m	X_{max}/m	Y_{max}/m	Z_{max}/m
RPC	0	6.702	3.648	8.531	9.656	5.981	11.373
RPC&GT	1	1.863	1.698	1.429	4.459	4.127	3.601
RPC&GT	4	1.236	1.133	1.270	3.094	3.068	3.371
RPC&ST	4	1.259	1.123	1.188	3.299	3.030	4.026
RPC&IT	1	1.970	1.665	1.491	4.679	4.081	3.748
RPC&IT	4	1.277	1.129	1.264	3.238	2.963	3.272
BA	4	1.083	1.028	1.109	3.112	3.044	4.032

从表 3.6 的结果中不难发现，少量地面控制点即可有效地消除 RPC 模型中的系统性误差，显著地提高定位精度，可满足 1∶10000 比例尺地形图测绘的几何精度要求。根据取得的实验结果，可以得出以下结论：

（1）RPC&GT 及 RPC&IT 方案虽然只是简单地将坐标系平移，仅利用 1 个地面控制点就能有效地提高定位精度，随着控制点数量的增加精度能进一步优化。这一结论可用图 3.6 来解释，其中各检查点误差向量的方向基本一致，大小相当，说明 RPC 模型坐标系与控制点坐标系之间基本只存在平移变换，因此 RPC&GT 及 RPC&IT 方案对定位精度的提高效果明显。

（2）由上分析，既然 RPC 模型坐标系与控制点坐标系之间基本上只是坐标系原点的不同，因此虽然 RPC&ST 方案在理论上比 RPC&GT 合理，但其定位精度并未得到相应改善。实际上，在本书的实验中计算出的 RPC&ST 方案的相似变换参数 λ 仅为 1.000016，而旋转角 Φ，Ω，K 的量级都在 10^{-5}度，因而只要控制点分布均匀，RPC&GT 方案也可达到与 RPC&ST 方案相当的定位精度。

（3）RPC 模型的区域网平差算法 BA 以 RPC 模型描述的物方坐标与像点坐标之间的严格数学关系为基础，在理论上最严密，精度也最佳，三个方向的定位精度均在 1.1m 左右，约 1.1 个地面像元。BA 方法尤其适用于具有一定重叠度的多幅高空间分辨率卫星影像的测图处理。

需要指出的是，由于控制点量测精度等方面的原因，上述实验结果与国内外报道的 IKONOS 影像的最优定位精度还有一定差距，这里仅是从原理上对 RPC 模型区域网平差的方法进行讨论。

在 Space Imaging 将 RPC 模型作为 IKONOS 卫星影像定位的几何模型之初，人们对 RPC 模型的精度、稳定性等问题常心存疑虑。国内外大量的实验表明，RPC 模型虽然具有一定的系统误差，但引入极少量地面控制点就可有效予以改正，定位精度达到严格几何模型的水平，可替代以共线条件为基础的严格几何模型用于摄影测量处理。RPC 模型不仅在保持严格模型定位精度的前提下实现了对传感器成像参数的隐藏，而且降低了对用户专业知识的要求，在高分辨率卫星遥感领域具有巨大的应用潜力。

第4章 星载传感器综合标定场

随着卫星遥感影像地面分辨能力的不断提高，人们对其空间定位精度也提出了更高的要求。影响卫星遥感影像定位精度的误差源很多，不仅包括成像传感器内方位元素检定误差、光学系统的几何畸变以及CCD器件的尺寸误差、弯曲、不平整等因素，还包括卫星平台搭载的卫星定轨接收机、恒星敏感器、惯性测量单元等的位置姿态参数测量误差。此外，上述各种载荷之间空间偏移和指向偏差也对影像的定位精度有很大影响。由于这些因素相互交织，并且不容易逐一分离，迫切需要一个高精度的地面基准为参照对各种可能的影响要素进行整体性、定量化的验证、分析与评估，并利用相应的数学模型进行改正，从而提高卫星遥感影像的定位精度。因此，建立高精度的地面控制场，并以此为基础对遥感卫星的各种系统误差进行在轨几何检校，是高分辨率遥感卫星尤其是测绘卫星应用必须要解决的首要问题。

4.1 高分辨率商业遥感卫星的在轨几何标定

对于高分辨率遥感卫星，为保证其几何定位精度，发射之前都需经过严格的实验室标定，精确测量出光学系统有关参数、传感器系统之间的安置误差等参数。但由于卫星入轨后进入微重力状态以及环境温度状态的变化，有效载荷的技术参数会发生变化，因此必须定期对传感器进行在轨几何定标，以构建正确的物像关系。国外以SPOT-5、IKONOS、ALOS等为代表的高分辨率遥感卫星系统均经过了严格而系统的在轨几何定标工作，积累了较为丰富的技术和实践经验。

法国SPOT卫星是最早成功应用几何定标技术的卫星之一。从SPOT-1上天开始，一直到SPOT-5，积累了40余年的在轨几何定标经验，并在全球建立了21个几何检校场用于卫星在轨几何检校，如图4.1所示（Valorge et al.，2003）。SPOT-5发射后，法国空间中心CNES成立专门的部门，采用分步定标的方法，利用地面检校场对SPOT-5卫星影像进行几何定标处理，包括外检校、内检校等静态参数以及轨道和姿态等动态参数的定标等，最终单片无控制点平面定位精度达到50m（RMS），无控制点多立体像对高程定位精度达到15m（RMS）（Breton，2002）。

IKONOS卫星自从1999年9月发射升空之后，Space Imaging将在轨几何定标作为实现相机几何技术参数精化的关键环节，于2001～2004年进行过一系列的几何定标工作。用于IKONOS测绘精度检校的地面检校场主要分布在美国凤凰城、圣地亚哥、西德克萨斯和澳大利亚（如图4.2所示）。IKONOS几何定标的内容主要包括视场角映射、光学畸变参数、焦平面阵列的布置以及卫星本体坐标系与相机坐标系之间的关系（安置矩阵）等，以

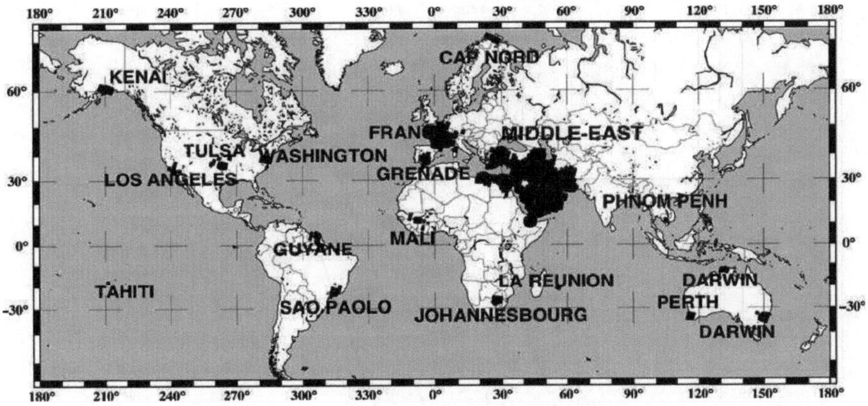

图 4.1　SPOT 在全球分布的几何检校场

实现对相机几何技术参数的精化（Grodecki and Dial，2001；Grodecki and Lutes，2005）。以高精度几何定标为基础，IKONOS 最终在无控制点条件下达到平面 12m（RMS），高程 10m（RMS）的定位精度（Dial and Grodecki，2003）。

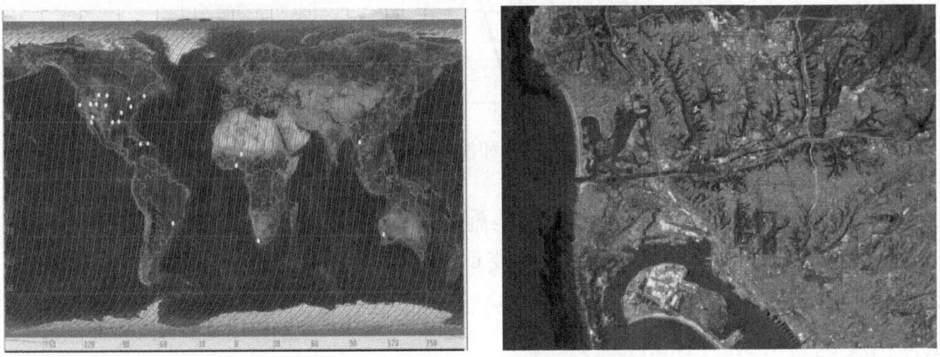

图 4.2　IKONOS 卫星地面检校场

日本 ALOS 卫星在发射之前，即制订了整套的几何标定计划，并拟定了基本工作流程。几何标定组开发了 SAT-PP（Satellite Image Precision Processing）软件系统，采用附加参数的自检校区域网平差方法进行整体定标（Gruen et al.，2007）。通过分析系统成像特点，针对 PRISM 三线阵相机设置了 30 个附加参数来补偿系统误差，并利用分布于日本（图 4.3）、意大利、瑞士、南非等地的多个地面检校场进行了定标试验。在无控制点的情况下，立体像对平面定位精度达到 8m（RMS），高程定位精度达到 10m（RMS）。

美国轨道成像公司的 OrbView-3 卫星于 2003 年 6 月 26 日发射成功，其全色相机空间分辨率达到 1m。为实现卫星高精度定位，OrbView-3 进行了系统的定标工作，主要由卫星试运行阶段的初始定标和在轨运行后的定期检校两部分组成，其中初始定标又分为定姿系统测试、相机视轴检校、相机焦距定标、定轨模型调整与验证、定姿系统精确校正和相机几何定标等几个步骤进行（Mulawa，2004）。其检校场位于美国德克萨斯州，长宽各 50km，利用航空摄影方式获取了覆盖该地区的共 575 景航空影像，比例尺为 1∶25000，地面分辨率 0.4m，利用航空影像与卫星影像的匹配获得大量地面控制点。定标软件系统

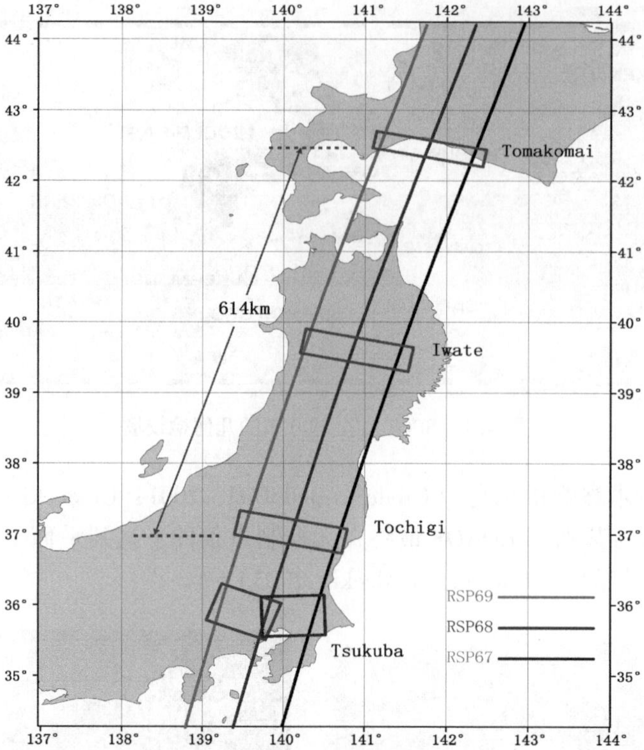

图 4.3　ALOS/PRISM 在日本和澳大利亚西南地区的几何检校场

主要由联合卡尔曼滤波、卫星定轨、影像匹配、多传感器空中三角测量等模块组成。通过采用区域网平差方法，利用不同视场方向获取的 15 个立体像对进行联合定标解算，最终单片无控制点平面定位精度达到 10m（RMS），立体像对平面定位精度达到 7.1m（RMS）、高程定位精度达到 9.1m（RMS）。

2008 年 9 月 6 日，美国 GeoEye-1 卫星从美国范登堡空军基地发射升空。GeoEye-1 卫星是迄今为止技术最先进、分辨率最高的商业卫星，其姿态与轨道控制分系统采用三轴稳定方式，指向控制精度为 75"，指向测量精度为 0.4"，姿态稳定度为 0.007" /s。卫星装有 0.41m 分辨率的空间相机，经在轨几何定标后，在无地面控制点的情况下定位精度可达到 3m（Crespi et al.，2010）。

4.2　国外几何标定实验场概况

为了保证定位精度，国际知名的高分辨率遥感卫星如 IKONOS、GeoEye-1、WorldView、ALOS 等都布设了各自的野外实验场进行定期或不定期的在轨几何标定。本节着重介绍国际上一些知名的永久性几何定标场。

4.2.1　芬兰 Sjökulla 实验场

Sjökulla 永久性实验场由芬兰大地测量学院（Finnish Geodetic Institute，FGI）自 1994

年开始建立，主要用于航空航天成像传感器几何、辐射和空间分辨率的检测（Kuittinen et al.，1994；Honkavaara et al.，2008）。它坐落在 Kirkkonummi 地区的乡下，四周由田园、湖泊、森林环绕，到 FGI 和机场的距离适中。作为一个永久性实验场，它应该全年可用，且经久耐用、易于维护，应该能被持续监测，并且具有较好的交通条件。考虑到芬兰地区的环境条件较为恶劣，FGI 在建设 Sjökulla 实验场时采用的方法颇为独特，值得我们借鉴。

1. 图像质量检测实验场

Sjökulla 实验场的图像质量测试场面积约 60m×100m，其中分为 7 个区域，并分别铺设了不同的靶标以进行分辨率和辐射特性检测，如图 4.4 所示。

图 4.4　Sjökulla 实验场的永久和可移动靶标

1. 永久性高密度空间分辨率检测靶标；2. 永久性灰度级；3. 永久性高反射率区域（灰、红、黑、白、黏土、草）；4. 稀疏分辨率检测靶标；5. 永久性圆形靶标；6. 可移动西门子星形靶标；7. 可移动灰度级

为了避免霜冻、流水和植被生长造成的不利影响，测试区分为多层建设，自下而上分别为黏土、沙粒、纤维材料、碎石（直径 25～55 mm）、纤维材料、碎石（直径 8～16 mm 或 4～8 mm）。测试区表面被铺设为不同的测试图案，并分别利用黑色辉长岩、灰色花岗岩、红色花岗岩和白色石灰石构成，如图 4.5、图 4.6 所示。

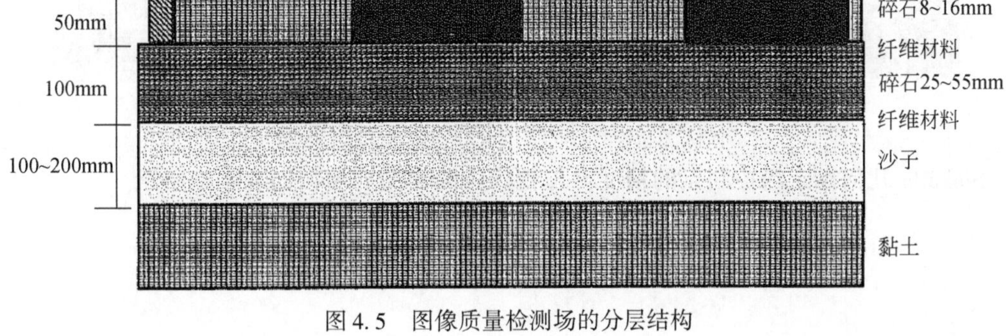

图 4.5　图像质量检测场的分层结构

图 4.6　顶层铺设的各种碎石

FGI 选择碎石而不是喷涂的油布、合板或混凝土，主要原因是后者的辐射和光谱特性会因为褪色和污垢快速改变，如果采用后者在飞行之前还要清理晨露、泥浆、灰尘等干扰源。FGI 设计的多层沙砾结构具有许多优点，如沙砾不受天气影响，雨水不仅不会造成破坏，还能冲刷掉灰尘和污垢并且地表能快速干燥，下雪和霜冻也不会对图案造成任何影响。此外，不同类型的碎石还具有独特的反射特性，也利于提高辐射定标的精度。

2. 几何标定场

Sjökulla 几何标定场布设了适用于大、中、小不同成像比例尺的靶标区，所有靶标点的三维坐标都利用 GPS 静态测量。在大比例尺区域，有 18 个靶标点设置在岩床或大石上，26 个靶标点设置在土壤和建筑物上；较小比例尺区域的所有靶标点都设置在岩床上。固定在土壤或建筑物上的靶标点每年都要复测。Sjökulla 几何标定场使用了三种靶标：①白色圆形靶标，直径为 0.3m 和 0.4m，喷涂在胶合板上，背景为黑色；②1m×1m 的白色正方形靶标，利用胶合板制作；③三角形靶标，利用实木板制作，边长 2.4m。Sjökulla 几何标定场的控制点分布以及样式如图 4.7 所示。

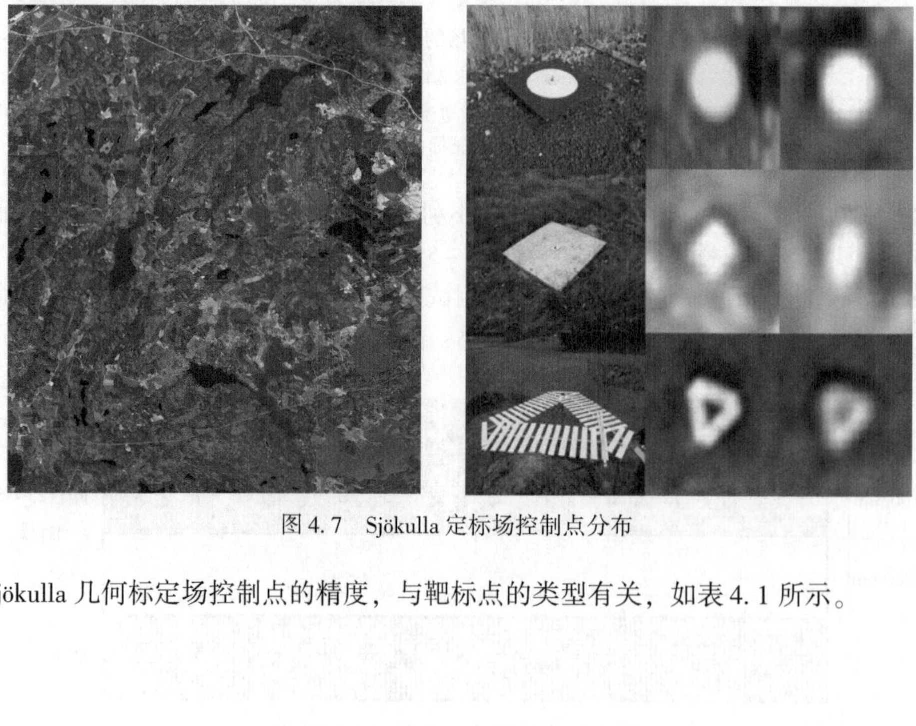

图 4.7　Sjökulla 定标场控制点分布

Sjökulla 几何标定场控制点的精度，与靶标点的类型有关，如表 4.1 所示。

表4.1　Sjökulla几何标定场的控制点精度

区域	面积/km^2	成像比例尺	GSD/m	GCP数量	靶标类型	GCP精度/cm
大比例尺	1×1	1∶3000～1∶4000	<0.1	44	圆形：42	$\sigma_X=\sigma_Y=1.0$，$\sigma_Z=2.0$
					方形：2	$\sigma_X=\sigma_Y=1.0$，$\sigma_Z=2.0$
中等比例尺	4×5	1∶8000～1∶16000	<0.3	12	方形：10	$\sigma_X=\sigma_Y=1.0$，$\sigma_Z=2.0$
					三角形：2	$\sigma_X=\sigma_Y=\sigma_Z=5.0$
小比例尺	10×10	1∶16000～1∶40000	<0.5	23	方形：14	$\sigma_X=\sigma_Y=1.0$，$\sigma_Z=2.0$
					三角形：9	$\sigma_X=\sigma_Y=\sigma_Z=5.0$

4.2.2　德国斯图加特的Vaihingen/Enz实验场

Vaihingen/Enz实验场位于德国斯图加特市西北方向约20km处，由斯图加特大学摄影测量学院（Ifp）在1995年夏开始建立（Cramer，2005）。实验场为丘陵地区，有多种植被和土地类型，测区内主要是乡村风貌，也有小片森林和村庄（图4.8）。Ifp建立Vaihingen/Enz实验场的最初目的，是为了对世界上第一台实用的机载数字线阵扫描仪DPA进行几何性能测试。之后，这个几何实验场又多次用于摄影测量新技术、新产品的精度验证，例如，对新型数字航测相机进行第三方飞行评估，以及对GPS/IMU系统辅助框幅式模拟影像直接定向（direct georeferencing，DG）的精度测试。除了DPA之外，DLR研制的机载线阵扫描仪WAAC和HRSC也在这里进行了实验飞行和精度验证。在欧洲空间数据研究中心（EuroSDR）2003年启动的“数字相机检校”（Digital Camera Calibration）大型综合性试验中，也采用了Vaihingen/Enz实验场对ADS40、UCD、DMC等国际主流的数字航测相机进行了系统检定。

图4.8　德国斯图加特的Vaihingen/Enz实验场

Vaihingen/Enz实验场面积约7.5km（东西向）×4.7km（南北向），相对于平均海平面的高度在 171 ~ 355m。实验区内的控制点主要包括三类，如图 4.9 所示，其中包含 1m×1m 方形人工标志点 83 个，分布在整个实验场；0.25m×0.25m 方形人工标志点 62 个，主要分布在实验场西部；易判别的自然地物点（井盖）69 个，分布在整个实验场。所有控制点都进行了 GPS 静态测量，三个坐标分量的精度都优于 2cm。Vaihingen/Enz 实验场还配备了一个移动式的星形西门子分辨率靶标，直径 8m，含有 12 组黑白相间的扇形区域，可以进行数字相机的空间分辨率检测。

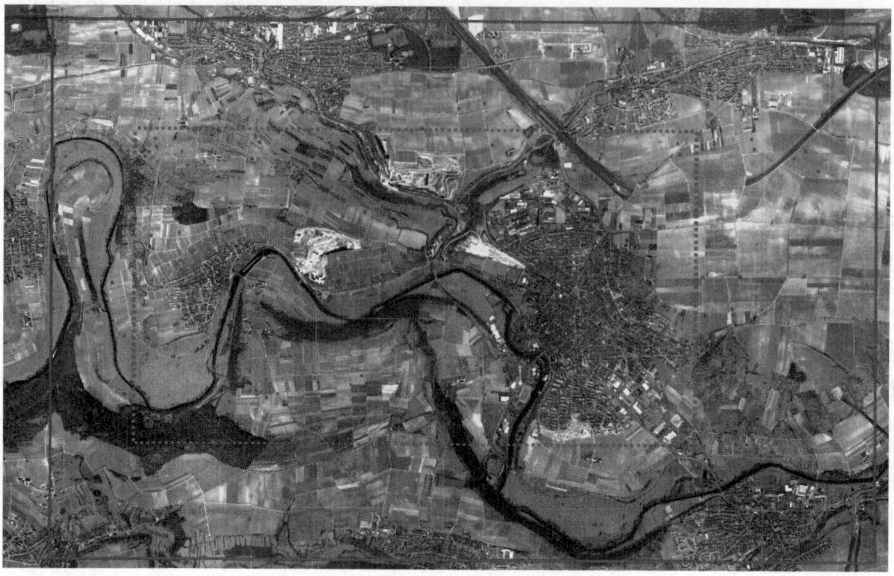

图 4.9　Vaihingen/Enz 定标场控制点分布

4.2.3　挪威奥斯陆的 Fredrikstad 实验场

Fredrikstad 实验区位于挪威南部，在首都奥斯陆南 90km，它于 1992 年由挪威农业大学测绘科学系的 Olaøvstedal 和 Leif Erik Blankerberg 建立（Nilsen，2002）。实验场由挪威农业大学长期维护，曾被 OEEPE 用于 GPS 辅助空中三角测量实验以及“集成传感器定向”（Integrated Sensor Orientation）实验。测区地势平坦，最大高差仅 70m，其中包括市区、郊区、丛林区，还有一些田地及水域。

Fredrikstad 实验区大约 4.5km×6km，其中均匀分布着 51 个良好控制的地面控制点，并精确测量出 EUREF89/UTM 坐标和椭球高，如图 4.10 所示。控制点的精度在毫米级，它们被永久固定在岩床上，控制靶标采用外围 60cm×60cm 的黑框、内层采用 40cm×40cm 的白框，保证能在 1∶5000 和 1∶10 000 的成像比例尺下清晰可辨。

4.2.4　意大利 Pavia 几何标定场

Pavia 标定场由意大利帕维亚大学地质实验室建立，面积约 6km×4.5km。实验场内有高精度的 GPS 控制网，包含 13 个顶点，其中还有一个永久性的 GPS 参考站（Casella and

图 4. 10　Fredrikstad 实验场控制点分布

Franzini，2005）。Pavia 地区积累了丰富的地形图资料，从 1∶500 比例尺到 1∶100 000 比例尺不等。实验场内布设了大量的地面控制点（图 4. 11），其中包括 180 个左右的白色方形人工标志点，边长 35cm，均匀覆盖了整个实验区，还包括 50 多个更大的、边长 50cm 的人工标志点；另外还选取了 62 个自然地物点。

图 4. 11　Pavia 实验场的控制点分布

4.3 嵩山航空航天综合实验场

随着航空数字摄影测量相机的逐步普及，无人机遥感测绘装备投入应用，测绘卫星陆续发射上天，以及我国高分辨率对地观测系统重大专项的有序开展，对遥感探测原始数据的质量分析，任务载荷运行稳定性的监测与评价，以及最终遥感测绘成果的定量化验证与闭环评估，已经成为摆在测绘工作者面前的紧迫任务。

影响遥感定位精度、测绘成果可靠性的因素多种多样，以高精度地面基准为参照对各种可能的影响要素进行整体性、定量化的验证、分析与评估，显然是一种合理、有效、可信、可行的方式。针对遥感测绘在影像高分辨率、定位高精度方面的显著特点，以及对测绘成果高精度、高可靠性的严格要求，建立稳定好、可长期连续运行的基地化遥感测绘综合实验场的意义和价值更加凸显。

面对高分辨率航空航天遥感器几何、辐射、光谱、空间分辨率等参数评价、检校的巨大需求，从2008年开始，以位于河南省登封市的中岳嵩山为依托，解放军信息工程大学测绘学院与武汉大学联合着手建立永久性的航空航天遥感综合实验场，这个建设项目还得到国家发展改革委员会的大力支持，中国资源卫星应用中心也参与了实验场后期固定靶标场的建设。嵩山综合实验场的建成，将可显著推动我国的航空航天遥感事业向系统化、正规化的方向发展（张永生，2012；许妙忠等，2010）。

4.3.1 实验场建设的基本要求

1）地面基准的高精度

测绘产品对地理空间信息的几何精度要求较高，验证遥感数据和加工后各级数字产品的定位精度，必须以更高级别的大量地面控制点源为基础。因此，在兼顾航空摄影测量和航天遥感测绘要求的情况下，建立点位密度分布合理并具有高几何精度的三维地面控制网，是必须的条件。

2）传感器定标的必要性

无论机载传感器还是星载传感器，在任务初期需要对其设计制造、安装的几何和光谱辐射指标进行检核，评判其是否达到研制要求。在轨运行阶段，因空间环境变化、器件老化、不可测因素带来新的误差源，需要定期进行量化评估与补偿，依托实验场对变化量进行精确的测定是必不可少的配套工作。

3）基准的可维护性

在通常情况下，遥感测绘卫星在轨运行交付时，均会安排在特定的地面控制点支持下，进行必要的检测与分析。不容回避的是，此时的地面控制如果仅仅是为交付而临时确定，随后的进一步应用是不可持续的。为了保持基准的稳定性和长期的可重复利用，基准的基地化保持和可维护性也十分重要。对于航空摄影测量及无人机遥感测绘而言，技术要求基本类似。

4）多源遥感的可比对性

国内外在轨运行的遥感卫星数量不断增加、数据源日益丰富，机载传感器的类别也在逐渐增多，无论是从多源遥感信息的融合处理、相对定标，还是各项实际指标的比对分析，都需要相对稳定、可靠的公共基础标准。基地化的遥感实验场，则可作为多源遥感应用的尺度、标准和桥梁，发挥不可替代的作用。

5）连续变化的可监测性

对同一地区的长期遥感影像覆盖，并以高精度、高可靠性的地面基准作参照，有利于发现任务载荷的变化，分析和总结内在规律，连续监测遥感卫星的任务执行能力。同时，对于境外无地面控制遥感测绘方案的制订和执行进行分阶段、分步骤的连续检核和适应性调整。此外，对国外遥感卫星威胁我国经济、军事目标的能力进行连续的监测、评估，也离不开自主的基础手段。

4.3.2　设计思想与实现途径

根据国内外遥感测绘的长期经验以及遥感工程的科学规律，建立相对稳定的综合实验场，是确保遥感应用工程连续、有效、高质量实施的必要步骤。美国、欧洲各国已经建立的摄影测量与遥感实验场，为我们提供了可资借鉴的样本。我国中低分辨率遥感卫星（气象卫星、资源卫星）地面定标场的建设和运行情况，也可为高分辨率、高精度遥感测绘综合实验场的全面建设提供直接参考。

1）实验场的设计思想

高精度遥感测绘综合实验场的建设，主要从满足高精度几何定标和真实性光谱辐射定标两个方面的要求进行设计。从应用需要出发，则必须针对航空和航天遥感两大类别的任务进行匹配性的设计与实现。

具体来说，几何定标场地注重的是地面固定基准控制网的布设和长期维持，以及标准模板成像分辨率的检测基础。辐射定标则需注重场地同步直接光谱测量，与在轨定标设备对光学成像标定后结果影像的物理比对。

从测绘需求来看，航空遥感（或航空摄影测量）影像的几何分辨率为5cm～0.5m，航天遥感影像的几何分辨率范围则设定在0.1～10m。因此，地面控制网的点位密度、总体数量和测量精度，应满足相应的要求。地面光谱测量的范围，主要针对光学遥感成像的实际情况，光谱段设定在350～2500nm的可见光和红外波段。

2）选址与布局

我国在青海湖和敦煌地区已建立辐射定标场，但几何定标还没有充分考虑。为“天绘一号”测绘卫星在东北地区建立的几何定标场，是一个临时性的应急之举，尚缺乏长期维持的方案和设施保障。其他航空航天遥感工程相应设置的一些地面定标设施，均达不到遥感测绘的更高要求。

兼顾遥感测绘的严格技术要求、有利于长期维持大范围野外控制网设施及便于开展全方位应用研究等多种因素，遥感综合实验场选址在河南登封嵩山地区。区域内海拔高度在100～1500m，主要地貌类别齐全，地貌要素特征多样，嵩山位于测区西北部，水系充沛，分布有众多的河流、湖泊和水库。涵盖平原、丘陵、山地，村庄密集，高速公路发达，交通便利，各种管网类别具有代表性，易于控制网的布点和观测。

该区域内已建设了测绘导航学科的野外实习实验基地，并连续运转20余年。遥感实验场的总体范围约 1 万 km^2，区域内海拔高度在 100 ~ 1500m。主要地貌类别齐全，涵盖有平原、丘陵、山地等，黄河及大小多个水库也分布其间。纵横铁路干线（含高铁）、高速公路网、国道、通信干线、各种管网类别具有代表性，大中城市均包括其间。该区域地处我国中部，气候特点具有一定代表性，获取高质量光学遥感图像的有效时间较有保证。

3）嵩山遥感实验场的基本构成

构成嵩山遥感测绘综合实验场的主要设施，包括以下几个方面。

（1）大范围定位基准参考站点：覆盖河南全省的 GPS 基准站网络已经开通运行（图 4. 12），可提供连续运行服务，为遥感飞行机载 GPS 动态差分提供了良好基础。

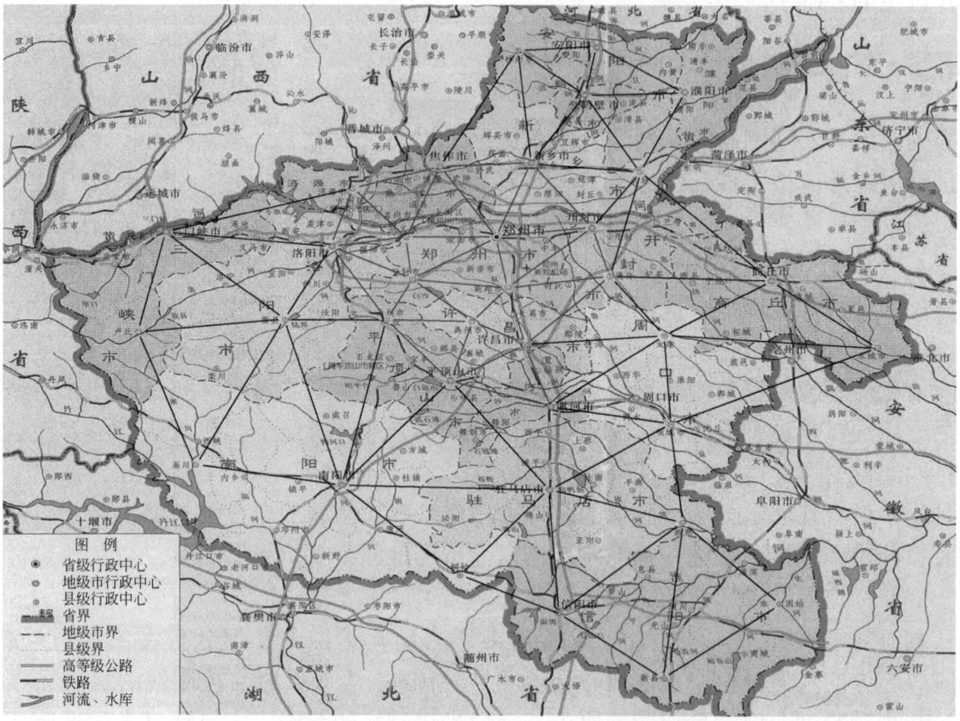

图 4. 12　河南省 GPS 基准站分布示意图（中部覆盖嵩山地区）

（2）独立组网的三个基准参考站：实验场自主运行的三个 GPS 参考站，分别位于嵩山脚下的解放军信息工程大学测绘学院外业实验基地、测绘学院校园及信息工程大学新校区。此外，测绘学院外业实验基地还建有全国地壳观测网络的一个连续运行站点，测绘学院校园建有北斗一号、二号的标校站。这些站点均可提供直接的空间定位基准服务。

（3）覆盖实验场的高精度地面控制点网：分别布设三个层次和等级的三维控制点网（图 4. 13）。第一层，在 8000km^2 内布设 69 个高精度控制点（平面精度 0. 1m，高程精度 0. 2m），以自然、人工地物为标志，用于航天遥感定标与测试；第二层，在 900km^2 内布设 47 个像控点（平面精度优于 1cm，高程精度优于 1cm），以自然、人工地物为标志，用于航测与遥感综合实验；第三层，在 64km^2 内分区布设 217 个永久性高精度控制点（平面精度优于 2mm，高程精度优于 1cm），并定期更新固定标志，用于各种航空相机或传感器的检定（图 4. 14）。

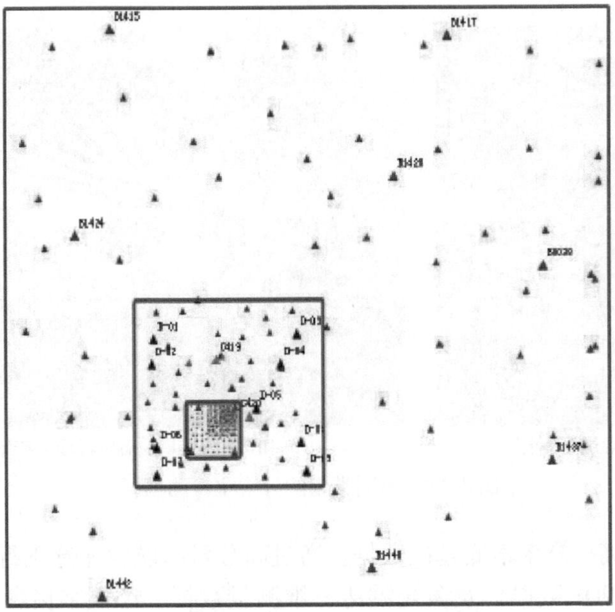

图 4.13　三层控制点网分布图

图 4.14　永久性地面控制点及标志

第三层的永久性地标点设计为正方形，采用 0.4m×0.4m 和 1m×1m 两种规格，其中 0.4m×0.4m 规格的地标点布设于选点边长 300m 范围内，共有 49 个，1m×1m 规格的地标点共有 168 个。埋石采用混凝土现场浇筑，深 1.5m，标石中心均为 6cm 圆形不锈钢标志，表面全部用红白油漆涂成对称三角形图案，顶部相交于点位中心。

（4）遥感成像分辨率模板：在嵩山定标场设置不同类型的平面几何图形分辨率检测模板（图 4.15）。

（5）光谱测定设备与实施：在实验基地 500m 外水库大坝下约 30 亩（1 亩≈666.7 平方米）范围设置的多类型材质的光谱测量标志物，配置美国 ADS 公司新型宽谱段光谱仪。

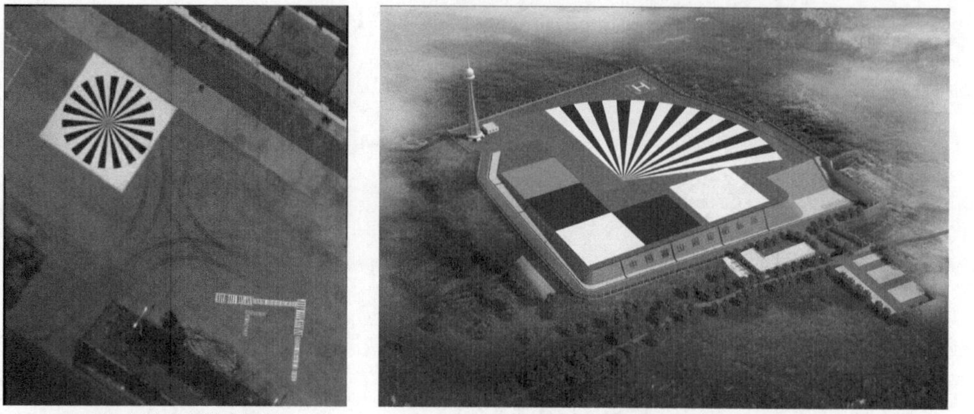

(a)航空遥感分辨率靶标　　(b)中国嵩山卫星遥感定标场分辨率靶标

图 4.15　不同类型的分辨率检测模板

（6）高精度、高分辨率本底基础数据：通过高分辨率航空遥感飞行获取 0.2m 和 0.4m 立体遥感影像（带 POS 数据）及激光雷达三维测量数据，经数字摄影测量处理分别得到相应范围的数字表面模型（DSM）、数字高程模型（DEM）和数字正射影像图（DOM），为后续的遥感应用分析提供数据支撑。

（7）多源卫星遥感数据基础：解放军信息工程大学测绘学院的遥感卫星地面站近 7 年对实验场区域持续接收的多颗国外卫星的图像数据，我国资源卫星提供的本地区遥感图像数据，国外商业遥感卫星的本地区图像数据，以及我国“天绘一号”和“资源三号”对实验场全覆盖的完整遥感数据（图 4.16）。

（8）历史资料：实验场区域近 20 年航空摄影资料、地面调绘资料积累，以及收集的多年气象观测资料，为变化监测和分析评估提供参考。

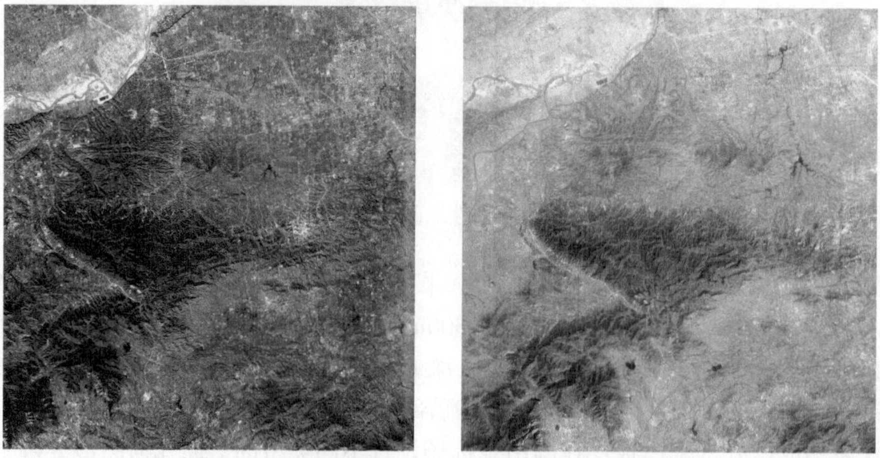

(a)　　(b)

图 4.16　嵩山实验场的“天绘一号”（a）和“资源三号”（b）卫星影像

4.3.3　任务实施情况

实验场的建设从 2008 年开始具体实施，2008 年解放军信息工程大学与武汉大学合作选址，并开始地面控制网的布设（图 4.17），2009 年组织 ADS40、DMC 数字航测相机和 ALS50 激光雷达的飞行，2010 年完成数据的基本处理与检测。2010 年中国资源卫星应用中心加入，对计划中的"资源三号"测绘卫星地面定标实验场建设进行研讨和初步的合并设计。2011 年 3 月天绘卫星中心对嵩山实验场区域进行多传感器任务接收，获取近 10 000km^2 的图像，图像类别包括 2m 分辨率全色图像、5m 分辨率三线阵全色立体图像、10m 分辨率多光谱图像。2011 年 4 月底利用实验场对 ADS40 数字航测相机进行 12cm 几何分辨率的检定飞行，并航摄更新大区域的 19cm 几何分辨率影像。

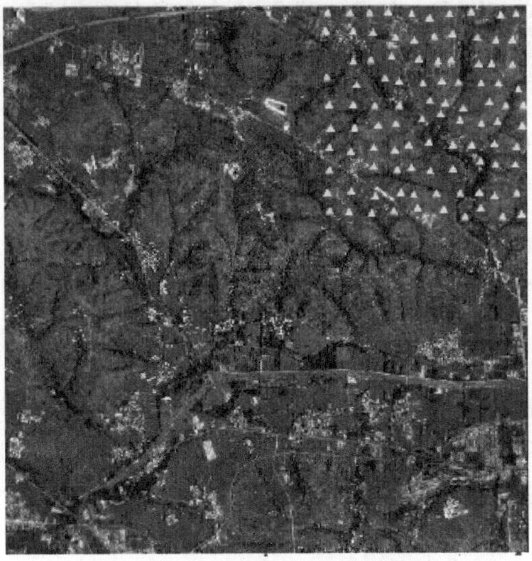

图 4.17　地面高精度控制网布设

4.3.4　全球广域定标定位实验场设计方法

根据高分辨率遥感测绘卫星运行规律，在全球以适当数量均匀布设地面几何定标检定实验场，在全球组成广域定标定位的几何框架，可为改善和保持全球目标定位精度提供可靠的基础。一般而言，在国境内布设的地面实体化几何定标场，便于通过实测的三维控制点构建高精度地面控制网，为卫星载荷系统误差检测、周期性变化规律的发现提供直接的绝对几何参照。由于在国境外难以实现地面控制点的直接测量，只能以等效的方法，借助于国际商用高分辨率卫星的测绘定位成果和其他来源的地理信息产品，虚拟设置数字化几何定标场，为星上任务载荷几何定标参数的校正与优化，提供间接的相对几何参照。

按照我国高分辨率遥感测绘卫星几何定标定位的技术要求，初步设计的应用型几何定标实验场的组成模式，是虚实结合，全球分布（图 4.18）。主要包括境内北、中、南 3 个实体化实验场，在图中以圆圈标示；在南极设置的半实体化实验场，因地域气候和环境条件所限，地面控制点数量较少，部分达到实体化实验场的要求，在图中也以圆圈标示；其他国境外虚拟设置的数字化定标实验场，分别由北美 2 个、中南美 2 个、西欧 1 个、非洲 1 个、澳洲 1 个，合计 7 个数字实验场组成，在图中以三角符号标示。全部 12 个实体、半实体和虚拟实验场，整体构成了全球广域定标的几何框架体系。

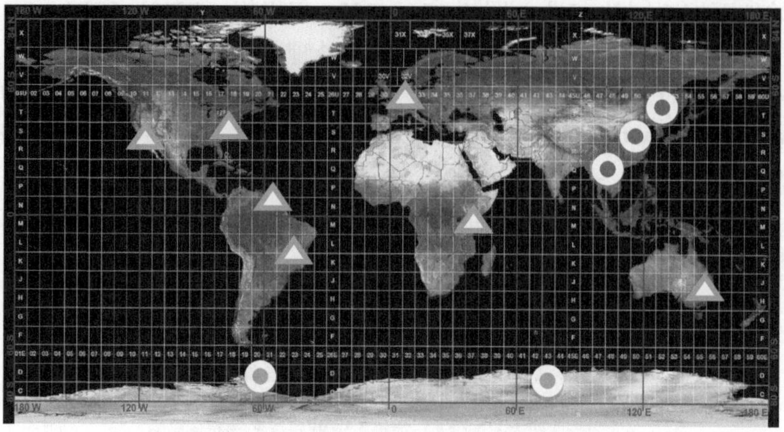

图 4.18　全球广域几何定标场分布

4.4　“资源三号”卫星影像的实验场精度验证

“资源三号”卫星是我国首颗高分辨率传输型民用测绘卫星。自 2012 年初成功发射以来，对其几何定位精度和测图能力进行评估成为国内外广为关注的问题。受中国资源卫星应用中心委托，解放军信息工程大学测绘学院以第三方的身份，以嵩山实验场高精度地面控制网为依托，对“资源三号”卫星地面处理系统自动业务化生产的多级影像产品进行定位精度评价。

4.4.1　测试数据

嵩山实验场位于河南省洛阳市与郑州市之间，目前实验场的总体范围约 1 万 km^2，区域内海拔高度在 100 ~ 1500m，区域内主要地貌类别齐全，涵盖有平原、丘陵、山地等，黄河及大小多个水库也分布其间。实验场内已经布设了高精度的地面控制点（GCP）网，主要以自然、人工地物为标志，全部采用 GPS 野外控制测量，平面精度为 0.1m，高程精度为 0.2m。

在测试实验中，共在“资源三号”TLC 影像上选取地面控制点 45 个，均可在三视影像上清晰成像，图 4.19 为实验采用的下视影像及控制点分布图，像点坐标采用人工量测，精度在 0.5 ~ 1 像元。

在实验区域的 DOM+DEM 上，采用人工量测控制点 35 个（图 4.20），全部用作精度检查点。在测试用各级影像产品上，根据影像覆盖区域及质量情况分别量测了数目不等的控制点用作精度检查。

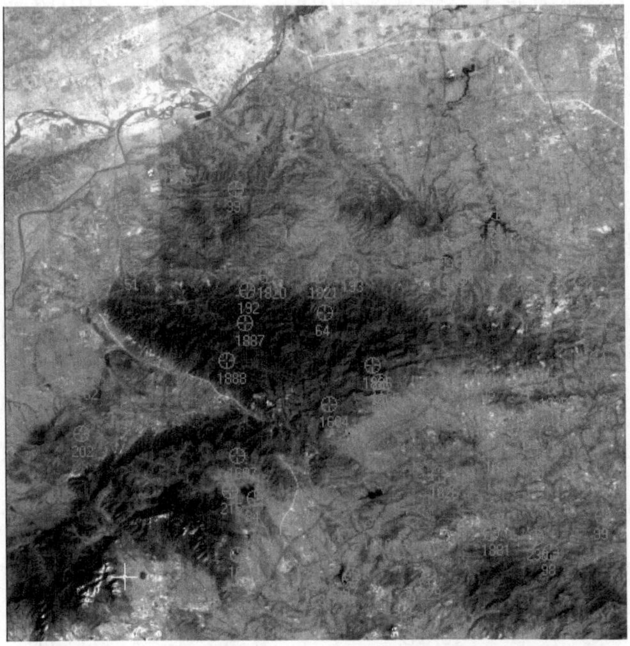

图4.19　“资源三号”TLC下视影像控制点选取示意图

图4.20　实验场控制点选取示意图

4.4.2　1级产品精度测试

“资源三号”卫星1级影像产品包括三线阵（TLC）影像和多光谱（MUX）影像，此外TLC中的下视传感器（以下简称NAD）影像分辨率最高，其产品可单独为用户提供；1A、1B和1C三种产品均提供RPC参数。

对于TLC影像（由TLC前后两视影像构成的组合简称DLC），分别选择可在三视或两视影像上清晰识别的一定数量的地面控制点，量测同名像点坐标，利用产品附带的RPC参数，采用立体定位的方式计算地面三维坐标，并将计算坐标与野外实测坐标进行比较，统计并评价定位精度；对于MUX影像和NAD影像，因只有单张影像的RPC参数，无法进行立体定位，须利用影像单片定位原理，通过同区域的DEM内插获取像点坐标（S，L）

对应的地面点高程 Z，或者整个区域直接给出同一固定 Z 值，列出误差方程，通过多次迭代计算即可得到最终的地面坐标。

1. 立体定位精度

根据数据提供情况，选取 TLC/DLC 对应的 1A、1B 和 1C 影像产品各一组进行精度测试，其中 1A 级对应产品编号为 ZY3_ TLC_ E113. 1_ N34. 3_ 20120203_ L1A0000183003，1B 级对应产品编号为 ZY3_ DLC_ E113. 1_ N34. 3_ 20120203_ L1B0000558169，1C 级对应产品编号为 ZY3_ TLC_ E113. 1_ N34. 3_ 20120203_ L1C0000533534。表 4. 2 为 TLC/DLC 1 级产品总体测试结果，图 4. 21 为其中的 L1A0000183003 后视影像及控制点选取示意图。

表 4. 2　TLC/DLC 1 级产品精度测试结果

产品级别	传感器	定位精度/m			
		X	*Y*	平面	高程
1A	TLC	13. 263	19. 263	23. 388	14. 152
1B	DLC	10. 669	7. 748	13. 186	4. 480
1C	TLC	3. 512	9. 726	10. 341	10. 942

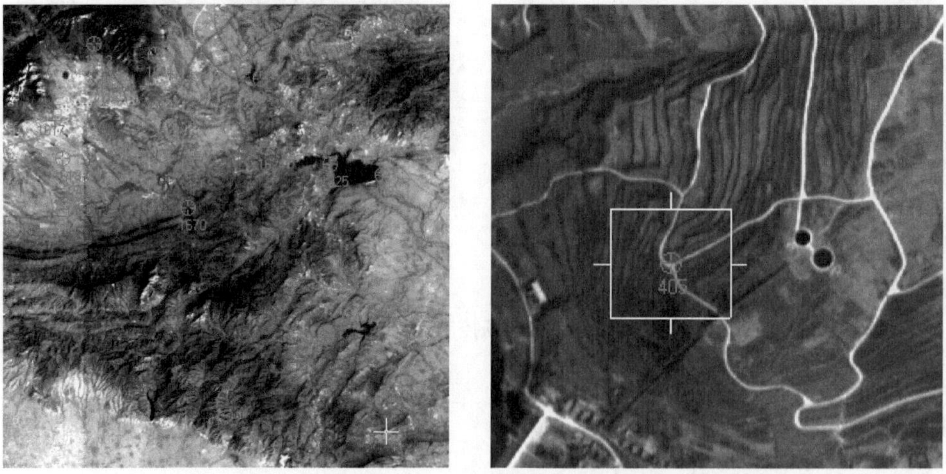

图 4. 21　L1A0000183003 后视影像及控制点选取示意图

2. 单片定位精度

选取 NAD 对应的 1A、1B 和 1C 影像产品各一组进行精度测试，其中 1A 级为编号 ZY3_ TLC_ E113. 1_ N34. 3_ 20120203_ L1A0000183003 中的 NAD 影像及 RPC 参数，1B 级对应产品编号为 ZY3_ NAD_ E113. 1_ N34. 3_ 20120203_ L1B0000558169，1C 级为编号 ZY3_ TLC_ E113. 1_ N34. 3_ 20120203_ L1C0000533534 中的 NAD 影像及 RPC 参数。

表4.3为NAD 1级产品总体测试结果，图4.22为其中的L1B0000558169影像及控制点选取示意图。

表4.3　NAD 1级产品精度测试结果

产品级别	传感器	定位精度/m		
		X	*Y*	平面
1A	NAD	5.44	4.15	6.85
1B	NAD	10.62	5.64	12.02
1C	NAD	6.36	3.85	7.44

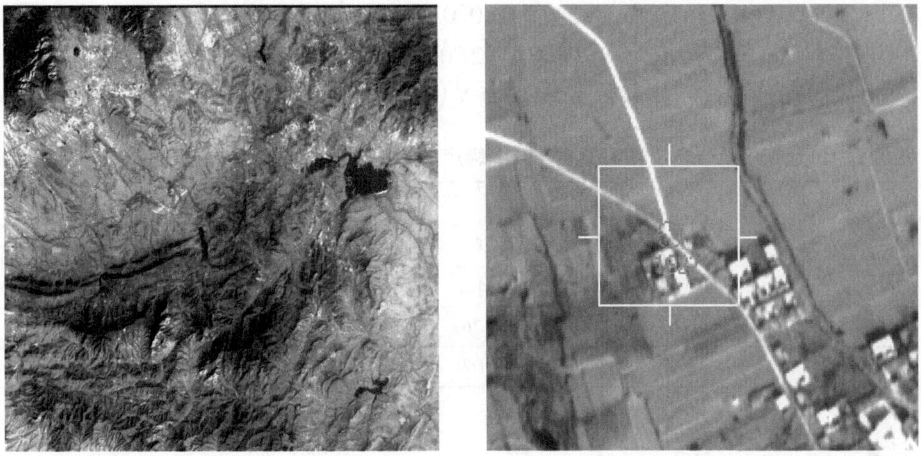

图4.22　L1B0000558169影像及控制点选取示意图

4.4.3　2级产品精度测试

2级影像产品（包括三线阵TLC影像和多光谱MUX影像，TLC中的下视传感器NAD）共分为2A、2B和2C三种产品，其中TLC产品附有调整后的RPC参数，NAD和MUX已完成坐标转换，直接带有坐标信息，分别在影像上量取若干控制点作为精度检查点对其进行了评价。

1. 立体定位精度

根据数据提供情况，选取TLC/DLC对应的2A、2B和2C影像产品各一组进行精度测试，其中2A级对应产品编号为ZY3_ TLC_ E113.1_ N34.3_ 20120203_ L2A0000188817，2B级对应产品编号为ZY3_ DLC_ E113.1_ N34.3_ 20120203_ L2B0000558167，2C级对应产品编号为ZY3_ DLC_ E113.2_ N34.6_ 20120203_ L2C0000555478，采用更新后的RPC参数进行立体定位。表4.4为TLC/DLC 2级产品总体测试结果。

表 4.4　TLC/DLC 2 级产品精度测试结果

产品级别	传感器	评估精度（检查点均方误差）/m			
		X	*Y*	平面	高程
2A	TLC	6.345	22.345	23.228	17.157
2B	DLC	10.577	7.577	13.011	3.101
2C	TLC	3.121	10.717	11.163	10.215

2. 单片定位精度

选取 NAD 对应的 2A、2B 和 2C 影像产品各一组进行精度测试，其中 2A 级为编号 ZY3_ TLC_ E113.1_ N34.3_ 20120203_ L2A0000188817 中的 NAD 影像，2B 级对应产品编号为 ZY3_ NAD_ E113.1_ N34.3_ 20120203_ L2B0000558167，2C 级对应产品编号为 ZY3_ NAD_ E113.2_ N34.6_ 20120203_ L2C0000555478，直接在影像上量取控制点平面坐标并与外业实测坐标进行比较。表 4.5 为 NAD 2 级产品总体测试结果。

表 4.5　NAD 2 级产品精度测试结果

产品级别	传感器	评估精度/m		
		X	*Y*	平面
2A	NAD	5.421	5.582	7.781
2B	NAD	11.767	6.884	13.633
2C	NAD	6.169	3.883	7.289

4.4.4　精度测试分析与总结

根据中国资源卫星应用中心提供的嵩山地区“资源三号”卫星各级影像产品数据，充分利用嵩山卫星遥感定标实验场的高精度地面三维控制网和高精度基础地理信息，对资源三号卫星几何定位性能进行了较为系统的专业测试，初步结论如下：

（1）资源三号卫星几何性能良好，在采用未经在轨定标处理的原始下行数据，并引入少量地面控制点条件下，本次测试获得的平面定位精度为 5.8m，高程精度为 3.2m，采用同区域的法国 SPOT-5 HRS、日本 ALOS PRISM 数据进行的对比测试表明，ZY-3 TLC 达到了与 SPOT-5 HRS、ALOS PRISM 相当的几何质量，甚至要占有一定优势，特别在高程精度方面优势比较明显。

（2）所提供的 TLC、NAD 和 MUX 所对应的 1 级和 2 级影像产品精度符合预期。总体来看，1 级与 2 级产品的对应分类（即 1A 与 2A，1B 与 2B，1C 与 2C）的精度基本相当；一般情况下，在同类传感器产品中，A 级精度最差，C 级精度最优。具体到本次测试，在 TLC 影像产品中，A 级精度最差，B 级与 C 级精度均比 A 级有明显优势，B 级平面精度略低于 C 级，但高程精度明显高于 C 级；在 MUX 影像产品中，A 级与 B 级精度基本相当，B 级略好，C 级优势明显；在 NAD 影像产品中，B 级精度最差，A 级和 C 级精度比较接近。

（3）所提供的 DOM 精度在 8m 左右，DEM 精度约为 5m。

第 5 章　立体遥感影像核线理论与模型

5.1　引　　言

线阵 CCD 推扫式卫星遥感影像具有“行中心投影”的特点，各扫描行都有它自身的外方位元素，但各相邻扫描行的外方位元素之间又有着紧密的联系。同框幅式中心投影的影像相比，线阵 CCD 推扫式影像具有独特的辐射和几何特性，因此那些传统的适用于框幅式中心投影立体成像的模型与方法已不再普遍适用。从现有的资料和研究成果看，大多数方法或较少考虑这种影像的几何和辐射特点，或直接采用航空影像中有关中心投影的一些相关模型。

核线是立体摄影测量中分析立体像对几何关系的一个基本概念，由核线的几何定义可知，同名像点必位于同名核线上。20 世纪 70 年代初，美国摄影测量学者 U. V. Helava 等提出了一维核线相关的概念，核线的作用才在摄影测量自动化的研究中受到重视。从立体影像上提取三维信息，一个最重要的约束条件就是核线约束，我们在利用灰度图像自动寻找同名像点时，只需在同名核线上进行一维搜索即可。许多现有的匹配算法都利用这个约束条件来限制匹配的搜索空间以缩短匹配时间和提高匹配结果的可靠性。尽管核线的关系在立体图像处理中非常有用，但是对于线阵 CCD 推扫式遥感影像，其几何关系比框幅式中心投影影像复杂得多，因此它不可能像常规的框幅式中心投影影像那样具有严格的核线定义。对该类影像目前尚无成熟的有关核线的理论和技术。在核线的概念没有被严格建立和描述的情况下，这种几何关系无法被利用在这类影像的摄影测量处理过程中，其主要原因是对该类影像尚没有一个广泛被接受和应用的精确传感器模型。目前常见的做法有两种：一种是假设线阵 CCD 推扫式传感器的核线关系和中心投影的核线几何关系相似；一种是完全抛弃核线的理论不用。因此对于线阵 CCD 推扫式传感器，研究建立核线的理论基础和应用技术既有理论意义，也有实用价值。

5.2　经典的遥感影像核线模型

对于框幅式中心投影立体影像，从立体像对上提取三维信息所进行的影像匹配，一个重要的约束条件就是核线约束。立体像对中的左像和右像严格满足核线几何关系，核线的几何关系确定了同名像点必然位于同名核线上，这样利用核线的概念就能将同名像点的二维相关问题，简化成为沿同名核线的一维相关问题。给定左像上的一个点，那么它在右像上的同名点总是位于唯一的一条直线上，这条直线则由核线的几何关系确定。许多现有的匹配算法都利用这个约束条件来限制匹配的搜索空间以提高匹配的速度和匹配结果的可靠性。

5.2.1　中心投影影像的核线模型

1. 核线模型的建立

首先，分析一下传统的框幅式中心投影影像的核线模型。图 5.1 表示处于摄影位置的立体像对，S 和 S'分别为左像投影中心和右像投影中心；S 和 S'的连线为摄影基线 B；地面点 Q 的投射线 QS 和 QS'是同名光线；同名光线分别与两像平面的交点 q、q'为同名像点。摄影基线与任一地面点 Q 构成的平面，称为核面；核面与像平面的交线称为核线；同一核面对应的左右像片上的核线称为同名核线，这就是框幅式中心投影影像核线的几何定义。不难证明，如果 q 和 q'是同名像点，那么它们一定位于同名核线对 L、L'上。

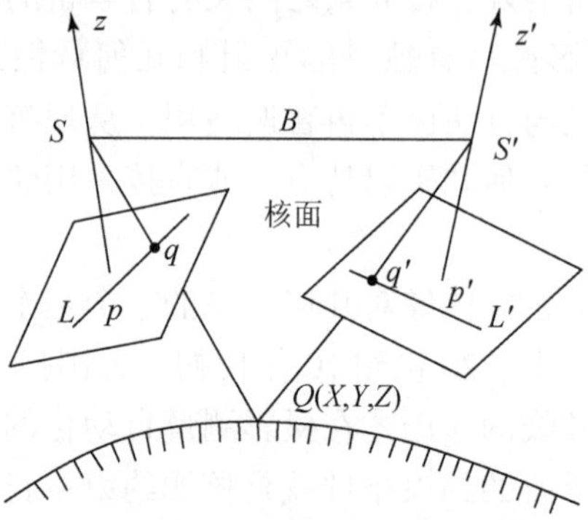

图 5.1　核线的几何关系

对于框幅式中心投影影像，核线的方程可以直接由共面条件方程推导出来。

由于同一核线上的点均位于同一核面，即满足共面条件

$$\vec{B}\cdot(\vec{Sp}\times\vec{Sq})=0 \text{ 或者 } \begin{vmatrix} B_x & B_y & B_z \\ x_p & y_p & -f \\ x & y & -f \end{vmatrix}=0 \tag{5.1}$$

由此可得左片上通过点 p（x_p，y_p）的核线 L 满足的数学方程

$$y=\frac{A}{B}x+\frac{C}{B}f \tag{5.2}$$

其中

$$A=f\cdot By+y_p\cdot Bz$$
$$B=f\cdot Bx+x_p\cdot Bz$$
$$C=y_p\cdot Bx-x_p\cdot By$$

采用类似的方法可以推导出 L 的同名核线 L'的数学方程

$$y'=(A'/B')x'+(C'/B')f \tag{5.3}$$

其中，A'，B'，C'分别为 p 点坐标、基线 B 以及左右影像之间旋转矩阵的函数。显然，对于给定的点 p，系数 A，B，C 及 A'，B'，C'均为常数。

2. 核线模型的特性

框幅式中心投影影像核线模型的特性可以归纳如下：

(1) 核线是直线；

(2) 左像（右像）上一条核线的所有点都被投影到右像（左像）的同名核线上。利用这个特性，立体像对匹配问题的搜索过程就可由二维简化为一维；

(3) 由于同名核线对的存在，同名像点对应的两条核线一一对应，两条核线上的所有点也一一对应。

这三条特性，决定了立体像对的左右影像可通过仿射变换实现重采样生成核线影像，使图像的行方向与核线方向一致，在列方向没有上下视差。

5.2.2　线阵 CCD 推扫式影像的近似核线模型

经典核线关系在生成 DEM 的影像匹配和影像立体测图方面有着十分广泛和重要的应用。与框幅式中心投影影像相比，线阵 CCD 推扫式遥感影像的几何关系相对比较复杂，每一行影像均有其自身的投影中心与方位元素。因此，它不可能像常规的框幅式中心投影影像那样具有严格的核线定义。对于线阵 CCD 推扫式影像，在核线的概念没有被严格建立和描述的情况下，这种几何关系无法应用于该类图像的摄影测量处理过程。针对上述情况，许多摄影测量工作者做了不懈努力，企图建立线阵 CCD 推扫式影像的核线关系，为此，学者们提出了几种近似核线理论。其中一种是基于左右影像同名点坐标多项式拟合的方法（张祖勋，周月琴，1989），简称多项式拟合法。这种方法采用的多项式形式如式（5.4）或（5.5）所示。

$$y_2 = a_0 + a_1 y_1 + (a_2 + a_3 y_1 + (a_4 + a_5 y_1 + (a_6 + a_7 y_1) x_2) x_2) x_2 \tag{5.4}$$

$$\begin{aligned} y_2 = {} & a_0 + a_1 y + (a_2 + a_3 y_1 + (a_4 + a_5 y_1 + (a_6 + a_7 y_1) x_2) x_2) x_2 \\ & + (a_8 + (a_9 + (a_{10} + a_{11} x_2) x_2) x_2) y_1^2 \end{aligned} \tag{5.5}$$

式（5.4）中，右片 y 坐标是左片 y 坐标和右片 x 坐标的四次多项式。式（5.5）将多项式的次数提高到五次。多项式拟合法最初是针对异轨卫星立体像对提出的，四次多项式拟合法即可满足精度要求。而在同轨影像构成立体影像对时，扫描线旋转了 90°，每行影像不再满足行中心投影几何关系，因此四次多项式拟合达不到精度要求（江万寿等，2012）。另一种核线定义是基于光线上点的升降。它的定义是沿着左片（或右片）像点的光线升降物点高程，把该物点投影到右片（或左片）得到一系列像点的轨迹，称为核曲线(epipolar curve)。如果核曲线能够用一直线来近似，则可得到与传统核线定义类似的核线，这种方法称为投影轨迹法。投影轨迹法的前提是必须知道影像的方位元素。Kim 曾经采用投影轨迹法定量地分析了两种不同的传感器几何模型（基于 Gupta 和 Hartly 传感器模型和基于 Orun 和 Natarajian 传感器模型）对应的核线模型（Kim, 2000）。多项式拟合法有它的不足[①]：①为了拟合近似核线，需要在左右影像上配准相当数量尽可能均匀分布的同

① 黄玉琪. 2000. 数字摄影测量中若干关键技术的研究与实践 [D]. 郑州：解放军信息工程大学

名点，用于解算拟合近似核线的多项式系数；②确定近似核线后，由于其近似性，不能实现真正的一维匹配，而只能是 y 方向有控制的二维匹配，这与核线相关的初衷有一定的距离。而对于投影轨迹法，尽管几年前就已被采用，但是它的理论特性和实践经验以及应用价值却一直很少报道。为了更进一步研究核线问题，在传统的框幅式中心投影影像核线理论基础上，本章详细而全面地研究了线阵 CCD 推扫式遥感影像的核线模型，建立了该类影像的核线几何关系，探讨了它的基本特性，并进行了应用分析，从而为核线在线阵 CCD 推扫式影像中的应用奠定基础。

5.3 基于投影轨迹法的核线理论与模型

建立线阵 CCD 推扫式影像核线模型的困难来源于两个方面：①用于描述两个像空间、一个目标空间之间几何关系而被广泛接受的数学模型（传感器模型）没有建立；②线阵 CCD 推扫式影像复杂的成像方式。本节针对该类影像，主要研究了基于投影轨迹法的核线模型。为了更清楚地说明基于投影轨迹法的核线模型，同时考虑中心投影影像可以看成是一类特殊的线阵 CCD 推扫式遥感影像（行中心投影），本节首先利用投影轨迹法建立了中心投影影像的核线模型，然后在此基础上推导了线阵 CCD 推扫式遥感影像的核线模型。下面从核线的几何定义和数学模型的建立两方面来论述中心投影影像基于投影轨迹法的核线模型。

5.3.1 中心投影影像基于投影轨迹法的核线模型

1. 核线的几何定义

如图 5.2 所示，一条光线从地面点 Q 出发，经过左像的投影中心 S（X_s，Y_s，Z_s）成像于左像上的 q 点，如果把这条光线上的每一个点都投影到右像上，那么这些点的投影轨迹将在右像上形成一条曲线，这条曲线称之为 q 的核线，如果 q'为 q 的同名点，显然它总是位于这条曲线上。这就是基于投影轨迹法的核线几何定义。

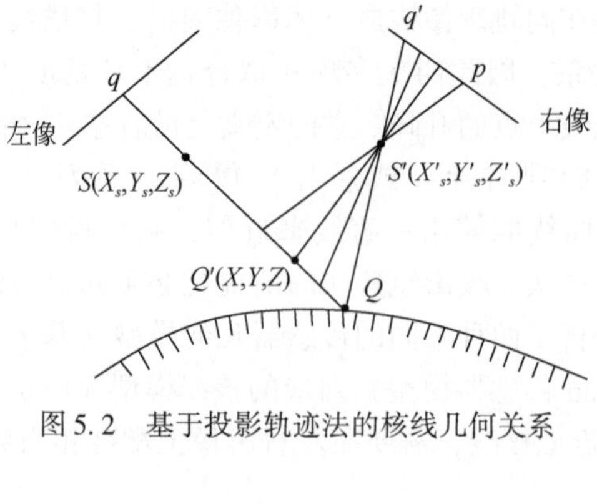

图 5.2 基于投影轨迹法的核线几何关系

2. 核线的数学模型

由上述的几何定义不难得出，对于中心投影影像，该核线模型具有如下的特性：左像上的点被投影到右像上唯一的一条曲线上，这条曲线由该点及左像与右像的位置和姿态所决定，并且该点的同名像点一定在这条曲线上。

下面根据上述核线模型的几何定义，推导其数学模型。

在图 5.2 中，从左像投影中心 $S(X_s, Y_s, Z_s)$ 出发经过 $q(x_l, y_l)$ 的光线上的点在地面参考坐标系中可以表达成如下函数：

$$(X, Y, Z)^{\mathrm{T}} = (X_s, Y_s, Z_s)^{\mathrm{T}} + \lambda \begin{bmatrix} r_{11} & r_{12} & r_{13} \\ r_{21} & r_{22} & r_{23} \\ r_{31} & r_{32} & r_{33} \end{bmatrix} \begin{bmatrix} x_l \\ y_l \\ -f \end{bmatrix} \tag{5.6}$$

通过式（5.6）可以实现左像像空间坐标系到地面参考坐标系的坐标转换。这里 r_{ij} 是左像对应旋转矩阵的系数，λ 是比例因子。如果光线 SQ 上的点 $Q'(X, Y, Z)$ 被投影到右像上点 $q'(x_r, y_r)$，则有下面的关系式成立：

$$x_r = -f\frac{r'_{11}(X - X'_s) + r'_{21}(Y - Y'_s) + r'_{31}(Z - Z'_s)}{r'_{13}(X - X'_s) + r'_{23}(Y - Y'_s) + r'_{33}(Z - Z'_s)} \tag{5.7}$$

$$y_r = -f\frac{r'_{12}(X - X'_s) + r'_{22}(Y - Y'_s) + r'_{32}(Z - Z'_s)}{r'_{13}(X - X'_s) + r'_{23}(Y - Y'_s) + r'_{33}(Z - Z'_s)} \tag{5.8}$$

通过式（5.7）和式（5.8）可以实现地面参考坐标系到右像像空间坐标系的坐标转换。这里 (X'_s, Y'_s, Z'_s) 是右像投影中心的坐标，r'_{ij} 是右像对应的旋转矩阵系数。将式（5.6）代入式（5.7），整理式（5.8）可得

$$x_r = \frac{m_0 + \lambda(m_1 x_l + m_2 y_l + m_3)}{m_8 + \lambda(m_9 x_l + m_{10} y_l + m_{11})} \tag{5.9}$$

$$y_r = \frac{m_4 + \lambda(m_5 x_l + m_6 y_l + m_7)}{m_8 + \lambda(m_9 x_l + m_{10} y_l + m_{11})} \tag{5.10}$$

其中，m_i（$i=0, \cdots, 11$）是左右影像外方位元素的函数。联立式（5.9）和式（5.10），消去 λ 得出下式：

$$n_0 y_r + n_1 x_r + n_2 = 0 \tag{5.11}$$

其中

$$n_0 = m_8 a - m_0 c$$
$$n_1 = m_4 c - m_8 b$$
$$n_2 = m_0 b - m_4 a$$
$$a = m_1 x_l + m_2 y_l + m_3$$
$$b = m_5 x_l + m_6 y_l + m_7$$
$$c = m_9 x_l + m_{10} y_l + m_{11}$$

由式（5.11）可知，对于中心投影影像，基于投影轨迹法的核线模型是线性的。实际上从图 5.1 和图 5.2 对比可以看出，对于该类影像，基于投影轨迹法的核线模型与传统的核线模型是完全一致的，应该说基于投影轨迹法的核线模型更具一般性。

5.3.2 线阵 CCD 推扫式影像基于投影轨迹法的核线模型

在上文中，针对中心投影影像，分析了基于投影轨迹法核线模型的几何定义和数学模型。本节主要针对线阵 CCD 推扫式影像，研究该核线模型的建立。由于前面已经给出了基于投影轨迹法核线的几何定义，这里仅推导其数学模型。

在推导线阵 CCD 推扫式遥感影像核线的数学模型之前，选择一个合适的传感器模型是很重要的。对于该类影像的传感器模型，从基于共线方程的传感器模型到直接线性变换等有若干模型，但现在尚未确定出最优的传感器模型。在常用的基于共线方程的传感器模型中，认为传感器的位置和姿态的变化可以描述成扫描行数（时间）的函数，通常用多项式来表示。目前这种传感器模型已经被广泛应用，并且实验表明其精度较高且运算不复杂，所以本书也采用了这种传感器模型。为了使研究结果更具一般性，对于这种传感器模型我们分两种情况进行分析研究。

1. 严格模式

这种模式下，在所采用的基于共线方程的传感器模型中，认为传感器的位置和姿态都是变化的，并把它们描述成扫描行数（时间）的一阶或二阶多项式。

据图 5.2，$q(0,\ y_l)$ 为左像第 i 扫描行上任意一像点，该扫描行影像的投影中心为 $S(X_{si},\ Y_{si},\ Z_{si})$，从 q 出发经过 S 的光线上的点 $Q'(X,\ Y,\ Z)$ 在地面参考坐标系中可以表达成 λ 的函数，如下式所示：

$$(X,\ Y,\ Z)^{\mathrm{T}} = (X_{si},\ Y_{si},\ Z_{si})^{\mathrm{T}} + \lambda \begin{bmatrix} r_{11} & r_{12} & r_{13} \\ r_{21} & r_{22} & r_{23} \\ r_{31} & r_{32} & r_{33} \end{bmatrix} \begin{bmatrix} 0 \\ y_l \\ -f \end{bmatrix} \tag{5.12}$$

通过式（5.12）可以实现左像第 i 扫描行的像空间坐标系到地面参考坐标系的坐标转换，其中 $r_{mn}(m,\ n=1,\ 2,\ 3)$ 是该扫描行影像所对应旋转矩阵的系数，λ 是比例因子。如果光线 SQ 上的点 $Q'(X,\ Y,\ Z)$ 被投影到右像第 j 扫描行上点 $q'(0,\ y_r)$，则有下面的方程成立：

$$0 = r'_{11}(X - X'_{sj}) + r'_{21}(Y - Y'_{sj}) + r'_{31}(Z - Z'_{sj}) \tag{5.13}$$

$$y_r = -f\frac{r'_{12}(X - X'_{sj}) + r'_{22}(Y - Y'_{sj}) + r'_{32}(Z - Z'_{sj})}{r'_{13}(X - X'_{sj}) + r'_{23}(Y - Y'_{sj}) + r'_{33}(Z - Z'_{sj})} \tag{5.14}$$

通过式（5.13）和式（5.14）可以实现地面参考坐标系到右像第 j 扫描行的像空间坐标系的坐标转换，其中 $(X'_{sj},\ Y'_{sj},\ Z'_{sj})$ 是该扫描行影像的投影中心坐标，$r'_{mn}(m,\ n=1,\ 2,\ 3)$ 是该扫描行影像对应旋转矩阵的系数。将式（5.12）代入式（5.13）与式（5.14）联立合并即可以得到下述核线的方程：

$$y_r = -f\frac{r'_{11}A + r'_{21}B + r'_{31}C}{r'_{13}A + r'_{23}B + r'_{33}C} \tag{5.15}$$

其中

$$A = X_{si} - X'_{sj} + \lambda(r_{12} \cdot y_l - r_{13} \cdot f)$$
$$B = Y_{si} - Y'_{sj} + \lambda(r_{22} \cdot y_l - r_{23} \cdot f)$$
$$C = Z_{si} - Z'_{sj} + \lambda(r_{32} \cdot y_l - r_{33} \cdot f)$$
$$\lambda = \frac{r'_{11}(X'_{sj} - X_{si}) + r'_{21}(Y'_{sj} - Y_{si}) + r'_{31}(Z'_{sj} - Z_{si})}{(r_{12}r'_{11} + r_{22}r'_{21} + r_{32}r'_{31})y_l - f(r_{13}r'_{11} + r_{23}r'_{21} + r_{33}r'_{31})}$$

这里，$r_{mn}(m, n=1, 2, 3)$，(X_{si}, Y_{si}, Z_{si}) 是左影像扫描行数 i（或者是飞行方向像坐标 x_l）的函数，$r'_{mn}(m, n=1, 2, 3)$，$(X'_{sj}, Y'_{sj}, Z'_{sj})$ 是右影像扫描行数 j（或者是飞行方向像坐标 x_r）的函数，式（5.15）可简写成

$$y_r = Q(x_r) \tag{5.16}$$

这里，$Q(x_r)$ 是 x_r 的非线性表达式。

从式（5.15）可以看出该核线关系的非线性特性，并且运算比较复杂。

2. 简化模式

在前面严格模式所采用的基于共线方程传感器模型中，认为姿态与轨迹都是随时间变化的，实验中通常采用一次多项式或二次多项式。研究结果表明，这种方法定向的精度与模型参数的初始值有关，当初始值无法获取或无法精确获取的情况下，定向参数表现出强相关性最终影响定向的精度以及核线的应用，尤其在传感器的视场角比较小的情况下，这种相关性更明显。例如，φ 的变化与 Z_0 很相似，ω 的变化和 X_0，Y_0 的变化也非常相似。为了克服上述问题，实际应用中，可以对该模型进行适当的简化，然后利用简化的传感器模型来建立上述的核线模型。这里假设传感器的位置线性变化，而姿态不变，对于这种简化的传感器模型，依据投影轨迹法可以推导出如下的核线几何关系（推导过程同上，故略）：

$$k_1x_r + k_2x_ry_r + k_3y_r + k_4 = 0 \tag{5.17}$$

其中

$$k_1 = c_1y_l + c_2$$
$$k_2 = c_3y_l + c_4$$
$$k_3 = (c_5x_l + c_6)y_l + (c_7x_l + c_8)$$
$$k_4 = (c_9x_l + c_{10})y_l + (c_{11}x_l + c_{12})$$

这里，$c_i(i=1, \cdots, 12)$ 为常量，(x_r, y_r) 和 (x_l, y_l) 是同名像点的坐标。从式（5.17）可以发现，该核线模型类似双曲线。这就意味着一幅图像上的点被投影到一条非线性的曲线上。下面通过实验仅探讨基于严格模式的核线模型的若干特性。

5.3.3　实验计算与分析

1. 实验过程

实验采用异轨立体成像遥感卫星的立体影像来检测线阵 CCD 推扫式影像的上述核线关系。利用左右影像的模型定向参数，对于左像上任选的一点 q（3742，2476），它在右像上的核线 L' 的数学方程可以根据式（5.15）推导出来。为了一个直观和可视的效果，绘

出了该方程对应的数学曲线，该曲线方程的完整形状如图 5. 3 所示。从图上可以清楚地看出，该核线不是直线，类似双曲线。

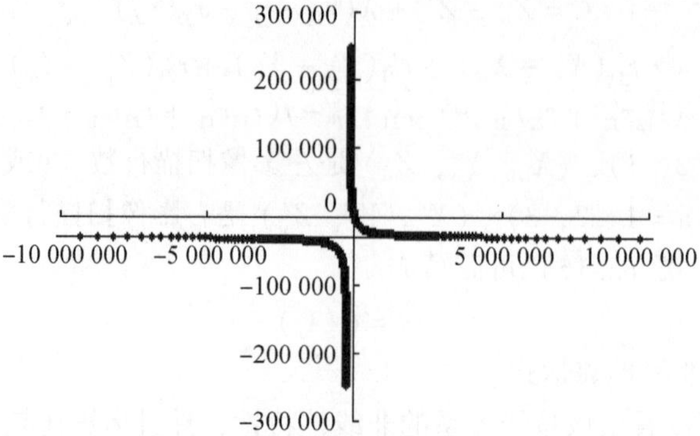

图 5. 3　核线的形状

这种非直线的核线也可以用图 5. 1 这样来理解：对于线阵 CCD 推扫式影像，传统意义的核平面被核曲面代替。这种弯曲是由传感器在扫描方向位置和姿态的变化引起的。这个曲面和成像平面的交线则构成核线，当一个曲面和一个平面相交时，交线的形状通常不是直线。

图 5. 3 的曲线代表了左像上的点 q（3742，2476）的核线 L'完整的曲线形状。为了简化研究的问题，从而可以更容易观测和检测核线的形状及性质，在图 5. 4 中绘出了图像范围内的核线形状，另外也给出了这条核线在点 q 的同名像点 q'（3456，2266）位置的切线 $L_{q'}$。

从图 5. 4 可以看出，在图像范围内这条曲线非常接近直线，在 q'的相近邻域内直线 $L_{q'}$ 与核线 L'很接近，但在 q'的远端则相差较大。由此可以断定，核线在小范围内或者在影像范围内可看成近似直线来处理。

框幅式中心投影影像核线几何关系的特性之一是一条核线在相关影像上有唯一的一条同名核线，因此一条核线上的所有点都被投影到它的同名核线上。对于线阵 CCD 推扫式影像，可以通过如下实验来验证这个性质是否成立。首先在左像的一条核线上选取距离相对比较远的两个点 q_1（1168，2838）和 q_2（5230，2267），然后据其核线数学方程绘出这两个点对应的核线形状。在图 5. 5 中显示的即为两条核线对应的完整曲线形状，从图上可以看出，这两条曲线并不相同，因此不难确定对于线阵 CCD 推扫式影像，任何一个点都有它唯一的一条核线，但是不存在核线对的概念，也就是说图像上的一条核线上的每一个点都有不同的核线。同上述一样的理由，在图 5. 6 中画出了两条核线在图像范围内的形状。

对距离相对比较远的两点 q_1 和 q_2，从图 5. 5 和图 5. 6 可以明显看出，这两点对应的两条核线的差异（整个曲线的形状和图像边界范围内曲线的形状）。但是如果选择距离较近的两个点，就会发现一个比较有趣的性质。实验中所选两个点 q_3 和 q_4 的坐标分别为（1168，2838）和（1268，2824），它们之间的距离大约有 101 个像素。在图 5. 7 中画出了图像边界范围内 q_3 和 q_4 对应两条核线的形状。实验结果表明，尽管从整体上来看，两条曲线的形状互不相同，但是在图像的边界范围内它们的形状几乎是完全相同的。因此对于一条核线上两个比较接近的点，可以近似认为它们的核线是相同的，也就是说，这条核线上小范围的所有点，被投影到一条相应核线上，同框幅式中心投影影像相比，这种核线对在局部范围内是存在的。

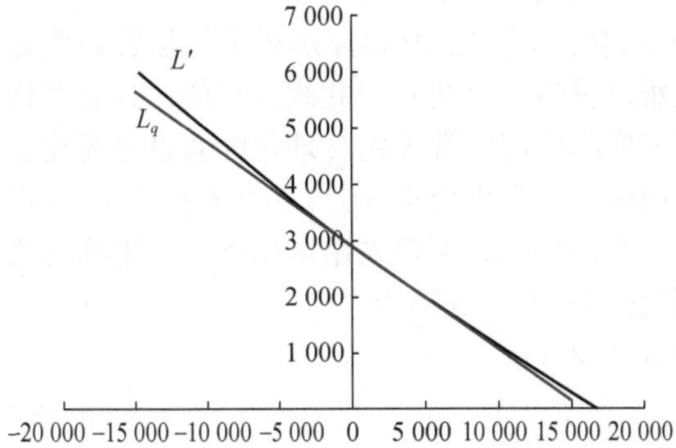

图 5.4　影像范围内的核线形状

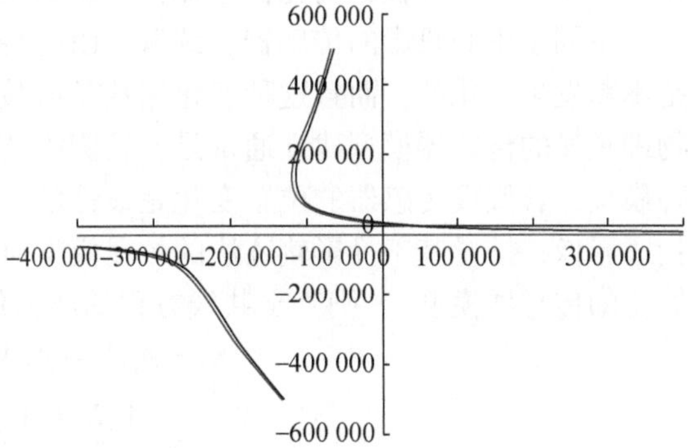

图 5.5　q_1 和 q_2 核线

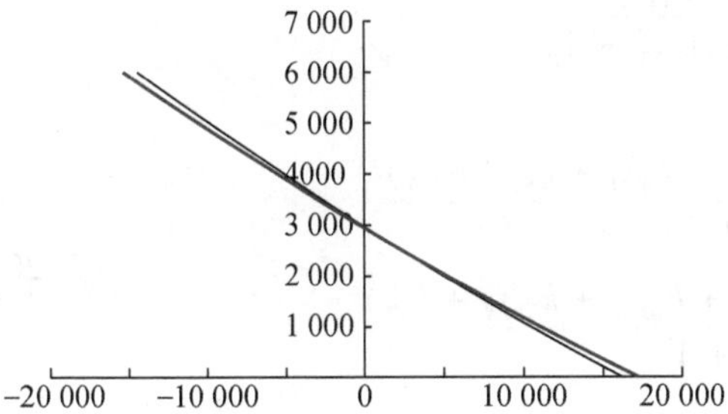

图 5.6　影像范围内的 q_1 和 q_2 的核线形状

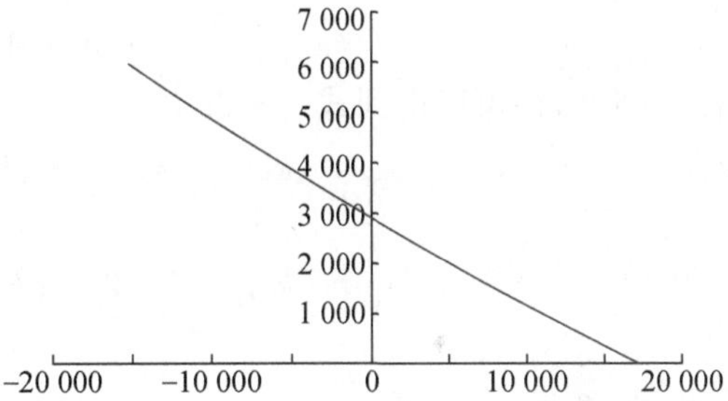

图 5.7　影像范围内的 q_3 和 q_4 的核线形状

2. 分析与结论

通过上面的实验，对于线阵 CCD 推扫式影像可以得出下述的结论：

（1）通常情况下，核线是类似双曲线的曲线，但在小范围内可看成近似直线来处理。

（2）对于一幅图像中一条核线上的某点 q 以及距离该点一定范围内的相邻点，其同名像点都位于 q 点的核线上。这个结论在局部范围内是成立的，根据该结论和结论 1，立体像对匹配问题的搜索过程就可由二维简化为一维。

（3）同名核线对是存在的。如果两个点是同名像点，那么它们所对应的两条核线是一一对应的，这两条核线上的点也是一一对应的，这个结论可由结论 2 以及立体像对共轭特性推导出，因此该结论也是在局部范围内成立，也就是说这种核线对在局部范围内是存在的。

本节利用投影轨迹法建立了线阵 CCD 推扫式影像的核线关系，并推导出该核线关系的严格数学模型。对于该核线模型，我们通过实验和分析得出了几条非常有用的结论，这些结论为核线在影像匹配中的应用提供了技术基础。

5.4　基于简化传感器模型的核线关系分析

在5.3节中，我们详细研究了基于投影轨迹法的核线模型及其特性。本节的研究目标是利用基于共线方程的简化传感器模型，给出一种新的核线模型。

不同于中心投影的传感器，线阵CCD推扫式传感器在获取影像过程中，位置和姿态是不断发生变化的，而且这种变化用数学函数难以描述，因此基于共线方程的、具有严格物理意义的传感器模型建立通常是比较困难的。实际应用中常采用合理化的假设来简化这种模型，若假设传感器的位置变化是线性的，而姿态不发生变化（5.3节中对线阵CCD推扫式影像，推导基于投影轨迹法的核线模型时，在简化模式下曾采用该模型，这里称其为简化的传感器模型），则基于共线方程的严密传感器模型可变形为

$$\begin{aligned} x_l &= A_{0l}X + A_{1l}Y + A_{2l}Z + A_{3l} \\ y_l &= \frac{A_{4l}X + A_{5l}Y + A_{6l}Z + 1}{A_{7l}X + A_{8l}Y + A_{9l}Z + A_{10l}} \end{aligned} \tag{5.18}$$

$$\begin{aligned} x_r &= A_{0r}X + A_{1r}Y + A_{2r}Z + A_{3r} \\ y_r &= \frac{A_{4r}X + A_{5r}Y + A_{6r}Z + 1}{A_{7r}X + A_{8r}Y + A_{9r}Z + A_{10r}} \end{aligned} \tag{5.19}$$

由式（5.18）可以得到式（5.20）

$$\begin{aligned} X &= \frac{(k_1y_l + k_2)Z + (k_3x_ly_l + k_4x_l + k_5y_l + k_6)}{k_{13}y_l + 1} \\ Y &= \frac{(k_7y_l + k_8)Z + (k_9x_ly_l + k_{10}x_l + k_{11}y_l + k_{12})}{k_{13}y_l + 1} \end{aligned} \tag{5.20}$$

这里，$k_1 \sim k_{13}$ 是系数。

把式（5.20）代入式（5.19）可得到式（5.21）

$$\begin{aligned} (u_1y_l + u_2)Z &= u_3x_ry_l + u_4x_r + u_5x_ly_l + u_6x_l + u_7y_l + 1 \\ y_r &= \frac{(v_1y_l + v_2)Z + v_3x_ly_l + v_4x_l + v_5y_l + 1}{(v_6y_l + v_7)Z + v_8x_ly_l + v_9x_l + v_{10}y_l + v_{11}} \end{aligned} \tag{5.21}$$

其中，$u_1 \sim u_7$，$v_1 \sim v_{11}$ 是系数。从式（5.21）消去 Z 可得到如下的方程：

$$y_r = \frac{(i_1y_l^2 + i_2y_l + i_3)x_r + (i_4x_l + i_5)y_l^2 + (i_6x_l + i_7)y_l + (i_8x_l + 1)}{(j_1y_l^2 + j_2y_l + j_3)x_r + (j_4x_l + j_5)y_l^2 + (j_6x_l + j_7)y_l + (j_8x_l + j_9)} \tag{5.22}$$

其中，$(x_r,\ y_r)$ 和 $(x_l,\ y_l)$ 是同名像点的坐标，$i_1 \sim i_8$，$j_1 \sim j_9$ 是系数。

整理式（5.22）可得

$$k_1x_r + k_2x_ry_r + k_3y_r + k_4 = 0 \tag{5.23}$$

这就是单纯依据简化的传感器模型所得出的核线模型。其中

$$\begin{aligned} k_1 &= i_1y_l^2 + i_2y_l + i_3 \\ k_2 &= j_1y_l^2 + j_2y_l + j_3 \\ k_3 &= (j_4x_l + j_5)y_l^2 + (j_6x_l + j_7)y_l + (j_8x_l + j_9) \\ k_4 &= (i_4x_l + i_5)y_l^2 + (i_6x_l + i_7)y_l + (i_8x_l + 1) \end{aligned}$$

同基于投影轨迹法的核线模型类似，这种核线模型也是类似双曲线的非线性模型。实验当中我们发现这种模型的特性与基于投影轨迹法的特性基本一致，故此对有关核线特性的实验结果和分析不再赘述，在 5.5 节中，我们将在核线模型的应用分析中给出有关两种模型精度的比较结果。

5.5　核线模型的应用分析

对于中心投影的影像，核线的几何关系通过数学方法很容易建立，它已经被广泛地应用于计算机视觉和摄影测量中的影像匹配。对于线阵 CCD 推扫式影像，在前面分析了基于投影轨迹法的核线模型，为了使研究结果具有一般性，采用了严格模式和简化模式两种基于共线方程的传感器模型，在此基础上推导了其相应的核线数学方程，并分析了该核线模型的数学特性。另外，书中也从基于简化的传感器模型出发，推导出一种新的核线模型。这两种核线模型都是相对比较复杂的非线性方程，并且与传感器的模型有关，这些特点限制了核线的实际运用。例如，在第 2 章提出的广义传感器模型就无法使用这种核线模型。为了解决这个问题，本节对传统的中心投影影像核线模型、利用投影轨迹法建立的核线模型以及基于简化传感器模型建立的核线模型，以立体视觉中基本矩阵为理论指导来探讨其单纯依靠同名点坐标关系的核线模型解法。

5.5.1　立体视觉中的基本矩阵

为了使用方便，在介绍基本矩阵的定义之前，先给出立体视觉中几个常用坐标系的定义（为了表达方式的统一，这里采用摄影测量专业中的名称来完成这些坐标系的定义）。

1. 立体视觉中的坐标系

（1）扫描坐标系：该平面直角坐标系的原点通常定义在数字影像的左上角，坐标轴 u，v 分别与扫描线方向平行和垂直。每一像素的坐标（u，v）分别是该像素在图像阵列中的列数与行数。

（2）像平面坐标系：该平面直角坐标系的原点 O_1 定义为在摄像机主光轴与图像平面的交点，x 轴与 y 轴分别与影像扫描线平行和垂直。在像平面坐标系中，O_1 点一般位于图像中心，但由于摄像机制作的原因，也会有些偏移，若 O_1 在扫描坐标系中坐标为（u_0，v_0），每一个像素在 x 轴与 y 轴方向上的物理尺寸为 $\mathrm{d}x$，$\mathrm{d}y$，如果（u，v）表示以像素为单位的扫描坐标，（x，y）表示以毫米为单位的像平面坐标，则图像中任意一个像素在扫描坐标系和像平面坐标系下的坐标有如下关系：

$$\begin{bmatrix} u \\ v \\ 1 \end{bmatrix} = \begin{bmatrix} \dfrac{1}{\mathrm{d}x} & 0 & u_0 \\ 0 & \dfrac{1}{\mathrm{d}y} & v_0 \\ 0 & 0 & 1 \end{bmatrix} \begin{bmatrix} x \\ y \\ 1 \end{bmatrix} \tag{5.24}$$

（3）像空间坐标系：在该坐标系的定义中，原点 O 在摄像机的光心，X_c 轴与 Y_c 轴与

像平面坐标系的 x 轴与 y 轴平行，Z_c 轴为摄像机的光轴，它与图像平面垂直，光轴与图像平面的交点，即为像平面坐标系的原点 O_1，由 O 点与 X_c 轴、Y_c 轴、Z_c 轴组成的空间直角坐标系即为像空间坐标系。OO_1 则为摄像机焦距。

（4）物方坐标系：由于摄像机可安放在环境中的任何位置，在环境中需选择一个基准坐标系来描述摄像机的位置，并用它描述环境中的任何物体的位置，该坐标系称为物方坐标系。它由 X_w，Y_w，Z_w 轴组成。像空间坐标系与物方坐标系之间的关系可以用旋转矩阵 $\boldsymbol{R}$ 与平移向量 $\boldsymbol{t}$ 来描述。如果空间某一点在物方坐标系与像空间坐标系下的齐次坐标分别为 $(X_w, Y_w, Z_w, 1)^{\mathrm{T}}$ 与 $(X_c, Y_c, Z_c, 1)^{\mathrm{T}}$，则存在如下关系：

$$\begin{bmatrix} X_c \\ Y_c \\ Z_c \\ 1 \end{bmatrix} = \begin{bmatrix} \boldsymbol{R} & \boldsymbol{t} \\ 0 & 1 \end{bmatrix} \begin{bmatrix} X_w \\ Y_w \\ Z_w \\ 1 \end{bmatrix} = \boldsymbol{M} \begin{bmatrix} X_w \\ Y_w \\ Z_w \\ 1 \end{bmatrix} \tag{5.25}$$

其中，$\boldsymbol{R}$ 为 3×3 正交单位矩阵；$\boldsymbol{t}$ 为三维平移向量；$\boldsymbol{M}$ 为 4×4 矩阵。

2. 基本矩阵

式（5.26）表示了中心投影成像方式的像点与对应地面点的关系：

$$x = \frac{fX_c}{Z_c}, \quad y = \frac{fY_c}{Z_c} \tag{5.26}$$

写成矩阵形式为

$$Z_c \begin{bmatrix} x \\ y \\ 1 \end{bmatrix} = \begin{bmatrix} f & 0 & 0 & 0 \\ 0 & f & 0 & 0 \\ 0 & 0 & 1 & 0 \end{bmatrix} \begin{bmatrix} X_c \\ Y_c \\ Z_c \\ 1 \end{bmatrix} \tag{5.27}$$

结合式（5.24）~式（5.26）可以得出

$$Z_c \begin{bmatrix} u \\ v \\ 1 \end{bmatrix} = \begin{bmatrix} f/\mathrm{d}x & 0 & u_0 & 0 \\ 0 & f/\mathrm{d}y & v_0 & 0 \\ 0 & 0 & 1 & 0 \end{bmatrix} \begin{bmatrix} \boldsymbol{R} & \boldsymbol{t} \\ 0 & 1 \end{bmatrix} \begin{bmatrix} X_w \\ Y_w \\ Z_w \\ 1 \end{bmatrix} = \boldsymbol{M} \begin{bmatrix} X_w \\ Y_w \\ Z_w \\ 1 \end{bmatrix} \tag{5.28}$$

上述矩阵 $\boldsymbol{M}$ 称为投影矩阵。

按照上述关系，假定空间任意点 P 在两个摄像机 C_1 与 C_2 的图像上对应的像点为 p_1 与 p_2，两个摄像机的投影矩阵分别为 $\boldsymbol{M}_1$ 和 $\boldsymbol{M}_2$，若 x_p 为点 P 在物方坐标系下的齐次坐标；u_1，u_2 分别为点 p_1 与点 p_2 的图像齐次坐标。若将 $\boldsymbol{M}_1$ 和 $\boldsymbol{M}_2$ 矩阵中左面的 3 × 3 部分记为 $\boldsymbol{M}_{i1}$（$i=1$，2），右边的 3 × 1 部分记为 $\boldsymbol{m}_i$（$i=1$，2），那么 $\boldsymbol{M}_{i1}$ 为 3×3 矩阵，$\boldsymbol{m}_i$ 为三维向量，则有下式成立：

$$\begin{aligned} Z_{c1}\boldsymbol{u}_1 &= \boldsymbol{M}_1 x_p = (\boldsymbol{M}_{11}\boldsymbol{m}_1) x_p \\ Z_{c2}\boldsymbol{u}_2 &= \boldsymbol{M}_2 x_p = (\boldsymbol{M}_{21}\boldsymbol{m}_2) x_p \end{aligned} \tag{5.29}$$

由式（5.29）可得出下式（马颂德，张正友，1998）：

$$\boldsymbol{u}_2^{\mathrm{T}}[\boldsymbol{m}]_{\times}\boldsymbol{M}_{21}\boldsymbol{M}_{11}^{-1}\boldsymbol{u}_1=0 \tag{5.30}$$

其中，$\boldsymbol{m}$ 由式（5.31）定义，$[\boldsymbol{m}]_{\times}$为与 $\boldsymbol{m}$ 向量对应的 3×3 反对称矩阵

$$\boldsymbol{m}=\boldsymbol{m}_2-\boldsymbol{M}_{21}\boldsymbol{M}_{11}^{-1}\boldsymbol{m}_1 \tag{5.31}$$

令 $\boldsymbol{F}=[\boldsymbol{m}]_{+}\boldsymbol{M}_{21}\boldsymbol{M}_{11}^{-1}$则有 $\boldsymbol{u}_2^{\mathrm{T}}\boldsymbol{F}\boldsymbol{u}_1=0$，写成矩阵的形式：

$$(u_1 \quad v_1 \quad 1)\begin{pmatrix} F_{11} & F_{12} & F_{13} \\ F_{21} & F_{22} & F_{23} \\ F_{31} & F_{32} & F_{33} \end{pmatrix}\begin{pmatrix} u_2 \\ v_2 \\ 1 \end{pmatrix}=0 \tag{5.32}$$

$\boldsymbol{F}$ 称为基本矩阵。

基本矩阵的性质：基本矩阵给出了左像与右像的像空间坐标系之间的几何关系；基本矩阵可由两个摄像机的投影矩阵 $\boldsymbol{M}_1$ 和 $\boldsymbol{M}_2$ 求出，但在不知道 $\boldsymbol{M}_1$ 和 $\boldsymbol{M}_2$ 的情况下，可由立体像对的同名影像点关系求出，在已知一组对应点 $\boldsymbol{u}_1$ 和 $\boldsymbol{u}_2$ 时，式（5.32）定义了一个关于 $\boldsymbol{F}$ 的元素的齐次线性方程。

在中心投影的两幅立体像对之间，左像与右像的像空间坐标系之间存在平移和旋转。由于平移的大小不可能从两幅图像中获取，因此本质矩阵只能在相差一个常数因子的意义下确定，因而只有 8 个参数。而实际上这 8 个参数还存在 3 个约束方程，故实际上只有 5 个独立参数（马颂德，张正友，1998），这一点与摄影测量中的结论是一致的，在相对定向中，实质就是有 5 个相对方位元素（旋转有 2 个自由度，平移的大小不能确定，因而只有 2 个自由度）。实际应用中，常利用多个匹配点对，通过最小二乘平差来求解基本矩阵。

基本矩阵实质上描述了核线的约束。这也为我们提供了一种思路，可以不进行单个模型定向参数的解算，直接利用同名像点的坐标关系解算就可以得到核线方程。

下面针对中心投影影像以及线阵 CCD 推扫式影像来研究这种解算方法。

5.5.2　中心投影影像的核线模型

中心投影的航空影像的核线几何关系很容易建立，并且已经在计算机视觉和航空摄影测量中得到广泛的应用。对于这类图像，核线的几何关系可用下式来表示：

$$Ax_r+By_r+Cf=0 \tag{5.33}$$

$$A=v_p'w_s'-w_p'v_s'$$

$$B=u_p'w_s'-w_p'u_s'$$

$$C=v_p'w_s'-u_p'v_s'$$

$$[u_p' \quad v_p' \quad w_p']=[x_l \quad y_l \quad -f]\boldsymbol{M}_{21}$$

$$[u_s' \quad v_s' \quad w_s']=[B_X \quad B_Y \quad B_Z]\boldsymbol{M}_{21}$$

其中，$\boldsymbol{M}_{21}$ 是旋转矩阵。

将式（5.33）写成矩阵形式：

$$(x_r \quad y_r \quad 1)\begin{pmatrix} f_{11} & f_{12} & f_{13} \\ f_{21} & f_{22} & f_{23} \\ f_{31} & f_{32} & f_{33} \end{pmatrix}\begin{pmatrix} x_l \\ y_l \\ 1 \end{pmatrix}=0 \tag{5.34}$$

这里，$\begin{pmatrix} f_{11} & f_{12} & f_{13} \\ f_{21} & f_{22} & f_{23} \\ f_{31} & f_{32} & f_{33} \end{pmatrix}$ 即为基本矩阵，上述核线的系数可以表示为

$$\begin{aligned} A &= f_{11}x_l + f_{12}y_l + f_{13} \\ B &= f_{21}x_l + f_{22}y_l + f_{23} \\ C &= f_{31}x_l + f_{32}y_l + f_{33} \end{aligned} \tag{5.35}$$

式（5.33）的具体意义为一幅图像上的点被投影到同名影像的一条直线上，其中这里基本矩阵的自由度为5，该公式通过至少5个连接点，就可计算这个矩阵的各系数。

5.5.3　线阵 CCD 推扫式影像的核线几何关系

1. 基于投影轨迹法的核线关系求解

在前面分析线阵 CCD 推扫式影像基于投影轨迹法的核线几何关系时，采用了严格模式和简化模式两种基于共线方程的传感器模型。其中在简化模式中，假设投影中心位置线性变化，而姿态不发生变化。对于这种简化的传感器模型，依据投影轨迹法建立的核线几何模型可用式（5.17）表示（详细过程参见 5.2.2 节）：

$$k_1x_r + k_2x_ry_r + k_3y_r + k_4 = 0 \tag{5.36}$$

其中

$$\begin{aligned} k_1 &= c_1y_l + c_2 \\ k_2 &= c_3y_l + c_4 \\ k_3 &= (c_5x_l + c_6)y_l + (c_7x_l + c_8) \\ k_4 &= (c_9x_l + c_{10})y_l + (c_{11}x_l + c_{12}) \end{aligned}$$

为了同中心投影的核线模型的形式保持一致，上述的核线模型可以写成如下的矩阵形式：

$$(x_r \quad x_ry_r \quad y_r \quad 1)\begin{pmatrix} 0 & 0 & f_{13} & f_{14} \\ 0 & 0 & f_{23} & f_{24} \\ f_{31} & f_{32} & f_{33} & f_{34} \\ f_{41} & f_{42} & f_{43} & f_{44} \end{pmatrix}\begin{pmatrix} x_l \\ x_ly_l \\ y_l \\ 1 \end{pmatrix} = 0 \tag{5.37}$$

同中心投影影像一样，可以通过若干同名点对来进行解算。另外，对于严格模式中的核线模型关系式（5.15），由于模型特别复杂，无法通过这种方式实现其脱离模型定向参数的核线模型解算。

2. 基于简化传感器模型的核线关系求解

在 5.3 节中曾给出了该模型的详细推导，其核线关系的数学方程如下

$$k_1x_r + k_2x_ry_r + k_3y_r + k_4 = 0 \tag{5.38}$$

其中

$$k_1 = i_1 y_l^2 + i_2 y_l + i_3$$
$$k_2 = j_1 y_l^2 + j_2 y_l + j_3$$
$$k_3 = (j_4 x_l + j_5) y_l^2 + (j_6 x_l + j_7) y_l + (j_8 x_l + j_9)$$
$$k_4 = (i_4 x_l + i_5) y_l^2 + (i_6 x_l + i_7) y_l + (i_8 x_l + 1)$$

该核线是类似双曲线的非线性关系，该核线模型可以写成如下矩阵形式：

$$[x_r \quad x_r y_r \quad y_r \quad 1]\begin{bmatrix} 0 & f_{12} & 0 & f_{14} & f_{15} & f_{16} \\ 0 & f_{22} & 0 & f_{24} & f_{25} & f_{26} \\ f_{31} & f_{32} & f_{33} & f_{34} & f_{35} & f_{36} \\ f_{41} & f_{42} & f_{43} & f_{44} & f_{45} & f_{46} \end{bmatrix}\begin{bmatrix} x_l y_l^2 \\ y_l^2 \\ x_l y_l \\ y_l \\ x_l \\ 1 \end{bmatrix} = 0 \tag{5.39}$$

这里，(x_r, y_r) 和 (x_l, y_l) 是同名像点的坐标。同样该核线模型也可以用连接点解算而不需要地面控制点和模型参数。不难看出，式（5.39）略去 y_l 二次项，就变成式（5.36），亦即该核线模型略去 y_l 二次项，与基于投影轨迹法简化模式的核线模型是完全一致的。

5.5.4　实验结果

采用异轨立体成像遥感卫星的立体影像对上述的两种核线模型进行验证，无需星历数据，且计算量不大。既可以用姿态参数解算，也可以单纯使用连接点来计算。为了定量地比较两种不同核线模型的精度，在建立两种核线模型方程后，采用在立体方式下量测的30对连接点作为独立的检查点。对于这两种局部范围内的核线模型，书中根据若干独立同名点对上的误差进行精度比较。对于上述两种核线模型，实验计算了真实点和核线之间的距离：对于左像上的像点 p，计算出其在右像上的同名核线的近似直线 L，然后求得 p 点的同名像点 p' 到直线 L 的距离作为误差值。实验结果如图5.8和图5.9所示。

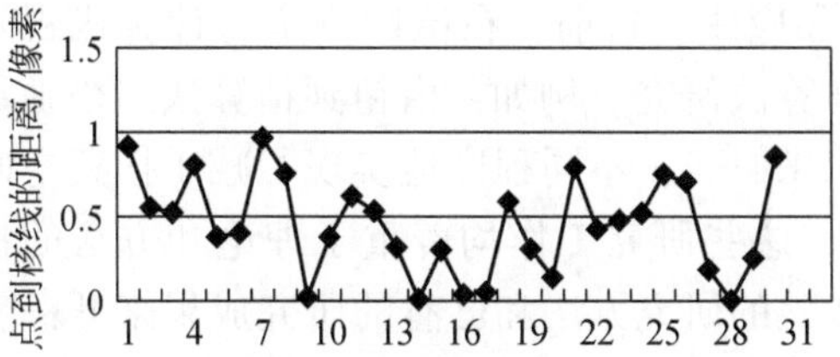

图5.8　基于投影轨迹法的核线模型精度
RMS = 0.542 像素

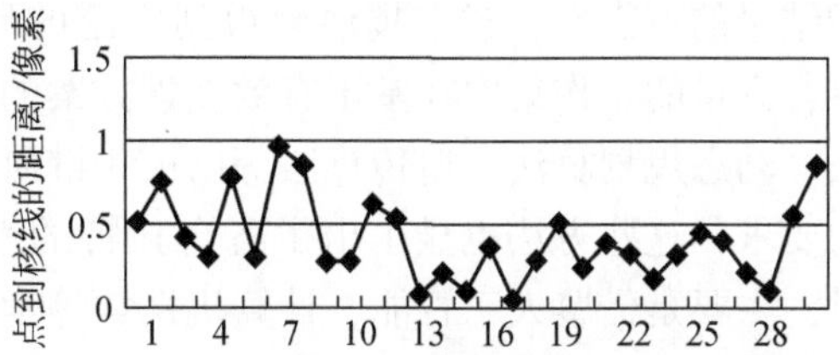

图5.9　基于简化传感器模型的核线模型精度
RMS = 0.481 像素

从上述实验结果来看，两种核线模型均可达到子像素级的精度，基于简化传感器模型的核线模型精度稍高于基于投影轨迹法的核线模型精度。由于这两种模型的解算都不需要传感器模型的定向参数，因此它们可以有效地应用于影像的模型定向参数无法获取或者定向参数质量很差的情况。

第6章 线阵CCD卫星影像立体匹配

6.1 引言

在摄影测量与遥感领域，由于影像匹配可以定义为不同数据的数字相关过程，因此匹配问题通常也指相关问题。这里的数据可以是图像、地图或者目标模型以及GIS数据等。摄影测量的很多过程都不同程度地与匹配过程有联系。例如，在内定向时，识别框标的过程实际上就是图像与二维框标模型的匹配过程；在相对定向和进行空中三角测量的转点操作时，为了产生连接点需要图像块之间的匹配；在绝对定向时，需要图像与控制特征描述之间的匹配，主要是地面控制点的匹配；在提取DTM时，为了获得目标点的三维坐标必须实现同名点的识别即同名点的匹配过程；在地物解译时，需要地物目标模型与图像进行匹配以确认和定位被描述的目标。匹配过程几乎贯穿于摄影测量处理的全过程，不难看出它的重要性，可以说匹配技术也是摄影测量领域最具挑战性的任务。

影像立体匹配的精度、速度和可靠性一直是人们所关心的三大要素。在基于区域灰度的匹配算法中，随着具有摄影测量特色的最小二乘匹配理论和核线相关理论的出现以及计算机速度的大幅提高，人们把关注的焦点逐渐转移到匹配的可靠性上，为了进一步提高影像匹配的可靠性，人们提出了整体匹配的概念。在这种方法中，影像中的匹配点不再是孤立的，同时考虑邻域点对该点的约束及影响，利用整体一致性条件来寻求最优的匹配结果。但是，若要保持整体一致性，就会面临一个严重的困难，即搜索空间剧增问题。目前该类方法普遍存在着计算量大、速度慢的问题。影像整体匹配的方法由于可以显著提高匹配结果的可靠性，越来越多地得到广泛的研究和应用。目前，在摄影测量与计算机视觉界，大量的工作集中在基于有效搜索方案的立体算法研究。例如，由粗到精算法、松弛算法、动态规划算法、遗传算法等已被相继研制出来①②③，不同程度地实现了减小搜索空间的要求，这些方法也显示出了各自独特的性能。这些研究工作均着重于理论和方法的探讨，主要是借鉴人工智能、计算机视觉等学科成熟的研究方法和已有的研究成果来开辟新的途径。除了这方面的研究以外，还有一种发展趋势就是在实用型匹配算法开发方面制订切实可行的目标，采取灵活的策略（如人机协同），或者转向于研制面向特殊应用目的的匹配算法，针对不同的应用对象分别进行研究，以期每一种理论和方法能在一定的条件下满足应用的要求。如通过限制影像的种类来实现自动化和高效率。

---

① 范永弘. 2000. 立体影像匹配和DTM自动生成技术的研究与实践［D］. 郑州：解放军信息工程大学

② 黄玉琪. 2000. 数字摄影测量中若干关键技术的研究与实践［D］. 郑州：解放军信息工程大学

③ 熊兴华. 2003. 遗传算法及其在影像处理与分析当中的应用［D］. 郑州：解放军信息工程大学

本章主要针对数字摄影测量自动化要求的影像匹配技术，着重研究和探讨线阵 CCD 推扫式遥感影像匹配的算法和应用实践。首先，概述遥感影像的立体匹配技术；其次，针对线阵 CCD 推扫式遥感影像，将基于严格传感器模型的核线约束条件应用到影像匹配中去，并且在核线关系应用的基础上，建立一种基于核线的成像约束条件，消除了匹配中的几何变形，使匹配依据更具显著特性；再次，针对线阵 CCD 推扫式遥感立体影像由于成像条件不同而引起的色调差异显著和几何变形较大的情况，提出一种基于直方图不变矩、图像不变矩以及灰度加权窗口三级匹配基元的图像匹配方案；最后详细阐述了遗传算法基本原理，分析遗传算法在影像匹配中的应用。

6.2　遥感影像立体匹配技术概述

在计算机视觉和摄影测量界，立体视觉是获取物体三维信息的重要手段。而实现立体视觉的关键技术问题是如何快速、准确地实现影像匹配。这一方面的研究已有几十年的历史，其间已涌现出种类繁多各具特色的影像匹配的理论和算法，有些匹配技术已经得到部分成功的应用，但是匹配技术的难题并未得到全面的解决，至今还没有一种影像匹配算法能自动、准确、可靠地适用于各种类型的影像内容。分析主要原因可以归纳为以下两个方面（徐青等，2000；郑南宁，1998）：①人们还没有揭开人类视觉的奥秘。尽管有众多的学者从事生理学、神经生物学、哲学、人工智能、计算机科学等的研究，但由于人类视觉的复杂性，尚未提出一种有效的模型来描述人眼获取的二维图像如何经由人脑加工而使人能感知和理解三维世界的工作原理。这就使得人们进行的研究无法基于一种完整的理论，导致了各种各样影像匹配理论和算法的出现。它们主要是基于一些人们可以理解和接受的假设，如视差的变化是连续的等，大多数算法都不具备实际应用能力。②由于把丰富复杂的三维客观世界投影成二维影像时丢失了大量的信息，从而由二维影像恢复三维模型变成一个病态问题（数学上的不确定问题）。

尽管影像匹配困难重重，但是一旦建立计算机影像自动匹配系统，将可在许多领域得到广泛的应用。影像匹配的学科交叉特色和诱人的应用前景使得它吸引了许多专业学者的研究兴趣。

6.2.1　影像匹配的分类

影像匹配具有很强的学科交叉性，由于研究背景、领域和方法各不相同，因此很难对影像匹配进行全面的回顾，本节仅从摄影测量的角度，对影像匹配的分类加以简单的介绍和分析。

常用的图像匹配方法按照匹配的基元（primitives）划分为三大类型（张祖勋，张剑清，1997）：①基于灰度相关的匹配算法。②基于特征相关的匹配算法。③基于影像理解和解释的匹配算法。其中，灰度匹配被公认为是较成熟、稳定的匹配算法，它的定位精度很高并且可以得到密集的视差表面。相关系数和最小二乘匹配是两种最常用的方法，根据以后的发展，依据一些准则又可分为基于单点、多点、基于物方、像方的匹配。灰度匹配算法由于依赖于图像灰度的统计特性而很少顾及影像的特征信息，带有一定的盲目性。虽然他们的匹配结果相对比较稳定，但是对匹配的难题仍缺乏足够的考虑，如对断裂线、不连续、遮蔽的处理。基于灰度的匹配仍存在以下不足（高文，陈熙霖，1999）：①由于基于灰度的影像匹配是直接利用图像中的像素灰度值进行匹配，因此，它对于图像的旋转以及光强和对比度的变化等非常敏感。②当立体像对中存在重复结构的纹理特征或相关像素邻域内存在遮挡现象时，常常会引起匹配的混淆，给出错误的匹配结果。③虽然采用核线约束以及由粗到细的金字塔结构等约束条件可以在一定程度上减少基于灰度的影像匹配的计算量，但由于互相关的大运算量特点，这种方法的时空复杂性仍然很大。

基于特征的匹配方法包含两个阶段：特征提取、特征匹配。前一个阶段主要完成整幅图像中的兴趣特征及其属性的提取，后一阶段则是对提取的特征进行匹配。其中前一阶段的结果（提取的特征和属性）决定后一阶段的精度和可信度。特征匹配过程在匹配之前，要首先完成图像特征（包括点、线、边界、区域）的提取。特征通常可以和它相邻特征清楚地区分，并且不受几何和辐射等噪声的影响，因此基于特征的匹配很少产生误匹配的情况。一般来讲，大尺度特征含有较丰富的图像信息，本身数目较少，易于得到快速的匹配；但对于它们的提取与描述相对复杂，定位精度也差。另一方面，小尺度特征本身的定位精度高，描述简单，但其所含信息量较少，因而在匹配中需要采用较强的约束原则和匹配策略。特征匹配在计算机科学界相当流行，但在摄影测量领域并不如此，特征匹配在摄影测量中应用受限的重要原因，一是特征的精度难以达到摄影测量子像素的要求，二是在特征提取和特征匹配中仍存在一些问题。如同名特征不一定存在，由于特征提取是基于单像的，不可避免导致这一问题；对同名特征的描述不一。虽然同名特征都被提取出，但可能被描述为不同类型的特征，自然引起匹配的混淆、错误等问题；成功匹配的特征往往只占总特征数的一小部分，造成空间分布的特征稀少，内插的表面失真①②。

基于影像理解和解释方法通过对影像物体进行结构和语义描述，以达到匹配的目的。它不仅可以自动识别相应的像点，而且还可以自动识别目标的性质和描述目标间的相互关系，理论上具有极高的可靠性和精度。但由于涉及如计算机视觉、模式识别和人工智能等许多领域，该技术的发展不仅依赖于这些领域理论上的突破，而且有待于高速并行处理计算机的研制。到目前为止这类方法还没有明显的进展。

6.2.2 匹配不确定性及约束条件的引入

对于一个问题，如果它的解是存在的、唯一的、连续地依赖于初始数据，则它是适定的。如不满足上述的某一条件或某几个条件就是不适定的。图像匹配是一个由两个和多个二维图像重建三维模型的过程，也是一个不适定问题。我们知道对于一幅图像上的一个给定点，其相关的点可能不存在，那么其相关的结果肯定是错误的，如果其相关的点存在，那么也可能由于噪声的影响，使其匹配结果不稳定。在影像的采集过程中，原始场景中的信息发生各种变化，包括（章毓晋，1999）：①三维的场景被投影为二维的影像，深度和

① 范永弘. 2000. 立体影像匹配和 DTM 自动生成技术的研究与实践［D］. 郑州：解放军信息工程大学

② 孙善芳. 1994. 从航空影像提取城区表面信息［D］. 武汉：武汉测绘科技大学

不可见部分的信息被丢失了，因而也产生了同一物体在不同视角下的图像会有极大的不同，以及后面的物体被前面的物体遮挡而丢失信息等问题。②场景中的诸多因素，包括照明或光源的情况，场景中的物体的几何形状和物理性质（特别是表面的反射特性）、传感器的特性，以及光源与物体和传感器之间的空间关系等都会被综合成单一的图像中像元的灰度值。③成像过程中或多或少地带入一些畸变和噪声。从带畸变和噪声的、二维的、单一的灰度值中提取出尽可能不带畸变和噪声的、三维场景中的诸多因素（如物体的形状、物理特性以及空间位置等）的有关信息，这无疑是十分困难的。

由于上述各种使原始场景中信息发生变化的因素的存在，影像匹配作为光学成像过程的逆问题的求解方法不适定（成了病态问题），求解十分困难，为解决这个问题需要引入约束条件，利用约束条件可改变病态问题。这是因为通过给不确定问题加上约束条件可使它含义明确从而能够求解。总的来说，为了获得一个比较优化的结果，匹配算法通常对匹配的基元附加约束条件。按照马尔有关人眼的立体视觉模型，通常的约束条件有（马颂德，张正友，1998）：①核线约束。两个同名点位于各自的两条核线上，这个约束条件根据空间几何关系而与地面目标的内容独立。②唯一性约束。一个匹配基元在同名影像上的匹配结果只有一个。这个规则通常在影像重叠、透明表面或者不同的点位于同一条直线上时有例外。③表面连续性约束。我们通常假设目标表面具有连续性。④有序性约束。在左像上，如果 p_1 在 q_1 的右方，那么在右像上，相应的同名点 p_2 也应该在 q_2 的右方。除非目标在图像上产生很大的透视变形，才会产生例外情况。

6.2.3　线阵 CCD 推扫式影像匹配

利用线阵 CCD 推扫式影像实现目标定位的技术基础是立体摄影测量原理。因此要实现定位功能，必须采用立体观测。该类传感器通常有两种立体观测方式。第一种方式是异轨侧视立体，即构成立体观测的两个观测点分别在两条轨道上。这两个观测点之间的连线称为立体观测基线。基线长度与卫星高度之比称为基高比。异轨侧视立体观测方式的基高比比较大，有利于提高地面目标定位的精度。其缺点是一旦卫星在另一条轨道上运行，碰到云层等而无法获取地表信息时，就不能形成立体观测像对，并且在两条轨道上成像有一定的时间间隔，造成地物光谱成分的变化，导致立体影像之间往往辐射差异较大。同时，由于相邻轨道数据因摄影倾角不同，分辨率和一些高出地面的地物（如建筑物等）的倾斜方向就不同，容易造成大的几何变形。第二种方式是同轨立体，即构成立体观测的两个观测点在卫星运行的同一条轨道上，传感器中的探测器以前视、后视和下视三种角度观测地球，或者传感器通过前后左右的复合运动而构成立体观测。在同轨前后视立体中，基线的长度是卫星移动到能构成立体观测时的距离，尽管同轨构成立体影像的两观测点间时间间隔很短，地物光谱能量变化不大，但是为达到较大的基高比以提高立体交会的精度，其倾角必须增大，而同轨立体的不同倾角同样也造成了大的几何变形。上述两种立体构像方式对立体像对的影响主要表现在两个方面：成像时间不同而引起的辐射差异及倾角不同引起的几何变形，其中对同轨前后视立体影像的影响仅表现为后者。在高分辨率卫星遥感影像上，这两种成像方式造成的几何变形更为突出。

无论以何种方式构成的立体影像，要实现地面三维信息的自动提取，都要首先进行影像的立体匹配。核线在传统框幅式中心投影影像的立体匹配中发挥着重要作用，主要表现在两个方面：一是利用核线约束可以实现匹配过程由二维向一维简化，从而提高匹配速度；二是核线重采样可以消除左右影像之间因姿态差异而引起的几何变形，使匹配结果更具可靠性。对于框幅式中心投影影像，在进行匹配之前，通常先根据核线的几何关系进行核线重采样形成核线影像，然后在核线影像上进行匹配。基于核线影像的匹配是一个一维的匹配过程，并且核线影像对之间没有因姿态差异而引起的几何变形，显然核线几何关系的应用从可靠性以及速度方面极大地改善了传统框幅式中心影像的匹配结果。但对于线阵 CCD 推扫式影像，由于其复杂的几何特性，因而不存在传统意义上的核线，因此也就无法应用经典的核线匹配理论（包括实现匹配过程由二维向一维的简化以及消除左右影像之间大的几何变形，不含投影变形）。综上所述，对于线阵 CCD 推扫式影像的处理，除了面临同传统的航空影像类似的匹配困难外，还有因其复杂的立体成像方式和几何关系而呈现出的新特点。

6.3 核线关系在线阵 CCD 推扫式影像立体匹配中的应用

计算机视觉是仿照人类利用双眼感知距离的方法，实现对三维信息的感知。计算机视觉领域中绝大多数问题都是病态的，存在着诸多不确定性因素。对于这些病态问题的求解，通常的处理方法就是通过引入先验知识的约束，得到满足这些约束的解或者解集。计算机视觉特别是低层视觉（一般认为所要解决的是从图像重建表面这样一类问题）中的问题几乎都是病态的。针对影像匹配，在 6.2 节中已经简单分析了相关的约束条件，下面针对约束条件之一的核线约束，探讨其在线阵 CCD 推扫式影像中的算法和应用技术。

利用核线约束进行图像匹配可以大大减小匹配的搜索范围，从而降低计算量并且提高可靠性。一般来讲，对于框幅式立体影像，可以很容易建立核线的几何关系，而对于线阵 CCD 推扫式遥感影像则比较困难。但是核线的关系对于卫星影像的处理也是一条很有用的线索，同样可以提高处理的速度和可靠性。在第 5 章我们利用投影轨迹法建立了线阵 CCD 推扫式遥感影像的基于严格传感器模型的核线关系，总结与分析了它的基本特性；为了叙述的连贯性，简单回顾一下第 5 章基于投影轨迹法的核线模型特性：①通常情况下，核线是类似双曲线的曲线，但在小范围内可看成近似直线来处理。②对于一幅图像中一条核线上的某点 q 以及距离该点一定范围内的相邻点，其同名像点都位于 q 点的核线上。这个结论在局部范围内是成立的，根据该结论和结论①，立体像对匹配问题的搜索过程就可由二维转换为一维。③同名核线对是存在的。如果两个点是同名像点，那么它们所对应的两条核线是一一对应的，这两条核线上的点也是一一对应的，这个结论可由结论②以及立体像对的共轭特性推导出，因此该结论也是在局部范围内成立，也就是说这种核线对在局部范围内是存在的。

从上述结论可以肯定，线阵 CCD 推扫式遥感影像相关问题的搜索范围可以实现从二维转化为一维。但是由于上述的三条性质都是在局部范围内成立的，无法按照该核线模型对整幅影像进行核线重采样形成核线影像，对此本书提出了一种动态核线的方法，该方法的特点就是影像匹配的搜索直接在核线的数学方程所描述的曲线上进行，因而不需要生成核线影像。另外，为了提高匹配依据的显著性，在上述核线应用分析的基础上，结合影像的成像特点，提出了一种基于核线的成像约束方法。这两种方法是严密的，因而其精度是有保证的，实验也证实了这一点。

6.3.1　基于动态核线的近似直线约束

由核线性质①可知，上述核线模型显然是非线性的。以左片到右片的匹配为例，对于左片上的任意一点 P（x_1，y_1），其在右片上的同名像点一定位于该核线模型定义的曲线上。如果严格按照上式，的确可以实现从二维搜索向一维搜索的转化，与框幅式中心投影影像不同的只是这种搜索是在曲线上进行。按照匹配的过程，如果直接在这条曲线上进行搜索，需要对匹配搜索窗口内的任意一个像坐标 x_r，严格按照上式求出其 y_r，然后取以该点为中心的灰度窗口与目标窗口进行匹配，对于这样一个复杂平面曲线的方程式，其运算量相对较大。受框幅式核线应用的启发以及由性质①可知，核线在小范围内，可看成直线处理，因此我们可以做适当的简化，在保证精度的条件下，将同名像点的搜索范围由图 6.1（a）所表示的复杂的平面曲线改化到一条直线上，从而可以有效地减少计算量以提高匹配的效率。在实际应用当中这条直线的选择有两种方式：切线方式和割线方式，分别如图 6.1（b）和（c）所示。

在图 6.1（a），（b），（c）中，S 为影像范围内的核线形状，图 6.1（b）中的 L_1 是经过曲线 S 上 P_0 点的切线，P_0 是匹配初值点，图 6.1（c）中的 L_2 是经过 P_1 和 P_2 的一条直线，P_1 和 P_2 是匹配值的约束范围。实际当中我们匹配的搜索可以在这两条直线当中的一条上进行。如图 6.2 所示，对于左像上的一点，它在右像上的同名像点位于一条直线上。这就是我们所提出的基于动态核线的近似直线约束。

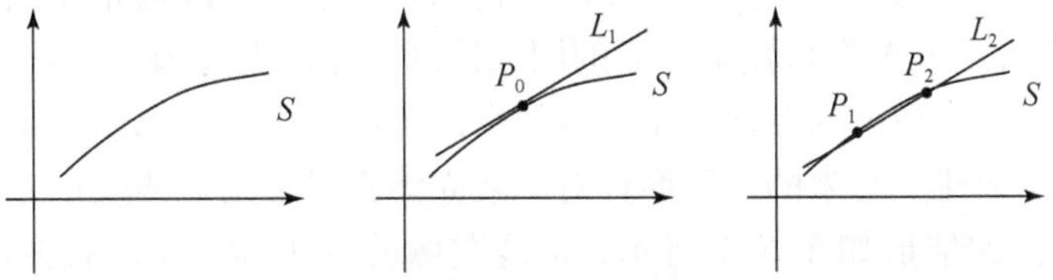

(a)核线形状　(b)切线形状　(c)割线形状

图 6.1

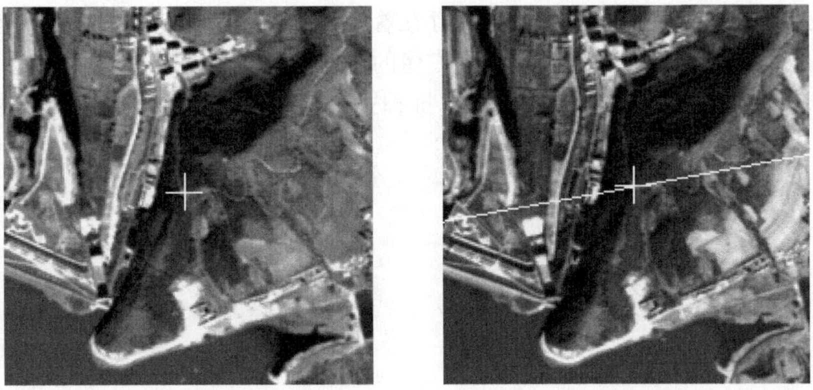

(a)左像　(b)右像

图 6.2　核线约束条件

6.3.2　基于核线的成像约束

上文针对线阵 CCD 推扫式遥感影像，建立了基于动态核线的近似直线约束条件，然而解决匹配不确定性问题的方法除了增加约束条件以外，还有一个重要的方法就是使匹配依据更具显著特性，使之有唯一配准点存在。为此在实际匹配中不只是比较一个点的灰度，而是对一定尺寸的灰度阵列进行比较，如基于灰度的匹配通常利用左影像上 $n \times n$ 的窗口灰度阵列与右影像上 $n \times n$ 的窗口灰度阵列进行匹配。假设两窗口中心是同名像点，每对对应像元灰度一致，相关系数将达到最大，但这种情况在实际匹配计算中是不存在的，噪声、辐射畸变、地物在不同方向的反射特性不同均会产生同名影像灰度的不一致。另外一个造成同名影像不一致的原因是几何畸变，该畸变是由投影方式引起的，主要是左右影像的投影差不一样。在这种情况下即使窗口的中心配准后，其他点仍未配准。一般来讲，匹配的基元几何变形越小，匹配越具有显著特性（徐青等，2000）。

为了获取立体影像，线阵列 CCD 遥感影像的立体成像方式有两种：异轨侧视立体和同轨前后视立体。异轨侧视立体为，在相邻的轨道上，对指定地区在垂直于轨道平面内作左右方向的倾斜摄影，以构成旁向立体像对。同轨前后视立体为，沿卫星轨道方向向前倾斜摄影和向后倾斜摄影以及垂直摄影，三者摄影图像任一组相配合，可得出具有航向（前后）重叠的立体像对。显然，同轨前后视立体是摄影轴相对于铅垂线在轨道面内倾斜摄影而构成。对于卫星立体影像的上述两种立体方式，由于左像和右像之间不同的姿态，造成地面单位面积对应左右影像的区域有着不同的尺寸和形状。为了使影像匹配时的相关值有意义，或者说为了提高匹配依据的显著特性，需要消除窗口之间的几何变形（对于窗口之间的灰度变形，通常认为其是线性的，而归一化的相关系数匹配通常可以消除这种线性变形），使左片和右片的匹配窗口覆盖地面的同一范围。考虑上述因素，引入了两个改正项：影像块的大小改正、影像块的方向改正，这两个改正项是根据本书第 3 章的核线模型和严格的成像几何关系而建立起来的。下面针对异轨立体方式给出具体改正方案。

假设构成立体的情形如图 6.3 所示，a 是左像的入射角，b 是右像的入射角，根据图 6.4 不难得到，地面单位面积对应左右影像块的大小比为

$$R = \cos b / \cos a \tag{6.1}$$

不同的姿态角使得左像与右像的方位存在着旋转差异。图 6.5 描述了这种差异，对于中心投影的影像，由于这种差异在左像和右像的任何部分都相同，因此可以利用核线重采样过程消除这种差异。但是对于线阵 CCD 推扫式影像却无法使用，因为这类影像的核线

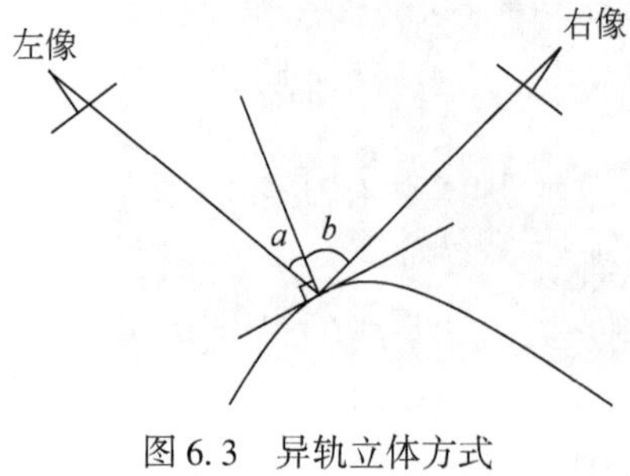

图 6.3　异轨立体方式

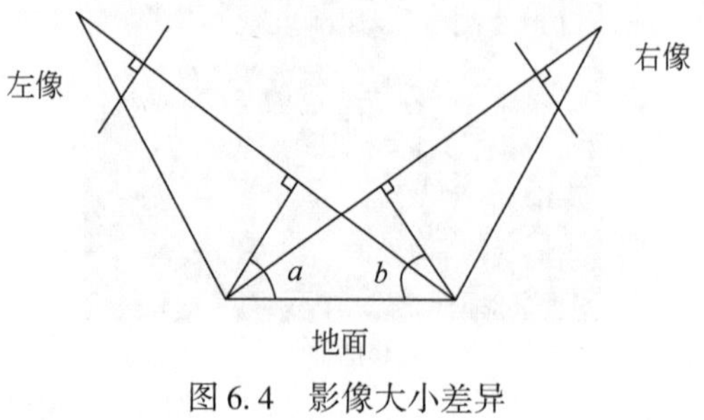

图 6.4　影像大小差异

是非线性的。对于该类图像，图像范围内的不同区域，旋转差异是不同的，但是根据前面核线的特性而知，这种变化在局部范围可以近似看成是相同的。因此可以通过旋转使左右影像中匹配影像块的方位相同。

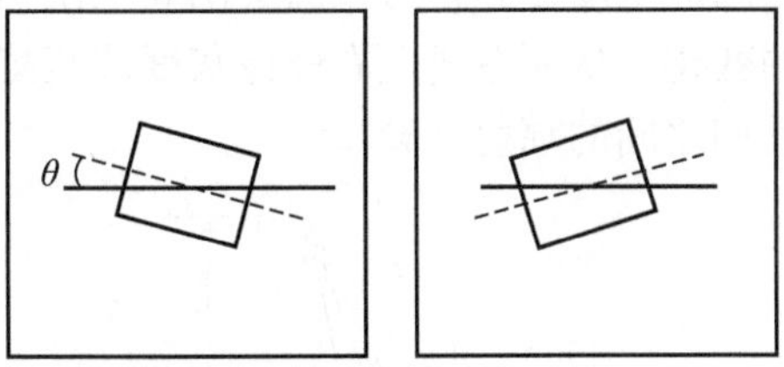

图 6.5　影像方位差异

——影像扫描线主向；--------核线方向

既然已经知道了左右影像的核线关系，那么可以利用核线来消除这种旋转差异，如图 6.5 所示，将左右影像对应的影像块都旋转至相应核线的方向（该区域的核线可近似看成直线）。假设左像上核线的斜率是 L，则左核线和影像列方向的夹角 $\theta = \arctan L$，左影像块的旋转可用下面的仿射变换来完成：

$$
\begin{aligned}
X_{\text{new}} &= \cos\theta \cdot d_x - \sin\theta \cdot d_y + X_0 \\
Y_{\text{new}} &= \sin\theta \cdot d_x + \cos\theta \cdot d_y + Y_0
\end{aligned}
\tag{6.2}
$$

这里，(X_0, Y_0) 是影像块中心的坐标，(d_x, d_y) 是影像上的每一个像元与影像块的中心的距离，同样右像的处理与其类似。

6.4　基于特征和加权灰度窗口的影像匹配

6.4.1　线阵 CCD 推扫式影像的特点

线阵 CCD 推扫式传感器通常采用两种立体观测方式：侧视异轨立体和同轨前后视立体。其中侧视异轨立体像对的成像有一定的时间间隔，容易造成地物光谱成分的变化，导致立体像对之间往往辐射差异较大，同时由于相邻轨道立体影像因摄影倾角不同，分辨率和一些高出地面的地物如建筑物等的倾斜方向不同，容易产生大的几何变形。而同轨方式构成的立体像对，虽然其成像时间间隔很短，地物光谱能量变化不大，但在同轨立体中基线的长度是卫星移动到能构成立体观测时的移动距离，为达到较大的基高比以提高立体交会的精度，其倾角必须增大，这样前后立体的不同倾角也造成了大的几何变形。上述因素都增加了摄影测量处理中影像匹配的难度。

下面以侧视异轨立体方式为例，详细说明线阵 CCD 推扫式立体遥感影像的几何和辐射特点。为了构成异轨立体，传感器须向侧面倾斜，其空间分辨率与传感器倾斜角的关系如图 6.6 所示，基本关系式可表示为 $A' \approx A/\cos\theta^2$，显然对于一幅影像来说，其影像的空间分辨率是变化的，而且立体像对中左像与右像分辨率的变化规律刚好相反。实际上，立体像对之间不仅存在分辨率的差异，也存在方位的差异，在 4.3.2 节中，已经进行了详细分析，在此不再赘述。对于辐射特点，我们举例说明，如图 6.7 所示，这是一块受云层影响的卫星影像，其上白色区域为云层的遮挡区域，黑色区域为云层影子的构像，这种情况明显造成了地物信息的遮挡和丢失。另外，图 6.8 显示了成像过程中受辐射噪声影响的影像。立体像对中左右影像之间的灰度差异，可以通过图 6.9 说明，由于两幅影像成像有时间差，造成地物光谱成分的变化，从而造成左右影像灰度甚至特征的差异，对应影像窗口的直方图形态差异反映了它们之间的辐射差异。

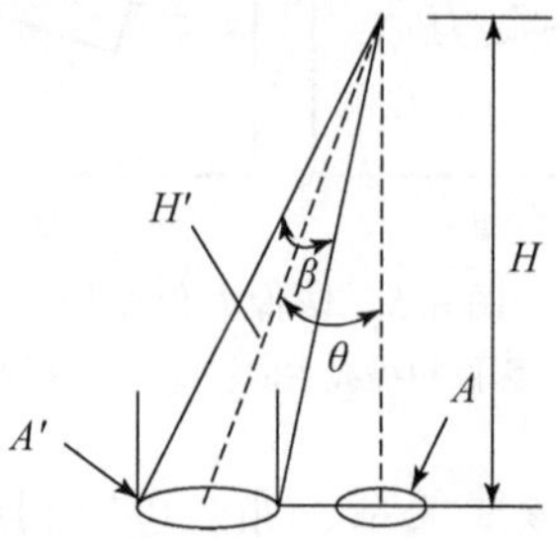

图 6.6　卫星影像分辨率与倾角的关系

A：传感器正下方地面分辨率；A'：传感器倾斜 θ 角后的地面分辨率；β：瞬间视野（IFOV）；H：传感器正下方与地面的距离；H'：传感器倾斜 θ 角与地面点的距离

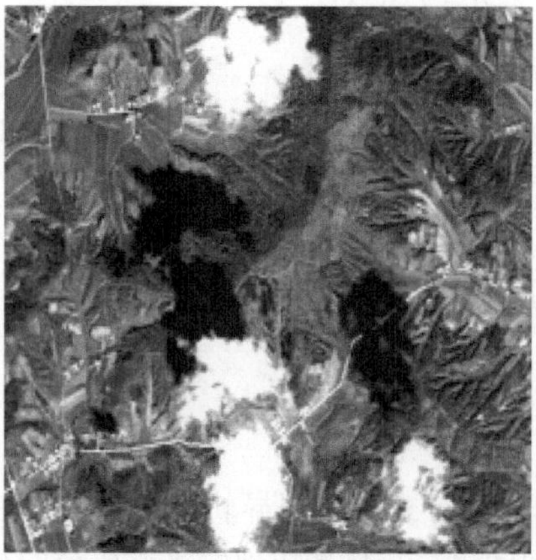

图 6.7　卫星影像受云层的影响

图 6.8　卫星影像受辐射噪声的影响

6.4.2　基于不变矩和加权灰度窗口的匹配

针对高分辨率卫星遥感影像的上述特点，本节提出一种基于直方图不变矩、图像的不变矩以及灰度加权窗口三级匹配基元的图像快速匹配方案。前一个基元反映了图像灰度分布的统计特征，中间的基元则体现了图像灰度的空间分布特征，这两种不变矩特征是图像特征匹配中常用的方法，具有稳定性好、易于实现、匹配效率高以及对图像的旋转和缩放不敏感等特点。该方案就是利用这两个特征以及灰度加权窗口构成一个三级决策树对图像进行匹配。其基本思想为：根据特征匹配和灰度匹配在可靠性、准确性、效率和获取信息的全面性等方面相辅相成的特点，研究特征匹配和灰度匹配相互集成的技术。首先利用特征匹配更快、更可靠地提供较为准确的粗匹配位置，然后在此基础上进行较高精度的灰度匹配。

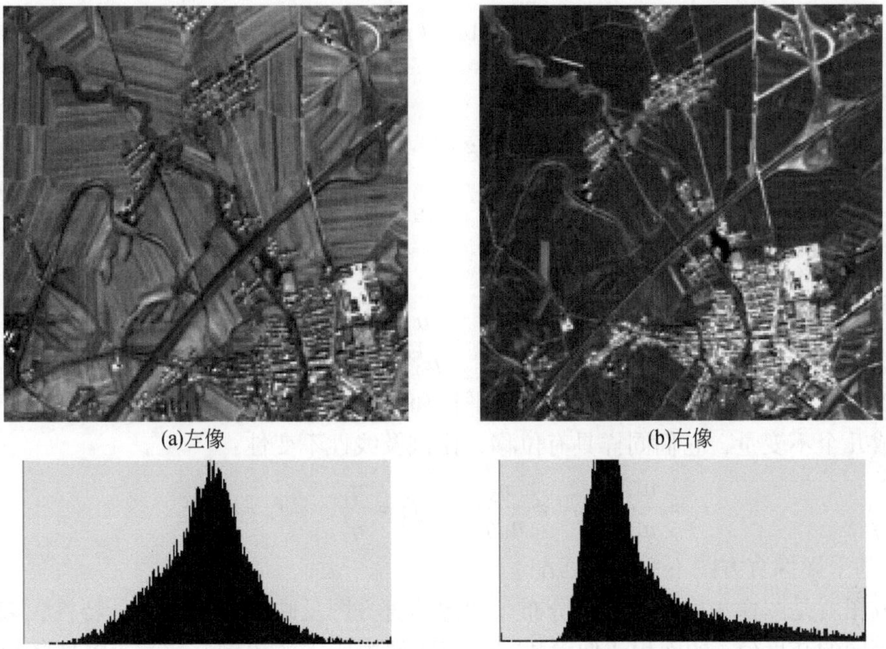

(a)左像　(b)右像

(c)左像直方图　(d)右像直方图

图 6.9　异轨构像引起的灰度和特征差异

1. 基于影像直方图不变矩的匹配

1）图像的直方图不变矩

为了利用直方图信息完成匹配，本书在冯桂和严柏军等学者的研究基础上（冯桂等，2000；严柏军等，2001），定义了几个与位移及尺度变化无关的图像直方图不变矩。

对于给定图像 $f(x, y)$，设图像的面积为 A，$A(g)$ 为灰度值小于 g 的像素面积之和，则概率密度 $P(g)$ 为

$$P(g) = \lim_{\Delta g \to 0} \frac{A(g + \Delta g) - A(g)}{\Delta g \cdot A} \tag{6.3}$$

且有

$$\int_{g_{\min}}^{g_{\max}} P(g)\,\mathrm{d}g = 1 \tag{6.4}$$

作 $g - P(g)$ 曲线，即得 $f(x, y)$ 的直方图。对于离散图像 $f(m, n)$，设图像的灰度值为 g_0，g_1，…，g_{k-1}，则概率 $P(g_i)$ 为

$$P(g_i) = \text{灰度为 } g_i \text{ 的像素数} / \text{图像上总的像素数}$$

其中，$i=0, 1, 2, k-1$，且有

$$\sum_{i=0}^{k-1} P(g_i) = 1 \tag{6.5}$$

当我们将图像转为图像的直方图 $P(g)$ 时，处理的对象从二维降为一维，从而可望提高处理速度。对于一维函数 $P(g)$，k 阶矩定义为

$$m_k = \int g^k P(g)\,\mathrm{d}g \quad (k = 0,\ 1,\ \cdots) \tag{6.6}$$

k 阶中心矩定义为

$$\mu_k = \int (g - \bar{g})^k P(g)\,\mathrm{d}g \quad (k = 0,\ 1,\ \cdots) \tag{6.7}$$

其中，$\bar{g} = \dfrac{m_1}{m_0}$。

归一化 k 阶中心矩定义为

$$\eta_k = \frac{\mu_k}{\mu_0^{k+1}}$$

不难验证，归一化 k 阶中心几何矩在平移和尺度变换下均为不变量，本书从归一化中心矩生成几个不变量，它们同样具有位移、比例及线性不变性：

$$f_1 = \frac{\eta_2}{\eta_1^2},\quad f_2 = \frac{\eta_3}{\eta_1\eta_2},\quad f_3 = \frac{\eta_4}{\eta_2^2},\quad f_4 = \frac{\eta_5}{\eta_2\eta_3} \tag{6.8}$$

2）基于影像直方图不变矩的匹配

直方图就是图像灰度级的频率分布。图像的直方图反映了图像的统计特性，表达了图像中取不同的灰度值 r 的面积或像素数在整幅图像中所占的比例，通过直方图还可以求出一幅图像中所含的信息量。因此当同一区域的成像条件发生很大变化时，它所对应的直方图在形态上不会变化很大，可以利用直方图所含有的信息量定义图像的特征，从而找出图像之间的匹配点。

设基准图的尺寸为 $M \times N$，在待匹配图中选取相应的 $J \times K$ 窗口作为搜索区域，在其中以 $M \times N$ 窗口移动，计算窗内的直方图不变矩特征。在移动过程中，不同的子图像的矩特征可能是相似的，但是在匹配点附近，它们的相似程度最大，因此定义匹配函数：

$$e = \min\{e_k\} \tag{6.9}$$

其中

$$e_k = \sum_{j=1}^{4} |f_{jk} - f_j| / \Big(\sum_{j=1}^{4} f_j^2\Big)^{\frac{1}{2}}$$

式中，$k = 1,\ \cdots,\ S$，S 为图像移动的次数；f_j 为由基准图计算得到的直方图不变矩特征；f_{jk} 为待匹配图像中窗口移动到第 k 个位置时，计算得到的直方图不变矩特征，则在移动中匹配函数取值小于一定阈值的第 i 个位置所对应的区域为可能匹配区域，匹配区域所对应的中心为匹配点的可能位置（直方图不变矩完全相等和最接近的两幅图像块的中心点，不一定是同名像点，因此该匹配依据不能作为匹配的最终约束条件）。

2. 基于二维图像不变矩的匹配

1）二维图像不变矩（沈邦乐，1994；章毓晋，1999）

设图像函数为 $f(x,\ y)$，那么它的 $(p+g)$ 阶矩定义为

$$m_{pg} = \int_{-\infty}^{+\infty} x^p y^g f(x,\ y)\,\mathrm{d}x\mathrm{d}y \tag{6.10}$$

其中，$p,\ g = 0,\ 1,\ 2,\ \cdots$。

相应地，$(p+g)$ 阶中心矩表示为

$$\mu_{pg}=\int_{-\infty}^{+\infty}\int_{-\infty}^{+\infty}(x-\bar{x})^{p}(y-\bar{y})^{g}f(x,y)\mathrm{d}x\mathrm{d}y \tag{6.11}$$

其中

$$\bar{x}=\frac{m_{10}}{m_{00}},\quad \bar{y}=\frac{m_{01}}{m_{00}} \tag{6.12}$$

$$m_{00}=\int_{-\infty}^{+\infty}\int_{-\infty}^{+\infty}f(x,y)\mathrm{d}x\mathrm{d}y,\ m_{10}=\int_{-\infty}^{+\infty}\int_{-\infty}^{+\infty}xf(x,y)\mathrm{d}x\mathrm{d}y,\ m_{01}=\int_{-\infty}^{+\infty}\int_{-\infty}^{+\infty}yf(x,y)\mathrm{d}x\mathrm{d}y$$

显而易见，零阶矩 m_{00} 表示图像灰度的总和；一阶矩 m_{10} 和 m_{01} 分别表示以图像灰度为权的 x 方向和 y 方向的坐标总和；$\bar{x}$ 和 $\bar{y}$ 表示图像灰度重心坐标。

对于数字图像，其原点矩和中心矩可以改写成：

$$m_{pg}=\sum_{x}\sum_{y}x^{p}y^{g}f(x,y) \tag{6.13}$$

$$\mu_{pg}=\sum_{x}\sum_{y}(x-\bar{x})^{p}(y-\bar{y})^{g}f(x,y) \tag{6.14}$$

下面通过平移和尺度缩放来验证 μ_{pg} 的特性。

若影像在平面上作平移，平移量为 (a,b)，并且影像尺度被放大 k 倍，则变换后影像上的点的坐标 (x',y') 与原坐标的关系为

$$x'=kx+a$$
$$y'=ky+b$$

根据式（6.13）和式（6.14）可推导出变换后的图像灰度中心坐标和中心矩：

$$\bar{x}'=k\bar{x},\ \bar{y}'=k\bar{y},\ \mu'_{00}=k^{2}\mu_{00},\ \mu'_{pq}=k^{p+q+2}\mu_{pg}$$

由上面推导可知，若定义以下归一化的中心几何矩

$$\eta_{pg}=\frac{\mu_{pg}}{\mu_{00}^{r}} \tag{6.15}$$

其中，$r=\frac{p+g+2}{2}$，$p+g=0,1,\cdots$。则容易验证 η_{pg} 在平移和尺度变换下均为不变量，但物体在旋转时，η_{pg} 会变化，Hu 于1962年提出了由不高于三阶的归一化中心几何矩构造的7个不变矩函数，如式（6.16）所示。由于 $\phi_5^2+\phi_7^2=\phi_3\phi_4^3$，所以实际上只有6个独立的不变矩。

$$\begin{aligned}
\Phi_1&=\eta_{20}+\eta_{02}\\
\Phi_2&=(\eta_{20}-\eta_{02})^2+4\eta_{11}^2\\
\Phi_3&=(\eta_{30}-3\eta_{12})^2+(3\eta_{21}-\eta_{03})^2\\
\Phi_4&=(\eta_{30}+\eta_{12})^2+(\eta_{21}+\eta_{03})^2\\
\Phi_5&=(\eta_{30}-3\eta_{12})(\eta_{30}+\eta_{12})[(\eta_{30}+\eta_{12})^2-3(\eta_{21}+\eta_{03})^2]\\
&\quad+(3\eta_{21}-\eta_{03})(\eta_{21}+\eta_{03})[3(\eta_{30}+\eta_{12})^2-(\eta_{21}+\eta_{03})^2]\\
\Phi_6&=(\eta_{20}-\eta_{02})[(\eta_{30}+\eta_{12})^2-(\eta_{21}+\eta_{03})^2]+4\eta_{11}(\eta_{30}+\eta_{12})(\eta_{21}+\eta_{03})\\
\Phi_7&=(3\eta_{12}-\eta_{30})(\eta_{30}+\eta_{12})[(\eta_{30}+\eta_{12})^2-3(\eta_{21}+\eta_{03})^2]\\
&\quad+(3\eta_{21}-\eta_{03})(\eta_{21}+\eta_{03})[3(\eta_{30}+\mu_{12})^2-(\eta_{21}+\eta_{03})^2]
\end{aligned} \tag{6.16}$$

这 7 个函数对平移、旋转和尺度缩放都具有不变性。在实际应用当中不仅存在位置、尺度及旋转差别所表示的几何变形，而且还有可能存在辐射变形。若同一目标点在左右匹配图像上的像点分别表示为 $f(x_l, y_l)$ 和 $g(x_r, y_r)$，在理想情况下 $f(x_l, y_l) = g(x_r, y_r)$，且 $x_l = x_r$，$y_l = y_r$。实际上，由于各种因素的影像，左右匹配图像之间总是存在几何变形和灰度偏差，上述条件得不到满足。为了推导出更一般的不变矩，假定对于左、右匹配窗口内图像之间的辐射变形和几何变形可用下式描述：

$$f(x_l, y_l) = k \cdot g(x_r, y_r) \tag{6.17}$$

$$\begin{bmatrix} x_l \\ y_l \end{bmatrix} = C\begin{bmatrix} \cos\theta & \sin\theta \\ -\sin\theta & \cos\theta \end{bmatrix}\begin{bmatrix} x_r \\ y_r \end{bmatrix} + \begin{bmatrix} a \\ b \end{bmatrix} \tag{6.18}$$

其中，k 是对比度变化因子，C 是尺度变化因子，θ 是旋转角，(a, b) 分别是 x 方向和 y 方向上的位移。使用式（6.16），分别对 $f(x_l, y_l)$ 和 $g(x_r, y_r)$ 计算出 7 个度量之值，并使用变换公式（6.17）和（6.18）进行变换组合，重新得出一组更一般化的不变矩度量，具有对比度、尺度、位置和旋转不变性：

$$I_1 = \frac{\sqrt{\Phi_2}}{\Phi_1}, \quad I_2 = \frac{\Phi_3}{\Phi_2\Phi_1}, \quad I_3 = \frac{\Phi_4}{\Phi_3}, \quad I_4 = \frac{\sqrt{|\Phi_5|}}{\Phi_4}, \quad I_5 = \frac{\Phi_6}{\Phi_4\Phi_1}, \quad I_6 = \frac{\Phi_7}{\Phi_5} \tag{6.19}$$

2）基于二维图像不变矩的匹配

目标图像的不变矩反映了图像灰度的空间分布，对于具有旋转、尺度变换特性的目标具有良好特征匹配性能，不变矩方法是图像特征匹配中常用的方法。下面给出利用基于二维图像不变矩的匹配方案。

设基准图的尺寸为 $M \times N$，在待匹配图中选取相应的 $J \times K$ 窗口作为搜索区域，在其中以 $M \times N$ 窗口移动，计算窗内的不变矩特征。在移动过程中，不同的子图像的矩特征可能是相似的，但是在匹配点，它们的相似程度最大，这里采用归一化相似度来衡量特征间的相似程度，设 X^1 为由基准图计算得到的图像不变矩组成的特征向量，X^2 为待匹配图像中窗口移动到某个位置时，计算得到的不变矩特征向量，定义匹配函数如下：

$$S = 1 - \frac{\sum_{j=1}^{6} |X_j^1 - X_j^2|}{\sum_{j=1}^{6} \max(X_j^1, X_j^2)} \tag{6.20}$$

由上式可以看出，$S \in [0, 1]$，当 $X^1 = X^2$ 时，$S = 1$；当其中一个特征向量等于零向量时，$S = 0$。在匹配窗口的移动中，匹配函数取值大于一定阈值的第 i 个位置所对应的区域为可能匹配区域，匹配区域所对应的中心即为匹配点的可能位置（同直方图不变矩一样，该匹配依据也不能作为匹配的最终约束条件）。

3. 基于加权灰度窗口的匹配

1）相关系数匹配

基于灰度的匹配方法是把一幅图像中某一像点的灰度邻域作为模板，在另一幅图像中搜索具有相同（或相似）灰度值分布的对应点邻域，从而确定同名点的位置。在搜索过程中，通常是以相关系数作为两个搜索区域间的相似性测度。

如图6.10所示，设 $g_1(x, y)$ 和 $g_2(x, y)$ 分别为立体像对中的左、右影像，(x_l, y_l) 是 $g_1(x, y)$ 中的待匹配点，取以 (x_l, y_l) 为中心的某一邻域作为匹配模板窗口 W_1，其大小为 $m \times n$。在 $g_2(x, y)$ 中有秩序地移动模板 W_1，得到它所覆盖的 $g_2(x, y)$ 的一个子图即匹配窗口 W_2，每移到一个位置，计算模板窗口 W_1 和匹配窗口 W_2 的相关系数，相关系数取得最大值的地方就是最佳的匹配位置。

相关系数定义如下：

$$\rho = \frac{\sum_{r=1}^{R}\sum_{c=1}^{C}(g_1(r, c) - \mu_1)(g_2(r, c) - \mu_2)}{\sqrt{\sum_{r=1}^{R}\sum_{c=1}^{C}(g_1(r, c) - \mu_1)^2 \sum_{r=1}^{R}\sum_{c=1}^{C}(g_2(r, c) - \mu_2)^2}}, \quad -1 \leqslant \rho \leqslant 1 \qquad (6.21)$$

这里，$g_1(r, c)$ 是模板窗口内点的灰度值，μ_1 是模板窗口灰度的均值。$g_2(r, c)$ 是目标搜索窗口内点的灰度值，μ_2 是目标搜索窗口灰度的均值。R，C 是模板的行列数。

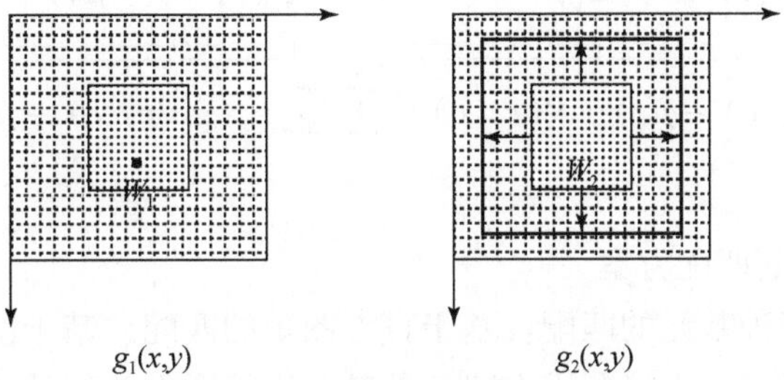

图6.10　相关匹配的基本原理

如果相关窗口的灰度信息比较丰富、没有高频噪声，并且灰度畸变和几何畸变比较小，那么相关系数匹配不仅速度快，而且结果也比较理想。相关系数虽然很简单，但却广泛被用作灰度匹配的相似性度量。

利用归一化的相关系数，可以克服灰度幅度线性变化带来的影响，但要对影像尺寸和旋转进行归一化是比较困难的。对尺寸的归一化需要进行空间尺度变换，这个过程需要大量的计算。对旋转进行归一化更困难，如果已知左像的旋转角度，则只需要将右像旋转一定的角度使之与左像对齐就可以了。但在不知道旋转角度的情况下，要寻找最佳匹配需要将右像以所有可能的角度旋转。实际中这种方法是行不通的，因而在任意旋转和对旋转没有约束的情况下很少使用灰度相关的方法。

对于框幅式中心投影的立体影像，可将原始影像沿着核线重新采样形成核线影像，通过该过程可以消除旋转的影响。航空摄影的立体像对，其左右影像之间的比例尺变化非常小，并且一般都是近似垂直摄影，所以影像的尺寸无需进行归一化，因此基于灰度相关的匹配在航空影像的摄影测量处理中得到广泛的使用。对于航天摄影，情况则不同，以线阵CCD推扫式遥感影像为例，不论立体构像方式是同轨立体还是异轨立体，其左右影像均存在影像尺寸的变化和影像之间的旋转。因此利用灰度相关时，必须消除影像尺寸和影像旋转的影响，在上一节中提出的基于核线的成像约束解决了该问题。

2）基于特征加权的灰度匹配

影像特征是由于景物的物理与几何特性使影像中局部区域的灰度产生明显变化而形成的，因而特征的存在意味着在该局部区域中有较大的信息量，而在影像中没有特征的区域，应当只有较小的信息量。基于灰度的匹配结果与窗口的信息密切相关，窗口的信息量越大，匹配的可靠性越高，相反则越差。目前在摄影测量领域中研究和应用较多的基于点特征的灰度匹配算法，就是据此提出的。该方法选择特征点作为待匹配点，以增加灰度窗口内的信息量，从而确保匹配结果的精度和可靠性（关于基于点特征的灰度匹配算法，详细内容参见文献①②及（张祖勋，1997），在此不予涉及）。本章在此基础上，考虑进一步利用窗口内的信息分布来改善匹配结果，为此提出一种基于特征加权的灰度匹配。该方法首先选择一特征点作为待匹配点，然后对待匹配窗口进行点特征的提取，并记录窗口内各点的特征权重 $R(r, c)$（特征点越明显，权重越大，反之则越小），最后利用权重矩阵 $R(r, c)$ 对基于灰度的相关计算进行加权，改化后的相关计算公式为

$$\rho = \frac{\sum_{r=1}^{R}\sum_{c=1}^{C}(g_1(r, c) - \mu_1) \cdot R(r, c) \cdot (g_2(r, c) - \mu_2)}{\sqrt{\sum_{r=1}^{R}\sum_{c=1}^{C}[(g_1(r, c) - \mu_1) \cdot R(r, c)]^2 \sum_{r=1}^{R}\sum_{c=1}^{C}[(g_2(r, c) - \mu_2)]^2}}, \quad -1 \leqslant \rho \leqslant 1 \tag{6.22}$$

3）基于三级基元的匹配方案

上面讲述了基于三种基元的匹配：基于直方图矩的匹配、基于图像不变矩的匹配以及基于特征加权的灰度匹配。直接利用上述三种基元进行图像匹配的运算量较大，尤其对于我们提出基于核线的成像约束条件的应用更是如此，因为当旋转差异和比例尺差异大于一定的阈值时，必须在匹配搜索过程中对待匹配的左右影像块进行两项改正后才能进行灰度匹配，这个操作计算量相对比较大，从而影响匹配的速度和效率。

为此，本书利用决策树的概念，将特征按计算量由小到大分为三级进行逐级匹配：一级匹配基元为直方图的不变矩；二级匹配基元为图像的不变矩；三级匹配基元为根据特征加权的灰度窗口。匹配过程由低级特征到高级特征逐级进行匹配，只有满足低级特征匹配的子窗口才进入下一级特征匹配，满足全部三级匹配的子窗口被认为匹配成功，输出第三级特征相似度最大者作为最终的匹配结果。由于第一级匹配中参与计算的像元较少，运算较为简单，同时排除了许多明显不匹配的子区域，因此大大降低了整个匹配过程的运算量。整个匹配方案如图 6.11 所示。

6.4.3　实验计算与分析

实验一：基于直方图的不变矩

为了验证基于直方图矩的不变性，实验采用三组代表性的立体同名影像块（左像与右

---

① 范永弘. 2000. 立体影像匹配和 DTM 自动生成技术的研究与实践［D］. 郑州：解放军信息工程大学

② 黄玉琪. 2000. 数字摄影测量中若干关键技术的研究与实践［D］. 郑州：解放军信息工程大学

像的中心点是同名像点)，如图 6.12 所示。由三组影像块计算得到各自的直方图不变特征 $f_1 \sim f_4$ 之值见表 6.1。

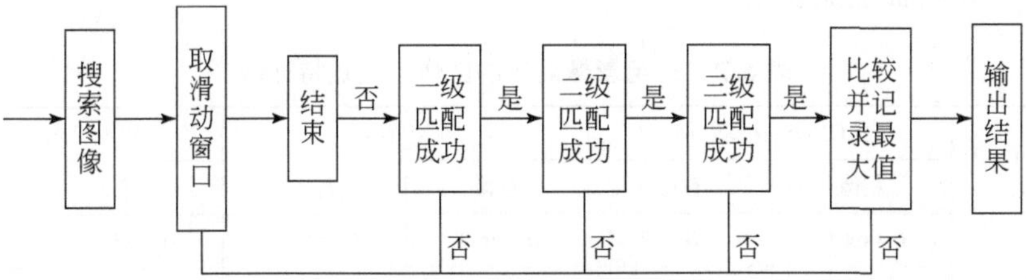

图 6.11　三级匹配方案

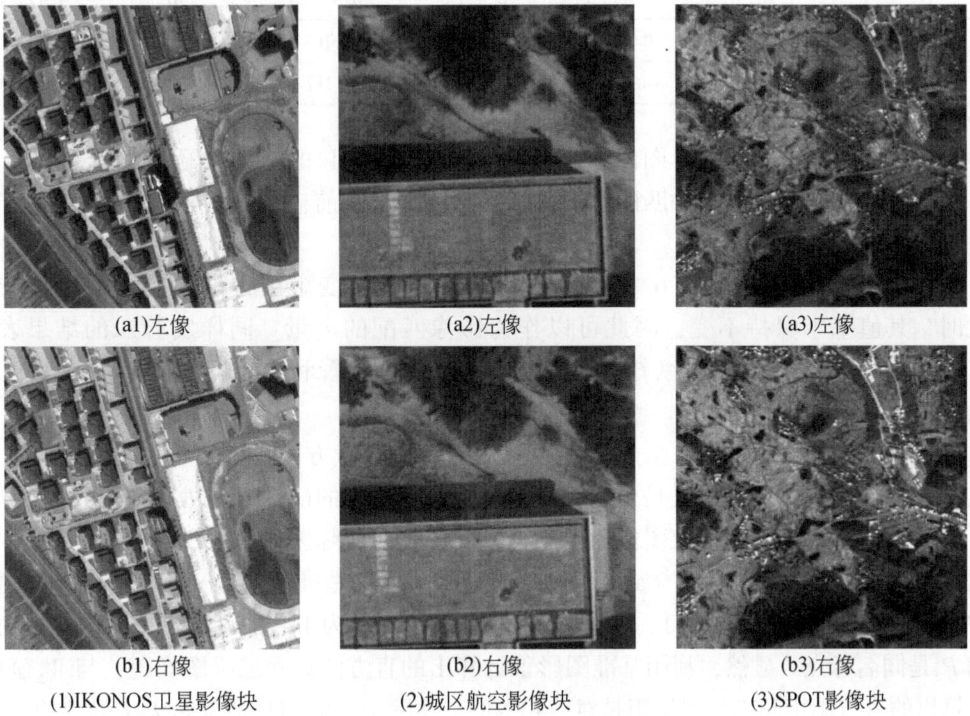

图 6.12　三组影像对

表 6.1　三组影像对应直方图不变矩特征值

	IKONOS 卫星影像		航空影像		SPOT 卫星影像	
	左像	右像	左像	右像	左像	右像
f_1	1.569 1	1.585 9	1.307 4	1.329 5	1.428 0	1.442 8
f_2	1.899 1	1.930 3	1.500 7	1.555 2	1.729 1	1.741 1
f_3	2.536 6	2.602 2	1.895 2	2.041 0	2.412 1	2.404 1
f_4	2.967 0	3.061 7	2.243 1	2.365 1	3.135 5	3.088 4

实验二：二维图像不变矩

本实验采用和实验一相同的影像和方法。利用如图 6. 12 所示的三组影像计算的结果，二维图像不变矩特征值见表 6. 2。

表 6. 2　三组影像对应的图像不变矩特征值

	IKONOS 卫星影像		航空影像		“资源二号” 卫星影像	
	左像	右像	左像	右像	左像	右像
I_1	0. 064 8	0. 070 7	0. 026 1	0. 027 2	0. 073 7	0. 056 8
I_2	0. 211 1	0. 221 0	0. 141 2	0. 152 0	0. 235 4	0. 256 2
I_3	0. 213 7	0. 222 7	2. 191 3	1. 895 9	0. 433 2	0. 462 2
I_4	1. 407 0	1. 450 3	0. 821 0	0. 915 5	1. 110 5	1. 127 4
I_5	0. 034 4	0. 026 4	−0. 018 2	−0. 017 7	−0. 069 3	−0. 056 4
I_6	−1. 047 8	−0. 956 6	−0. 268 5	−0. 217 1	−1. 215 8	−1. 156 0

实验三：基于直方图不变矩、图像不变矩以及加权灰度窗口的三级匹配

为了更加清楚地说明这种匹配方案，在进行实验三之前，结合实验一和实验二，先进行一些简单的分析。

实验一的结果表明，式（6. 8）表示的 4 个直方图不变矩在图像亮度、对比度及旋转变化时，其值基本保持不变，因此可以作为影像匹配的度量。同样实验二的结果表明，式（6. 19）表示的 6 个图像不变矩具有对比度、尺度、位置和旋转不变性，故以其作为匹配的相似性度量也是可行的。

从表 6. 1 和表 6. 2 来看，虽然上述两种匹配度量（直方图不变矩、图像不变矩），理论上具有旋转不变性，但前提是已知旋转的角度，有这样的前提才能处理好图像的边界问题，进而保证直方图矩和二维图像矩的不变性。但是在实际影像匹配的过程中，这一点是无法保证的，如图 6. 13 所示，（a）表示以 P_1 点为中心的基准图，（b）为待匹配搜索窗口，其中 W_1 是以 P_2 点为中心的窗口，W_2 是以 P_2 为中心与以 P_1 为中心的基准图完全对应的窗口。P_1 和 P_2 是同名像点。显然，利用基准图影像计算出的直方图矩和二维图像矩，与 W_2 窗口影像计算出的直方图矩和二维图像矩是对应相等的。实际中，W_2 窗口通常是无法得到的，或者因为重采样计算量大而不采用，故只能用 W_1 来近似代替 W_2，那么就无法保证直方图矩和图像矩的不变性，但考虑这种近似对图像直方图矩和图像矩特征值影响较小，因此可以认为在匹配过程中，同名影像点对应的窗口的直方图矩和二维图像矩是近似相等的。

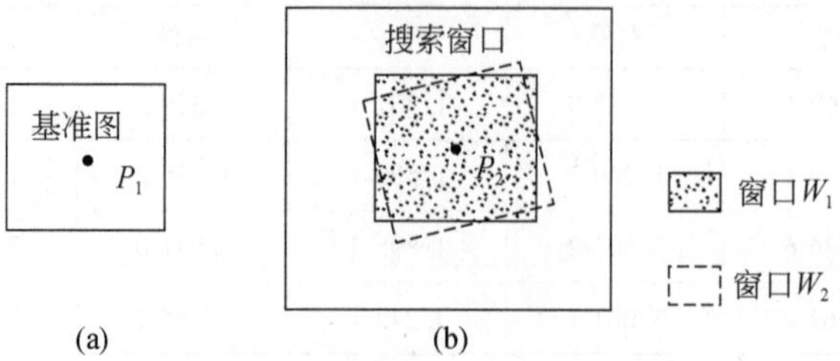

图 6. 13　旋转引起窗口的边界变化

由前一节的内容可知，线阵 CCD 推扫式立体影像的左右影像之间存在着影像旋转，并且这种旋转不能像中心投影影像那样，通过核线重采样来消除，因此在旋转差异较大的情况下，就无法直接采用基于灰度的匹配方法。针对该问题，本章在前一节中提出了一种基于核线的成像约束条件：依据核线的几何关系，在整个匹配搜索过程中，先对待匹配的左右影像块进行两项改正（消除旋转和尺寸差异），再进行灰度匹配。虽然这种方法提高了匹配依据的显著性，却增加了计算量，降低了影像匹配的速度和效率。

考虑直方图不变矩和图像不变矩具有旋转和缩放不变性，同时在灰度匹配中，应用基于核线的成像约束条件运算量大的特点，本书采用了基于图像直方图不变矩和二维图像不变矩以及加权灰度窗口的三级匹配方案。这就是本书提出该匹配方案的初衷。在此需要说明的是，在该匹配方案中，三级匹配依据的显著性是依次增强的。其中通过前两级的匹配，可以排除许多明显不匹配的区域，降低运算量，最终决定匹配精度和可靠性的匹配依然是第三级匹配：灰度匹配。

为了使实验结果更具一般性，本实验仅从一般单点匹配的角度（不考虑核线约束，但为了消除旋转和缩放的影响，采用了基于核线的成像约束条件）对该匹配方案进行检验。实验采用了“资源二号”卫星遥感立体影像对，如图 6.14 所示，其中（a）为左像中一块作为基准图像；（b）为右像中一块作为搜索图像，其大小分别为 100×100 和 500×500（为减少篇幅，图像都经过缩小处理）；（c）为具有最大相似度的匹配结果，从实验结果明显看出左右影像之间存在旋转。表 6.3 给出了三级匹配进行相关运算的次数。由表 6.3 可知，经前两级的匹配排除了大量匹配区域，进入第三级的匹配区域只有 69 个，在匹配速度上，利用传统的基于灰度匹配的方法约为 230s，本书的方案只需 29s，其速度有明显的提高（匹配窗口等于基准图的大小，窗口之间为逐像元移动）。

(a)基准图像　(b)搜索图像　(c)匹配结果

图 6.14　三级匹配方法实验图像

表 6.3　三级匹配相关处理次数

特征级数	相关运算的次数
直方图不变矩	160 000
二维图像不变矩	4 528
加权灰度匹配	69

由于左右影像的旋转和缩放差异不大，故传统基于灰度的匹配方法依然奏效。为了从匹配可靠性和精度方面，比较本书的匹配方案和传统的基于灰度的匹配方法，下面给出的实验中，本书的匹配方案第三级基于特征加权的灰度匹配中，相关系数在整个搜索范围内的数值分布，如图 6. 15（a）所示，同时也给出传统的基于灰度匹配的相关系数在整个搜索范围内的数值分布，如图 6. 15（b）所示。从结果对比不难看出，基于特征加权的灰度匹配其匹配依据更具有显著特性，因而也具有较高的精度和可靠性。

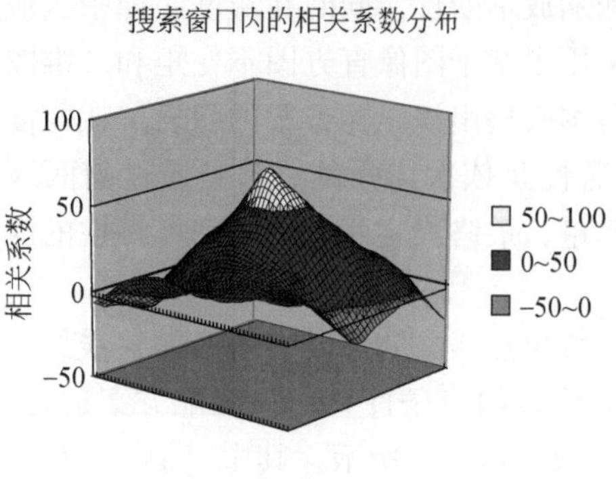

(a)传统的灰度匹配

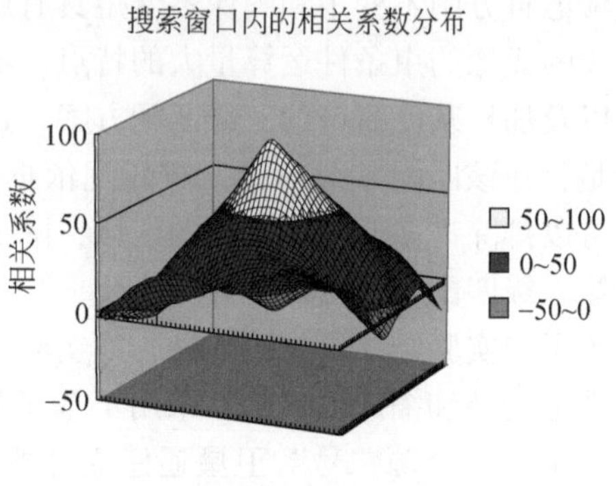

(b)加权灰度匹配(附加成像约束)

图 6. 15　两种匹配方法的相关系数分布

实验四：综合实验

为了检验上述提出的基于特征和加权灰度窗口的三级匹配方案以及基于动态核线的近似直线约束和基于核线的成像约束，在影像匹配中的实际应用效果，我们选用安徽安庆地区的异轨遥感卫星立体影像作为数据源进行生成 DTM 的匹配实验。该卫星的立体构像方式是异轨的，传感器采用线阵 CCD 推扫方式，地面分辨率 3 ~ 5m，其影像大小为 10 000×10 000 像元，一帧影像的覆盖范围大约相当于一幅 1∶10 万的地形图。该立体像对的获取时间分别为 2001 年 9 月 10 日 和 2001 年 10 月 17 日。实验中定向的控制点由 GPS 野外测量获取，共有 17 个，立体影像采用基于共线方程的严格传感器模型完成定向。实验地区的地形类型为山地，该立体像对的缩略图如图 6. 16 所示。最终的实验结果如图 6. 17 和图 6. 18 所示，其中图 6. 17是匹配的结果，图 6. 18 是利用生成的 DTM 和正射影像三维重建的结果。

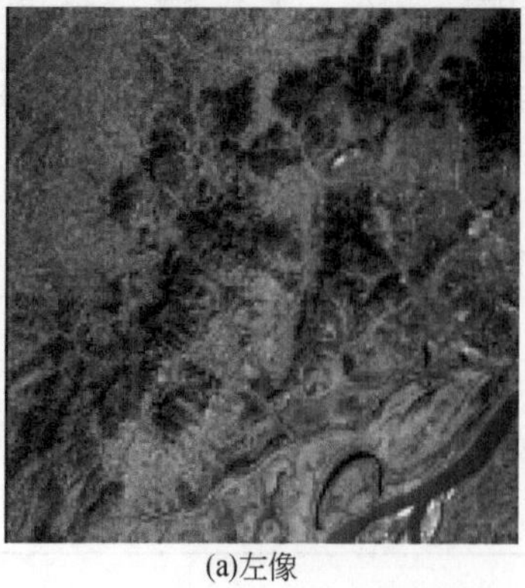

(a)左像

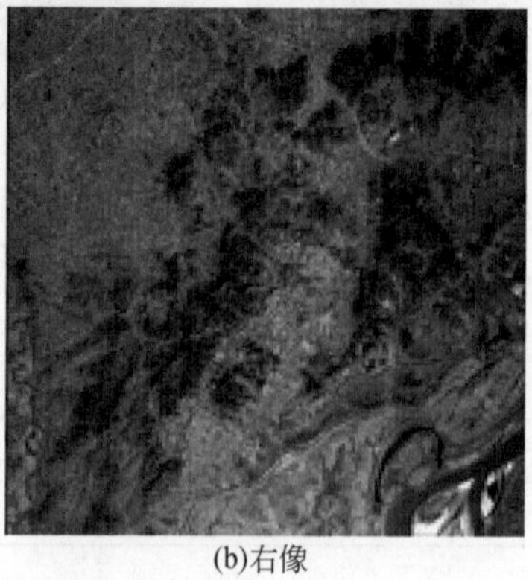

(b)右像

图 6. 16　立体像对

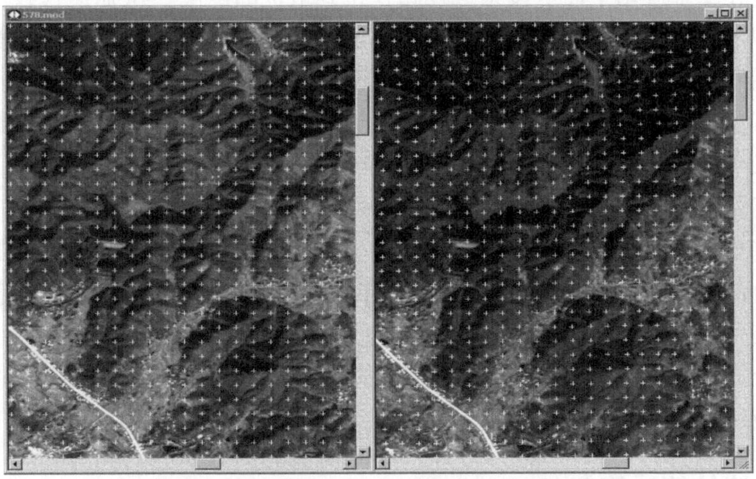

图 6.17　匹配结果

图 6.18　匹配提取的 DTM 三维重建的结果

实验中，采用了基于金字塔影像的分层相关匹配方法，每一层影像的匹配都使用由直方图不变矩、二维图像不变矩以及加权灰度窗口组成的三级匹配策略，并且采用了基于动态核线的近似直线约束，考虑匹配速度和立体像对的实际情况，仅在原始的 1∶1 影像上采用了基于核线的成像约束。实验中匹配格网间隔为 13 个像素，整个立体像对有将近 60 万个点需要配准，这一匹配过程实际大约耗时 30min，对应匹配速度大约为 330 点/秒。

6.5　基于遗传算法的影像匹配

影像匹配是计算机视觉和数字摄影测量研究最广泛的一个课题。影像匹配的速度、精度和可靠性是评价匹配质量好坏的三个重要指标，如何使得三个指标都尽可能高，特别是在精度和可靠性满足要求的前提下如何进一步地提高影像匹配的速度一直是数字摄影测量和计算机视觉学者长期研究的一个课题。研究表明，图像匹配的速度主要依赖于匹配的搜索策略。由于现有匹配方法的基本搜索策略均是遍历的，毫无疑问，若能找到更有效的搜索策略以尽可能多地避免这种遍历搜索中无为的计算，则匹配速度将大大加快。作为一类复杂的组合优化问题，许多数学中的最优化技术都可应用于立体匹配。常用的优化计算方法有：动态规划技术，即将左右图像同一扫描线上的匹配特征分别等效为动态规划的阶段与状态，通过在二维规划平面上搜索最佳路径得到最优的匹配。松弛迭代技术，即首先利用简单的相似准则求得初始匹配，然后根据匹配特征间的几何、视差约束，利用松弛迭代技术增强初始匹配结果，使正确匹配的概率上升，从而达到解决歧义匹配的目的。人工神经元网络，其主要思路是以唯一性约束和视差连续性约束为相邻点兴奋和抑制的标准，求解出在此意义下的最佳匹配。

作为智能科学范畴内的最新优化技术——遗传算法（genetic algorithm，GA）是以自然选择和遗传理论为基础，将生物过程中适者生存的规则与群体内部染色体的随机信息交换机制相结合的搜索算法。它能够实现全局并行搜索，具有简单、快速、稳定性强等特点。相对于其他的方法，遗传算法对求解问题只要求是可计算的，无可微性及其他要求，且较易获得全局最优解。本节在介绍遗传算法基本原理的基础上，详细分析遗传算法在影像匹配中的应用。

6.5.1 遗传算法简介

遗传算法是演化计算的一个重要分支，早在 20 世纪 60 年代初期美国 Michigan 大学 J. Holland 教授就提出了 GA 的基本思想，其数学框架也于 60 年代中期形成。当时他认识到了生物的遗传和自然进化现象与人工自适应系统的相似关系，并运用生物遗传和进化的思想来研究自然和人工自适应系统的生成以及它们与环境的关系，提出在研究和设计人工自适应系统时，可以借鉴生物遗传的机制，以群体的方法自适应搜索，而且充分认识了交叉、变异等运算策略在自适应系统中的重要性。毫无疑问，Holland 教授的研究无论对自然系统还是对人工系统都是十分有意义的。到 90 年代，对 GA 的应用达到了高潮。遗传算法提供了另外一种类型的求解复杂系统优化问题的通用框架，并且不依赖于问题的具体领域，有很强的鲁棒性。

在人工智能领域中，有许多问题需要在复杂而庞大的搜索空间中寻找最优解或准最优解。像旅行商问题、规划以及本书所要研究的匹配问题等组合优化问题都是典型的例子。求解这类问题时，如果不能利用问题的固有知识来缩小搜索空间，就会产生搜索的组合爆炸。因此，研究能在搜索过程中自动获取并积累有关搜索空间的知识，并自适应地控制搜索过程，从而得到最优解或准最优解的通用搜索办法，一直受到广泛的关注。GA 从任一初始化的群体出发，通过随机选择（使群体中优秀的个体有更多的机会传给下一代）、交叉（体现了自然界中群体内个体之间的信息交换）和变异（在群体中引入新的变种确保群体中信息的多样性）等遗传操作，使群体一代一代地进化到搜索空间中越来越好的区域，直至抵达最优解点。其本质是一种求解问题的高效并行全局搜索方法。目前 GA 已被广泛应用于如函数优化、自动控制、图像识别、机器学习、人工神经网络、分子生物学、优化调度等许多领域的实际问题中。

6.5.2 简单遗传算法

针对不同的问题，很多学者设计了许多不同的编码方法来表示问题的可行解，也开发出许多不同的遗传算子来模仿不同环境下的生物遗传特性。Goldberg 总结出了一种统一的最基本的遗传算法——简单遗传算法（simple genetic algorithms，SGA）。简单遗传算法不仅为各种遗传算法提供了一个基本框架，也为遗传算法的理论研究（如 GA 的收敛性）提供了方便。应用简单遗传算法求解一般包含以下几个步骤。

参数的编码、初始群体的设定、评估函数即适应度函数的设计、遗传操作的设计和算法控制参数的设定。

1. 参数的编码

由于遗传算法的优化过程不是直接作用在问题参数本身，而是在一定编码机制对应的基因空间上进行的，因此必须通过编码将问题空间的数据表示成遗传空间的基因型串结构数据。把问题空间向 GA 空间的映射称为编码。

2. 选择初始种群

由于 GA 的群体型操作需要，必须为遗传操作准备一个由若干个初始解组成的初始群体，初始群体的每个个体都是通过随机方法产生的。

3. 适应度函数计算

GA 在搜索进化过程中一般不需要其他外部信息，仅用适应度值来评估个体或解的优劣，并以此作为 GA 的依据。适应度函数是判断一个优化问题质量好坏的量化判据。个体质量的优劣完全由它的适应度高低唯一地评价。

4. 遗传操作的设计

遗传操作是模拟生物基因遗传的操作，在遗传算法中，通过编码组成群体，遗传操作的任务是对群体中的个体按照它们对环境适应的程度（适应度函数评价）施加一定的操作，从而实现优胜劣汰的进化过程。遗传操作包括以下三个基本的遗传算子。

1）选择算子

选择就是按照一定的策略从种群的父辈中选出适应度高的个体，这些个体将通过杂交和变异的作用而生成下一代子种群，其目的是为了避免有效基因的损失，使高性能的个体以更大的概率生存，从而提高全局收敛性和计算效率。选择对算法性能的影响起着举足轻重的作用，不同的选择策略导致不同的选择压力，即下一代中父代个体的复制数目的不同分配关系。大的选择压力使最优个体具有较高的复制数目，搜索速度加快，但易产生早熟收敛；小的选择压力一般能使种群保持足够的多样性，从而增大算法收敛到全局最优解的概率，但算法收敛速度很慢。选择的目的是为了从当前群体中选出优良的个体，使它们有机会作为父代为下一代繁殖子孙。进行选择的原则是适应性强的个体为下一代贡献一个或多个后代的概率大。选择体现了“适者生存”的原则。

2）交叉算子

GA 中起核心作用的是遗传操作的交叉算子，它在遗传算法中起着至关重要的全局搜索作用。通过交叉，GA 的搜索能力得以飞跃提高。交换操作是 GA 中最主要的遗传操作。该操作的作用是根据预先设定的杂交概率而随机选择的一对父代个体进行信息交换以产生两个“子代”作为下一代的成员。通过交换操作可以得到新一代个体，新个体组合了其父辈个体的特性。交换体现了信息交换的思想。有效的交叉操作可保证 GA 搜索的速度和质量。

3）变异算子

变异首先在群体中随机选择一个个体，对于选中的个体以一定的概率随机地改变串结构数据中某个串的值。同生物界一样，GA 中变异发生的概率很低，通常取值在 0.001 ~ 0.01。变异为新个体的产生提供了机会。GA 导入变异的目的有两个：一是使 GA 具有局部的随机搜索能力。当 GA 通过杂交算子已接近最优解邻域时，利用变异算子的这种局部随机搜索能力可以加速向最优解收敛。显然，此种情况下的变异概率应取较小值，否则接近最优解的积木块会因变异而遭到破坏。二是扩展个体在解空间内的搜索范围，使种群个体具有多样性，从而防止陷入局部最优解。

5. 算法控制参数的设定

GA 的控制参数主要包括：群体规模、交叉概率、变异概率、终止准则。

（1）体规模 N：群体规模是影响 GA 优化性能和效率的重要因素之一。群体规模也就是群体大小，表示群体中所含个体的数量。当 N 取值较小时，可提高 GA 的运算速度，但降低了群体的多样性，有可能发生未成熟收敛现象；反之，如 N 取值过大，又会降低遗传算法的运行效率。因此群体规模的设置必须适度，既要顾及算法的执行效率也要保持种群内的个体有一定的多样性以避免早熟收敛的发生。

（2）交叉概率 P_c：交叉概率用于控制杂交操作（交叉算子）的频率。概率太大时，种群中个体的更新很快，进而会使高适应度值的个体很快被破坏；概率太小时，杂交操作很少进行，从而会使搜索停滞不前。交叉算子是遗传算法中产生新个体的主要方法，所以交叉概率 P_c 一般应取较大的值，一般建议的取值范围是 0.4 ~ 0.99。

（3）变异概率 P_m：变异概率是扩大种群多样性的重要因素。若变异概率 P_m 取值过大，虽然能够产生出较多的新个体，但有可能破坏群体中的优良模式，使得 GA 的性能近似于随机搜索的性能；而取值过小，则变异操作产生新个体和抑制未成熟的能力就会减弱。通常，变异概率的取值范围为 0.000 1 ~ 0.1。

（4）终止准则 T：遗传算法的收敛理论说明了 GA 以概率 1 收敛的极限性质，因此，我们要追寻的是提高算法的收敛速度，这与算法操作设计和参数选取有关。然而实际应用 GA 时是不允许让它无止境地发展下去的，因此需要有一定的条件来终止算法的进程。而最常用的终止条件就是事先给定一个最大的进化代数，或者是判断最佳优化值是否连续若干代无明显变化等。

6.5.3　基于遗传算法的影像匹配

影像匹配就是寻求两幅图像对应点的过程。它实质上是寻求最优解的过程，因此可利用 GA 的快速、全局寻优特点，提高匹配的速度和精度。下面以基于核线影像的特征点匹配为例，给出基于 GA 的影像匹配的具体方法，其中基于 GA 的流程如图 6.19 所示。

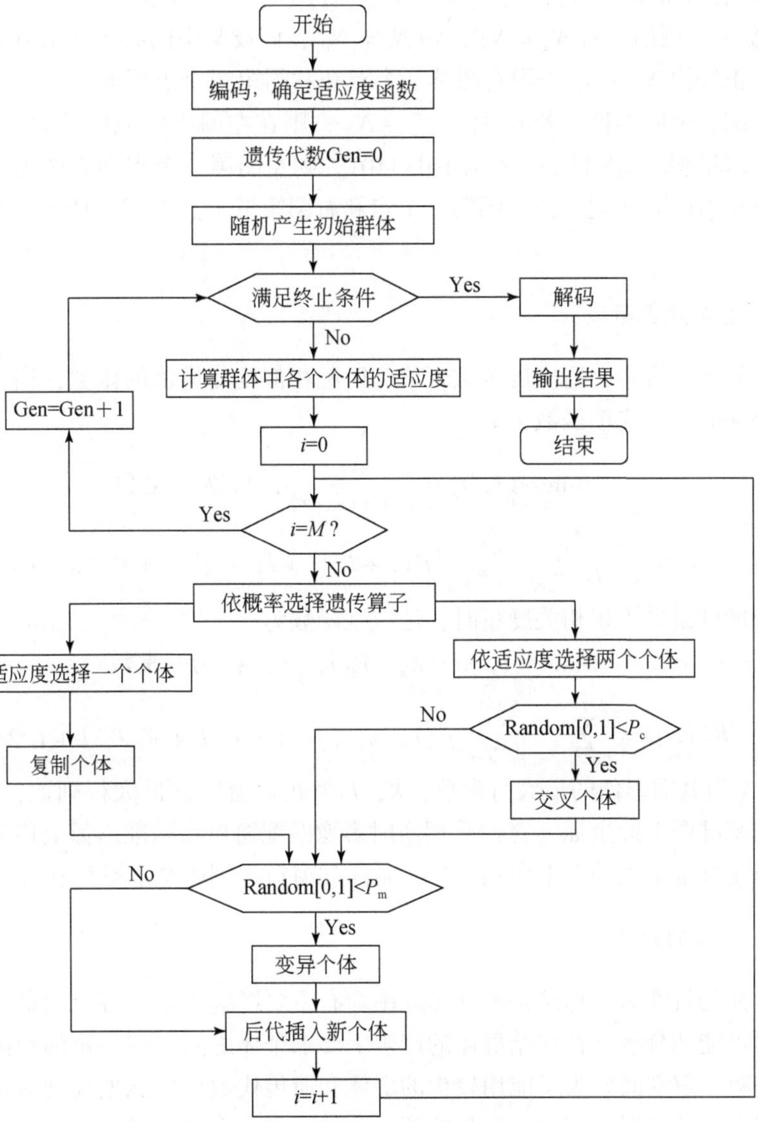

图 6.19　遗传算法的基本流程

1. 编码

编码操作是将问题解的表示变换成遗传空间解的表示，用字符串或位串构造染色体。匹配的目的就是在基准影像上寻找与实时影像匹配窗口中心点同名的像点坐标，故采用二进制编码，图像中的点表示为串中的染色体。

二进制编码即是将原问题的解映射成为 0，1 组成的位串，然后在位串空间上进行遗传操作。结果再通过解码过程还原成解空间的解，再进行适应值的计算。很多数值与非数值优化问题都可以通过二进制编码来应用 GA。

具体过程为：先对两幅影像作核线排队，然后特征提取，对提取后的影像在核线方向上匹配。设左图第 i 行的特征点数为 N_{il}，右图的特征点数为 N_{ir}，位串的长度 $N_i = \max(N_{il}, N_{ir})$。例如，若 $N_{il} < N_{ir}$，则 $N_i = N_{ir}$，假设某串的编码为1010100111，若其中0的个数 m 正好为 $N_{ir} - N_{il}$，则左图第一个点和右图第一个点匹配，左图第二个点和右图第三个点匹配，依此类推。若 m 大于 $N_{ir} - N_{il}$，则在左图中生成串长为 N_{il}，其中1的个数为 $N_{ir} - m$ 的随机二进制串。若为10111101，则左图第一个点和右图第一个点匹配，左图第二个点在右图无匹配点，左图第三个点和右图第三个点匹配，依此类推。m 不能小于 $N_{ir} - N_{il}$。

2. 确定适应度函数

在本类问题求解中，适应度函数可取为匹配相似度度量值的函数，当相似度度量采用平均绝对差法时，适应度函数为

$$\underset{i,\ j\in(M,\ N)}{\text{fitness}}(i,\ j) = \frac{\lambda_1}{1 + e(i,\ j)},\ \lambda_1 \text{ 为一常数} \tag{6.23}$$

$$e(i,\ j) = \frac{1}{K \cdot L}\sum_{k=-K/2}^{K/2-1}\ \sum_{l=-L/2}^{L/2-1}\left|f'(i+k,\ j+l) - g'(k+K/2,\ l+L/2)\right|$$

当相似度度量采用积相关度量时，适应度函数为

$$\underset{i,\ j\in(M,\ N)}{\text{fitness}}(i,\ j) = \lambda_2 \cdot R(i,\ j),\ \lambda_2 \text{ 为一常数} \tag{6.24}$$

$$R(i,\ j) = \sum_{k=-K/2}^{K/2-1}\ \sum_{l=-L/2}^{L/2-1}\left|f'(i+k,\ j+l) \cdot g'(k+K/2,\ l+L/2)\right|$$

其中，M，N 为基准影像的最大行列数；K，L 为匹配窗口的最大行列数；（i，j）是匹配窗口中心在基准图上的坐标（算法采用实时影像匹配窗口在基准影像上移动的搜索方法），坐标起点位于基准图上的左上角；f' 和 g' 是匹配窗口范围内基准影像和实时影像的灰度。

3. 原始群体的产生

原始群体的特性对计算结果和计算效率均有重要影响。要实现全局最优，原始解群在解空间应尽可能地分散，在初始群体的产生上要求个体之间保持一定的距离，使各个体尽可能分布到整个解空间。为了能用较少的群体和遗传代数尽可能地找到最优解，实际中不采用随机获取初始种群的方法，而是按照一定的要求（预测以及约束条件）获取一定数量的种子，然后从这些种子中依其适应度的优劣规定数量的初始群体。

4. 选择

采用遍历匹配选择和最佳保留相结合的方法。遍历匹配是把全部个体都配上号，然后让每一个个体与其相隔 p（p 是选定的一个合适的质数，如3，5，7，11等）个个体进行比较，所得个体比较适应值的大小，选择好的，去掉差的，如此反复循环比较，直到全体选完为止。例如，选 $p=7$，令第1个个体与第7个个体相比较，第2个个体与第14个个体相比较，第3个个体与第21个个体相比较，如此循环，直到子代选满为止。同时，在每一代的进化中，保留最佳个体，若后代最佳个体值差于上一代的最佳值，则将上一代的最佳值直接复制到下一代中（把群体中适应度最高的个体不进行配对交叉而直接复制到下一

代中的前提是下一代中不存在该个体，以防止近亲繁殖）。这样做既可抑制“物种退化”的发生，又比较有效地防止了陷于局部解。

5. 交叉

在GA中，交叉算子的作用非常重要。选择算子虽然保留了适应度较高的个体，但并未产生任何新个体。而交叉算子是把两个父代个体的部分结构加以替换重组生成新个体的操作。一方面，它使得原来的群体中的优良个体的特性能够在一定程度上保持，另一方面它使得算法能够探索新的基因空间，从而使新的群体中的个体具有多样性。

传统的等概率单点交叉产生的新个体接近或等于原个体的概率很大，因此易陷入局部最优状态。为了克服这个缺点，实际中常选用均匀交叉方法，即两个长度为N的亲代在随机的$N/2$个位置上进行交换。

6. 变异

GA中，交叉算子因其全局搜索能力而作为主要算子，变异算子因其局部搜索能力而作为辅助算子。变异的目的是为了增加群体中个体的多样性，防止陷入局部最优解。尤其当代数达到一定数量时，交叉将不可避免地带来日益显著的“近亲繁殖”，此时依靠好的变异算子来产生更多样化的新个体，对跳出局部解、提高算法的整体性具有重要意义。

变异算子的基本内容是对群体中的个体串的某些基因位置上的基因值做变动。就基于字符集{0，1}的二值码串而言，变异操作就是把某些基因位置上的基因值取反，即1→0，或0→1。

一般来说，变异算子操作的基本步骤如下：

（1）在群体中所有个体的码串范围内随机地确定基因位置。

（2）以事先设定的变异概率来对这些基因位置的基因值进行变异。

7. 停止准则的确定

停止准则采用总代数限制和个体差异减小为零相结合的方法。满足其中任何之一，就停止遗传。所谓个体差异减小为零是指当群体中所有个体的值相同时，则可停止计算。

6.6　线阵CCD影像的多视匹配

在多度重叠影像数据支持下，多基线、多光线、多视点的影像匹配已经成为一个重要的研究方向，它将过去由单立体（两度重叠）的影像匹配的“病态解”转化为多立体（多度重叠）影像匹配的“确定解”。这将影像匹配技术极大地向前推进，由此，摄影测量与激光扫描一样能够产生密集的点云。与激光扫描相比，影像匹配产生的点云多位于影像特征点上，因而能够更好地反映目标的几何特征。

6.6.1 多像匹配算法模型

影像匹配方法可以分为基于灰度的影像匹配方法（aera-based matching，ABM）和基于特征的影像匹配方法（feature-based matching，FBM）两大类。通常，单立体影像匹配方法以算法来表述，如相关匹配算法、特征匹配算法、动态规划算法、置信传播算法等。由于多视匹配方法更多地利用了多张影像之间的几何结构，且更倾向于构建影像之间对应关系模型，因而这里对此统一表述为多视匹配模型。

多视匹配模型是指多重叠影像的匹配与应用模型，其关键在于如何利用多重叠影像数据提供的冗余信息，解决相似特征、遮挡特征与断裂特征等传统匹配难点，提高影像匹配的成功率。综合国内外现有研究发现，多视匹配模型大体可以划分为以下两类：一类是逐个分析单立体像对，并对各个像对的匹配结果融合，给出最佳匹配结果；另一类是直接分析所有立体像对，通过一定的算法获取最佳匹配解。

1. 基于单立体匹配与融合的多视匹配模型

基于单立体匹配与融合的多视匹配模型基本思想是：首先，在一组重叠影像中，选取一张影像作为基准影像，其余的影像留作搜索影像；然后，将基准影像与搜索影像分别构成立体像对，利用单立体影像匹配算法进行各个立体像对的初匹配与精细匹配；最后，对多个立体像对的匹配结果进行融合（多光线前方交会方法为常用的物方空间融合方法），并获取准确的多视匹配结果。其中，基于单立体匹配与融合的多视匹配模型均采用了由粗到精的匹配策略以及多种几何约束条件，以提高单个立体像对的匹配可靠性。

基于单立体匹配与融合的多视匹配模型如图 6.20 所示（袁修孝，明洋，2009），图中给出了三张重叠影像匹配过程，更多影像的匹配可依此类推。此外，在图 6.20 中，单立体影像匹配采用了金字塔层次匹配约束和松弛法整体影像匹配优化，更多的匹配约束与优化方法可在此基础上进一步增加。

以法国 ISTAR 公司的“像素工厂”为例，其影像匹配过程与上述模型的匹配过程类似：一旦影像载入“像素工厂”，软件通过算法生成几百个立体像对，通过同轨和异轨立体像对实现多相关，在逐点自动测量过程之后，融合形成 DSM，如图 6.21 所示（Bignone，2003）。此时，多张影像匹配获取的高程信息更加丰富可靠，且在影像处理过程中不再需要人工干预。

2. 基于多立体整体匹配的多视匹配模型

基于多立体整体匹配的多视匹配模型基本思想是：在一组重叠影像中，选取一张影像作为基准影像，其余的影像留作搜索影像；通过成像几何关系，同时构建基准影像与所有搜索影像之间的几何关系模型；通过物方或者像方空间的约束，计算多立体整体匹配结果。其中，像方空间约束条件下获取的是同名像点匹配结果，物方空间约束下获取的是地面三维坐标匹配结果，且两者可以通过空间交会方法相互转换。针对成像传感器类型和匹配元素的不同，基于多立体整体匹配的多视匹配模型可以分为线阵影像多视匹配模型和面阵影像多视匹配模型两大类，或者可以分为点元素多视匹配模型和线元素多视匹配模型两大类。

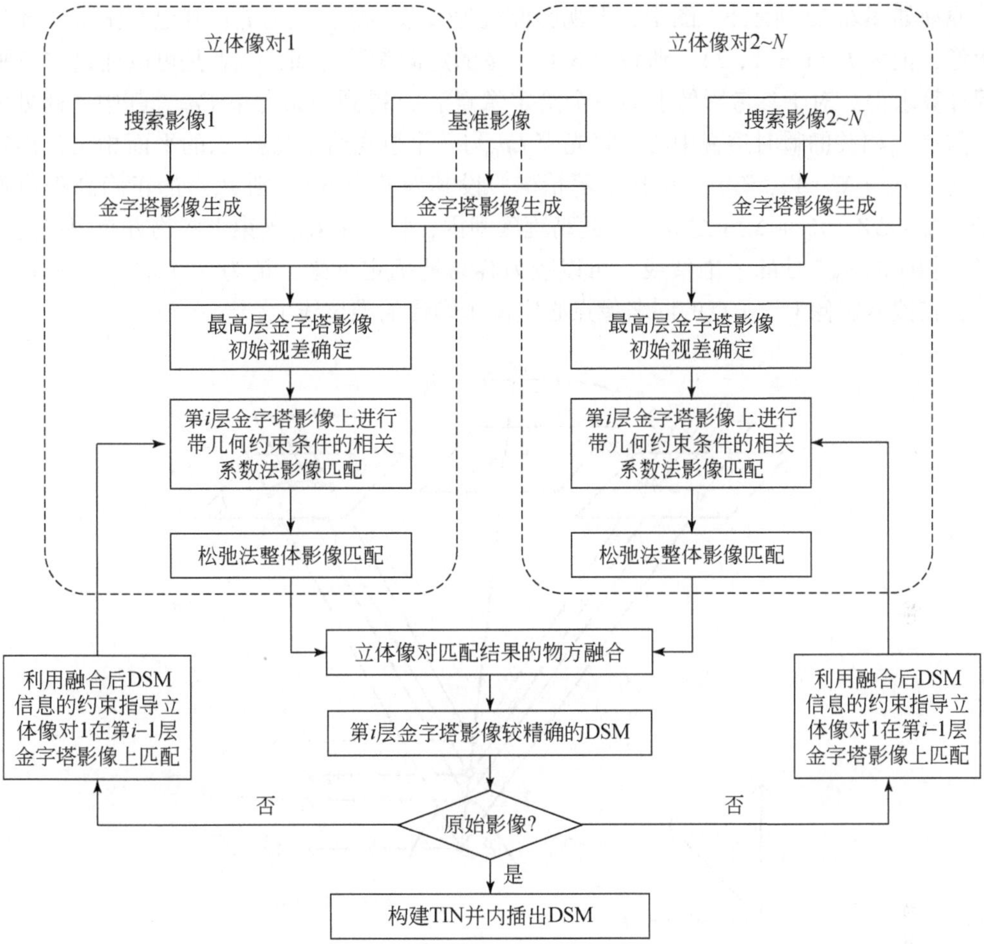

图 6.20　基于单立体匹配与融合的多视匹配模型方法

图 6.21　单立体匹配结果的融合（影像为灰度编码的 DSM）

1）线阵影像 GC^3 匹配模型及其改进模型 AMMGC

以线阵 CCD 成像系统获取的同一摄影条带上的三张影像（前视、下视与后视影像）为例，几何约束互相关（geometrically constrained cross-correlation，GC^3）多视匹配模型的基本原理如图 6.22 所示①。图中，下视影像选为参考影像，记为 I_0；其他两张影像选为搜索影像，记为 I_i（$i = 1, 2$）。假设这 3 张影像的定向参数已知，或者是可以通过空三平差过程计算求得。对于参考影像上的一个给定像点 p_0，得到一条光束 Cp_0，其中，此处的 C 表示与点 p_0 相关的瞬时透视中心。将光束 Cp_0 与一个事先给定高程 Z_0 的平面相交，得到物方空间点 P_0（X_0, Y_0, Z_0）。由于 Z_0 不精确，设其误差为 ΔZ，则 P_0 点的正确高程位置应位于（$Z_0 - \Delta Z$，$Z_0 + \Delta Z$）之间。在此高程区间内，将位于 Cp_0 光束上的物方空间点向像方投影，相应的 p_0 点处的“准核线”可以较为容易地确定下来，记为 S_i（Z）（$i = 1, 2$）。于是，在搜索影像上，p_0 点的同名像点必定位于影像的准核线上。

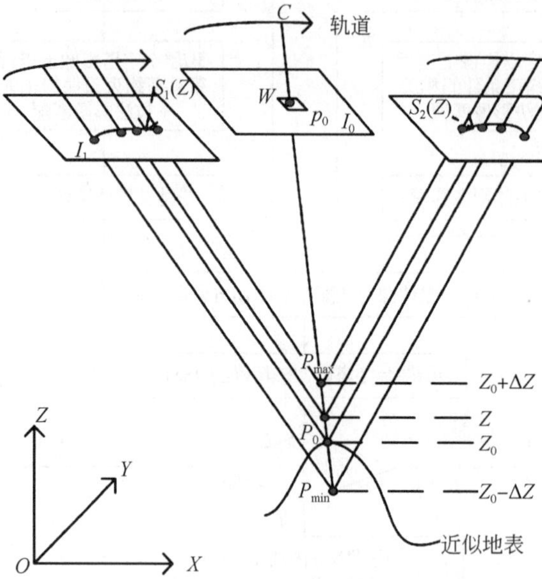

图 6.22　GC^3 模型的基本原理

据上述分析，GC^3 模型的主要匹配过程如下。

步骤①：选取参考影像 I_0 与搜索影像 I_i（$i = 1, 2, \cdots$）。对于影像 I_0 上面的待匹配点 p_k，通过影像金字塔获取近似高程值 Z_{k0} 与高程误差 ΔZ_k，通过数字表面模型等最终产品的精度确定搜索步距 DZ_k。

步骤②：利用初值 Z_{k0}，ΔZ_k 和 DZ_k 以及影像定向参数在搜索影像 I_i 上确定准核线 $S_i(Z)$，定义相关窗口 W_k 的大小与形状。

步骤③：对应于 p_k 光束，在给定的高程值 Z_k 条件下，计算像点 p_k 的平面坐标（X_k, Y_k）。根据 p_k 光束上的地面点（X_k, Y_k, Z_k），反算至影像 I_i，获取对应像点 p_{ki}（$i = 1, 2, \cdots$）。

步骤④：计算像点 p_k 与 p_{ki}（$i = 1, 2, \cdots$）之间的相关测度，如相关系数，将所有相关测度累加，取均值。

步骤⑤：从 $Z_{k0} - \Delta Z_k$ 开始，以 DZ_k 为步长，逐步增加高程值，重复步骤③和④，将相

① Zhang L. 2005. Automatic Digital Surface Model（DSM）Generation from Linear Array Images［D］. PH. D. Thesis, Institute of Geodesy and Photogrammetry, Zurich, Switzerland

关测度以曲线表示，其中，x 轴表示高程，y 轴表示相关测度均值。

步骤⑥：寻找相关测度曲线的峰值位置，利用一个光滑的二次函数来拟合该曲线位置，计算二次函数的最大值，该最大值所对应的高程 Z 即为 p_k 点的最终高程。

步骤⑦：根据 p_k 点的像点坐标与地面高程 Z，通过构象模型，计算 p_k 点的地面坐标 (X, Y, Z)，随后通过空间后方交会获取 p_k 点在各搜索影像上的同名像点。

步骤⑧：令 k $(k=1, 2, \cdots)$，重复以上步骤，完成影像上所有像点的多视匹配工作。

带几何条件约束的自适应多像匹配模型（adaptive multi-image matching with geometric constraints，AMMGC）为 GC^3 模型的改进模型，其改进点在于①：对于基准影像，首先选取一张匹配影像，计算相关系数局部峰值，随后利用剩余匹配影像，对局部峰值进行“反向匹配”检验，如图 6.23 所示。与 GC^3 模型相比，AMMGC 模型能够降低多视匹配计算量，提高模型的匹配效率。

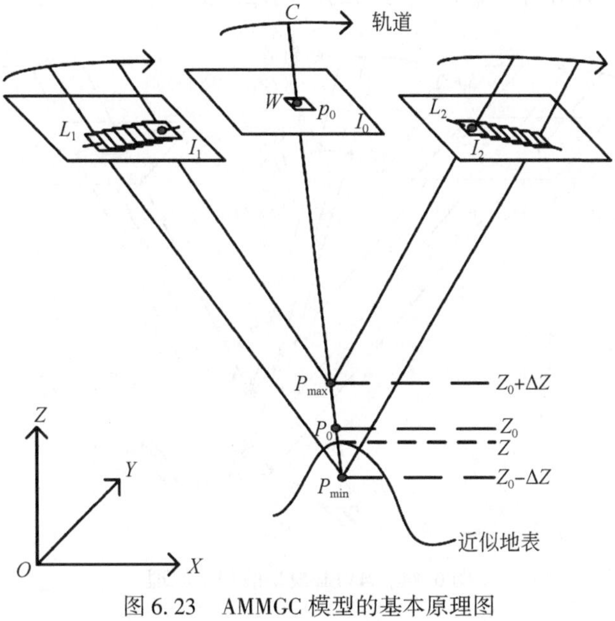

图 6.23　AMMGC 模型的基本原理图

2）线阵影像 MVLL 多视匹配模型

多视铅垂线轨迹法（multi-view vertical line locus，MVLL）模型从多视角度对传统的铅垂线轨迹法（vertical line locus，VLL）模型（刘晓辉，吴云东，2006）进行了改进，其基本原理如图 6.24 所示（纪松等，2009）（图中各符号的含义与图 6.22 中各符号的含义相同）。从图 6.24 中可以看出，MVLL 模型与 GC^3 模型的匹配过程相似，只是 MVLL 模型使用了地面铅垂线物方空间约束，而 GC^3 模型使用了影像像点像方空间约束。以三张线阵 CCD 影像为例，MVLL 多视匹配模型的具体匹配过程如下②。

① 范大昭 . 2007. 多线阵影像匹配生成 DSM 的理论与算法［D］. 郑州：解放军信息工程大学

② 纪松 . 2012. 多视匹配策略与优化方法研究［D］. 郑州：解放军信息工程大学

步骤①：给定地面点的平面坐标（X_0，Y_0），通过影像金字塔获取最低高程 P_{min} 和最高高程 P_{max}，根据精度需求确定高程搜索步长 D_z；

步骤②：根据地面点平面坐标（X_0，Y_0）与高程值 $Z_i = P_{min} + i \times D_z(i = 0, 1, 2, \cdots, n)$，计算地面点分别在各张影像上的像点坐标（$x_{ij}$，$y_{ij}$）（$j = 0, 1, 2$）；

步骤③：分别以（x_{ij}，y_{ij}）（j=0，1，2）为中心在各自影像上选取匹配窗口，将（x_{i0}，y_{i0}）像点作为基准，计算像点（x_{ij}，y_{ij}）（j = 1，2）与其匹配测度 m_{i1} 和 m_{i2}，同时令最终匹配测度 $m_i = (m_{i1} + m_{i2})/2$，其中匹配测度可以通过多种方法计算，如相关系数等；

步骤④：令 $i=i+1$，重复步骤②和步骤③，得到一组匹配测度 $\{m_0, m_1, m_2, \cdots, m_n\}$，计算其中的最大值 m_{max}，其中当 $0 \leqslant k \leqslant n$ 时，有 $m_k = \max\{m_i, i = 0, 1, 2, \cdots, n\}$。于是，地面点对应的准确高程为 $Z_0 = P_{min} + k \times D_z$。

MVLL 算法可以扩展至匹配任意多张重叠的线阵 CCD 影像。此时，只需寻找地面点在所有影像上的像点，计算并分析像点之间的平均匹配测度。

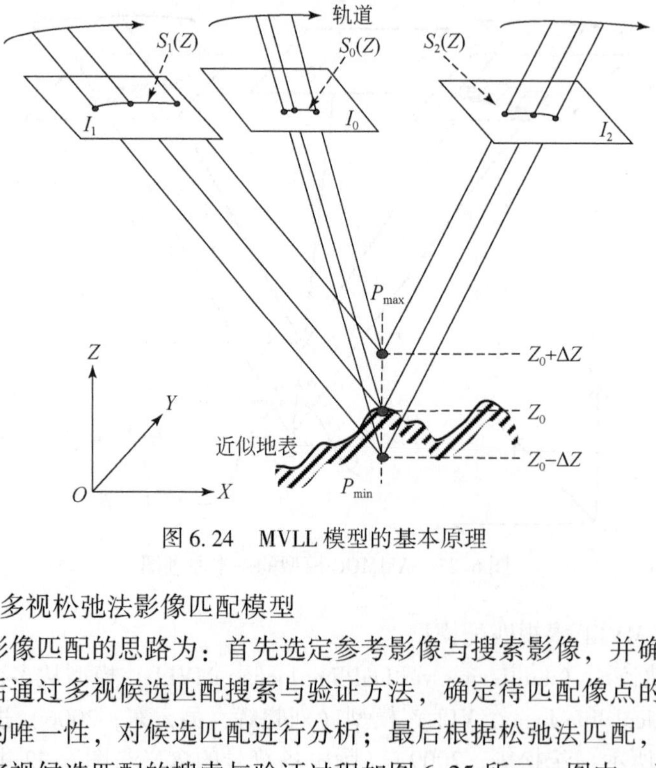

图 6.24 MVLL 模型的基本原理

3）线阵影像多视松弛法影像匹配模型

多视松弛法影像匹配的思路为：首先选定参考影像与搜索影像，并确定参考影像上的待匹配像点；随后通过多视候选匹配搜索与验证方法，确定待匹配像点的候选匹配，并根据物方空间高程的唯一性，对候选匹配进行分析；最后根据松弛法匹配，迭代获取准确匹配结果。其中，多视候选匹配的搜索与验证过程如图 6.25 所示，图中 p_0 为待匹配像点，I_i（$i = 0, 1, 2, 3$）为重叠影像，$E_{kH}E_{kL}$（$k = 1, 2, 3$）为第 k 张影像上的核线。

多视松弛法影像匹配模型的主要匹配过程如下①。

步骤①：选取参考影像 I_0 与搜索影像 I_i（$i = 1, 2, \cdots$）。对于影像 I_0 上面的待匹配点 p_0，通过影像的成像模型和给定的高程误差范围（Z_{min}，Z_{max}），计算像点在物方空间的摄

① 江万寿. 2004. 航空影像多视匹配与规则建筑物自动提取方法研究［D］. 武汉：武汉大学

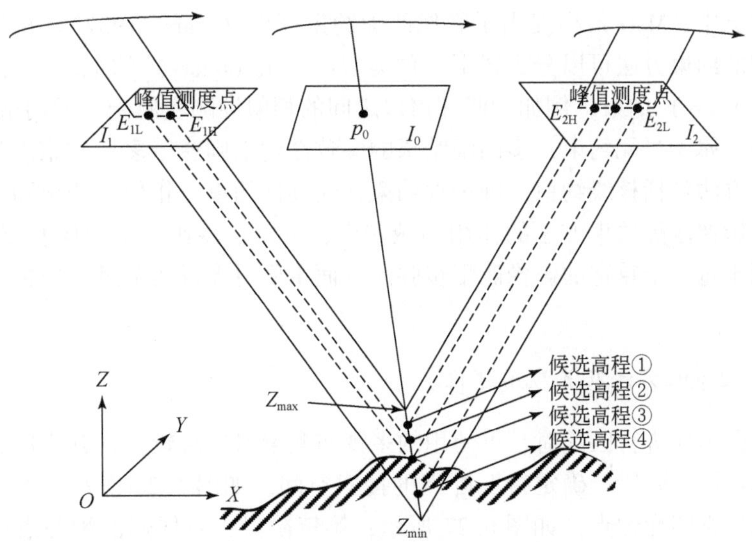

图6.25　多视候选匹配的搜索与验证

影光束线段 G_LG_H，其中，G_L对应于高程 Z_{min}，G_H对应于高程 Z_{max}。

步骤②：对于第 i 张搜索影像，根据其成像模型，将摄影光束线段 G_LG_H向该影像投影，获取核线 $E_{iL}E_{iH}$。

步骤③：计算待匹配点 p_0与核线 $E_{iL}E_{iH}$上的所有像点的相关测度，选取相关测度峰值点。

步骤④：对于每一个相关测度峰值点，与待匹配点 p_0构成同名点对，通过空间前方交会方法计算地面坐标，并将该坐标投影至其他搜索影像，利用相关测度进行匹配验证；如果匹配验证通过，则将该点作为本影像上的候选匹配点，并加至本影像的候选匹配点集。

步骤⑤：继续匹配剩余的搜索影像，直至所有的搜索影像上找到候选匹配点集（搜索影像上的候选匹配点集可以为空）。

步骤⑥：根据物方空间高程，对搜索影像上的候选匹配点集进行归并，确定候选匹配点及其高程；根据候选点在各张搜索影像上的相关测度，计算所有候选点的初始概率。

步骤⑦：利用松弛法进行迭代，迭代收敛后，获取待匹配点 p_0的准确高程，并计算其物方空间坐标；如果要进一步获取待匹配点 p_0在各张搜索影像上的同名像点，则将该物方空间坐标反算至各搜索影像。

6.6.2　多视匹配的约束条件

在影像匹配过程中，除了影像匹配算法与模型之外，许多学者通常采用多种约束方法来缩短影像匹配时间，提高影像匹配的可靠性与成功率。匹配约束方法来源于对现实世界的各种合理性假设，如现实世界中的地表光滑条件，或者同一物体不同的影像上具有相同的成像性质等①。

① 周秀芝. 2006. 面向深度提取和形状识别的图像匹配［D］. 长沙：国防科学技术大学

计算机视觉中，Marr 最早提出了影像匹配约束框架（Marr，1987）。在数字摄影测量中，影像匹配的约束方法可以分为以下三种类型：一元（unary）约束、二元（binary）约束以及多元（N-ary）约束。例如，匹配窗口之间的相似性测度属于一元约束；核线约束、地表光滑约束等属于二元约束；多匹配结果的一致性约束则属于多元约束。具体而言，影像匹配的约束方法包括核线约束、唯一性约束、连续性约束、相似性约束和左右一致性约束等。此外，影像匹配约束方法的作用领域较广，可以直接作用于影像匹配算法和模型，或者直接作用于每一个特定的影像匹配步骤。下面主要对多视匹配过程中常用的一些约束方法进行描述。

1. 多视匹配策略方法及其应用过程

利用多重叠影像进行匹配时，可使用的多视匹配策略方法较多，其应用过程大致可以分为三个阶段：第一阶段，确定待匹配点的搜索空间，如图 6.26 所示；第二阶段，确定搜索空间中的候选匹配像点，如图 6.27 所示；第三阶段，对候选匹配像点进行检查，判断匹配结果的准确性，如图 6.28 所示。下面分别对各个应用阶段中使用的多视匹配策略方法进行分析。

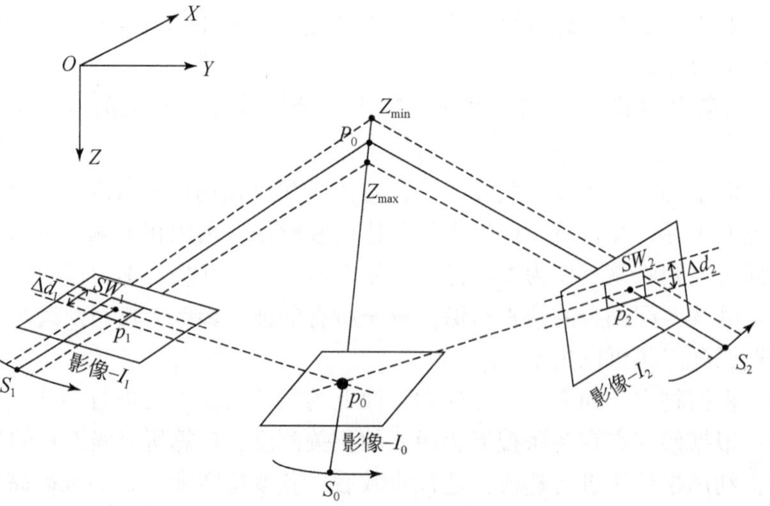

图 6.26　多视匹配策略方法（搜索空间的确定）

图 6.26 中给出了同一条航带中的三张线阵重叠影像，基准影像为 I_0，搜索影像为 I_1 和 I_2，且三张影像的摄站分别为 S_0，S_1 和 S_2。在基准影像上给定待匹配像点 p_0，其摄影光线为 S_0P_0，给定其地面高程值范围（Z_{min}，Z_{max}），同时给定其在搜索影像 I_1 和 I_2 上的上下视差的误差范围 Δd_1 和 Δd_2，则得到匹配像点 p_0 在搜索影像 I_1 和 I_2 上的搜索窗口 SW_1 和 SW_2。其中：

多视匹配策略方法①：摄影光线的确定利用了成像几何模型约束，如果将摄影光线 S_0P_0 通过成像几何模型投影至搜索影像上，可得到搜索影像上的核线，即摄影光线的确定还利用了核线几何约束方法（核线几何约束与成像几何模型内涵一致）。

多视匹配策略方法②：地面高程值范围（Z_{min}，Z_{max}）的确定通常为影像金字塔匹配传递的结果，或者为测区中的最小与最大高程值。

多视匹配策略方法③：上下视差的误差范围 Δd_1 和 Δd_2 的确定则利用了视差格网补偿约束方法，通常由特征点匹配结果内插获取。

当确定好搜索窗口 SW_1 和 SW_2 后，需要从中寻找候选匹配像点。如图 6.27 所示，多视匹配过程通常在待匹配像点 p_0 周围选取一定大小与形状的匹配窗口 W_0，并利用相关测度分析方法，从搜索窗口 SW_1 和 SW_2 中选取可能的候选匹配点。其中：

多视匹配策略方法④：匹配窗口 W_0 需要根据相关窗口变换约束方法，根据地面块 Patch 反算至搜索影像 I_1 和 I_2，并获取对应的匹配窗口 W_1 和 W_2，以消除不同影像之间的几何变形。

多视匹配策略方法⑤：匹配窗口 W_0 需要利用自适应窗口变换方法，构建合适的大小与形状，如图中的匹配窗口 W'_0，以适应不同类型的地面特征。

多视匹配策略方法⑥：匹配窗口 W_0，W_1 和 W_2 之间的相似性通常由 SNCC 来表示，且高于 SNCC 阈值的局部极值点留作候选匹配点，此为灰度相似性约束方法。

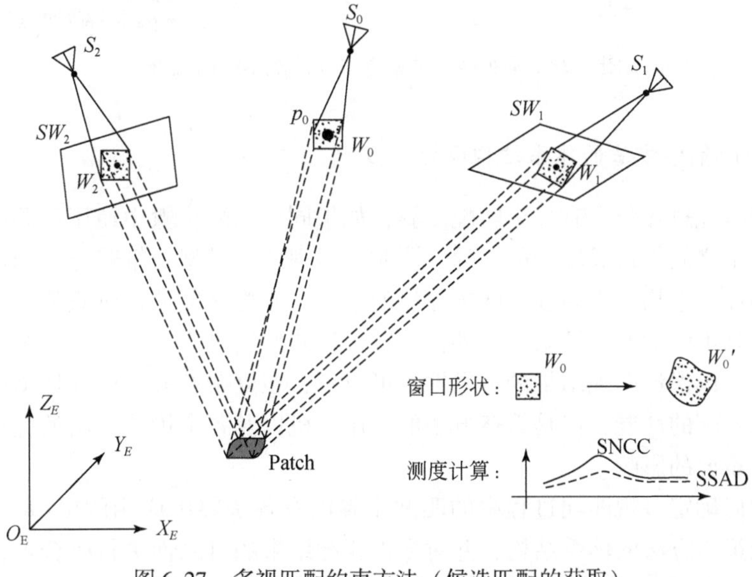

图 6.27　多视匹配约束方法（候选匹配的获取）

获取了待匹配像点 p_0 在搜索影像 I_1 和 I_2 上的候选匹配点之后，需要从中确定最终的匹配像点，并对匹配结果的准确性进行初步验证。图 6.28 中，待匹配像点 p_0 在搜索影像 I_1 和 I_2 上的匹配结果为 p'_1 和 p'_2，且交会至地面得到地面点 P'_0。其中：

多视匹配策略方法⑦：匹配结果 p'_1 和 p'_2 通常由多视松弛法匹配获取，候选匹配点的松弛法迭代概率可以通过 8 邻域点或者带边缘权值的圆周邻域点来计算，此即对整张影像上的待匹配像点施加整体约束，以获取整体最佳解。

多视匹配策略方法⑧：匹配结果 p'_1 和 p'_2 的准确性可以通过一致性约束方法进行初步验证，其实施过程为，将像点 p_0 与 p'_1 交会得到的地面点反算至影像 I_2，得到像点 p''_2，比

较 p'_2 与 p''_2 之间的坐标误差，剔除误差较大的匹配结果。

此外，多视匹配过程需要对匹配结果的准确性作进一步的分析与评价，同时利用一定的优化手段，提高匹配结果的精度。

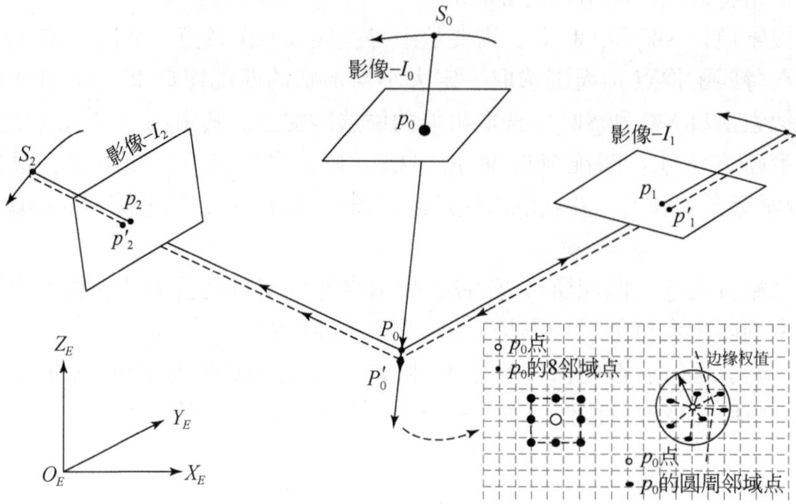

图 6. 28　多视匹配约束方法（匹配结果的检查）

2. 多视匹配策略方法的体系结构设计

多视影像匹配过程包含有多个匹配步骤，如果同一匹配步骤中使用不同的模型与策略方法，匹配结果之间将造成较大的差异。同时，多视匹配模型与策略方法的使用涉及多个匹配参数，例如，平均地面高程、匹配窗口的大小、匹配测度的评价阈值等，使用不同的匹配参数将得到不同的匹配结果。此外，获取多视匹配结果后，需要对匹配结果的内部一致性进行检查，以保证匹配结果的可靠性。可以说，在复杂的多视匹配环境中，策略方法的好坏决定着匹配的性能，但是策略方法的运用时机以及各个策略方法的应用流程，对匹配性能也有着重要的影响。

于是，如何确定多视匹配过程中的匹配步骤以及各步骤中应用的模型、方法和参数，构建多视匹配策略方法的体系结构，并对多视匹配结果的可靠性进行综合评价，也是多视匹配技术需要重点研究的内容。

线阵 CCD 影像可采用的多视匹配策略方法体系结构如图 6. 29 所示。在图 6. 29 中，各个策略方法步骤中使用的模型、数据和方法以虚线框标出，具体如下。

策略方法步骤①：制作金字塔影像，利用特征点提取算子，在原始影像上提取特征点和稀疏格网点，进行金字塔影像预匹配，保留精确的匹配成果，构建不规则三角网 TIN；以每一个三角形为匹配面元，由该面元的三个顶点高程值，内插每一个匹配基元的高程初值，约束后续匹配的搜索范围；同时在每一个匹配面元内，根据点特征匹配结果，对影像的质量进行分析和排序，为后续匹配过程中立体像对的筛选提供依据。

策略方法步骤②：多视匹配过程中，利用 GPS/IMU 外方位数据，根据影像的构像方程，计算每一个待匹配元素（像点或者地面点）的局部匹配方向线，同时计算匹配方向线的二维视差，约束多视匹配的搜索范围。

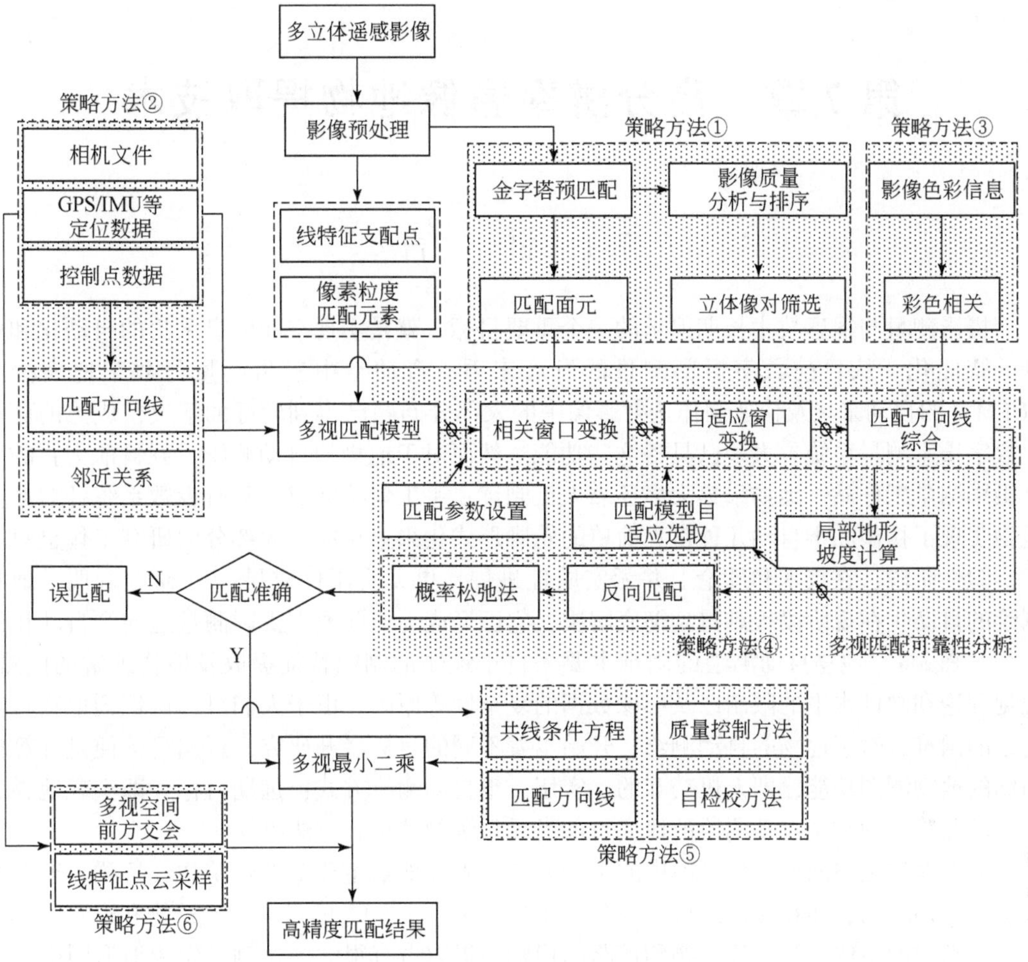

注：表示当前分析过程中止，直接转至“匹配准确”分析步骤。

图 6. 29　多视匹配策略方法体系结构

策略方法步骤③：多视匹配过程中，根据影像的色彩信息，计算匹配窗口之间的彩色相似性测度，提高匹配测度分析的可靠性。

策略方法步骤④：采用相关窗口变换和自适应窗口变换方法，调整匹配窗口的几何属性，包括大小、位置、形状等，尽量保持匹配窗口内容的一致性；利用局部地形坡度分析方法，自适应选取多视匹配模型；同时利用构像模型，通过反向匹配方法和概率松弛匹配方法，对候选匹配点进行检查。另外，各方法应用后，详细分析匹配结果的可靠性，适时中止冗余的方法步骤。

策略方法步骤⑤：在多视最小二乘匹配过程中，引入共线方程和匹配方向线几何约束，通过自检校方法和质量控制方法，将匹配结果的精度提高到子像素级别。

策略方法步骤⑥：利用基于选权迭代的多视空间前方交会方法，交会生成稠密的匹配点云；同时根据支配点匹配结果，重建线特征，并进行点云采样，生成完整的点云数据。

第7章　高分辨率影像地物提取技术

7.1　引　　言

摄影测量与遥感技术长期追求的一个重要目标，就是实现空间信息采集的自动化和处理的智能化。从目前数字摄影测量的发展来看，自动空中三角测量与数字地面模型（DEM）的自动采集及快速制作正射影像中的大部分问题已得到较好的解决，成熟的商品化数字摄影测量系统，大多已具备这些功能。然而对于地物的自动测绘，到目前为止的数字摄影测量工作站，地物采集大多还靠人工判读、手工勾绘完成，只有少数系统针对某类地物实现了初步的半自动几种常见简单的轮廓形式化采集功能，大部分的研究工作也只处于实验性阶段，在技术和理论上并无实质性进展，更无实用性成果①②。研究表明，地物测绘的自动化在现阶段很难得到彻底解决，它已经成为当前数字摄影测量迈向全自动化的一个“瓶颈”。地物自动测绘的困难主要来自于地物的制图特征提取及地物理解的困难、视觉理论和硬件水平的限制以及影像数据的复杂性等原因。由于人们早已认识到地物自动测绘的困难，对于地物的自动测绘，开始本着不同的目标展开研究，近期目标便是计算机辅助的地物测图功能，即人机交互的、实用、半自动测绘方式；远期目标，即实现地物的全自动测绘，地物全自动测绘的研究目前尚无系统的理论和方法出现。

人工地物是空间地理信息库中的重要元素，人工地物主要包括建筑物、桥梁、道路和大型工程构筑物，而在城市区域的高分辨率遥感影像中80%的目标是建筑物和道路。作为地物类别中的主体内容，建筑物和道路的识别与提取占有很大的比例。作为地形图中重要的成图元素，它们的识别与提取，直接影响地物测绘的自动化水平。而且建筑物和道路具有明显的定位特征，它的识别和精确定位对特征提取、特征匹配、图像理解、制图和作为其他目标的参照体有重要的意义。更为重要的是，随着城市建设的快速发展，建筑物和道路是地理数据库中最容易增加和发生变化，也是最需要更新的部分，且更新工作量常常是巨大的。从实际应用的角度来说，实现遥感影像中建筑物和道路的识别能够满足遥感影像制图、地理信息系统的数据获取和自动更新的需要；从研究的角度出发，由于遥感影像中目标的高度多样性和复杂性，成功的建筑物和道路自动识别系统将为其他类型的影像理解问题提供具有普遍指导意义的理论和方法。因此如何识别和提取遥感影像中的建筑物和道路是摄影测量界重要的研究课题之一。本章首先对建筑物提取技术进行了系统的分析和总结，在此基础上，针对高分辨率遥感影像，提出一种二维图像和三维高度信息相结合的规

---

① 梅雪良. 1997. 航空影像中规则房屋三维形体的自动重建［D］. 武汉：武汉测绘科技大学

② 邵巨良. 1993. 小波理论与航空影像中建筑物的自动识别［D］. 武汉：武汉测绘科技大学

则建筑物快速提取方案；从遥感影像道路特征提取出发，对道路特征提取的基本思想和方法进行了探讨，对现有的线状地物（主要指道路）提取的方法进行归纳、分析与总结，最后详细阐述了动态规划方法和 Snake 模型在道路特征提取当中的应用。

7.2　建筑物提取技术概述

基于遥感影像的建筑物提取不仅包含一幅或者多幅场景中建筑物的检测，而且包含对场景中各种建筑物的详细描述。这是一个包含识别、特征提取、特征属性计算、分组、构建几何模型、假设产生、假设验证等的复杂过程。其目标就是从复杂的场景中获得所需的三维信息。传统的过程都是采用人工判读、手工勾绘的方式来完成，作业效率低、劳动强度大。因此，对于建筑物自动提取技术的研究是迫切需要的。最近几年，大量的研究集中在建筑物的识别、提取和三维重建方面，学者们提出了各种各样的方法，这些方法在通用性、自动化程度、数据源、几何建模技术、提取策略等方面存在很大差异。例如，数据源包括高分辨率遥感影像、近景影像、二维 GIS 数据、数字表面模型（digital surface model, DSM）等；目标模型包括参数模型、一般模型。为了更好地说明当前各种方法的差异，我们从以下几个方面进行分析和讨论。

1. 数据源和线索

用于建筑物目标提取与重建的数据资源非常广泛，主要包括高分辨率遥感影像（单像、双像、多像）、近景影像、多光谱影像，以及其他辅助线索，如 DSM（激光扫描数据或摄影测量产品）、扫描地图数据或现有二维 GIS 数据，还包括其他附加知识和信息，如太阳位置、数据获取时间、纹理、阴影，以及地物反射特性，等等。上述数据资源和线索可以单独使用，也可以结合使用。当前一个重要的研究方向是如何综合使用各种数据信息以及其他从问题领域派生出来的外部约束和先验知识。

在 Lin 等建立的系统中（Lin et al.，1995），实现了从任意单片航空影像中提取并重建建筑物。这种方法的主要过程包括图像特征提取、墙面和屋顶面检测、建筑物特征组合、建筑物顶部假设的产生以及假设验证。该方法要求建筑物结构的几何特性非常特殊，它只限于单个平行六面体房屋及其组合房屋的提取。由于建筑物的阴影和墙可以提供建筑物结构部分的三维信息，因此产生的假设经过基于阴影和墙的验证处理得到确认。Weidner 提出了一种不同的方法（Weidner and Forstner，1995），采用单个 DSM 为线索直接在三维空间提取建筑物。该方法包含两个步骤，首先是利用高度信息借助数学形态学方法完成建筑物的检测，然后是提取和重建过程，重建后的建筑物模型应该与相应的 DSM 高度数据相吻合。这种方法的优点是直接处理三维数据，容易进行建筑物的分析，但同航空影像相比，其缺点是 DSM 的分辨率太低。Claus（2000）借助 DSM 的高度信息和数字地籍图的平面信息完成房屋的自动提取和重建。

为了完成建筑物目标的重建，我们需要的高精度三维信息，可以通过两幅影像或者多幅影像获取。基于多幅影像的提取与重建可以提高可靠性，另外也有利于识别遮挡区域、假设验证过程的处理。基于以上原因，Nevatia 对以前的工作进行了改进（Nevatia et al.，

1999)，在假设的产生和验证中都利用了多幅影像。McKeown 和 McGlone 将二维图像中基于特征的匹配结果融合到三维空间中完成了建筑物的提取（McKeown and McGlone，1993)，该方法利用二维边界作为匹配基元，运用边界的几何特性（如方向、长度、相交关系等）作为相似度量寻找同名像点。类似地，还有 Shih-Hong 采用人机交互的方式，利用房屋三维角点和三维边缘完成房屋顶部的提取与重建（Shih-Hong et al.，2000)。

建筑物重建处理过程中很重要的一点就是如何充分利用基本数据源的大量信息。在检测阶段，像颜色、DSM 等数据被证明有着特殊的利用价值。这些线索可以用来分离人工目标和其他的自然地物以及区别建筑物和其他的人工地物如道路、桥梁等。上面提到的建筑物重建方法都是利用这些数据完成兴趣区域的确定，在减小搜索范围的情况下完成建筑物的检测。利用这些线索检测独立建筑物的相关研究，Baltsavias，Hericson，Mohammad 和 Claus 曾经有过成功的报道（Baltsavias et al.，1995；Henricson et al.，1996；Mohammad and Ali，2000；Claus，2000)，然而对于密集的建筑物区域，这种方法仍然无法应用。通过航空激光扫描所得的 DSM 是一种可靠且直接提供三维坐标的数据源，应用它甚至可以区分树冠和其周围的目标。激光扫描所得的 DSM 虽然高程精度很高，但平面精度无法与航空影像相比。为了克服这个问题，Haala 采用了 DSM 和立体影像分析相结合的方法（Haala，1995)。该方法首先利用 DSM 完成建筑物检测，在检测过程中采用等高线跟踪代替灰度分割获得局部高出区域，根据这些局部高出区域的大小和形状信息，保留那些可能包含建筑物的区域（region of interest，ROI）以用于提取和重建；接着在特征提取过程中主要完成 ROI 中边缘轮廓直线的提取；然后在立体像对中用高度信息作为视差的初始值对提取的直线进行立体匹配，最后将匹配的三维边界重组为建筑物模型。Hiroshi 利用高精度激光扫描数据（Hiroshi，2000)，采用图像分割的方法，通过提取房屋的顶部多边形完成建筑物的提取。

在过去的几年里，学者们对如何结合背景知识，如二维 GIS 数据和现有地图数据，提取与重建建筑物进行了大量的研究。特别是在检测阶段，这些背景知识具有很高的利用价值。首先从二维 GIS 数据中或者从扫描地图中获取建筑物的边界信息，然后将这些边界信息按照坐标投影到 DSM 或者航空影像中，这样被投影的建筑物边界可作为三维提取与重建的基础。

考虑到各种数据源，如高分辨率遥感影像、DSM 和二维平面图等，具有不同的特性，实际应用中通常利用多种数据源完成建筑物的提取与重建。这样不仅可以提高自动化程度，而且可以对提取结果进行相互验证，从而增加可靠性。

2. 支持的目标模型

对于建筑物的重建而言，选择合适的建筑物模型是一个关键的步骤。建筑物重建的目标就是确定其几何特性和内部的拓扑关系，因此提取过程的首要条件就是确定目标的模型种类。由于现实世界中的建筑物是千姿百态的，为了提高所用模型的几何分辨率，通常需要增加许多自由灵活的结构元素和参数来描述它。复杂的建筑物模型可以实现对真实建筑物更好的表示。当然模型分辨率的选择必须以数据源的分辨率为基础。

目前，在建筑物重建过程中，通常采用两种基本模型来描述建筑物：参数模型和一般模型。在参数模型中，模型单元的类型和关系是固定的，但是其几何尺寸是未知的。这种方法通常需要一组预先定义的建筑物模型库，或者一些已知的简单的建筑物体元的集合，用它们和图像进行匹配，根据匹配的结果从模型库中选择合适的模型或者建筑物体元。在一般模型中，模型基元的数目及其之间的几何和拓扑关系都是未知的，这种类型的模型允许目标模型在结构上随意变化，因此它能够根据一套数目不确定的几何参数确定目标的内部结构。采用参数模型的方法可以在提取几何模型的同时完成部分语义信息的提取，但是建筑物模型数目或者基元的数目限制了它的应用，所以参数模型的实际应用依赖于建筑物模型库的容量。对于城区场景中的不规则和复杂组合的人工地物，无法用参数模型来描述。虽然一般模型可以重建任意形状的建筑物，但由于建筑物的重建是由提取的图像特征进行几何重组来实现，因此它的可靠性和成功率完全依靠于特征提取的结果。这些特征通常包括边缘线或者建筑物灰度均匀的表面。这种方法必须提取出所有体现建筑物结构的特征，然后才能重建建筑物。由于它不考虑任何一个先验知识，因此无法预测有关建筑物的遮挡部分或者丢失部分。为了解决这样的一个问题通常采用从不同视点采集的多幅影像完成假设的产生和验证。

用来描述建筑物的模型类别限制了系统所能识别的建筑物类别。最早的建筑物模型由矩形块和垂直的墙壁组成，后来逐渐扩展到任意棱柱形状的平顶房屋模型以及非平顶的参数模型。这种方法建模的缺点是很难恢复那些复杂结构的建筑物。这与预先定义的建筑物类型有关，因为只有那些在建筑物模型库中有详细描述的建筑物才能被重建。

要完成复杂建筑物的建模，需要采用一般模型。这种模型代表性的方法包括结构实体几何模型（CSG）和边界表示方法（B-rep）。结构实体几何模型是一种由一系列参数化的体元通过布尔运算构造复杂三维物体的方法。这些建筑物的体元是有着固定的拓扑关系和变化尺寸的简单建筑物模型。结构实体几何模型有若干优点：首先，每一个建筑物的模型都可以被精确建模，每一个建筑物的外观都可以预先得到。其次，被部分遮挡的建筑物也可以被完全重建。然而从场景中识别这些体元的实例需要一定的先验知识及人工的交互和提示。它的缺点是对不同形状的建筑物缺乏灵活性，特别是有不规则的建筑物出现时。

边界表示方法中的体模型已经显示出足够的灵活性，并且能够满足常用的建模需求。这种方法除了表面的平面性，对建筑物的形式没有限制。显然这是一个较通用的建筑物模型，除了不能表示有曲面特征的建筑物模型外，它可以表示任意形状的屋顶结构，从而代表任意形状的建筑物。基于一般模型的建筑物重建方法，完全依赖于从场景中提取几何基元的工作，然而从复杂的场景中，如遥感影像中完成图像特征的检索和提取被认为是目标重建的瓶颈。

3. 提取策略

从提取策略来看，存在两种基本的路径：自下而上和自上而下。自下而上是数据驱动的策略。首先提取图像的基元如点、边界、灰度均匀区，然后编组成实体，最后通过产生建筑物存在的假设，重建整个建筑物。这里的主要问题是由于数据中噪声的存在造成低层次像素级的分割处理不稳定以及高层次特征编组中的不确定性。人造目标例如建筑物的结构不是任意的而是有特殊几何关系的结构，因此我们可以利用这些特性将提取的图像特征或者基元编组成屋顶或者假设的建筑物。特征编组和建筑物假设的生成过程通常采用概率松弛法、贝叶斯推理、几何和语义推理等方法。

自上而下的方法属于模型驱动，首先是特征提取，接着通过与目标模型库进行匹配，然后对场景中存在的建筑物产生假设，最后是假设验证。在匹配过程中，需要利用各种几何约束来减少搜索空间的大小，这样可以使特征组合的搜索空间得到控制。该技术的关键是目标模型本身的描述与建库。在现实生活中，建筑物的形状和类别千姿百态，要想精确描述每一种模型并把它们都保存在模型库中是不现实的，这也正是这种方法的缺点。

4. 目标检测与特征提取

建筑物检测是提取与重建的基础。这个过程通常采用一个粗糙的分割或者分类方法实现可能含有兴趣目标的区域与其背景区域的分割。从二维强度图像上进行检测和提取几何基元的方法不同于对三维线索如 DSM 的处理。在二维图像中，检测建筑物只能依赖一些简单的属性区分建筑物和非建筑物。在 DSM 中，则可以利用相对高度和高度突出区域的大小、形状等来判别兴趣区域的存在。

在图像中，由于三维信息的丢失而使情况变得非常复杂，因此从一个复杂的场景中如遥感影像完成低层次的图像特征基元的提取是一个困难的过程，这个过程被认为是实现建筑物自动提取的瓶颈之一。造成该问题的原因包括屋顶和周围的低对比度可能造成低层次的分割产生碎片，以及相邻的目标如树和其他的地物引起更多的碎片和噪声边界等。对于建筑物的特征提取，实际中所用的基元有多种类型，有的是提取图像的角点来完成建筑物的重建，有的直接提取边界线然后编组成建筑物顶部的假设，有的首先提取图像中的三维边界然后将其编组成建筑物顶部的若干块状平面，有的直接提取屋顶的多边形，或者采用提取点、边界和区域相结合的方法。

5. 特征编组和建模

特征编组和建模是建筑物提取与重建的另一个关键步骤。特别是当采用一般的目标模型时，该项工作变得很复杂。在构造过程中首先要建立建筑物不同部分的邻接关系如拓扑关系，然后依一种合适的形式组织和描述它们，最后形成建筑物的假设。如果单纯从一幅影像上提取结构特征，然后仅利用二维几何关系来分组和重建建筑物，这种方法通常会引起建筑物模型的不确定性，并且产生的模型数量急剧膨胀。因为一幅图像只是三维世界的平面投影，仅仅包含一部分目标的信息，所以从单幅图像上推导出的目标的三维结构是不唯一的，故此通常采用其他的数据源如 DSM 或者多幅影像（至少两幅）作为辅助数据来消除这种不确定性。

在最近的研究中，数据源多采用三维信息。目前常用的策略是将二维的信息提前转化为三维信息，这样可以减少后续假设组合产生的数量膨胀。这种方法通常从图像中提取一些有意义的特征如二维点（三维建筑物的角点）、二维边界（建筑物的三维边界）、二维区域（建筑物屋顶的平面区域），通过立体匹配技术把这些提取出来的特征转换为相应的三维特征。这样一来特征编组和建模都可以在三维空间进行，就可以利用三维的空间条件。注意二维和三维的交互应用应该贯穿在提取特别是在构造阶段，当三维特征不全或者完全丢失时，就需要用附加的二维信息来对丢失的结构和特征进行推证。

6. 自动化程度

对于地物的自动测绘，当前已有的研究表明，地物测绘的自动化在现阶段很难得到解决，是当前数字摄影测量迈向全自动化的一个瓶颈。目前地物自动测绘的困难主要来自于地物的制图特征提取及地物理解的困难性。由于人们早已认识到地物自动测绘的困难性，因此对于地物的自动测绘，开始本着不同的目标展开研究，第一种目标便是计算机辅助的地物测图功能，即人机交互的、实用、半自动测绘方式；第二种目标，即地物的全自动测绘。

半自动的概念是指图像解译由作业员完成，而量测任务则由计算机来尽可能完成。这里的图像解译是指检测和构造，这个过程通常在单幅影像上依靠单一的线索来完成，而自动量测可以使用多幅影像进行特征提取和几何重建。它的目标就是通过自动技术辅助作业员脱离结构量测从而提高以作业员为主的系统工作效率。半自动系统的目标就是充分利用两点。首先是作业员对数据的理解以及控制整个获取过程，然后是机器能够处理大量的数据加速量测过程，从而提高整个系统的工作效率。半自动系统可以充分利用一些自动化的过程和程序。例如，自动检测几何特征（如二维角点和边界）可以辅助作业员正确量测提取的特征基元，从而减少操作员对准正确图像特征或者为其提供足够精确的初始值；自动立体匹配通过在两幅或者多幅影像上自动寻找同名特征实现所提取的二维特征的自动量测；通过模型基元与其图像中同名特征的匹配实现模型的参数的自动确定。半自动提取系统的研究主要是利用遥感影像作为数据源，同全人工的方式相比，减少了人工干预的程度。这种方法的研究多集中在建筑物检测和建筑物屋顶轮廓的提取上，通常利用单幅灰度图像和简单的建筑物模型来解决建筑物提取问题。这些方法一般假设地物具有几何规则性，如平顶直角房顶，利用这些几何特性来降低计算的复杂度。

近几年来，有关建筑物自动化提取的技术已经得到迅速的发展。对于目标建筑物的三维重建，当前的研究已经显示出很大的潜力。由于用于目标三维信息获取的大量数据以及对目标拓扑关系的描述的复杂性，该方法是唯一能充分满足用户的需要的方法，然而到现在，还没有足够可靠的结果以满足实际的应用，大多数研究方法处于实验阶段和发展阶段。这些方法的不同之处通常在特征分割、编组、二维或者三维的几何建模阶段，目前这类方法主要应用于那些周围没有其他地物目标遮挡和影响、相对独立的建筑物。

基于DSM的全自动系统的研究早在1995年就有报道（Weidner and Forstner，1995）。DSM的最大优点就是它直接代表地表的几何模型。尽管DSM的精度无法与摄影测量的量测精度相比，但使用DSM可以很容易识别与检测建筑物，并且可以估计出建筑物的顶部结构。由于建筑物提取结果的精度与DSM的分辨率（扫描点的密集程度）有很大的关系，因此高精度的DSM数据是该系统最理想的数据源。结合DSM和二维GIS数据的全自动系统的研究目前已经取得了较好的结果，甚至在有好几千个密集建筑物的城市区域也取得了较好的结果。当然这里的关键是将二维的GIS信息引入到建筑物的提取当中。然而当建筑物的模型比较复杂、建筑物的顶部和底部的二维结构关系很模糊时，这种方法则失效。基于遥感影像的全自动系统已经取得了一些很有希望的进展，然而这种系统需要特殊的数据源，如高分辨率、多重覆盖的影像等。另外，附加的数字表面模型（DSM）和彩红外数据可以大大提高建筑物识别的可靠性，减少错误概率。但值得注意的是，这种方法的使用是受到数据源限制的，必须有上述的几种数据可以利用，而实际应用中，这些数据往往是很难同时得到的。另外很多研究人员也承认这种方法不能在密集的城市建筑群区域适用，而且大范围的几百甚至几千栋房屋的提取实验结果也没有报道过。因此尽管这一类基于遥感影像的全自动提取技术的研究已经取得了很大的进展，但是专家们认为该系统尚不可靠，无法达到实用的目的。

基于遥感影像的建筑物提取是一个通过影像来解决三维重建问题的复杂处理过程，造成其复杂性的主要原因在于：

（1）建筑物结构和形状的多样性不允许采用一种通用的目标模型来描述场景中各种类型的建筑物。对于那些具有规则几何形状的建筑物模型，即使给它很复杂的约束条件，也无法正确描述现实中的某些建筑物。这促使我们选择更为通用的目标模型，这样就增加了问题的难度。

（2）建筑物之间的遮挡以及内部的遮挡，还有其他地物目标，如树、车等因素的遮挡，导致无法提供完整的或者足够的建筑物结构信息。事实上，这个问题可以通过不同视点的多幅影像得到部分地解决，但这样一来问题的复杂性和计算量就增加了。

（3）阴影、噪声、低对比度、建筑物顶部的细碎结构以及其他目标的介入导致其他不相关的可疑数据出现，造成在高级阶段重建中和几何建模中的不确定性和混乱。这种问题可以通过其他的线索和约束条件得到部分解决。

（4）恢复建筑物形状的几何信息是困难的。成像传感器执行的二维采样处理过程是一个不可逆过程。因此，重建过程是一个从二维图像上恢复退化的三维信息的逆过程。虽然利用立体成像技术可以以一定的精度来实现这一过程，但这种关系是病态的。

（5）城区的独立建筑物是建筑物自动重建的主要对象。人类识别两个相邻但不同的建筑物主要是依靠建筑物的轮廓线。当前检测独立建筑物的方法，如基于灰度的数学形态学、用辅助数据源的高程信息进行图像分类等技术，只能检测与周围能完全区分的建筑物目标。这意味着在密集的建筑群中自动重建建筑物必须有人工的干预，或者利用现有的二维 GIS 信息，如独立建筑物的平面图。

7.3　基于高分辨率遥感影像的建筑物提取

基于遥感影像的建筑物提取尚无很好的、适用范围很广的方法，总的来讲，在这方面的研究工作还没有突破性进展。就目前的研究现状来看，通用的、普适的方法是不存在的。因此，学者们开始针对不同的研究对象对该问题进行了诸多的探索，以期每一种理论和方法能在一定条件下满足应用的要求，根据这种研究思路，本书选择高分辨率遥感影像中规则建筑物的快速提取与重建作为研究内容。下面，从建筑物模型的建立、建筑物的识别与检测、基于点特征、边缘特征的几何要素提取、基于自适应多窗口的角点匹配以及整体方案几个方面，详细介绍基于高分辨率遥感影像的规则建筑物提取方法。

7.3.1　建筑物模型的建立

物体模型模拟了客观世界中物体重要的物理及几何性质，是物体识别的重要依据。现实生活中地物目标的模型建立是困难的，将其原因可简单归纳如下：①物体的三维模型应包含物体的完整信息，对于一些简单物体（如多面体）这一点比较容易做到；但对于复杂物体，模型会很复杂而不易应用。②模型应有从具体到抽象的各种不同层次的表达方式，例如一个具体的桌子可以用各部分的几何形状来描述，但“桌子”是具有相同功能的一类物体的总称，我们不可能对所有具体的桌子都建模，而是希望建立一个一般的桌子模型。显然，仅仅用几何信息很难建立一个桌子的统一的模型。在设计物体模型时，通常必须考虑以下几个因素（高文，陈熙霖，1999）：①坐标系：坐标系的原点既可以选择在被观测物体的质心，也可以以观测者为中心。但是利用摄影测量方法进行物体提取的方法中，直接可以采用该领域的常用坐标系如模型坐标系或者大地坐标系。②基元：物体模型表示的基元是指用于描述物体模型形状信息的基本单元。一般分为两大类：一类是（二维的）以表面为基础的单元；另一类是（三维的）以体积为基础的基元。③组织结构：物体模型可以由一组基元组成某些基本的功能部件，再由这些功能部件组成更复杂的物体模型。④原型与样例：原型是抽象层次上的模型，而样例则是原型基础上物体的模型，设计物体模型时要综合考虑两方面。一个好的识别系统要求样例能够精确地描述任意物体，同时又要求原型能够提供抽象的性质以便匹配从而确定类别。

对于真实世界中绝大部分物体来说，尽管我们通常只看到它们的表面，但实际上它们都是三维实体。这些实体可用多种方法来表示，常用的方法有①（马颂德，张正友，1998）：①空间占有数组，利用三维数组表示三维物体。具体就是对于图像$f(x, y, z)$中任一点，如果它在给定的领域内，取$f(x, y, z)$为1，否则为0。这样所有$f(x, y, z)$为1的点组成的集合就代表了所要表达的物体。②单元分解，该方法的思路是将物体逐步分解，直至分解到可统一表达的单元。前述的空间占有数组可看成单元分解的一种特例。八叉树法（oct-tree）是常用的单元分解法。③几何模型法，也叫刚体模型法（solid models）。其又可分为两种方法，一边界表达法，用各个边界面的并集表达。二结构刚体几何法（constructive solid geometry，CSG），通过一组集合操作被表示成另外一些简单基元的组合。

建筑物的三维模型的建立包括房屋三维形体的拓扑重建（结构关系）及三维信息（坐标数据）的恢复两部分，第一项内容是指某一房屋由哪些顶点、表面、边线所组成，以及这些组成要素间存在的拓扑关系，如相邻、关联等；第二项内容是指房屋在三维现实空间中的位置、高度、边线长度、顶点点位等三维信息。对于各种建筑物基本的三维信息（包含高度信息）可以简单地用三维空间坐标表示，而对于外形各异的建筑物的点、线、面等拓扑信息描述，则相对复杂。在城市环境中尽管很多建筑物具有相似的外形，但往往不同的建筑物具有不同的几何外形特征。在GIS领域，二维GIS中一般只用建筑物的地面轮廓线表达建筑物，并使用建筑物层数一项属性作为高度信息，而建筑物层数所反映的高

① 常歌．2001．基于遥感数据的城市景观建模技术研究与实践［D］．郑州：解放军信息工程大学

度信息与实际差别太大，这种表达只反映了建筑物本身少部分的信息。另外，建筑物的空间三维几何特征，在现有的二维 GIS 中很少反映，需要进行专门的获取。在三维 GIS 中除了建筑物的基本平面位置及高度信息外，还需表达建筑物的几何外形特征（如顶部），这些几何外形特征往往体现三维对象特别是建筑物对象的独特风格（孙敏等，2002）。

对于建筑物提取，其三维信息最有效的来源是遥感立体影像对，遥感影像对所能得到的三维信息只限于摄影光束与摄影区地表面的交点，并且摄影时的姿态一般都是大致水平，因此遥感影像真实地反映了城市建筑的所有顶部信息，同时也反映了建筑物的部分侧面信息以及大部分建筑物附属信息，遥感影像是一种较理想的信息源。由于本书建筑物提取采用的线索是单一的遥感影像对（目前理想的辅助线索是利用激光扫描仪与 GPS 获取的 DSM，在激光扫描仪的地面采样率足够高的情况下所获取的几何信息相当精确，但这种数据处理的工作量大并且数据获取的代价高），因此研究中建筑物模型的建立也只能基于可视建筑物顶部的信息来完成的。针对这种情况，建筑物模型可作下述简化：建筑物可以简单看成屋顶面和各个铅直外墙面的“表面”组成。这样，建筑物的形状和种类大致可由屋顶的形状决定。由于采用的信息源（遥感影像）的特点决定了提取建筑物模型的精确程度，遥感影像上建筑物多表现为屋顶轮廓，这是建筑物建模所依赖的基本信息。城区的建筑物顶部轮廓具有多种形式，图 7.1 所示为信息的建筑物识别与检测方法：平台屋顶、人字形屋顶、屋脊形屋顶。这些屋顶所对应的实际房屋的三维模型基元如图 7.2 所示。

根据上述分析，本书建筑物模型的建立采用下述方案：利用结构刚体几何（CSG）表示方法，首先按照屋顶的形状建立几种常见的房屋二维基元（图 7.1），并分别建立它们各自的数学模型，针对每一个房屋按照其屋顶的形状对其进行归类，然后可以按照所属类别房屋对应的三维数学基本模型（图 7.2）来对每一个房屋描述。

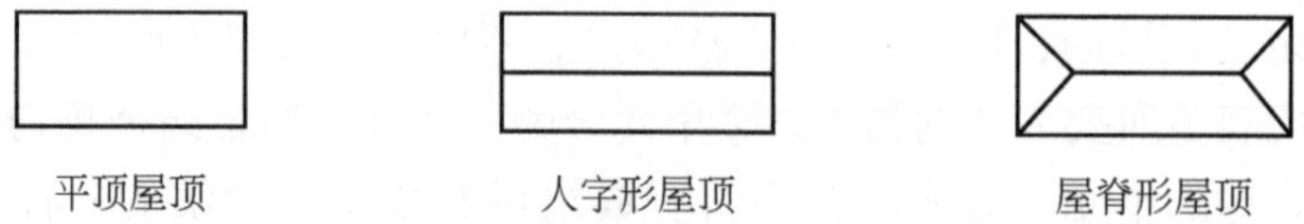

图 7.1　建筑物二维模型基元

图 7.2　建筑物三维模型基元

以上几种建筑物的顶部二维模型基元对应的三维模型基元，基本上代表了我们日常生活中比较常见的规则房屋的基本模型。对于一些比较复杂的复合房屋，虽然不能直接按照基元直接采集，但是可以按照上述模型将它们分割成上述各种基元的组合，这种思想可用图 7.3 来表示。

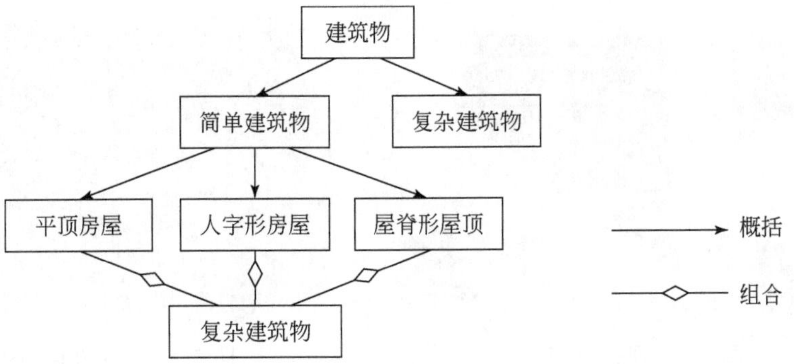

图 7.3　建筑物模型的建立

7.3.2　建筑物识别与检测

面对城市区域大量的建筑物，要实现各个建筑物的提取，首先必须识别与检测出各个目标建筑物。在图像中存在多个物体间的遮挡时，没有物体的知识是很难判别哪些几何元素是属于同一物体的，因此目标的识别与检测通常在低层次的影像特征检测之前完成，这样才能减少后续工作的复杂度。建筑物识别与检测是提取的重要基础。这个过程被认为是实现建筑物自动提取的瓶颈环节之一。这个过程通常采用一个粗糙的分割或者分类方法实现可能含有单个建筑物目标的区域与其背景区域的分割。

在遥感影像中，通常可以利用阴影分析和房屋顶部与底部的特征分析，也可利用同一物体图像点灰度的连通性，来识别与检测建筑物。但前者存在计算复杂，效率低的缺点，而后者在噪声的影响下或物体相互遮挡的情况下则无法应用。造成这些方法失效的原因包括，屋顶和周围的低对比度可能造成低层次的分割产生碎片，以及相邻的目标如树和其他的地物引起更多的碎片和噪声边界。分析表明，不仅灰度信息不足以对图像分割，更高层次的特征和形状等几何信息也不足以给出准确的分割结果。本书根据规则建筑物的特点，单纯以立体遥感影像作为数据基础，提出一种基于高度线索的建筑物识别与检测方法。

在实际应用中，各类房屋通常都是高出地面的，我们可以对左右影像利用灰度匹配或者特征匹配技术，建立房屋顶部的密集视差表面，从而形成包括地面与屋顶区域在一起的数字表面模型，如图 7.4 所示。上述高程模型对于房屋的识别与提取是非常有意义的，例如，对于平屋顶的房屋，其顶部区域的各点高程值相等，并且这些点组成的区域形状比较规则，有了这些特征信息，借助高程模型就可以确定房屋的边界和房屋的高度。理想中这种方法不仅可以用来进行目标的识别与检测，而且可以直接完成目标的提取。但实际上上述模型很难得到，在城区高分辨率遥感影像中，各种人工地物和自然地物将城区表面划分为很多不同的视差域，视差域边界对应着表面深度断裂，视差域的内部如果是人工地物顶面则往往缺乏纹理变化，这两种情况都会给影像匹配带来困难。实际中由于匹配的错误而产生的后果是很难准确地获取房屋边界以建立可靠的房屋模型。尤其对于周围有树木、高度较低的房屋更是非常困难。实际中依靠匹配获取的 DSM 的形状通常如图 7.5 所示。

图 7.4　理想 DSM

图 7.5　匹配获取 DSM

在前面提到的利用激光扫描仪和 GPS 获取高精度 DSM 识别和提取建筑物就采用了这种思想，如果获取的 DSM 精度足够高，利用其提取的建筑物几何信息也会相当精确。利用匹配生成的 DSM 与直接法获取的 DSM 相比，其精度不足以用作目标的提取，但是用于建筑物的识别和检测则完全满足应用的要求，因此将其作为识别和检测建筑物的重要依据。这种方法的步骤如下：①通过影像匹配建立密集视差表面形成 DSM；②对 DSM 利用结构算子进行数学形态学的腐蚀（erosion）和膨胀（dilation）操作，可获取近似的 DEM；③从DSM 中减去 DEM 得到局部高出区（height peaks）；④对局部高出区进行基于图像的域值分割，进而获取房屋的兴趣区域（region of interest，ROI）；⑤对 ROI 进行过滤操作去掉其他干扰引起的分割结果。通常过滤操作的依据包括：分割区域离地面的最小距离、分割区域的最小尺寸（宽度和长度）、分割区域的面积和直径、区域的形状分析等方面。最后得到的结果如图 7.6 所示。

上述这种依赖高程信息的建筑物识别与检测方法，对于图 7.7 所示的密集城市地区则无法应用。

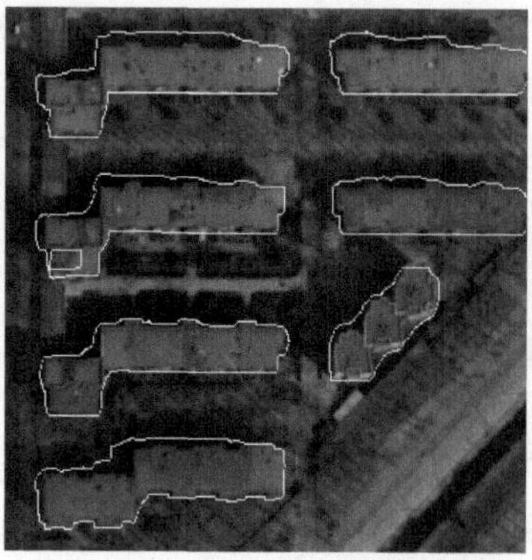

图 7.6　识别与检测的结果

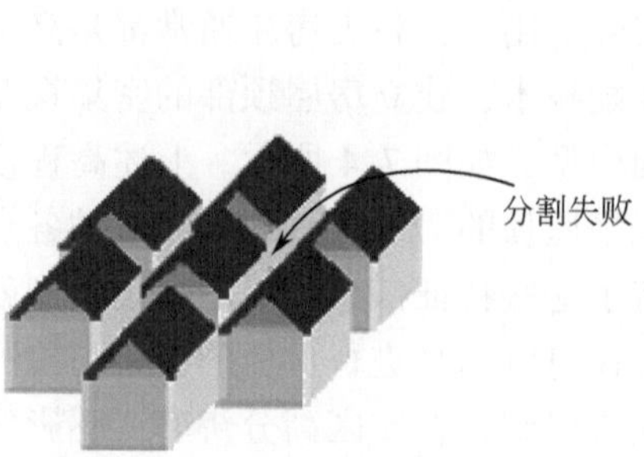

图 7.7　城市密集建筑物群

7.3.3　基于 SUSAN 算子的角点提取

角点是图像的一种重要局部特征，它决定了图像中目标的形状，因此在图像匹配、目标识别等领域，角点提取具有十分重要的意义。建筑物提取的关键步骤之一就是从图像上有效提取和表达该特征。本书采用一种基于灰度的角点提取算子：SUSAN 角点检测方法。它具有方法简单、特征定位比较准确、抗噪声能力强等特点，并且适于实时图像处理。下面简要介绍 SUSAN 算子的基本思想和 SUSAN 算子在角点检测中的应用（张坤华等，2002）。

1. SUSAN 算子

定义：吸收核同值区，如图 7.8 所示，用圆形模板在图像上移动，若模板内像素的灰度与模板中心像素（核）灰度的差值小于给定的门限，则认为该点与核具有相同（或相近）的灰度，由满足这样条件的像素组成的区域称为吸收核同值区（univalve segment assimilating nucleus，USAN）。

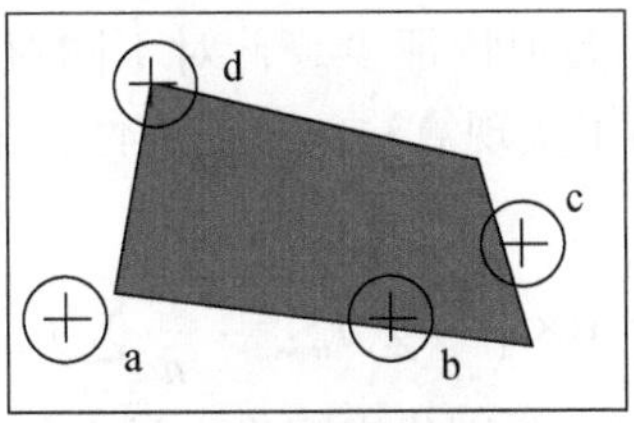

图 7.8　模板的位置

a. 模板位于背景中；b. 模板在边缘附近；c. 模板位于边缘；d. 模板位于角点

具体检测时，是用圆形模板扫描整个图像，比较模板内的每一像素与中心像素的灰度值，并给定阈值来判别该像素是否属于 USAN 区域。如下式

$$c(r, r_0) = \begin{cases} 1, & \text{if} \left| I(r) - I(r_0) \right| \leq t \\ 0, & \text{if} \left| I(r) - I(r_0) \right| > t \end{cases} \tag{7.1}$$

式中，$c(r, r_0)$ 为模板内属于 USAN 区域的像素的判别函数，$I(r_0)$ 是模板中心像素（核）的灰度值，$I(r)$ 为模板内其他任意像素的灰度值，t 是灰度值门限。则图像中某一点 USAN 区域的大小可由下式表示

$$n(r_0) = \sum_{r \in C(r_0)} c(r, r_0) \tag{7.2}$$

式中，$C(r_0)$ 是以 r_0 为圆心的模板。

USAN 区域包含了图像局部许多重要的结构信息，它的大小反映了图像局部特征的强度。当圆形模板完全处在背景或目标中时，USAN 区域面积最大（如图 7.8 的 a）；当模板移向目标边缘时，USAN 区域逐渐变小（如图 7.8 中的 b）；当模板中心处于边缘时，USAN 区域很小（如图 7.8 中的 c）；当模板中心处于角点时，USAN 区域最小（如图 7.8 中的 d）。在得到每个像素的 USAN 区域后，再由下式产生 USAN 特征图像

$$R(r_0) = \begin{cases} g - n(r_0), & \text{if} \quad n(r_0) < g \\ 0, & \text{other} \end{cases} \tag{7.3}$$

式中，g 为几何门限，g 取得越小，所检测到的角点越尖锐，用这种原理，取不同的几何门限，不但能检测特征点，还可以检测角点、边缘等特征。

2. 基于 SUSAN 算子的角点提取

在运用 SUSAN 算子提取角点的过程中，涉及的参数包括：g 和 t 这两个门限值、模板的形状和尺寸。这些参数的确定直接关系到角点检测的结果。

1）g 和 t 的确定

门限 g 决定了输出角点的 USAN 区域的最大值，只要图像中的像素具有比 g 小的 USAN 区域，该点就被判定为角点。g 的大小不仅决定了所检测到的角点的尖锐程度，也决定了能从 USAN 区响应矩阵中提取点特征的数量。一般取 $n_{\max}/2$，$n_{\max}$ 是 $n(r)$ 所能达到的最大值。g 主要影响角点的尖锐性，g 越小，所得的角点越尖。通常提取边缘上特征点的 g 值要大些。

门限 t 表示所能检测角点的最小对比度，也是能忽略噪声的最大容限，并决定了提取特征量的多少，t 小则特征多，t 大则特征少。针对不同对比度的图像，应取不同的 t 值，才能有效地提取所需的特征。为了实现算法的自适应性，采用下述方法来自动地根据图像质量确定 t 值：

$$t = \alpha \times \left(\frac{1}{n}\sum_{i=1}^{n} I_{i\max} - \frac{1}{n}\sum_{i=1}^{n} I_{i\min}\right) \tag{7.4}$$

式中，$I_{i\max}$ 和 $I_{i\min}(i=1,\ 2,\ \cdots,\ n)$ 分别代表图像中最大的 i 个灰度值和最小的 i 个灰度值，n 一般取 5 ~ 10，α 一般取 0.15 ~ 0.30。

2）模板形状和尺寸的选取

为了保证提取角点的各向同性，SUSAN 算子采用圆形模板。在实际运用中，为了克服圆形模板量化误差，本书采用 $m \times m$ 的方形模板进行扫描。通过实验证明，检测到的角点精度与采用近似圆形模板检测到的角点精度相差不大，并且提高了运算速度。

实验结果也表明角点的精度与模板的大小无关，这是因为无论模板取多大尺寸，角点一定发生在最小 SUSAN 区域处。模板的大小与能够检测到的角点的数量有关，模板取得越大，能够检测到的角点数越少，另外模板的大小决定运算量的大小，实验中一般取 5 ~ 15。

由于 SUSAN 原则进行角点提取是基于灰度的统计性质的，因此当图像目标边缘模糊，尤其是当存在角点的边缘模糊时，角点提取会不精确，甚至失败。基于 SUSAN 原则中对比度越低，门限 t 应取越小的准则，可适当降低 t 的取值，以提取模糊边缘处存在的初角点。但是门限 t 的减小会导致提取的初角点中存在一部分边界点，然而这并不是缺点，我们在提取建筑物的过程中，所需要的几何要素不仅需要角点，也需要边缘点。另外用 SUSAN 原则检测角点特征，降低 g 的取值，也会导致提取的初角点中存在一部分边界点，这就为后续利用 Hough 变换来提取边界提供了条件。如图 7.9 所示是用不同方法提取的具有噪声的图像目标边缘结果。

实验结果表明，该算子可以一次性快速检测出角点、交点、边缘点，而且无方向性。由于 USAN 区域的积分效应具有很强的抗噪能力和较高的检测精度，所以用 SUSAN 算子能在较强噪声中提取出目标的特征点，而且定位准确。

7.3.4 基于 Hough 变换的直线段提取

边缘线是构成图像特征的基本要素，是图像性质的重要表现形式之一。边缘中包含有

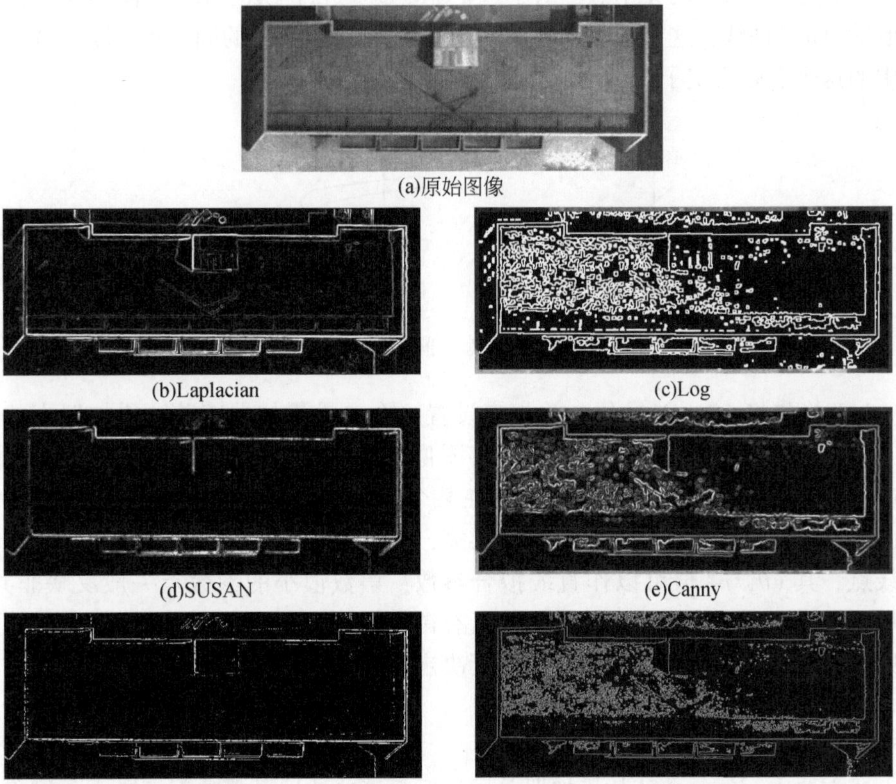

(a)原始图像
(b)Laplacian　(c)Log
(d)SUSAN　(e)Canny
(f)Haralick　(g)Wavelet

图 7.9　目标特征提取结果

价值的目标边界信息，这些信息可以用于图像分析，以及目标识别等方面。提取边缘特征是图像特征提取中的重要一环，是解决图像处理中许多复杂问题的一条重要途径。建筑物是一种几何形状相对规则的多面体，其大量的识别信息隐含于规则形状之中，遥感影像上的建筑物主要表现为房顶的影像几何结构，直线结构、角点等是房屋存在的最直接证据。对于房屋顶部的边界轮廓线特征提取是识别整个房屋的有效手段，另外影像上的房屋角点是房屋相邻两条边缘的交点，提取组成房角的相邻两条房顶边缘直线，解算交点就可以得到房角点的坐标。在上一节中，利用 SUSAN 算子检测完角点后，不仅得到建筑物的角点，而且得到足够的边缘点。由于无法直接确定角点的位置或者说很难进一步区分角点和边缘点，同时考虑这些角点和边缘点构成建筑物顶部的轮廓线，因此这里不再选择角点作为提取建筑物的线索，而是利用边缘线作为线索来确定建筑物顶部形状。本节将在上述角点提取的基础上，利用 Hough 变换完成建筑物顶部轮廓线的提取。

1. Hough 变换

在极坐标系中的一条直线可以表示为

$$r = x\cos\theta + y\sin\theta \tag{7.5}$$

其中，$180° > \theta > 0$，$-R > r > R$，这里 R 是原点到直线距离的最大可能值。如图 7.10 所

示，假定位于同一直线上的 n 个点，对于这 n 个点逐一进行上述变换，则在参数空间（θ，r）中对应地得到 n 条曲线，这 n 条曲线必定经过参数空间（θ，r）的同一点（θ_0，r_0）。找到参数空间中的这个点就决定了图像空间中的这条直线。

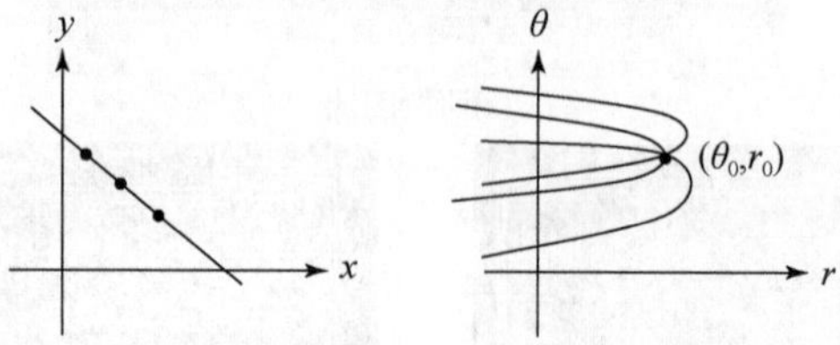

图 7.10　图像空间与参数空间

Hough 变换先将（θ，r）量化，并相应设置一个二维累加器矩阵。累加器中的每个元素描述了（θ，r）平面上的一个离散点。将图像中的每一个特征点代入 θ 的各个量化值，算出对应的 r，计算所得值（经量化）落在某个小格内，便对参数空间（θ，r）中的该量化点对应的累加器进行投票。当全部点变换完，对参数点进行检验，票数值大的参数点对应于共线点，其（θ，r）值可以作直线拟合参数；票数值小的参数点一般反映非共线点，丢弃不用。最后在二维累加器矩阵中找出所有得票数目较大的参数点，若票数超过某一门限值，则认为有足够的图像点位于该参数所决定的直线上。

2. 改进的 Hough 变换

在上述方法中，每一个计数累加器单元最后只简单地记录着映射于其上的图像点的数目，并根据该数目来确定直线的存在，而没有考虑对该直线投票的点的其他信息。这种方法存在一个严重不足：无法区分直线和直线段，只能得到直线的参数方程，而无法得到直线段的实际长度和端点位置。在利用 Hough 变换提取房屋轮廓边缘的过程中，如果是矩形房屋，则可以得到四条边缘直线，而这四条直线的相邻位置关系是很容易确定的；但是如果屋顶是多边形，那么利用传统的 Hough 变换，将得到一组直线，单纯根据一组直线参数无法确定其相邻位置关系，当然也就无法得到房屋的轮廓线。例如，如图 7. 11（a）所示的多边形屋顶经 Hough 变换处理后，在影像空间中得到的是一个如图 7. 11（b）所示的直线网。显然根据该直线组是无法确定屋顶的多边形形状的。

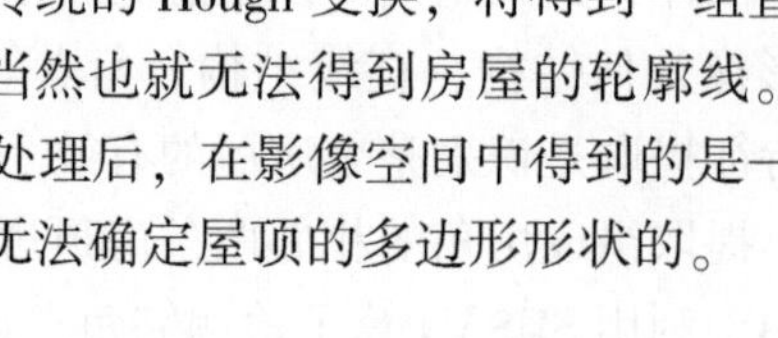

(a)多边形屋顶　　(b)Hough变换结果

图 7. 11　传统的 Hough 变换

为解决边缘线的有序问题，需要把对本参数单元投票的图像点全部记录下来，但由于计算机存储量的限制，很难做到，若强制做到，势必降低参数空间的量化精度，最后导致直线参数不精确。虽然对参加投票的图像点全部记录很难，但是记录它们的坐标范围，则不难实现。有了这些直线上的点的坐标范围，相当于得到直线段的信息。这就是改进的 Hough 变换的主要思想。实际应用当中，我们需要增加 4 个与二维计数累加器矩阵同样尺寸的矩阵，来分别记录对参数空间的每一个量化点进行投票的点的坐标范围，包括 $x_{\min}$，$x_{\max}$，$y_{\min}$，$y_{\max}$。

传统的 Hough 变换中，对于图像上的每一个轮廓点 (x, y)，需要代入 θ 的各个量化值，算出各个 r，计算所得值（经量化）落在某个小格内，便对参数空间 (θ, r) 中的该量化点对应的累加器进行投票，这样一来运算量就很大。为了降低 Hough 变换的大运算量，在改进的 Hough 变换中，本书借助一些边缘检测器如 Canny 算子提供边缘的方向信息来简化 Hough 变换，对于图像上的每一个轮廓点 (x, y)，就不需代入 θ 的各个量化值，只需代入由边缘检测器检测的直线的方向角（边缘梯度相垂直），这样就使运算从二维搜索降为一维搜索，大大减少了 Hough 变换的计算量。

为了检验改进后的 Hough 变换的性能，对图 7.12（a）所示某一特定窗口内的建筑物进行改进的 Hough 变换提取实验，其中图 7.12（b）是利用 SUSAN 算子特征检测的结果，图 7.12（c）和图 7.12（d）分别是二值化和细化的结果，在上述基础上，对细化的结果

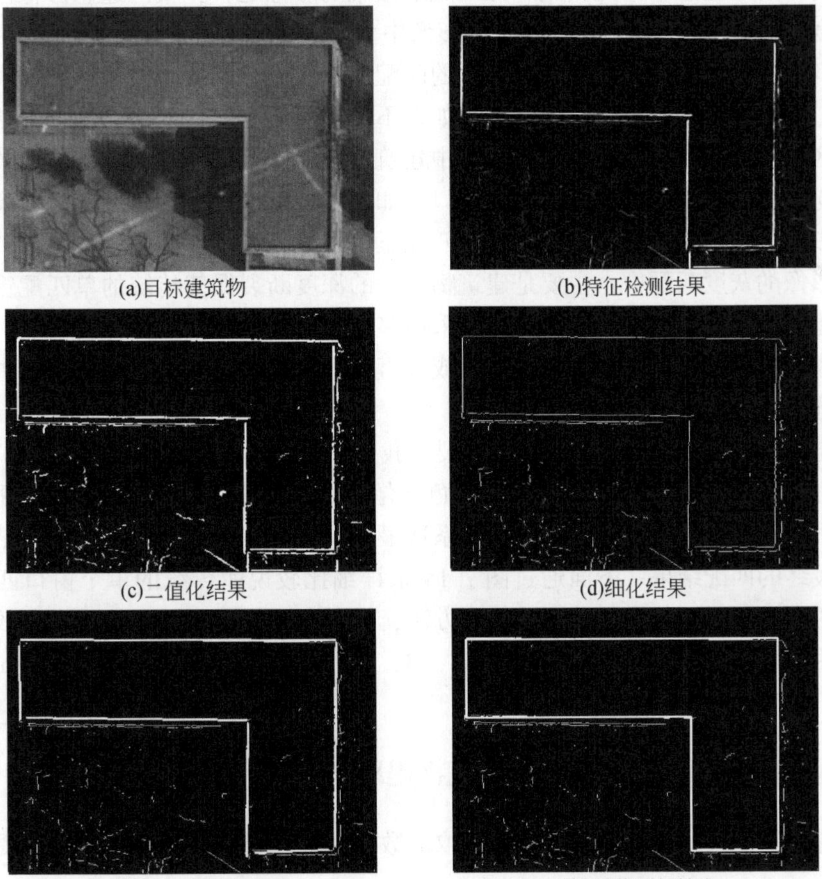

(a)目标建筑物　(b)特征检测结果

(c)二值化结果　(d)细化结果

(e)改进Hough提取结果　(f)建筑物顶部轮廓

图 7.12　改进 Hough 变换实验

利用改进的 Hough 变换就可以检测出房屋顶部轮廓中的直线段，如图 7. 12 (e) 所示，然后根据相邻关系进行线关系的搜索最后形成房屋顶部的二维模型，结果如图 7. 12 (f) 所示。实际中对于那些由于遮挡或者其他因素影响而不能获得的建筑物轮廓边缘的直线段可以通过建筑物的对称性和边缘的直线性计算求得。由于 Hough 变换是统计平均的结果，所以求得的结果较为稳固，受噪声的影响较小。

与传统的 Hough 变换相比，改进算法不仅提高了运算速度，而且更好地利用了图像空间与参数空间的对应关系，由于 Hough 变换的统计特性，因此其具有更强的稳定性和提取直线参数精度高的优点。

7. 3. 5 自适应多窗口的角点匹配

在完成基于影像的建筑物二维模型提取后，这些二维模型需要通过匹配获取三维信息，并借助地面高程信息确定房屋的高度，从而实现建筑物完整的三维模型建立。建筑物二维模型中核心的基本几何要素就是角点，因此我们需要完成的一项工作就是对角点进行匹配从而确定角点的三维信息。

城区高分辨率遥感影像是实施影像匹配最困难的影像之一，城区遥感影像匹配特有的困难是深度断裂①。这类现象在城区遥感影像中大量存在，几乎所有的房屋都因高出地面而产生深度断裂。表面深度断裂直接产生的匹配困难有两个，一个是难以加以表面连续或光滑约束；二是在影像中产生遮蔽区域，如果不能正确地分离出遮蔽区域，其灰度信息将干扰正常区域的匹配。对于城区遥感影像中建筑物角点的匹配，基于灰度的相关系数匹配方法成功与否，很大程度上取决于匹配窗口，如果参考窗口内不含深度断裂，窗口内的影像在目标影像中未被遮蔽且纹理丰富，则匹配正确可靠，否则匹配结果不可靠或失败。在城区遥感影像的灰度匹配中，主要是建筑物产生的深度断裂促使传统的单匹配窗口无法使用，鉴于建筑物边界形状的规则性，可以采用多种窗口的形式来避开深度断裂。这里我们假设建筑物的边缘与影像扫描线近似平行或垂直。根据这个思路，下面探讨一种灵活的窗口自适应选择方法。

为了避开影像匹配窗口中的深度断裂，我们对每一个角点沿着扫描线方向采用如图 7. 13所示的五种窗口进行匹配，其中黑色的像素点表示待匹配点。匹配方法采用基于灰度的相关系数匹配，五个匹配结果中相关系数最大并且大于给定的阈值的一个结果被保留下来作为最终的匹配结果。下面通过图 7. 14 来详细比较说明传统的单个窗口匹配与我们的多窗口的匹配，采用传统的单窗口匹配方法，显然点 A，B，C，D 的匹配失败或者不可靠。而采用本书提出的多窗口方法，点 A，B，C，D 分别可以通过图 7. 13 (a)，(b)，(c)，(d) 四个窗口匹配成功。

7. 3. 6 基于立体遥感影像的建筑物提取方案

本书选择立体遥感影像作为建筑物提取的数据源，该数据源的特点决定了提取过程的

---

① 孙善芳 . 1994. 从航空影像提取城区表面信息［D］. 武汉：武汉测绘科技大学

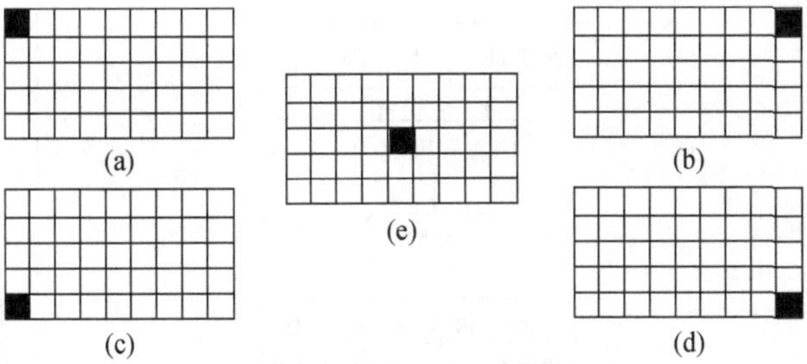

图 7.13　多窗口匹配中的窗口

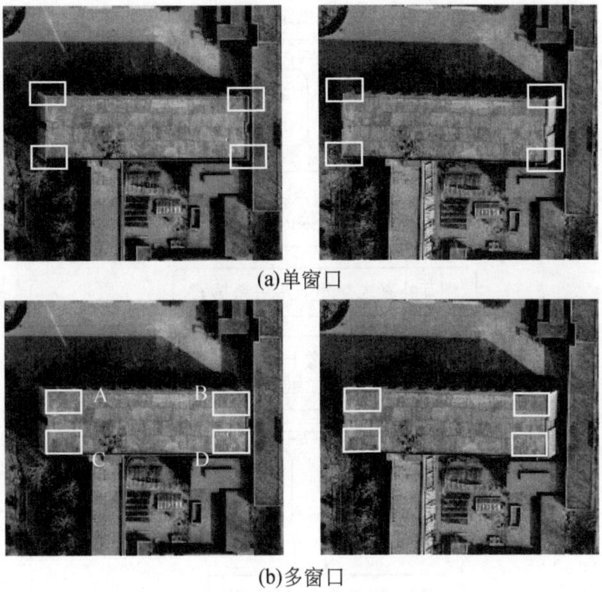

图 7.14　传统单窗口匹配与多窗口匹配

设计。这里三维建筑物识别与提取过程首先是一个基于灰度图像的二维物体（建筑物顶部二维模型）识别和提取问题，然后利用匹配技术将顶部的二维模型转换为三维模型，最后结合房屋高度信息实现建筑物完整三维信息的提取，因此本书建筑物提取方法是结合二维图像和三维高度信息来完成的。

前面从建筑物模型的建立、基于高度信息的建筑物目标识别和检测、基于 SUSAN 算子的角点检测、基于 Hough 变换的直线提取以及基于自适应多窗口的角点匹配等几个方面对本方案中的若干技术基础进行了讨论。整个建筑物提取方案如图 7.15 所示，其主要步骤如下。

1. 建筑物的识别与检测

首先利用匹配获取 DSM，然后借助其高程信息完成建筑物的识别与检测。

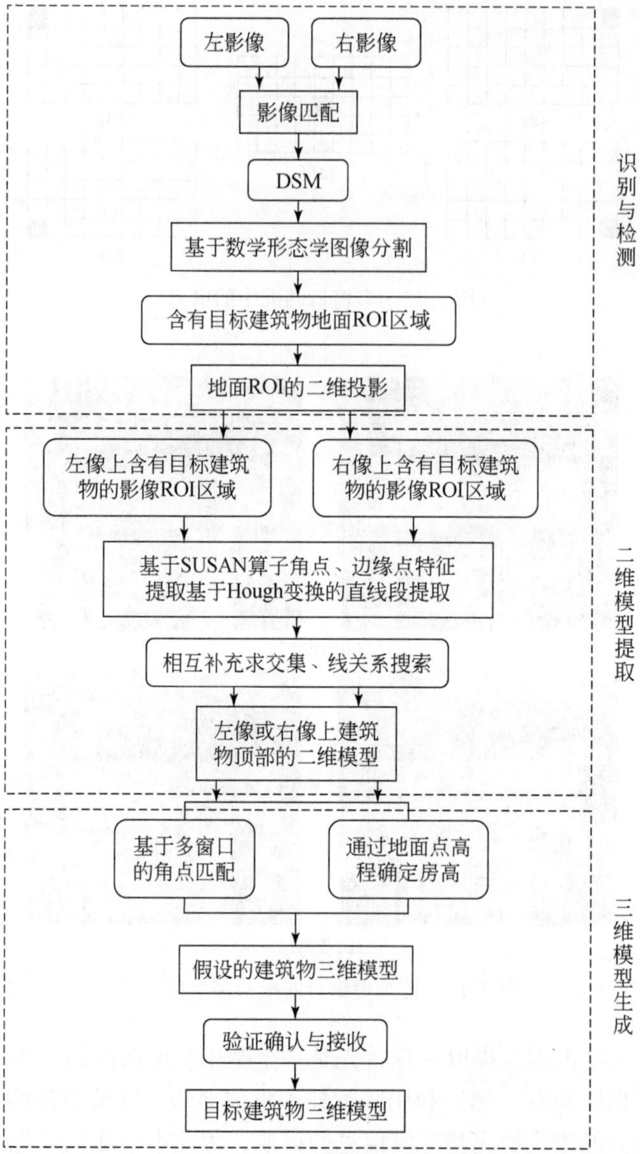

图 7.15　系统提取方案

2. 建筑物顶部二维模型的建立

(1) 角点及边缘点的特征检测。

(2) 边界轮廓线的提取。

(3) 线关系的搜索。

(4) 候选建筑物顶部二维模型的生成。

考虑立体像对的左右像对影像信息的互补性，同时在左右像片上进行上述前两步操作，这两种途径都可提取出建筑物边线，将两种途径各自产生的结果相互补充后取交集，可得到更加可靠的建筑物边线。然后对所得到的建筑物边线进行关系检索，并存储为线关系图。为减少线关系图，长度小于预定义阈值的线和与其他线的夹角不近似于直角的线不参与搜索。最后根据线关系搜索的结果生成候选建筑物顶部二维模型。实际上，图 7.12 所示的改进 Hough 变换实验就描述了上述建筑物顶部二维模型的建立过程，不同之处在于这里的提取考虑了左右影像的互补性。

3. 建筑物三维模型的生成

前两步操作只获取了建筑物顶部的二维模型。立体像对相关匹配是获取三维数据的主要方法之一。通过匹配可以获取建筑物顶部二维模型所对应的三维信息。在获取上述信息后，我们仅完成了建筑物顶部的三维重建，要实现建筑物完整三维信息的提取，必须获取建筑物的高度信息。对于建筑物高度的确定，只需确定建筑物可视的底部点高程或者建筑物周围邻近的地面点高程，然后与屋顶的角点高程作差，即可确定房屋的高度。地面点（或者建筑物的底部角点）高程确定通常有三种方式：①人工量测。在采集完屋顶的顶点数据后，通过立体匹配自动采集地面点的三维坐标。②DTM 内插。如果有 DTM 数据的支持，在采集完屋顶的顶点数据后，根据 DTM 在屋顶区域的内插值，获取地面点的高程。③对于平坦地区，地面高度可人工给定。

7.3.7　实验结果与分析

为验证上述的方法，本书挑选了一对房屋为中等密度的城区遥感影像对作为实验对象，下文所列结果为该像对实验结果中截取的一个可说明问题的影像窗口。该立体影像窗口如图 7.16（a）和图 7.16（b）所示，实验结果如图 7.17、图 7.18 以及图 7.19 所示，分别代表了建筑物提取过程中三个阶段（包括识别与检测、二维模型提取、三维模型生成）的结果，其中图 7.17 为建筑物检测的结果，图 7.18 为所提取的建筑物顶部二维模型，图 7.19 为对应的建筑物三维模型。

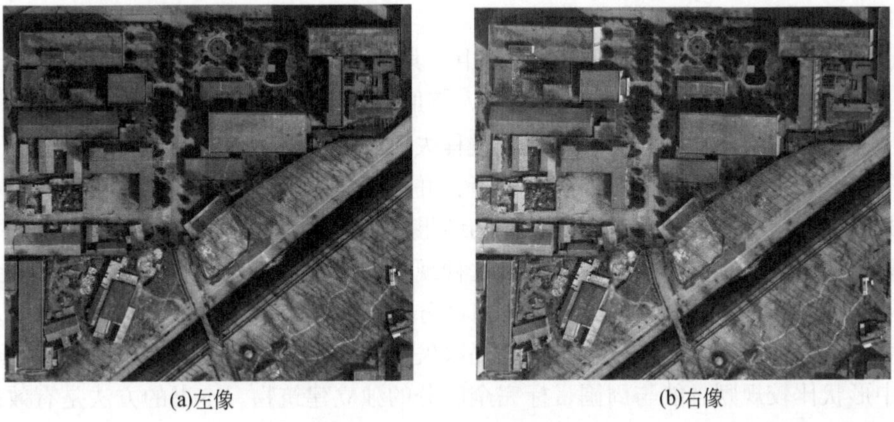

(a)左像　　(b)右像

图 7.16　城区遥感影像对

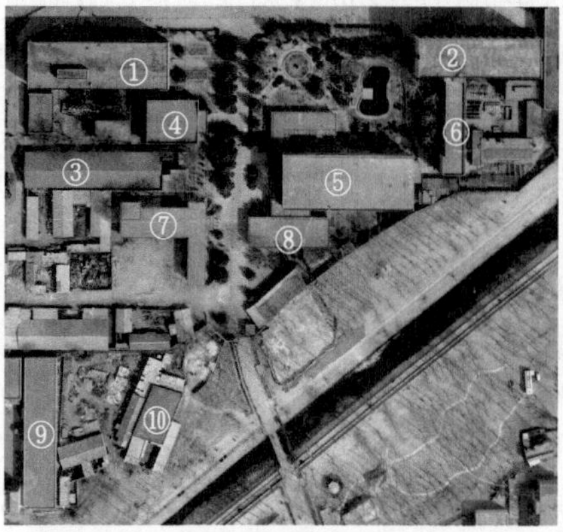

图 7.17　建筑物识别检测的结果

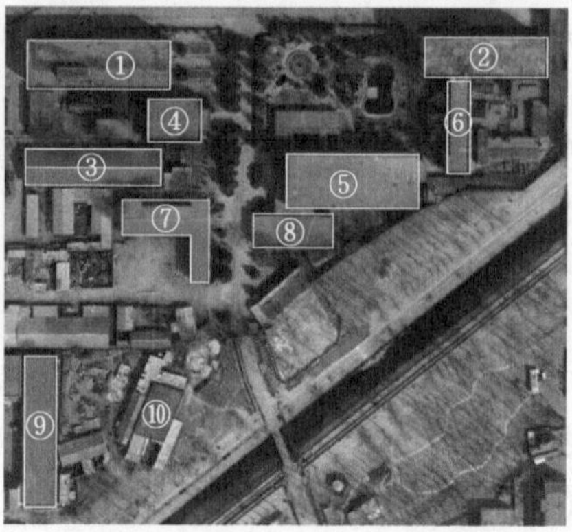

图 7.18　建筑物顶部二维模型

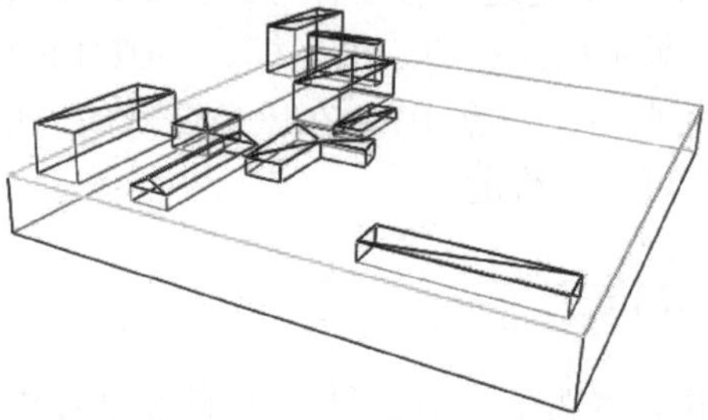

图 7.19　建筑物三维模型

在图 7.17 所示的建筑物识别检测结果中，共有 10 幢房屋。其中，7 幢矩形房屋，包括①②④⑤⑧⑨⑩、2 幢多边形房屋，包括⑥⑦、1 幢人字形房屋③。最终的三维数据显示，这些房屋的最低高度为 3m。从该结果可以反映出基于高度信息的检测方法只能检测出与周围能完全区分的高大建筑物目标，对那些周围具有树木或其他目标遮挡、高度较低的建筑物则检测失败。

在图 7.18 所示的建筑物二维提取结果中，共有 9 幢房屋。其中，7 幢矩形房屋，包括①②④⑤⑥⑧⑨、1 幢多边形房屋⑦、1 幢人字形房屋③。与识别和检测的结果对比发现，⑥⑦房屋的提取有误差，⑩号房屋的提取过程失败，从该结果可以反映出基于房屋顶部结构特征的提取方法一般要求房屋的边缘清晰，并且无法检测出长度较短的边缘线，因此对于那些具有细碎顶部结构的建筑物，提取的结果往往比较粗糙，如⑥⑦房屋。另外从实验中也发现，房屋越大，提取的结果越好，这种现象的出现在于房屋越大时，房屋轮廓几何结构也更容易与周围的其他目标如树、道路区分开来；相反，房屋的各种几何特征容易被当成噪声或者其他干扰因素剔除掉，造成提取失败，如房屋⑩。从实验结果总体来看，对于影像中形状比较规则且能与周围目标完全区分的独立建筑物，本书的方法是有效的。

7.4　基于遥感影像的线状地物提取

7.4.1　影像道路的基本特征

对遥感影像地物的自动提取首先必须明确所要提取的目标的定义及其特征。线状地物或线特征与其他地物的区分主要是几何上的。因此可以将它定义为有一定长度，可以用曲线（不管它是否封闭）来表示的地物。像道路、河流、水域的边界等都是线特征，其中道路的提取最为重要。

对特定地物的描述将导出相应的知识和约束，成为提取的基础。以道路为例，Vosseleman 和 Knecht 将之描述为几何（geometric）、光度或辐射度（photometric）、拓扑（topologic）、功能（functional）和关联或上下文（contextual）的特性。这里进一步将它描述为景物域和影像域知识以及这些约束的不同层次。道路的功能和上下文特性是其在景物域或物方空间的知识，偏重于语义描述；而道路的光度、几何和拓扑特性则由景物域的特征投影到影像域，它们有着直接对应的关系。下面是定义线状地物的各种特性的详细描述①。

1. 几何特性

（1）宽度：垂直于线长度方向的线状目标的横向（断面）尺度。

（2）宽度的一致性：沿线长度方向的宽度变化程度。

（3）形状、大小和朝向：反映了线状地物延伸的尺度和范围。

（4）曲线：线的弯曲程度，不同的目标在不同的分辨率和考察的尺度范围，以及不同的环境和地形下，呈现不同的曲率和曲率变化率。

（5）模式：在像道路连接等处，会形成“T”字形或十字形的几何模式。

2. 辐射特性

线状目标的反射特性，以及与周围环境的对比度。包括局部断面的平均光谱特征、光度一致性、对比度和局部断面（图像）直方图。

3. 拓扑特性

拓扑特性表示了线状目标满足作为网络一部分的完整性程度，以及连接的类型。连接类型有 T 形，X 形和 Y 形等。显然大多数情况下具有拓扑特性的指道路和水系。

（1）完整性：各个段连接起来的程度。

（2）连接性：连接类型，以及作为网络一部分的连接的正确性。

① 胡翔云 . 2001. 航空遥感影像线状地物与房屋的自动提取［D］. 武汉：武汉测绘科技大学

4. 上下文特性

（1）周边区域的关联特性：包含线特征的区域内存在的关联目标，例如，可以用高水平的语义表达的一些基本地物类别，如城区或农村（可以扩展为植被区域、荒地和居民区等）。

（2）局部上下文线索：目标之间的关系，例如，密度、朝向，大小、相邻目际的排列方式等。

（3）高程断面（elevation profile）：将线特征叠加到 DEM 上会得到一些有用的线索，如可以区分房屋的轮廓线和道路。

5. 功能特性

人工目标在现实世界所实现的功能。例如，不同类型的道路、铁路作为交通网络系统的一部分，起着连接人类活动区和运输通道的作用。由此可以导出其他特性，如为了实现这一功能，道路一般比较平整（反映到影像则是道路路面的灰度一般较为均匀），形状上大多数情况下不会有剧烈的曲率变化，不会无故中断，段与段之间存在连接以形成网络等。

根据上述线状地物的特性定义，道路的特征可以总结成如下几个方面。①几何特征：长条状（一定的长度，大的长宽比）、曲率有一定的限制、宽度变化比较小、方向变换比较慢；②辐射特征：内部灰度比较均匀、与其相邻区域灰度反差较大、一般有两条明显的边缘线（边缘梯度较大）；③拓扑特性：不会突然中断，相互有交叉，连成网络；④功能特征：一般都有指向，与村庄、城镇等居民地或人工设施相连接；⑤关联特征：与道路相关的影像特征，如高架道路产生的阴影可能遮断道路表面的树木、路边的行树等。

7.4.2　影像道路特征提取的基本过程

影像特征的提取，即从影像中提取有用的信息和视觉特征。按照 Marr 视觉理论，视觉从最初的原始数据（2 维影像数据）到最终对 3 维环境的表达经历了 3 个层次：①要素图。它包含图像边缘点、线段、顶点、纹理等基本几何特征，这个层次称为低层次处理。②2.5 维图。它是要素图与 3 维图像模型之间的中间表示层次，包含物体表面的局部内在特征，这个层次称为中层次处理。③3 维图。以物体为中心的 3 维描述，它是由要素图与 2.5 维图得到的。它包含对物体的理解、识别等，这个层次称为高层次处理。

与其他特征提取一样，道路特征提取同样遵循 Marr 视觉理论。道路特征提取应该在低、中、高三个层次上进行。道路特征提取一般方法主要分以下阶段，如图 7.20 所示。

对影像从不同角度进行分析，在各个层次采取适当的算法，即可得到不同的特征提取方法。影像道路特征提取与众多学科如计算机图形学、模式识别、人工智能、数学等密切相关，相关学科新的方法的应用，推动着道路特征提取方法的发展。

7.4.3　影像道路特征提取的研究现状

根据道路特征提取的自动化程度，一般地，道路特征提取分为自动特征提取和半自动

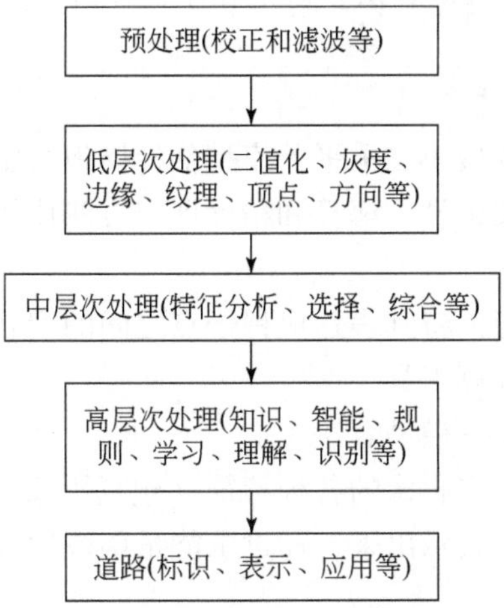

图7.20 道路提取的一般方法

特征提取。全自动提取无疑是遥感影像目标识别与提取的发展方向和最终目标。但由于遥感影像的复杂性和多样性，对道路等人工地物的自动提取涉及计算机视觉、人工智能、模式识别与图像理解等诸多方面。因此，尽管自动提取道路等线状地物的研究已经进行了许多年，国内外专家在这方面做了大量的探讨和努力，但至今还没有一种针对各种道路类型和比例尺（分辨率）影像的通用提取策略和算法，“在可预见将来”全自动提取是不现实的。因此，充分利用人与计算机各自的优点，将人的“识别”能力与计算机的“量测”与“定位”能力相结合，采取人机交互方式进行半自动提取是目前条件下提取道路行之有效的方法。

1. 半自动道路特征提取（林宗坚，刘政荣，2003）

半自动道路特征提取即利用人机交互的形式进行特征提取和识别。其主要思想是由人工首先在道路上或道路附近提供初始道路点（种子点），有时还提供初始方向，然后再由计算机根据人工点进行识别处理。通过适当的人工干预，保证提取的准确性。这种方式较好地结合了人与计算机各自的优势，在目前计算机识别能力不高的情况下，具有较高的实用价值。

目前由于半自动道路提取更具有实用性。国内外测绘界、计算机视觉、模式识别与人工智能等领域都对遥感影像上线状特征（道路）半自动提取进行了深入研究，国外如美国的Mckeown实验室、瑞士的“Amobe”项目、德国的波恩大学、奥地利的格拉茨大学和法国的地理院等；国内如武汉大学、国防科技大学、解放军信息工程大学等在这方面都做了许多工作，取得了很大的成绩，有的成果已具备初步的实用价值。但由于对遥感影像理解的复杂性，现有的提取算法基本上还是处于试验阶段，其实用性、通用性、准确性等方面离大规模实际应用的要求还有较大差距。道路半自动提取算法一般由道路影像增强确定道路点；根据上一步结果，进一步发现一些道路“种子点”；跟踪、扩展“种子点”，形成道路段；连接与显示道路这几步组成。算法大多是基于对遥感影像线状地物的灰度特征和几何约束的整体优化加以设计。不论是动态规划、可变模型还是Snake方法、最小二乘B

样条和 Snake 相结合的 LSB-Snake 方法，区别在于优化计算手段有所不同。以下是一些常见的算法。

1）最小二乘模板匹配算法

给出特征点的初始值，以最小二乘平差模型估计模板与影像之间的几何变形参数。该算法可以方便地加入各种约束条件。解算和精度评定方法比较成熟，可获得较高的精度。

2）动态规划算法

导出道路的一般参数模型，将其表达成种子点之间的“代价”函数，以动态规划作为确定种子点之间最优路径的计算工具。

3）Snakes 或 Active Contour 模型算法

该算法源自计算机视觉，将影像的各种特征（包括影像强度和影像梯度）及连续性与平滑性约束在一个能量函数中表示出来，通过求能量函数的极值点来达到提取影像中目标的目的，并可扩展到三维。

4）最小二乘 B 样条 Snakes（LSB-Snakes）模型算法

在道路提取中，一种研究较多的方法就是基于最小二乘 B 样条曲线的道路识别方法。它是将最小二乘与 Snakes 方法相结合的方法，可以将线状特征的样条描述和影像特征很好地结合，并可由多影像扩展到三维，具有严密的理论。其基本方法是：首先人工给定道路曲线上的一些初始种子点，然后由这些点用最小二乘法构造样条曲线，并设定适当的宽度，得到有一定宽度的带状初始道路；其次，进行影像匹配、活动控制模板匹配、GIS 数据支持等得到道路曲线；最后，得到道路的中心线。

5）基于树结构的特征判别模型的算法

给定影像上道路的起始点和起始方向，则能够识别出道路，其基本方法是：利用给出的初始点和方向获得道路的统计模型特征，建立主动试验的村结构的试验规则、统计模型以及“决定树”，尔后基于决定树进行道路跟踪，包括道路的几何模型、局部滤波、试验、检验、估计、识别等。

6）基于像素与背景算子模型的算法

在航空影像和遥感影像道路特征提取方面，较为直观的研究是将影像像素分为“道路”或“背景”，从而识别出道路。这主要是通过图像分析的方法。在局部范围内，对目标像素周围的一个小邻域进行处理。处理技术通常包括二值化、边缘检测、形态学算子、统计分类和神经网络等。

此外还有边缘连接、稳健估计、利用统计和结构信息等算法。

2. 自动道路特征摄取（史文中等，2001）

道路的自动提取可以总结为四个主要的步骤：①道路特征的增强，例如，图像滤波或小波变换等。②道路“种子点”（seed）确定，确定可能的道路点。人们提出了各种道路检测算子，有基于像素分类、边缘检测和模板匹配等方法。③将种子点扩展成段。有基于规则的边缘点自动连接、动态规划、卡尔曼滤波等方法。④道路段的确认，自动连接（并形成道路网等）。这一步骤涉及自动编组算法，顾及上下文知识的连接假设生成和假设验证，地物的语义关系表达，多源数据的融合等高水平的自动影像解译方法。

自动道路特征提取主要包括道路的自动定位和理解，即首先分析出影像道路的特征，这包括各种各样的方法，有局部的，有全局的，方法的优劣直接影响后续过程的理解。理解过程包括人工智能、计算机视觉、模式识别、数学模型等内容。按照全自动化提取的要求，目前的方法还很不完善，当前研究的热点集中在综合利用其关联信息和拓扑特性来进行道路段的自动连接而达到道路的自动提取。

3. 道路特征提取研究展望

道路特征提取已取得了不少研究成果，但与实际应用的要求还差得较远，在提取的自动化程度、提取算法的速度、适用性、准确性等方面还有许多工作有待研究解决。下面给出可作进一步研究和扩展的方面。

1）现有研究成果的应用推广

虽然道路特征提取还不尽如人意，但终究取得了不少成果。特别是一些方法对某类影像如低分辨率影像较为有效。因此，应用现有方法和成果，将现有成果实用化，具有重要的意义。尽管完全自动提取道路还不现实，但是自动提取某一种类型道路如高速公路或建立半自动化提取系统还是有可能的。同时，应用提取的道路特征在 GIS、地图更新、目标识别等方面也具有重要作用。目前已有的方法在新种类的影像如高分辨率的卫星遥感影像中也很重要，利用已有的方法，结合高分辨率影像的特点进行道路提取，则能取得更为有效的成果。

2）多层次的有机融合

道路特征提取一般在 3 个层次上进行处理，即低层次、中层次和高层次。在低层次的处理过程中，提取的点、线、面不是目标的结构特征。为了识别目标，需要形成中层次的目标结构特征。中层次中产生的结构特征，通过高层次的知识识别、处理，就可以得到特征明显准确的影像道路。在具体研究中，可能在某个层次有所侧重。目前在 3 个层次的处理上，还不可能都令人满意。但是 3 个层次的有机结合，则是道路特征提取的主要发展方向。

3）道路特征提取与区域特征提取等相结合

对于影像来说，所要提取的特征不仅仅是道路特征，还有其他特征，如水系特征、房屋特征、谷地特征等。这些特征的提取与道路特征的提取有许多相似性和相关性，将这些研究有机地相结合，可以取得事半功倍的效果。例如，在城区特征提取中，线状道路特征与面状建筑物特征是互为联系的。若提取了城区的道路特征，则为提取建筑物特征提供了很好的基础，在一些城区，几乎可以由道路特征直接得到建筑物特征。

4）与测绘领域相关研究相结合

对于计算机视觉、模式识别等领域来说，提取特征的目的和作用与测绘不尽相同。在遥感影像道路特征提取方面应立足于测绘实际，应该与测绘实际如 GIS、影像匹配、虚拟现实等相结合，充分利用已有的数据、知识，以便取得更好的效果。例如，在道路提取中，结合 GIS 信息，能提取出一些难以确定的路段。利用已有的地图信息，能有效地提供一些道路知识。从遥感影像上提取的道路特征，能有效地应用于地图更新、GIS 更新、目标识别等方面。

5）数学方法的应用

数学在测绘领域取得了重要而广泛的应用。在道路特征提取方面，也已经取得了一些应用，特别是概率论、数学规划等。但是数学应用的广度和深度还不够，一些新兴学科如小波分析、形态学等还没有得到很好的应用。在道路特征提取方面，小波分析在滤波、特征选择等方面也能发挥应有的作用。数学形态学由于其良好的特征分析特点，能有更为重要的应用。在道路表示方面，目前的研究还不多，但样条曲线、分段插值曲线、最小二乘曲线等能够在道路表示中得到很好的应用。

6）计算机视觉的发展

特征提取的发展，离不开计算机视觉、模式识别等的发展，这些学科制约着遥感影像道路特征提取的发展，特别是高层次的知识处理方面的发展。充分利用计算机视觉、模式识别等领域的最新研究成果，必将大力推动遥感影像道路特征提取的发展。

7）高分辨率卫星遥感影像的道路特征摄取

在高分辨率遥感影像上，随着影像分辨率的提高，影像细节特征越来越丰富，道路目标也越来越多，许多较窄的在低分辨率影像上难以辨别的道路也能分辨出来。可是，随之而来的是影像上非目标噪声也更越来越多。利用目前已有方法，提取高分辨率影像道路特征则比较困难。因此，如何有效地利用高分辨率影像的高分辨率特性提取道路，是值得研究的。

根据以上分析，目前还没有一种针对所有道路类型和比例尺（分辨率）影像的通用提取策略和算法。当前研究趋势是不仅重视道路的几何与辐射度属性，而且综合利用其关联信息、拓扑特性来进行道路段的自动连接而达到道路网的自动提取。多分辨率分析和各种优化计算方法、知识的表达与应用、自动编组（grouping）在解决道路自动连接难题中的关键作用等是重要的研究方向。

纵观提取道路特征的各种方法，最为经典包括两类：一类为 Snakes 算法或者 Active Contour 模型算法，这类算法需要给出初始的轮廓，然后进行迭代，使轮廓沿能量降低的方向移动，最后得到一个优化的边界。一类为基于动态规划图的搜索算法，这种图搜索算法是在全图范围内通过寻找优化的边界来进行目标轮廓的定位，与 Snakes 算法不同，这种图搜索算法不是通过迭代初始轮廓即降低能量的方式，而是通过分部优化能量函数的方法来获取边界。下面选择这两种具有代表性的方法加以详细分析和阐述。

7.4.4 动态规划方法

动态规划（DP）是应用函数方法来解决多阶段决策过程的最优化问题的一种方法。所谓多阶段决策过程，是根据问题的特殊性将过程按时间顺序分为若干阶段，而每一阶段需作出决策，以便使整个过程取得最优的效果，这一类问题即属于规划问题的范畴。因为各阶段采取的最优化策略与时间有密切关系，所以把这种处理方法称为动态规划。

动态规划算法的基本思想就是将待求解问题分解成若干个子问题，子问题的最优解（最优子结构性质）包含于问题的最优解中，然后采用自底向上的方式递归地从子问题的最优解逐步构造出整个问题的最优解（Gruen and Li，1997）。具体的动态规划算法多种多样，但它们具有相同的思路。有关动态规划的基本内容，这里不再赘述。在这里主要给出道路的一般模型和利用动态规划进行道路特征提取的优化函数的设计细节。

1. 一般的道路模型

在利用动态规划方法进行道路提取之前，必须建立道路的一般数学模型，明确所要提取目标的定义及其特征。

道路可以用一个多边线来表示 $P=\{p_1, p_2\cdots, p_n\}$，这里 $p_i=(x_i, y_i)$ 是道路第 i 个转折点的图像坐标，其中数字图像可以用一个离散的函数 $G(x, y)$ 表示。根据上述表示方法，一般的道路模型，可以用以下6个基本特性来描述，3个描述几何特性，3个描述辐射特性。

第一个特性：该特性基于道路的长条形状，并且道路比背景亮的特点，因此沿着道路的各点灰度级的平方和最大，也就是

$$Ep_1 = \sum_i G^2(x_i, y_i) \rightarrow \text{Maximum} \tag{7.6}$$

这里，(x_i, y_i) 是多边线 P 上点的坐标。

第二个特性：该特性基于在局部道路段色调基本一致的特点，可以认为在很短的范围内道路的灰度不发生变化，因此下面描述色调的度量最小，也就是

$$Ep_2 = \sum_i \sum_j [G(x_j, y_j) - G_m^{\Delta S_i}]^2 \rightarrow \text{Minimum} \tag{7.7}$$

这里，(x_j, y_j) 是多边线 P 上点的坐标，$G_m^{\Delta S_i}$ 是沿着局部道路段 ΔS_i 内 G 的平均值，其中

$$G_m^{\Delta S_i} = \frac{\sum_j G(x_j, y_j)}{\Delta S_i} \tag{7.8}$$

第三个特性：该特性描述了道路是一个亮的线性实体。实际上，这个特性也可以认为是前两个特性的一个概括。该特性的数学描述如下

$$Ep_3 = \sum_i \mathrm{e}^{-d_i^2} G(x_i, y_i) \rightarrow \text{Maximum} \tag{7.9}$$

这里，e是对数的基数，(x_i, y_i) 的定义同上，而 d_i 是点 (x_i, y_i) 和多边线的距离。

第四个特性：该特性考虑了道路作为一个光滑的曲线，通常可以由一系列的直线段连接而成，这意味着沿着道路的曲率累计总和最小，也就是

$$E_g = \sum_i [2 - 2\cos(\alpha_i - \alpha_{i+1})]/\Delta S_i \rightarrow \text{Minimum} \tag{7.10}$$

这里，$\alpha_i - \alpha_{i+1}$ 是多边线相邻两矢量的偏转角，ΔS_i 是第 i 个顶点和前一个顶点的距离。详细如图7.21所示。

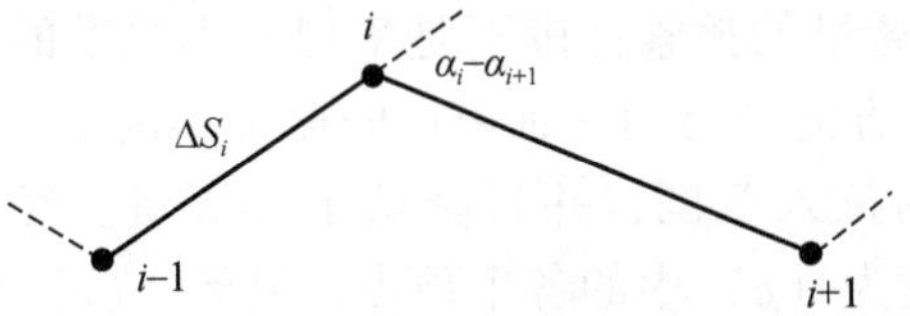

图7.21　顶点 i 的偏转角

第五个特性：该特性描述道路的局部曲率有上限约束。在数学上，意味着在每一个顶

点的偏转角的改变量一定小于一个阈值 T，也就是

$$C_g = |\alpha_i - \alpha_{i+1}| < T \tag{7.11}$$

第六个特性：该特性是根据实际情况得出的，可以描述为道路的宽度一般不会有明显的变化。这个特性没有数学表达式，这个特性实际上隐含在上述的第三个特性中。

基于上述特性，一般的道路模型可以用方程（7.12）描述的优化函数和方程（7.13）描述的不等约束来进行数学表达：

$$E = \sum_{i=1}^{n-1} \{(Ep_1 - \beta Ep_2 + \gamma Ep_3)[1 + \cos(\alpha_i - \alpha_{i+1})]/\Delta S_i\} = \sum_{i=1}^{n-1} E(p_{i-1}, p_i, p_{i+1}) \tag{7.12}$$

$$C_i = |\alpha_i - \alpha_{i+1}| < T,\ i = 1, \cdots, n-1 \tag{7.13}$$

这里，β 和 γ 是两个大于零的常量。

2. 道路模型的优化求解

分析方程（7.12）所表示的优化函数，它实质是包含三个变量 p_{i-1}，p_i，p_{i+1} 的函数。每一个点都仅和它相邻的前一个点和后一个点发生关系，上述的最大化问题可看成是一个离散的多阶段决策处理，而动态规划方法正是解决多阶段决策过程优化问题的一个有效而快速的方法，因此可以采用动态规划的方法来有效地解决这样一个多阶段的决策过程。

首先，需要人工给出若干能够描述道路基本形状的种子点，对这些由种子点构成的初始多边线，利用动态规划进行最优化求解从而得到准确的道路边界。在每一次的迭代当中，先对前一次多边线的相互邻接的两点，利用简单的线性内插得到一些新的顶点，这样便形成一条新的、并且点更多的多边线，然后对这样的多边线，利用动态规划的方法来求解道路模型，实现对该曲线的精化。重复上述操作，直到新的内插点无法对前一次曲线的形状进行改善。

下面通过一个例子来说明详细过程。

图 7.22 描述了用动态规划方法进行道路提取的迭代过程。其中，(a) 显示的是由四个种子点组成的近似的道路骨架，这四个种子点通常由人工给出，也可以由一些道路特征提取算法实现，或者由地图以及 GIS 数据获取。(b) 和 (c) 描述了第一次迭代的结果，(b) 中由相邻种子点等间隔线性内插出一些新的顶点，形成一个由 7 个点组成的多边线，尽管这个多边线采用更多的点来描述，但同 (a) 相比，实质上并没有增加有关道路的任何信息，因此 (a) 和 (b) 所示的道路信息在实施动态规划之前信息量是相同的。在动态规划的应用当中，(b) 中每一个新顶点可以通过在起初始值位置附近进行搜索得到，实际应用中，对每一个顶点这里的搜索范围不是采用一个二维的灰度窗口，而是一个沿着 (b) 的虚线所表示的直线方向进行的一维窗口的搜索，这个方向与初始的多边线的边垂直。这样可以保证同样的拉入范围，并且降低了计算量。经过动态规划的决策过程，(b) 中的各个顶点可以变为 (c) 中的各个顶点，显然，(c) 中的各个顶点更接近实际的道路形状，(c) 中对比给出了顶点的变化情况，经过动态规划算法，这些顶点基本位于道路的中心。

迭代进行上述的处理过程，直至新计算出的顶点和原来的相邻两顶点共线。最终的提

取结果如图 7.21（d）所示，这条多边线上的点使方程（7.12）所示的优化函数满足最大化并且满足 $C_i < T$，$i = 1, \cdots, n-1$。

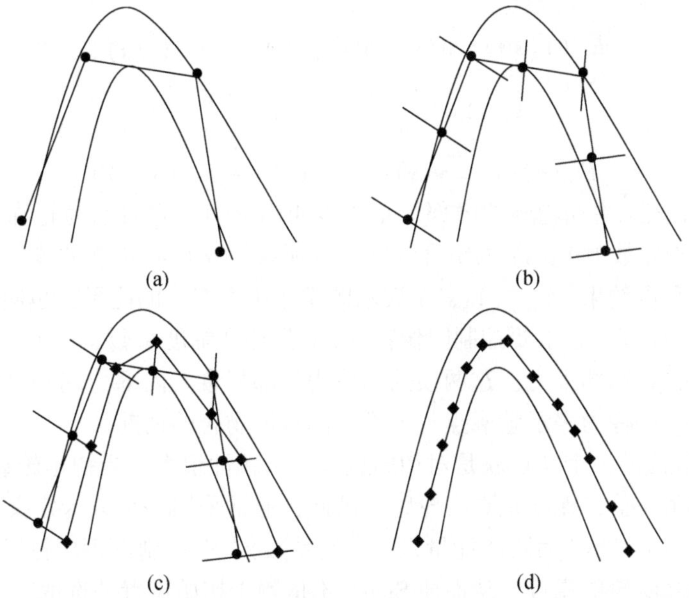

图 7.22　动态规划的迭代提取道路过程

7.4.5　Snake 模型

在图像处理和计算机视觉中，往往不能用简单的几何形状如圆、椭圆等描述真实图像中的自然对象，而是需要用复杂轮廓来表达，为了建立这些复杂形状轮廓的模型，Kass 等在 1987 年第一届计算机视觉国际会议上提出活动轮廓模型——Snake。Snake 是在图像域内定义的可变曲线，通过对其能量函数的最小化及变形和调整 Snake 的自然形状来匹配特定的对象，从而产生连续平滑的轮廓（Gruen and Li，1997；周继鹏等，1998；马然等，1999）。也就是说，当 Snake 的能量为最小时，Snake 与对象相吻合。

1. Snake 的基本原理

其主要思想是定义一个能量函数，在 Snake 由初始位置向真实轮廓逐渐靠近时，寻找此能量函数的局部最小值，即通过对能量函数的动态优化来逼近目标的真实轮廓。此能量函数主要由内部能量函数及外部能量函数组成。内部能量函数考虑包络本身的连续性和各点曲率的大小；外部能量函数则主要涉及图像的一些具体情况，如图像灰度变化的梯度等因素。

2. Snake 能量模型

Kass 的原始动态轮廓模型给出了动态轮廓 $v(s) = (x(s), y(s))$ 的参数表示，其中 $s \in [0, 1]$，s 是归一化的曲线长度，Snake 的总能量函数为

$$E_{\text{total}} = \int_0^1 E_{\text{Snake}}(V(s))\,\mathrm{d}s = \int_0^1 (E_{\text{int}}(V(s)) + E_{\text{ext}}(V(s))\,\mathrm{d}s \tag{7.14}$$

其中

$$\begin{gathered} E_{\text{int}}(V(s)) = \alpha(s)\ |V_s(s)|^2 + \beta(s)\ |V_{ss}(s)|^2 \\ V_s(s) = \frac{\partial V(s)}{\partial s},\ V_{ss}(s) = \frac{\partial^2 V(s)}{\partial^2 s} \\ E_{\text{ext}}(v(s)) = \gamma(s) E_{\text{image}}(v(s)) + E_{\text{con}}(V(s)) \end{gathered} \tag{7.15}$$

式中，$E_{\text{int}}(V(s))$ 表示主动轮廓的内部能量，也叫内部力；它表示为轮廓对弧长的一阶导数项 $V_s(s)$ 和二阶导数项 $V_{ss}(s)$ 的组合，其一阶项系数 α 控制轮廓的连续性约束，二阶项系数 β 控制平滑程度约束。$E_{\text{image}}(V(s))$ 表示图像作用力产生的能量，也叫图像力，一般是图像在 $V(s)$ 点的梯度，它主要控制图像特征，γ 为梯度幅度系数；$E_{\text{con}}(V(s))$ 表示外部限制力产生的能量，也叫约束力，这两项的和称为外部能量。内部力起到平滑轮廓、保持轮廓连续性的作用；图像力表示轮廓点与图像局部特征吻合的情况。

Snake 模型算法的一个缺点就是对初始位置的依赖性很大，当初始轮廓离目标较远时，往往收敛到局部最小值，而不是真实轮廓，因此，通常采用一个人为定义的外加的约束力 $E_{\text{con}} = \delta(s) \cdot E_r(s)$（$E_r(s)$ 为距离能量，$\delta(s)$ 是系数）。在控制点距离目标边缘较远时驱动控制点快速地向真实轮廓靠近，从而使 Snake 不依赖于初始位置的选取。

从式（7.15）可以看出内部能量 $E_{\text{int}}(V(s))$ 和外部能量 $E_{\text{ext}}(V(s))$ 控制着动态轮廓的行为，能量最小化的过程就是动态轮廓逼近物体真正轮廓的过程，其中内部能量使动态轮廓光滑地移动，外部能量使动态轮廓逼近物体的特征位置。

3. Snake 模型的离散形式

对 Snake 模型进行离散化是将轮廓分为 n 等分，设 $\{V_1, V_2, \cdots, V_n\}$ 是轮廓上的 n 个点，那么 Snake 模型的离散形式如下。

设

$$\begin{gathered} E(V_i) = E_{\text{int}}(V_i) + E_{\text{ext}}(V_i) \\ E_{\text{int}}(V_i) = \alpha(V_i)\ |V_i - V_{i-1}|^2 + \beta(V_i)\ |V_{i+1} - 2V_i + V_{i-1}|^2 \\ E_{\text{ext}} = \gamma(V_i) E_{\text{image}}(V_i) + E_{\text{con}}(V_i) \end{gathered} \tag{7.16}$$

总的能量

$$E_{\text{total}} = \sum_{i=1}^{n} E(V_i) \tag{7.17}$$

4. Snake 算法

实验中采用由人工给定两个种子点的算法提取两种子点之间的线特征。假设两个种子点的坐标为（Xs_1，Ys_1）和（Xs_2，Ys_2），加入了 n 个内插点以后，表示 Snake 初始位置的坐标序列为（Xs_1，Ys_1），（x_0，y_0），（x_1，y_1），…，（x_{n-1}，y_{n-1}），（Xs_2，Ys_2）。以这个坐标序列为基础，即可利用优化算法进行线特征提取，具体步骤如下。

（1）获取 Snake 初始轮廓，初始化参变量 α，β，γ，δ。

（2）对 Snake 上的每一点，在以这点为中心的一定大小的窗口内，计算窗口内每一点 Snake 的能量值，即

$$E_j = \alpha \mid V_j - V_{j-1} \mid^2 + \beta \mid V_{j+1} - 2V_i + V_{i-1} \mid^2 + \gamma E_{\text{image}} + E_{\text{con}} \tag{7.18}$$

其中，$j=0, 1, 2, \cdots, m-1$，m 为窗口中像元的个数。

（3）若 $E_j<E_{\min}$，则 $E_{\min}=E_j$，并将当前点移到 j 所对应的位置。

（4）计算动态轮廓的总能量 $E = \sum_{i=1}^{n} E_i$，E_i 是 V_i 点的能量。

（5）检查 Snake 的总能量 E_{Snake} 是否与上一次循环的总能量相同，若相同，则停止迭代，否则转向步骤（2），继续进行迭代计算。

5. Snake 算法应用分析

前面详细介绍了 Kass 提出的基本 Snake 模型，这种能量最小化动态轮廓模型已被成功地应用于凸形物体轮廓的提取，但是 Kass 的原始模型在物体的边界轮廓提取中存在着下列问题（徐晓刚等，2001）：

（1）它要求动态轮廓的初始位置要放在非常靠近物体轮廓边界的位置，而这是一个非常困难的任务，到目前为止还没有有效的方法，因此 Kass 的动态轮廓模型还不能达到实用的目的；

（2）初始化轮廓的位置距离物体的边界轮廓较远时，对于畸形物体，尤其是对边界有凹陷的物体，原始的 Snake 模型不能提取出物体的轮廓；

（3）在利用原始的动态轮廓模型提取物体的边界轮廓时有不同的实现方法，其中最一般的方法是把求解变量积分的最优问题化为求解相应的 Euler-Lagrange 偏微分方程的问题，然而在最小化的过程中存在着得到局部最优，而不是全局最优的问题；

（4）原始的 Sanke 模型对噪声特别敏感，通常可以引进新的外部限制力来克服孤立边噪声引起的局部最小，但要动态地给出外部限制力，不是一件容易的事情，它同样限制了 Snake 模型的实用性；

（5）Kass 的动态轮廓模型敏感于参数的选择，研究自适应的 Snake 模型，使其自动地选择参数相对比较困难。

根据以上分析，可以得知 Kass 的原始动态轮廓模型本身是有缺陷的，要求物体具有小的畸形以及动态轮廓的初始化假设限制了它的应用。它提取物体轮廓的最优位置是通过求能量函数的最小值来实现的，而函数本质上是依赖于图像的梯度和动态轮廓中点之间的距离，这些特征显然不足于描述物体的畸形和边缘特征，因此实际应用当中，有许多研究者针对原始 Snake 模型的上述缺点进行了模型改进或算法改进，以使 Snake 模型具有更广泛的实用性。

第 8 章　高分辨率遥感影像融合与去雾处理

8.1　影像融合技术概述

遥感数据具有不尽相同的空间分辨率、波谱分辨率和时相分辨率，如果能将它们各自的优势综合起来，便可以弥补单一图像上信息的不足，这样不仅扩大了各自信息的应用范围，而且大大提高了遥感影像分析的精度。多源遥感影像融合通过多级影像处理技术来复合多源遥感信息，其将多源信道所采集的关于同一目标的图像经过一定的处理，提取各自信道的信息，最后综合成统一图像或综合图像特征以供观察或进一步处理，以改善解译的精度、可靠性以及使用率，形成对目标的完整一致的信息描述。

多源信息融合通过集成和整合优势互补的数据来提高数据信息的可用程度，同时增加对研究对象的解译（辨识）的可靠性。其目的在于：

（1）提高空间分辨率。如用高分辨率的全色影像与低分辨率的多光谱影像进行融合，在保留多光谱信息的同时，图像的空间分辨率得到提高，同时还可以利用不同时相影像改善图像分辨率。

（2）增强目标特征。多传感器影像融合可以增强影像的解译能力并可以得到单一传感器难以得到的增强特征信息。

（3）提高分类精度。多源数据可以提供相互补充的信息来对地面物体进行分类和解析。

（4）动态监测。由于不同的遥感卫星平台回访周期不同，同一区域在不同的时间内被不同的卫星重复观测，将不同时相的影像融合就可以得到某一地区的动态信息。

（5）信息互补。不同的影像传感器由于其观测功能的片面性，不能全面地反映地物的整体信息，将不同类型或不同时相的传感器数据进行针对性融合可以进行信息互补。

随着卫星遥感数据获取手段越来越多，数据类型越来越丰富，影像融合已经从最初的全色影像与多谱影像融合、多时相影像融合发展到光学影像与 SAR 影像融合、可见光影像与红外影像融合、SAR 影像与多光谱影像融合、SAR 多波段多极化影像融合等多种模式。例如，TM 工作的光谱段范围为 0.45 ~ 2.35μm，分七个波段，光谱覆盖范围较宽；SPOT 工作波段为 0.50 ~ 0.89μm，分三个波段，其反映出的光谱特性不如 TM 全面，但 SPOT 全色图像的空间分辨率为 10m，两种影像融合分析可兼顾 SPOT 高空间分辨率和 TM 丰富的光谱信息。SAR 工作于微波波段，其波长较长，受大气和云层的影响较小，且不受光照条件的影响，因此可以全天时、全天候工作。另外，与光学遥感图像所不同的是，SAR 记录地面物体对雷达波的反射特性，其量化数据大小受地表粗糙度、地物复介电常数、入射角、极化方式和角反射器等多种因素的影响。由于地物复介电常数主要与地物目标含水量的大小有关，而建筑群内部容易构成角反射器，故雷达对水体、建筑群和植被比较敏感。通过 SAR 与多光谱影像的融合，结合二者优点可以实现对地面目标的最佳分析和解译。图像融合处理已经广泛应用于图像增强、改善图像质量、变化检测、图像分类等方面，并取得了显著的效果，目前，多源遥感信息融合技术主要集中于以下几种模式。

（1）多时相融合：多时相融合利用传感器在不同时间对相同区域成像进行融合处理，从而综合在不同时相条件下获取的图像特征，达到增强图像，进行变化检测应用的目的。多时相数据融合既可以是同一传感器，也可以是多传感器、多时相影像间的融合。目前，多时相数据融合多用于遮挡信息恢复、变化检测和空间分辨率改善等方面。多时相数据融合主要以应用为目的，研究内容包括基于影像融合技术的变化检测、利用空间域非均匀分布样点的插值理论结合图像复原的方法对多图像融合可提高空间分辨率等。

（2）全色图像与多光谱图像融合：全色影像具有较高的空间分辨率，而多谱图像可以更精细地描述目标光谱。全色图像与多谱图像融合既可以利用全色图像的高分辨率改善多谱图像分辨率，又可以充分利用多谱图像中特有的对目标某些独特特征的精细描述，使融合图像包含更丰富的信息。

（3）光学图像与 SAR 图像融合：SAR 具有全天候、全天时的工作能力，并且雷达对地物又有一定的穿透力。基于这些特点，结合 TM 影像光谱信息丰富的长处，对 SAR 与光学影像进行融合处理，可以达到影像增强的目的。光学图像与 SAR 图像融合既可以利用光学图像的高空间分辨率改善 SAR 图像的分辨率，还能够增强 SAR 图像的谱信息，同时 SAR 传感器的全天时全天候特性还能够克服光学图像受黑夜云层的制约，使得阴影区的细节得到了反映，有利于目视判读。

（4）光学图像与红外图像融合：红外图像能在光线不足或全黑的条件下拍摄地面目标和发现热源，可以全天时监视地面或空间目标。对光学图像与红外图像进行融合可以有效地补充光学图像对目标红外波段特性描述的缺陷，使融合图像包含更多的目标信息。

（5）高光谱图像融合：高光谱技术以纳米量级的波段宽度对目标进行连续的光谱成像，获取高光谱分辨率图像。与传统的遥感数据源相比，高光谱数据最显著的特点是波段多、光谱分辨率高。成像光谱数据的波段宽度达到纳米量级，波段数急骤增多，从可见光到近红外光谱区间波段数可达几十个乃至几百个，因而能够更精细地描述目标及其所处环境背景的大量特性，有效地区分开目标与背景。利用高光谱图像进行融合处理，可以保留高光谱图像中目标的诸多精细特征，使融合图像具有更好的光谱特性。

（6）融合互补去云/去阴处理：对于可见光全色影像，由于成像时光照条件不同，云或阴影的分布可能不同。利用数据融合技术可以实现对遥感图像进行去云和去阴处理，其主要过程包括：通过区域生长技术标记所有云团和阴影；将待融合的多幅图像进行亮度规格化以消除不同时相图像之间在平均灰度和对比度方面的差异；通过对应像素之间灰度值的对比，并在云阴区域指导下形成选择判决确定非云非阴像素，在此基础上实现对遥感图像的去云去阴。

根据信息抽象程度，影像融合可以划分为像素级（数据级）融合、特征级融合和决策级融合三个层次。像素级融合是融合各个层次中最成熟的一级，它有诸多融合方法，如色彩变换方法、数字统计方法和数值计算方法。色彩变换主要是指 HIS 变换；数字统计方法主要有主成分分析和回归分析；数值计算主要是指对多源数据进行四则运算，其中有差值、比值和其他复杂的运算，如傅里叶变换和小波变换。像素层融合是最低层次的融合，能保持尽可能多的原始数据，提供其他融合层次所不能提供的细微信息，具有最高的精度。特征级融合是中间层次的融合，它考虑图像本身所存在的相关性和特征信息，不把每个像素孤立地看待，可以利用像素级融合的结果，同时又可以将融合结果作为决策层融合的数据源。决策级数据融合首先对待处理的影像，如原始影像、像素层或特征层融合影像等，分别进行信息提取，然后将得到的信息通过一定的决策规则进行融合来解决不同数据产生的结果的不一致性，从而提高对研究对象的辨识程度。目前，像素级融合算法体系较为完善，而对特征级和决策级融合的研究还处于不断改进和完善的阶段，但是总的来看融合的基础理论研究比较薄弱，没有系统化，缺乏统一的数据融合模型和对数据融合结果的有效评价手段。

8.2　影像融合处理方法

人们对影像融合技术的研究在不断加深，针对各种具体应用处理形成了大量的方法，如色彩变换方法、数字统计方法和多分辨技术。色彩变换主要是指 HIS 变换；数字统计方法主要有主成分分析和回归分析；多分辨分析是随着小波分析在图像处理中的应用而产生的，主要包括基于小波变换的方法和基于金字塔变换的方法。基于小波变换的融合方法通常首先对多源或多时相图像进行小波解析，然后对相应的低频和高频部分分别采取不同的融合法则进行融合处理。最后将融合后的系数进行逆小波变换以恢复源图像。迄今为止，人们对像素层影像融合的研究已经相当成熟，针对各种具体应用处理形成了大量的方法，但没有一种方法可以解决图像融合所有的问题，下面主要介绍几种利用原始遥感数据生成新的信息量更加丰富的遥感影像的算法。

8.2.1　基于像元的加权融合处理方法

基于像元的加权融合可用下式表示：

$$F = P_1 F_1 + P_2 F_2$$

其中，P_1，P_2 为加权系数，F_1，F_2 分别为不同图像的像元值。具体到彩色的三个通道的加权过程为

$$R' = a_1 R + a_2 F$$

$$G' = b_1 G + b_2 F$$

$$B' = c_1 B + c_2 F$$

权系数（a_1，a_2，b_1，b_2，c_1，c_2）可根据经验对光学和 SAR 图像需强调的程度而定，也可应用相关系数确定融合影像的权重，以减少冗余度。相关系数计算式为

$$r_{xy} = \frac{\sum (x_i - \bar{x})(y_i - \bar{y})}{\sqrt{\sum (x_i - \bar{x})^2 \sum (y_i - \bar{y})^2}}$$

以 SPOT 图像与 SAR 图像得到的相关系数为例，$a_1 = | r_{xy} | \times 0.5 + 0.5$　$b_1 = 1 - a_1$。或者是 a_1 与 b_1 互换，视具体处理方法而定。

8.2.2　利用HIS变换进行融合处理

在色度学中，把彩色影像的红（R）、绿（G）、蓝（B）变换成亮度（I）、色度（H）、饱和度（S）称为HIS变换，而I、H、S变换成R、G、B称为反变换。从RGB到HIS变换，以及HIS到RGB变换，过程是可逆的。也就是说，对于一幅彩色图像来说，经过正反两次变换以后，图像不会有什么变化。利用HIS变换，可以进行多源遥感图像之间的信息融合，即低分辨率的RGB图像经过变换后映射至HIS空间，然后采用特定的融合策略与高分辨率图像的信息进行融合处理，并进而置换相应的部分。而后，经过逆变换重构融合图像。HIS方法可以用于高度相关图像数据的色彩增强，图像的特征增强，以及改善图像空间分辨率等融合处理。

1. HIS变换的正变换（由RGB到HIS）

令 $M=\max(R,\ G,\ B)$，$m=\min(R,\ G,\ B)$

$$r=\frac{M-R}{M-m},\quad g=\frac{M-G}{M-m},\quad b=\frac{M-B}{M-m}$$

r，g，b 中至少有一个为0或1。

（1）$I=\dfrac{M+m}{2.0}$。

（2）当 $M=m$ 时，$S=0.0$；

当 $M\neq m$，$I\leqslant 0.5$ 时，$S=\dfrac{M-m}{M+m}$；

当 $M\neq m$，$I>0.5$ 时，$S=\dfrac{M-m}{2.0-M-m}$。

（3）当 $S=0.0$ 时，$H=0.0$；

当 $S\neq 0.0$，$R=M$ 时，$H=60\cdot(2+b-g)$；

当 $S\neq 0.0$，$G=M$ 时，$H=60\cdot(4+r-b)$；

当 $S\neq 0.0$，$B=M$ 时，$H=60\cdot(6+g-r)$。

2. HIS变换的逆变换（由HIS到RGB）

当 $I\leqslant 0.5$ 时，令 $M=I\cdot(1.0+S)$；

当 $I>0.5$ 时，令 $M=I+S-I\cdot S$。

令 $m=2.0\cdot I-M$，

（1）$R=f(m,\ M,\ H)$；

（2）$G=f(m,\ M,\ H-120)$；

（3）$G=f(m,\ M,\ H-240)$。

上面三式的右端可以改写成函数 $f(m,\ M,\ h)$ 的形式，当 h 为负数时，可加上360使之为正，f 的具体形式为

当 $0\leqslant h<60$ 时，$f=m+\dfrac{(M-m)\cdot h}{60}$；

当 $60 \leqslant h < 180$ 时，$f = M$；

当 $180 \leqslant h < 240$ 时，$f = m + \dfrac{(M - m)(240 - h)}{60}$；

当 $240 \leqslant h < 360$ 时，$f = m$。

3. HIS 变换在高分辨率遥感影像融合中的应用

利用 HIS 变换，可以实现不同空间分辨率的遥感图像之间的几何信息的叠加。例如，对于高分辨率的 SPOT 全色波段的图像和多光谱图像，可先对多光谱图像进行重采样，使其在图像大小方面和全色波段的图像相一致。然后对三个波段的多光谱实施 HIS 正变换，并用高分辨率的全色波段图像替换经 HIS 正变换以后得到的亮度分量 I，最后进行 HIS 逆变换可得到高分辨率的多光谱图像，这个过程如图 8.1 所示。图 8.2 是 IKONOS 卫星的全色图像与其多光谱图像进行 HIS 融合后的结果。

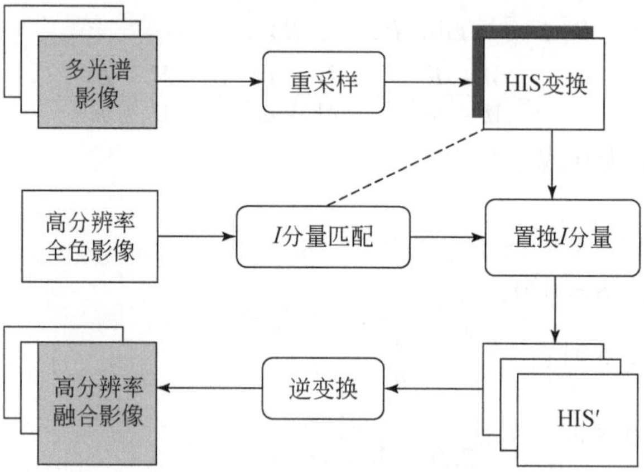

图 8.1　HIS 融合变换过程

8.2.3　PCA 融合处理方法

PCA 融合处理方法的思想是将多波段图像经 PCA 变换至各不相关的成分，而后对高分辨率图像与低分辨率图像主成分按照特定融合规则进行融合处理，并使用该融合后的主成分置换原主成分，最后使用逆变换重构融合图像。例如，对 Landsat TM 的 6 个波段的多光谱图像（热红外波段除外）进行主成分分析，然后把得到的第一、二、三主分量图像进行彩色合成，可以获得信息量非常丰富的彩色图像。随着图像融合范畴的不断扩大，PCA 融合处理方法被不断尝试用于多种图像数据的融合处理，包括红外图像、SAR 图像等，而不仅仅局限于原来的全色图像与多谱图像的融合处理。特别是 PCA 作为融合方法，还可以在特征层融合中用于对图像的特征空间进行主成分提取，并进行特征融合处理。

1. PCA 变换算法

设有向量集 $\boldsymbol{X} = \{\boldsymbol{X}_i,\ i = 1,\ 2,\ \cdots,\ N\} \in \mathbf{R}^n$，$E(\boldsymbol{X})$ 为 $\boldsymbol{X}$ 的数学期望，$\boldsymbol{U}$ 是 $\boldsymbol{X}$ 的协方差矩阵 $\boldsymbol{C}$ 的特征向量按其特征根由大到小的顺序排列而构成的变换矩阵，则称

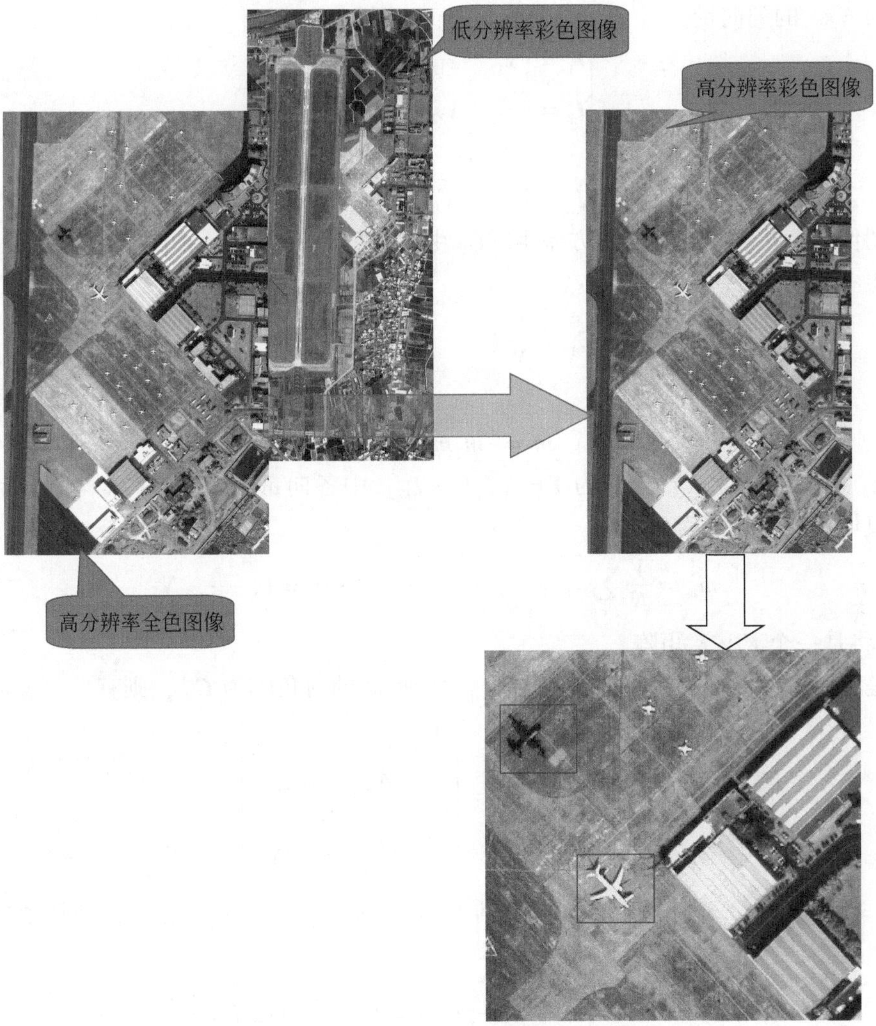

图 8.2　IKONOS 影像 HIS 变换的效果图

$$Y_i = UX_i \tag{8.1}$$

和

$$X_i = U^{\mathrm{T}} Y_i \tag{8.2}$$

为主成分分析算法，其中 $Y = \{Y_i, i=1, 2, \cdots, N\} \in \mathbf{R}^n$。主成分分析算法的性质如下：

（1）主成分分析算法是一正交变换。

（2）主成分分析后所得到的向量 Y_n 中各元素互不相关。

（3）从离散主成分分析后所得到的向量 Y_n 中删除后面的（$n-d$）个元素而只保留前 $d(d < n)$ 个元素时所产生的误差满足平方误差最小的准则。

2. PCA 图像融合处理

对于经过配准 K 两景 $m \times n$ 图像 I_1, I_2, $\cdots$, I_K，令 $N = mn$，首先将 $I_k(k = 1, \cdots, K)$

展开成为 $N\times1$ 的列向量：

$$\begin{cases} \boldsymbol{I}_1 = [x_{11} \quad x_{12} \quad \cdots \quad x_{1N}]^{\mathrm{T}} \\ \boldsymbol{I}_2 = [x_{21} \quad x_{22} \quad \cdots \quad x_{2N}]^{\mathrm{T}} \\ \qquad \vdots \\ \boldsymbol{I}_K = [x_{K1} \quad x_{K2} \quad \cdots \quad x_{KN}]^{\mathrm{T}} \end{cases} \tag{8.3}$$

于是，图像 $\boldsymbol{I}_1$，$\boldsymbol{I}_2$，…，$\boldsymbol{I}_K$ 的协方差矩阵C_Y 由向量$I_k(k=1,\cdots,K)$ 之间的协方差确定。

令 $\boldsymbol{Y}=[\boldsymbol{I}_1\boldsymbol{I}_2\cdots\boldsymbol{I}_K]$，则定义：

$$\boldsymbol{C}_Y = \frac{1}{N}(\boldsymbol{Y}-\boldsymbol{m})^{\mathrm{T}}(\boldsymbol{Y}-\boldsymbol{m}) \tag{8.4}$$

式中

$$\boldsymbol{m} = [\boldsymbol{m}_1\boldsymbol{m}_2\cdots\boldsymbol{m}_K] \tag{8.5}$$

其中，$\boldsymbol{m}_k$（$k=1$，…，K）分别为 $\boldsymbol{Y}=[\boldsymbol{I}_1\boldsymbol{I}_2\cdots\boldsymbol{I}_K]$ 中各向量 $\boldsymbol{I}_k$ 的 $N\times1$ 维均值向量，其各自分量值均相同，分别为

$$m_{jk} = \frac{1}{N}\sum_{i=1}^{N} x_{ki}, \quad j=1,\cdots,N;\ k=1,\cdots,N \tag{8.6}$$

此时 $\boldsymbol{C}_Y$ 将是一个 $K\times K$ 矩阵。

于是利用式（8.4）进行主成分提取，设变换后的对角阵为 $\boldsymbol{C}_Z$，则有

$$\boldsymbol{C}_Z = \boldsymbol{A}\,\boldsymbol{C}_Y\,\boldsymbol{A}^{\mathrm{T}} = \begin{bmatrix} \lambda_1 & & & \\ & \lambda_2 & & \\ & & \ddots & \\ & & & \lambda_K \end{bmatrix} \tag{8.7}$$

设 $\lambda_k(k=1,\cdots,K)$ 对应的特征向量分别为 $\boldsymbol{a}_k=[a_{1k} \quad a_{2k} \quad \cdots \quad a_{Kk}]^{\mathrm{T}}$，则其融合法则为

$$I_F(i,j) = \frac{\sum_{k=1}^{K} a_{kS}\cdot I_k(i,j)}{\sum_{k=1}^{K} a_{kS}}, \quad i=1,\cdots,m;\ j=1,\cdots,n \tag{8.8}$$

式中，$I_F(i,j)$ 为融合后的图像，$\boldsymbol{a}_S=[a_{1S} \quad a_{2S} \quad \cdots \quad a_{KS}]^{\mathrm{T}}$ 为最大特征值 $\boldsymbol{\lambda}_S$ 对应的特征向量。

3. PCA 变换与 HIS 变换相结合的融合处理方法

在 PCA 融合处理过程中，将多波段图像经 PCA 变换至各不相关的成分，而后对高分辨率图像与低分辨率图像主成分按照特定融合规则进行融合处理，并使用该融合后的第一主成分分量来替代经过 HIS 正变换后的 $\boldsymbol{I}$ 分量，最后使用逆变换重构融合图像，即 PCA 变换与 HIS 变换相结合的融合处理方法，从而获得信息量非常丰富的彩色图像。

例如，将 TM 的六个波段及 SAR 的全色波组成一个向量集：

$$\begin{aligned} \boldsymbol{X} &= (\mathrm{TM}_1 \quad \mathrm{TM}_2 \quad \mathrm{TM}_3 \quad \mathrm{TM}_4 \quad \mathrm{TM}_5 \quad \mathrm{TM}_7 \quad \mathrm{SAR})^{\mathrm{T}} \\ &= (X_1 \quad X_2 \quad X_3 \quad X_4 \quad X_5 \quad X_6 \quad X_7)^{\mathrm{T}} \end{aligned}$$

上述七个波段图像经 KL 变换后，得到的特征向量矩阵为

$$
\begin{bmatrix}
2996.917 & 468.219 & 151.973 & 628.113 & -456.725 & 484.156 & 733.472 \\
468.219 & 162.920 & 49.218 & 194.162 & -148.528 & 136.120 & 214.375 \\
151.973 & 49.218 & 16.783 & 63.733 & -37.149 & 48.825 & 70.750 \\
628.113 & 194.162 & 63.733 & 267.714 & -179.871 & 192.865 & 291.635 \\
-456.725 & -148.528 & -37.149 & -179.871 & 691.707 & 85.648 & -155.044 \\
484.156 & 136.120 & 48.825 & 192.865 & 85.648 & 308.474 & 295.606 \\
733.472 & 214.375 & 70.750 & 291.635 & -155.044 & 295.606 & 407.258
\end{bmatrix}
$$

特征根分别为

$$[3634.997 \quad 678.800 \quad 450.878 \quad 56.114 \quad 16.545 \quad 13.398 \quad 1.041]$$

由于前三个特征值的累计贡献率占总和的98%以上，因而原图的七个波段的信息大部分都集中在得到的前三个图像中，后四个图像基本上为噪声，这样也就实现了一个降维的过程。

从 TM 的影像与 SAR 影像的特征分析来看，由于两者成像机理的不同，其信息特征也有着较大的区别。在很多方面两者有较强的互补性，如果仅用 SAR 图像代替 IHS 中的 I 分量再进行反变换，这样就必然损失了 TM 图像的信息。虽然 SAR 图像经过拉伸处理，尽可能与 I 分量图像相接近，但两者的本质区别是不可能替代的。因此，在进行融合处理的过程中，将 TM 信息与 SAR 信息压缩在一个图像中，主成分分析（KL 变换）较好地解决了这个问题。其过程是先将 TM 的彩色图像与 SAR 图像进行主成分分析变换，用其变换以后的第一主成分分量来替代经过 HIS 正变换后的 I 分量，再进行 HIS 的反变换。其流程如图 8.3 所示。

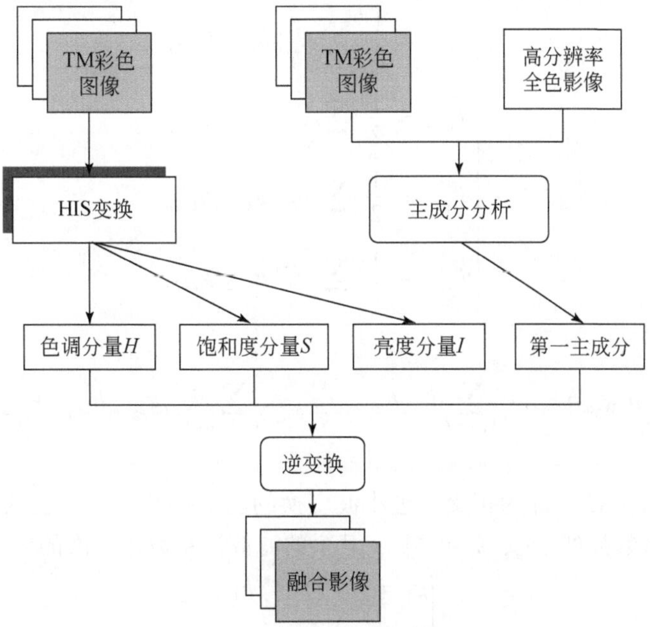

图 8.3　KL 变换与 HIS 变换相结合的融合模型

8.2.4　小波变换融合处理方法

1. 小波变换方法的基本原理

设 $\psi(x) \in L^2(\mathbf{R})$ 是 R-小波，$\{\psi_{k,n}(x)\} = 2^{k/2}\psi(2^k x - n)$ 是它生成的 $L^2(\mathbf{R})$ 的 Riesz 基，W_k 为 $\{\psi_{k,n}: n \in \mathbf{Z}\}$ 线性张成的闭包，即

$$W_k = \mathrm{Clos}_{L^2(\mathbf{R})}\langle \psi_{k,n}: n \in \mathbf{Z}\rangle \tag{8.9}$$

则 $L^2(\mathbf{R})$ 能写为正交和分解：

$$L^2(\mathbf{R}) = \bigoplus_{k \in \mathbf{Z}} W_k \tag{8.10}$$

对于每个 k，设有 $L^2(\mathbf{R})$ 的闭子空间 V_k：

$$V_k = \cdots \oplus W_{k-2} \oplus W_{k-1}, \quad k \in \mathbf{Z} \tag{8.11}$$

设 $\varphi(x)$ 为 $\psi(x)$ 对应的一个尺度函数，则 V_k 可以由 $\varphi(x)$ 生成的正交基 $\{\varphi_{k,n}(x)\} = 2^{k/2}\varphi(2^k x - n)$ 张成：

$$V_k = \mathrm{Clos}_{L^2(\mathbf{R})}\langle \varphi_{k,n}: n \in \mathbf{Z}\rangle \tag{8.12}$$

于是有多分辨分析：

$$V_{k+1} = V_k \oplus W_k \tag{8.13}$$

2. 二进小波分解与重构

假设有一个二维图像 $f(x, y) \in V_{j+1}^2$，$\{c_{m,n}^{j+1}, m, n \in \mathbf{Z}\}$ 是 $f(x, y)$ 在分辨率 $j+1$ 上的近似表示，则二维信号 $\{c_{m,n}^{j+1}, m, n \in \mathbf{Z}\}$ 的有限正交小波分解公式为

$$\begin{cases} c_{m,n}^{j} = \dfrac{1}{2}\sum\limits_{k,l \in \mathbf{Z}} c_{k,l}^{j+1} h_{k-2m} h_{l-2n} \\ d_{m,n}^{j1} = \dfrac{1}{2}\sum\limits_{k,l \in \mathbf{Z}} c_{k,l}^{j+1} h_{k-2m} g_{l-2n} \\ d_{m,n}^{j2} = \dfrac{1}{2}\sum\limits_{k,l \in \mathbf{Z}} c_{k,l}^{j+1} g_{k-2m} h_{l-2n} \\ d_{m,n}^{j3} = \dfrac{1}{2}\sum\limits_{k,l \in \mathbf{Z}} c_{k,l}^{j+1} g_{k-2m} g_{l-2n} \end{cases} \tag{8.14}$$

相应的重建公式为

$$c_{m,n}^{j+1} = \frac{1}{2}\Big(\sum_{k,l \in \mathbf{Z}} c_{k,l}^{j} \tilde{h}_{2k-m} \tilde{h}_{2l-n} + \sum_{k,l \in \mathbf{Z}} d_{k,l}^{j1} \tilde{h}_{2k-m} \tilde{g}_{2l-n} + \sum_{k,l \in \mathbf{Z}} d_{k,l}^{j2} \tilde{g}_{2k-m} \tilde{h}_{2l-n} + \sum_{k,l \in \mathbf{Z}} d_{k,l}^{j3} \tilde{g}_{2k-m} \tilde{g}_{2l-n}\Big) \tag{8.15}$$

式（8.14）和式（8.15）即为正交二进小波变换的正变换和反变换公式。在实际计算中，通常给出滤波器系数数列 $\{h_k, k \in \mathbf{Z}\}$，其余的滤波器系数按下面的公式求出：

$$\begin{cases} g_k = (-1)^{-1+k} h_{1-k} \\ \tilde{h}_n = h_{1-n} \\ \tilde{g}_n = g_{1-n} \end{cases} \tag{8.16}$$

对于一幅数字图像 c^{j+1} ，按式（8.14）分解后可形成四幅子图像 c^j ，d^{j1} ，d^{j2} ，d^{j3} ，并且由这四幅子图像可以按式（8.15）合成原图像 c^{j+1} ，这个过程可形象地用图 8.4 来表示。

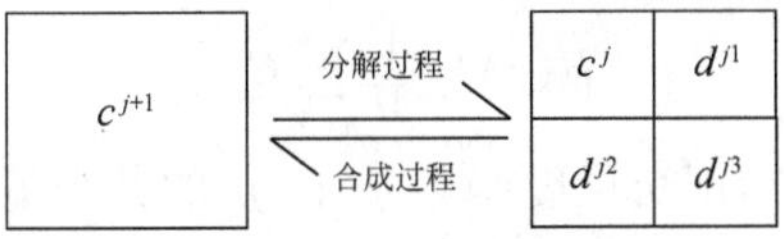

图 8.4　图像的小波分解与重构

图像 c^{j+1} 分解后各分量的含义如下。

c^j ：集中了原始影像 c^{j+1} 中的主要低频成分；

d^{j1} ：对应着 c^{j+1} 中垂直方向的高频边缘信息；

d^{j2} ：对应着 c^{j+1} 中水平方向的高频边缘信息；

d^{j3} ：对应着 c^{j+1} 中 45°方向的高频边缘信息。

3. 多进制小波变换

多进制小波是近年来发展起来的小波理论的一个重要分支，它在对称性、光滑性、紧致性等方面都优于二进制小波，能够解决许多二进制小波不能解决的问题。

1）多进制小波的多尺度分析

设 $M \geqslant 2$ 是一个正整数，当 $L^2(\mathbf{R})$ 中有闭子空间序列 $\{V_j\}_{j\in\mathbf{Z}}$ 满足下列条件，①单调性：$V_j \subset V_{j-1}$ ；②逼近性：$\cap V_j = \{0\}$，$\overline{\cup V_j} = L^2(\mathbf{R})$ ；③伸缩性：$u(x) \in V_j \Leftrightarrow u(Mx) \in V_{j-1}$，　$\forall j \in \mathbf{Z}$；④Riesz 基：存在 $g \in V_0$，使得 $\{g(x-k) \mid k \in \mathbf{Z}\}$ 构成 V_0 的 Riesz 基，即对任何 $u \in V_0$，存在唯一序列 $\{a_k\} \in l^2$，使得 $u(x) = \sum_{k\in\mathbf{Z}} a_k g(x-k)$ ；反之，任何序列 $\{a_k\} \in l^2$ 确定一函数 $u \in V_0$，且存在函数 A 和 B ，使得 $A \| u \|^2 \leqslant \sum_{k\in\mathbf{Z}} |a_k|^2 \leqslant B \| u^2 \|$ 对于所有 $u \in V_0$ 成立。则称 $\{V_j\}_{j\in\mathbf{Z}}$ 为一个 M 进制的多尺度分析。

利用多尺度分析可以得到空间 $L^2(\mathbf{R})$ 的正交分解。令 W_j 为 V_j 中的正交补空间，即

$$V_j \oplus W_j = V_{j-1}, \quad j \in \mathbf{Z} \tag{8.17}$$

则有

$$L^2(\mathbf{R}) = \bigoplus_{-\infty}^{\infty} W_j = V_k + (\bigoplus_{j\geqslant k} W_j) \tag{8.18}$$

即对每一个 $f \in L^2(\mathbf{R})$ ，存在 $g_j \in W_j$ 和 $f_k \in V_k$ ，使得

$$f = \sum_{j\in\mathbf{Z}} g_j = f_k + \sum_{j\geqslant k} g_j \tag{8.19}$$

事实上，V_j 由 $\{M^{j/2}\varphi(M^j x - k) \mid k \in \mathbf{Z}\}$ 生成，W_j 由 $\{M^{j/2}\psi_s(M^j x - k) \mid 1 \leqslant s \leqslant M-1,\ k \in \mathbf{Z}\}$ 生成。其中 $\varphi(x)$ 为尺度函数，$\{\psi_s(x),\ 1 \leqslant s \leqslant M-1\}$ 是基本小波函数。当 $M=2$ 时，基本小波函数只有一个，它可以由 φ 明确地表示，但当 $M \geqslant 2$ 时，基本小波函数有 $M-1$ 个，不能用 φ 简单表示。从多尺度分析的定义知，尺度函数满足一个尺度方程：

$$\varphi(x) = \sum_{k \in \mathbf{Z}} C_k \varphi(Mx - k) \tag{8.20}$$

定义尺度方程的共轭滤波器为

$$H(z) = \frac{1}{M} \sum_{k \in \mathbf{Z}} C_k z^k \tag{8.21}$$

$H(z)$ 即为 Daubechies 型标准正交尺度函数 $\varphi(x)$ 的共轭滤波器。孙顾或给出了如下的共轭滤波器函数形式：

$$H(z) = \left(\frac{1 - z^M}{M^{3/2}(1 - z)}\right)^2 \left(\frac{1 + \theta}{2} + \frac{1 - \theta}{2} z\right) \tag{8.22}$$

其中，$\theta = \sqrt{\frac{2 \cdot M^2 + 1}{3}}$，$M$ 为进制。

利用式（8.21），可以计算当 M 为不同进制时尺度函数对应的共轭滤波系数 c_i。

2）二维图像多进制小波的分解和重构

二维图像为一有限能量函数 $f(x, y) \in L^2(\mathbf{R})$。利用一维小波，可以构造出二维张量积小波。可以证明，若 $\varphi(x)$ 生成一个 $L^2(\mathbf{R})$ 上的多尺度分析，则 $\varphi(x, y) = \varphi(x)\varphi(y)$ 生成 $L^2(\mathbf{R}^2)$ 上的多尺度分析，有 $M^2 - 1$ 个小波函数 ψ^{s_1, s_2}：

$$\psi^{s_1, s_2} = \begin{cases} \varphi(x)\psi^{s_2}(y), & s_1 = 0,\ 1 \leqslant s_2 \leqslant M - 1 \\ \psi^{s_1}(x)\varphi(y), & 1 \leqslant s_1 \leqslant M - 1,\ s_2 = 0 \\ \psi^{s_1}(x)\psi^{s_2}(y), & 1 \leqslant s_1,\ s_2 \leqslant M - 1 \end{cases} \tag{8.23}$$

可得二维图像的多进制小波分解式：

$$f_{j+1} = f_j + g_j = f_j + \sum_{s_1, s_2 = 0,\ s_1 + s_2 \neq 0}^{M-1} g_j^{s_1, s_2}$$

这里

$$g_j^{s_1, s_2} = \begin{cases} \sum_k \sum_l b_{j,k,l}^{0, s_2} \varphi_{j,k}(x) \psi_{j,l}^{s_2}(y), & s_1 = 0,\ 1 \leqslant s_2 \leqslant M - 1 \\ \sum_k \sum_l b_{j,k,l}^{s_1, 0} \psi_{j,k}^{s_1}(x) \varphi_{j,l}(y), & 1 \leqslant s_1 \leqslant M - 1,\ s_2 = 0 \\ \sum_k \sum_l b_{j,k,l}^{s_1, s_2} \psi_{j,k}^{s_1}(x) \psi_{j,l}^{s_2}(y), & 1 \leqslant s_1,\ s_2 \leqslant M - 1 \end{cases} \tag{8.24}$$

其中

$$a_{j,k,l} = \sum_{n_1} \sum_{n_2} c_{n_1 - Mk} c_{n_2 - Ml} a_{j+1, n_1, n_2}$$

$$b_{j,k,l}^{s_1, s_2} = \begin{cases} \sum_{n_1} \sum_{n_2} c_{n_1 - Mk} d_{n_2 - Ml}^{s_2} a_{j+1, n_1, n_2}, & s_1 = 0,\ 1 \leqslant s_2 \leqslant M - 1 \\ \sum_{n_1} \sum_{n_2} d_{n_1 - Ml}^{s_1} c_{n_2 - Mk} a_{j+1, n_1, n_2}, & 1 \leqslant s_1 \leqslant M - 1,\ s_2 = 0 \\ \sum_{n_1} \sum_{n_2} d_{n_1 - Mk}^{s_1} d_{n_2 - Ml}^{s_2} a_{j+1, n_1, n_2}, & 1 \leqslant s_1,\ s_2 \leqslant M - 1 \end{cases} \tag{8.25}$$

图像的重构公式为

$$
\begin{aligned}
a_{j+1,k,l} &= \sum_{n_1}\sum_{n_2} c_{k-Mn_1} c_{l-Mn_2} a_{j,k,l} + \sum_{s_1,s_2=0,s_1+s_2}^{M-1} \sum_{n_1}\sum_{n_2} d^{s_1}_{k-Mn_1} d^{s_2}_{k-Mn_2} b^{s_1,s_2}_{j,k,l} \\
&= \sum_{n_1}\sum_{n_2} \left(c_{k-Mn_1} c_{k-Mn_2} a_{j,k,l} + \sum_{s_1,s_2=0,s_1+s_2\neq 0}^{M-1} d^{s_1}_{k-Mn_1} d^{s_2}_{k-Mn_2} b^{s_1,s_2}_{j,k,l} \right)
\end{aligned}
\tag{8.26}
$$

式中，$d_i^0 = c_i^0$ 。

4. 基于小波变换的影像融合算法

采用小波变换的方法进行遥感图像信息融合的流程如图 8.5 所示。首先将待融合的图像重采样成尺度大小一致的图像，再将它们用小波正变换算法分解为不同分辨率的子图像，信息融合一般在分解后的高频子图像上进行，最常用的信息融合方法是：计算高频子图像上每个像素的局部平均梯度（或局部方差、局部能量），以该像素的局部平均梯度（或局部方差、局部能量）为准则，确定融合后的高频子图像上像素的值。例如，设待融合的两幅图像分别为 $A(x, y)$ 和 $B(x, y)$ ，不同分辨率的高频子图像分别为 $A_j^k(x, y)$ 和 $B_j^k(x, y)$（ $k = 1, 2, 3$，j 为尺度参数），由不同分辨率的高频子图像得到的梯度图像分别为 $GA_j^k(x, y)$ 和 $GB_j^k(x, y)$ ，则不同分辨率上的高频融合子图像 $F_j^k(x, y)$ 为：

当 $GA_j^k(x, y) > GB_j^k(x, y)$ 时，$F_j^k(x, y) = GA_j^k(x, y)$ ；

当 $GA_j^k(x, y) < GB_j^k(x, y)$ 时，$F_j^k(x, y) = GB_j^k(x, y)$ 。

以高频融合子图像 $F_j^k(x, y)$ 作为小波分解后的高频信息，利用小波逆变换就可以得到包含 $A(x, y)$ 和 $B(x, y)$ 两幅图像信息的融合图像。

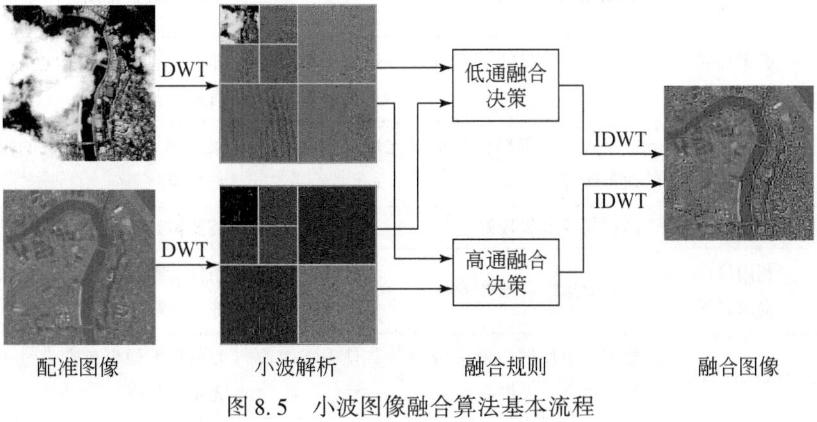

图 8.5　小波图像融合算法基本流程

8.3　遥感影像去雾处理

8.3.1　图像去雾技术总结与分析

在雾、霭等恶劣气象条件下，大气散射大大降低了航空遥感影像的对比度和色彩保真度，成为制约可见光遥感数据获取与应用的重要因素之一。对较厚云层或浓雾覆盖的地区，影像中几乎不包含地表信息，只能利用其他影像进行插补；而对薄云雾覆盖的地区，则可以通过一定的质量改善方法来恢复地表信息。目前，有雾影像的质量改善方法主要包括影像增强和影像复原两大类（嵇晓强等，2011；郭璠等，2010；Srinivasa and Shree，2002；Tan，2000；Narasimhan and Nayar，2003），而依据去雾方法的相似性，又可进一步分为不同的子类，如表 8.1 所示。

表 8.1 主要典型去雾方法的对比与分析

类别	子类	去雾方法	优点	缺点
图像增强方法	全局图像增强	全局直方图均衡化	算法简单； 对单景深图像的复原效果较好	难反映景深多变图像中局部景深变化
		同态滤波	能去掉因光照不均产生的黑斑、暗影； 能较好地保持图像的原始面貌	需要执行两次傅里叶变换，占用较大的运算空间
		小波变换	能较好地增强图像细节	无法解决图像过亮、过暗和光照不均的情况
		曲波变换	能很好地弥补小波变换在图像的曲线边缘增强方面的局限性	只能相对提高图像质量，并不能实现真正意义上的去雾
		大气调制传递函数	对退化图像的去模糊效果较好	需对雾气浓度和场景深度进行估计，难以应用
	局部图像增强	局部直方图均衡化	可对所关心的局部区域进行增强	运算量大，存在局部块效应
		局部对比度增强	能强化局部图像细节	不能改善整幅图像动态范围
		基于局部方差	算法简单，且能够有效地增强和保留图像细节	相对于直方图均衡化算法在噪声方面有所增强
图像复原方法	基于偏微分方程		能有效提高降质图像的对比度，视觉效果改善明显	景深和大气散射系数的修改都需要用户参与
	基于深度关系	假设景深已知	图像复原效果较好	需要雷达装置获取场景深度
		利用信息提取景深	能有效地增强图像清晰度	条件苛刻，非自动，难以满足实时图像处理需求
	基于先验信息	Tan. R 方法	能实现单幅图像的去雾处理，且去雾图像的对比度大大提高	复原后图像颜色常常过于饱和，且有光晕、伪影
		Fattal. R 方法	能实现单幅图像的去雾处理，且在薄雾条件下能够获得较好的去雾效果	无法处理浓雾天气下的图像和灰度图像
		HeKaiming 方法	能实现单幅图像的去雾处理，且去雾结果自然，颜色逼真，清晰度高	计算代价大，处理时间长

综上所述，影像增强是依据云雾遮挡图像比无雾图像具有较低对比度的视觉特征，通过对比度拉伸来突出细节信息，处理效果一般不够理想，且通常存在色彩失真问题。而影

像复原原则是基于大气散射的物理规律，建立降质图像的成像模型，并利用景深、大气散射系数等附加信息来恢复场景辐射，去雾结果自然，但附加信息的获取比较困难。如何实现单景影像的自动快速去雾处理是当前研究的重点，而利用某种先验知识从单景影像中自动提取景深、大气参数等信息，并实现快速去雾处理则代表了该领域的发展方向，特别是 2009 年 He Kaiming 等提出的基于暗原色先验知识的单景影像去雾处理技术能够达到非常好的去雾效果，引起了研究人员的广泛关注（He et al.，2009）。

8.3.2　基于暗原色先验知识的单景影像自动去雾技术

1. 降质图像的辐射成像模型

在雨、雾、阴霾等恶劣气象条件下，造成影像质量下降的主要因素是大气中水汽微粒的米氏散射。依据这一物理规律，建立相应的辐射成像模型，如式（8.27）所示（He et al.，2009）。

$$I(x) = J(x)t(x) + A(1 - t(x)) \tag{8.27}$$

式中，$I(x)$ 为获取的影像灰度值；$J(x)$ 为场景辐射量；A 为大气环境光照；$t(x)$ 为场景辐射的大气透射率，在大气为同质状态的情况下，与场景深度呈指数关系，如式（8.28）所示，其中 β 为大气散射系数，$d(x)$ 为场景深度。

$$t(x) = \mathrm{e}^{-\beta d(x)} \tag{8.28}$$

图像复原的目的是从 $I(x)$ 中恢复 $J(x)$，一般情况下需要首先知道 A 和 $t(x)$，而要从单景影像中自动提取这些参数就必须依据一定的约束条件。

2. 暗原色先验知识及去雾处理流程

暗原色先验就是一种非常优秀的约束条件，它是由何恺明等通过对大量户外无雾图像的统计分析而得出的物理规律："在无雾图像的绝大部分局部图像块内存在这样一些像素，它们至少在一个颜色通道内的灰度值非常小，被称为暗原色"（He et al.，2009）。

利用暗原色先验可以直接从单景影像中估算出成像时刻的大气透射率 $t(x)$ 和大气环境光照 A，从而去除云雾影响得到一个高质量的无雾图像，具体流程如下。

假设成像时刻的大气环境光已知，且在整幅影像内保持不变，记作 A^c；而大气透射率 t 在局部窗口 $\Omega(x)$ 内也保持基本一致，记作 $\tilde{t}(x)$。对原始影像 I 进行格网划分，并求取每个格网内部像素的最小灰度值，如式（8.29）所示。

$$\min_{c\in\{R,\ G,\ B,\ \cdots\}}\left(\min_{y\in\Omega(x)}(I^c(y))\right) = \tilde{t}(x)\min_{c\in\{R,\ G,\ B,\ \cdots\}}\left(\min_{y\in\Omega(x)}(J^c(y))\right) + (1 - \tilde{t}(x))\cdot A \tag{8.29}$$

依据暗原色先验知识，在无雾图像（即场景辐射量）的绝大部分局部图像块内，至少存在一个暗原色像素，其值趋近于 0，即

$$\min_{c\in\{R,\ G,\ B,\ \cdots\}}\left(\min_{y\in\Omega(x)}(J^c(y))\right) = J^{\mathrm{dark}}(x) = 0 \tag{8.30}$$

因大气环境光照 A 恒为正值，将式（8.30）代入式（8.29）就可以直接从单景云雾图像 I 估算其初始的大气透射率 $\tilde{t}$，如式（8.31）所示。

$$\tilde{t}(x) = 1 - \min_{c \in \{R, G, B, \cdots\}} \left(\min_{y \in \Omega(x)} (I^c(y)/A) \right) \tag{8.31}$$

考虑到局部图像块内的大气透射率实际分布并不完全一致，直接利用 $\tilde{t}$ 进行去雾处理会产生明显的块效应。对此何恺明通过求解下面的线性方程组（式（8.32））对 $\tilde{t}$ 进行高精度的边缘保持内插，得到 t：

$$(\boldsymbol{L} + \lambda \boldsymbol{U})t = \lambda \tilde{t} \tag{8.32}$$

其中，λ 为调整参数，$\boldsymbol{U}$ 为单位阵，$\boldsymbol{L}$ 为 Laplacian 软抠图矩阵，其中第（i，j）个元素的计算过程如式（8.33）所示（He，2009；Levin，2008）：

$$\sum_{k|(i,j) \in w_k} \left\{ \delta_{ij} - \frac{1}{|w_k|} \left[1 + (I_i - u_k)^{\mathrm{T}} \left(\sum\nolimits_k + \frac{\varepsilon}{|w_k|} \boldsymbol{U}_3 \right)^{-1} (I_j - u_k) \right] \right\} \tag{8.33}$$

在式（8.33）中，I_i 和 I_j 表示图像 I 中第 i 和 j 个像素的灰度值；δ_{ij} 为 Kronecker Delta 函数；u_k 和 $\sum_k$ 为局部窗口 w_k 内像素灰度的均值与协方差矩阵；$\boldsymbol{U}_3$ 为 3×3 单位矩阵；ε 为改正系数；$|w_k|$ 为 w_k 内像素数。

依据式（8.27）当大气透射率 t 趋近于 0 时，图像 I 将趋近于大气环境光照 A，即图像中对应像素的灰度值主要表现为大气环境光，因此可提取大气透射率中数值最小的部分像素，并将它们在原始图像 I 中对应的亮度最大值作为大气环境光 A 的估计值。

在得到大气透射率 t 和环境光 A 后，可以依据式（8.34）进行复原处理，恢复场景辐射量。

$$J(x) = \frac{(I(x) - A)}{\max(t(x),\ t_0)} + A \tag{8.34}$$

其中，t_0 为用来抑制噪声的调整参数。

8.3.3 暗原色先验去雾技术存在问题分析及改进方法

虽然基于暗原色先验的单景影像去雾技术在普通户外影像处理中获得了成功应用，但直接将其应用于大幅面的遥感影像处理却仍然存在暗原色先验失效、计算效率低下和结果影像较暗等突出问题，迫切地需要研究相应的解决方法（蒋建国等，2011；杨靖宇等，2010；嵇晓强等，2011；He et al.，2010）。

1. 暗原色先验失效问题分析及解决方法

虽然暗原色先验的存在有其一定的物理基础，但是作为一种统计规律，在某些特殊的影像区域（如城市遥感影像中的白色建筑物、大理石广场等）暗原色先验并不一定完全成立。

依据式（8.29），实际的大气透射率计算过程如式（8.35）所示

$$t_{\text{actual}}(x) = \frac{1 - \min_c \left(\min_{y \in \Omega(x)} (I^c(y)/A^c) \right)}{1 - \min_c \left(\min_{y \in \Omega(x)} (J^c(y)/A^c) \right)} \tag{8.35}$$

在满足暗原色先验的影像区域，$\min_c \left(\min_{y \in \Omega(x)} (J^c(y)/A^c) \right)$ 被简化为 0，得到相应的大气透射率计算公式（8.30）；但是在暗原色先验知识失效的区域，$\min_c \left(\min_{y \in \Omega(x)} (J^c(y)/A^c) \right)$ 不

能简单地近似为 0，否则会造成大气透射率低估，且 A 与 I 越接近，低估问题越严重。

由于大气透射率低估，即使原始影像中通道间相差仅几个灰度级，但除以一个很小的 $t(x)$，通道间的差异也会被放大几倍乃至几十倍，使得最终结果影像与原始影像的色彩存在较大的落差，特别是当通道方向不一致（有的通道大于 A，有的通道小于 A）时，落差叠加，造成色彩失真。

为消除暗原色先验失效引起的色彩失真问题，必须调整失效区域的大气透射率函数，使估算的 $\tilde{t}(x)$ 更加符合 $t_{\text{actual}}(x)$，同时最好能够保持现有算法的统一架构。对此引入一种容差机制来调整复原处理过程中的大气透射率数值（蒋建国等，2011）。依据大气光照 A 的估算方法，A 基本上落于暗原色先验失效区域。因此引入一个容差参数 K，对于 $|I - A|$ 小于 K 的区域（认为是失效区域），重新计算透射率，适当增加其值，对于 $|I - A|$ 大于 K 的区域（认为是满足暗原色先验的区域），保持原始透射率不变。相应的图像复原的计算过程如式（8.36）所示，当容差为 0 时，式（8.36）等价于式（8.34）。

$$J(x) = \frac{I(x) - A}{\min\left(\max\left(\frac{K}{|I(x) - A|},\ 1\right) \cdot \max(t(x),\ t_0),\ 1\right)} + A \tag{8.36}$$

2. 基于参考图像滤波的大气透射率边缘保持内插方法

如式（8.28）所示，在大气同质状态下，大气透射率与景深呈指数关系，即在景深 d 突变的区域，大气透射率 $t(x)$ 也会随之发生跃变。为避免去雾结果影像出现边界模糊问题，相应的大气透射率内插优化方法必须具备一定的边缘保持特性。目前影像数据的边缘保持内插主要有两种实现思路。

（1）依据参考图像构造二次函数对输出结果进行约束，并通过求解包含参考图像信息的超大规模稀疏矩阵进行内插。何恺明等正是利用该方法来对大气透射率数据进行内插优化，虽然处理结果比较完美，但是计算过程过于复杂、耗时，难以满足大幅面遥感影像快速去雾处理的要求（Levin，2008）。

（2）利用参考图像构建滤波器进行内插，输出图像上每个像素灰度值是其邻近像素灰度值的加权平均值，而权重系数则取决于参考图像上像素间的亮度或色彩相似性。该方法不仅具有良好的边缘保持特性，而且计算效率也非常高（He et al.，2010）。

基于参考图像的滤波器（guided filter）是建立在输出图像 q 与参考图像 I 间的局部线性模型之上，如式（8.37）所示

$$q_i = a_k I_i + b_k,\ \ \forall i \in \omega_k \tag{8.37}$$

式中，$(a_k,\ b_k)$ 为线性变换系数，假设其在局部窗口 ω_k 内保持不变，则 $\nabla q = a\nabla I$，故具有一定的边缘保持特性。

而线性变换系数值则是通过最小化输入图像 p 和输出图像 q 之间的差别来得到，如式（8.38）所示，其中 σ 是防止 a_k 过大的改正项。

$$E(a_k,\ b_k) = \sum_{i \in \omega_k} \left((a_k I_i + b_k - p_i)^2 + \sigma a_k^2 \right) \tag{8.38}$$

相应的求解过程如式（8.39）和式（8.40）所示。

$$a_k = \frac{\frac{1}{|\omega|}\sum_{i \in \omega_k} I_i p_i - u_k \overline{p_k}}{\sigma_k^2 + \varepsilon} \tag{8.39}$$

$$b_k = \overline{p_k} - a_k u_k \tag{8.40}$$

其中，u_k 和 σ_k^2 表示参考图像 I 在局部窗口 ω_k 内的灰度均值和方差，$|\omega|$ 为窗口 ω_k 内的像素个数，而 $\overline{p_k}$ 是输入图像 p 在窗口 ω_k 内的均值。

将原始影像作为参考图像，在整幅图像内的所有局部窗口内应用上述线性模型进行计算就可以对大气透射率初始值进行边缘保持内插。但是对于像素 i 而言，可能存在多个包含该像素的局部窗口 ω_k，而且处理结果 q_i 也会不一致，一种比较简单的处理策略是求所有 q_i 的平均值。

3. 结果影像的亮度增强方法

针对基于暗原色先验的去雾结果影像普遍较暗的实际问题，采用 Wallis 滤波来调整影像亮度，并进一步增强其对比度。Wallis 滤波的计算过程如式（8.41）所示，通过将原始影像局部窗口内的灰度均值与方差映射到给定数值，并引入平滑算子抑制噪声，达到改善影像质量的目的。

$$f(x, y) = [g(x, y) - m_g] \cdot c \cdot s_f / [c \cdot s_g + (1 - c) \cdot s_f] + b \cdot m_f + (1 - b) \cdot m_g \tag{8.41}$$

式中，$g(x, y)$ 为原始影像中点 (x, y) 的灰度值；$f(x, y)$ 为点 (x, y) 经过 Wallis 滤波后的灰度值；m_g 和 s_g 是原始影像中以点 (x, y) 为中心局部窗口的灰度均值与方差；m_f 和 s_f 为对应区域在目标影像中的灰度均值与方差；$c \in [0, 1]$ 为影像反差的扩展系数；$b \in [0, 1]$ 为影像亮度系数。一般参数的取值范围设定为：c 为 0.75 ~ 1.0，b 为 0.5 ~ 1.0，m_f 取 127，s_f 取 值 范围为 40 ~ 65。

8.3.4 实验与分析

为验证上述去雾方法的有效性，选取两幅大小分别为 3000×2000（像素）和 3000×2500（像素）的航空影像进行试验，图 8.6 和图 8.7 所示为去雾前后的影像对比；同时选

(a)去雾前原始影像　　(b)去雾后结果影像

图 8.6 实验数据一去雾前后的影像对比

用标准差、平均梯度、点锐度、空间频率、信息熵 5 个清晰度指标进行定量分析，并记录其处理时间，如表 8.2 所示。

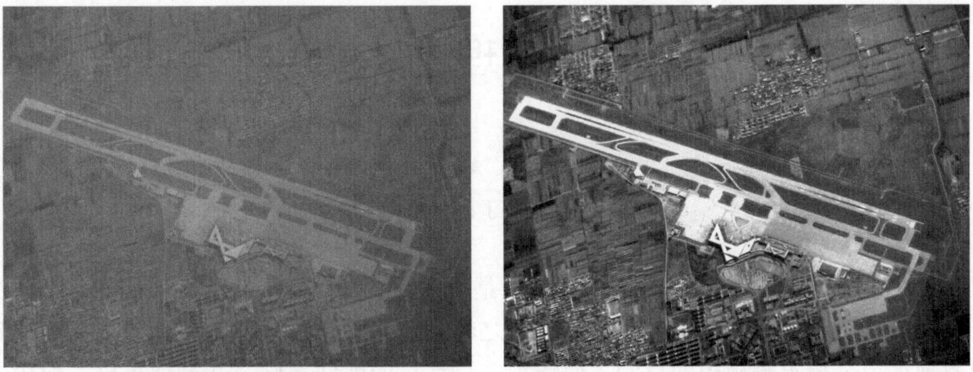

(a)去雾前原始影像　　　　　　(b)去雾后结果影像

图 8.7　实验数据二去雾前后的影像对比

表 8.2　去雾前后的影像清晰度对比与去雾处理时间

数据	标准差	平均梯度	点锐度	空间频率	信息熵	处理时间/ms
原始影像一	7.31	2.95	19.99	6.40	5.63	14 992
结果影像一	8.69	5.26	55.33	9.62	6.44	
原始影像二	6.22	1.10	6.63	2.82	5.53	15 686
结果影像二	8.70	3.85	31.10	7.64	7.14	

通过以上的实验可以证明：经过改进后的暗原色先验去雾处理方法能够快速有效地实现大幅面遥感影像的清晰化处理，对提高遥感影像的利用率具有非常重要的意义。

第9章　遥感影像处理的GPU并行化方法

9.1　并行计算概述

所谓“并行计算”（parallel computing）是指在并行计算机上将一个应用任务分解为多个子任务，分配给不同的处理器，各处理器之间相互协同并行地执行子任务，从而达到加快求解速度或降低求解规模的目的。而作为并行计算的硬件基础，并行计算机一般由多个处理单元构成，并通过相互之间的通信协作来更快地完成一项大规模处理任务，即处理单元及其相互之间的通信是并行计算机最重要的两大部件，二者性能的提升决定着并行计算机体系的发展方向（陈国良，2002；陈国良，安虹，2004）。

在20世纪60年代初期，随着晶体管和磁芯存储器制作工艺的改进，计算机的处理单元和存储单元变得更加小巧和廉价，并行计算机应运而生，但主要是共享存储器模式的多处理器并行计算机（即所谓大型机）。而1976年问世的CRAY-1引入了向量寄存器，并通过精心设计的逻辑电路和RISC精简指令集来完成向量运算，使得向量计算机得到了广泛普及。到20世纪80年代，共享存储器模式又获得了新生，但如何在保证共享存储器缓存一致的前提下，提高系统的可扩展性成为这一时期的主要研究方向，对此美国斯坦福大学在90年代初期提出了DASH计划，通过维护一个保存有缓存位置信息的目录结构来保证其一致性，后来IEEE在此基础上提出了缓存一致性协议标准。而到90年代初期，几种主要的并行计算机开始走向融合：属于数据并行体系架构的CM-5允许进行一些简单的消息传递操作；而共享存储器体系架构的CRAY T3D不仅具有全局同步机制，而且具备消息队列机制，并采取了一些减少消息传递延迟的措施。同时由于PC机的广泛普及，自20世纪90年代中期更多的并行计算机开始采用商品化的微处理器和互联网络来构建，称为“机群”或“集群”，并行计算机进入了一个新的发展阶段。然而经过几十年的发展，处理器的硬件制作工艺已经接近其物理极限，计算频率难以继续提升，多核成为处理器体系架构的主流模式，特别是集成了几十甚至几百个核的GPU（graphic processing unit，图形处理器）计算能力更为强大。最近研究人员又提出了GPU集群的概念，通过对传统集群的改造升级（每个集群计算节点都配置GPU并行加速卡）来极大地提升其计算性能（Kindratenko et al.，2009；Fan et al.，2004；Takizawa and Kobayashi，2006）①，例如我国国防科学技术大学研制的“天河一号”超级计算机，就是融合了通用微处理器（CPU）和通用图形处理器（GPU）的异构计算能力，运算速度达到2566Tflops，位列2010年11月

① Gabriel Noaje. 2008. CPU-GPU Cluster Design，Experimentations，Performances [D]. Polytechnical University of Bucharest.

世界超级计算机排行榜 TOP 500 的榜首。

在具备并行计算平台后，研究人员还需要进一步分析待求解问题的并行性，即如何将待处理的任务分解为多个子任务，并将其分发到不同的处理单元实现并行化执行。通常任务间的并行性主要表现为数据并行、功能并行和流水线并行三种模式（陈国良，安虹，2004）。由于遥感影像及其大部分处理算法具有明显的空间一致性，数据并行处理的思想比较自然，同时也更适合当前主流的并行计算平台。而在数据并行处理模式中，并行粒度是一个非常重要的因素，需要结合硬件平台和具体算法来综合考虑。目前遥感影像并行处理的主流模式是采用高性能集群系统来开发粗粒度数据并行性，例如，法国 InfoTerra 公司研制的像素工厂（ISTAR Pixel Factory）、我国武汉大学研制的 DPGrid、中国测绘科学研究院研制的 PixelGrid 等均在实际生产中获得了成功应用（Bignone，2003；史照良等，2007；张剑清等，2008；张祖勋，2007）。但是集群系统的硬件成本相对比较昂贵，软件开发过程也比较复杂，而且在数据量较大时容易出现数据传输瓶颈，同时也无法满足应急响应等特定领域内处理平台小型化、移动化的要求。针对这一问题，近年来研究人员开始关注 GPU 这一特殊硬件平台下的遥感影像细粒度并行处理技术与方法，特别是 NVIDIA 公司在 2007 年推出的全新的 GPU 并行编程模型 CUDA（Compute Unified Device Architecture，统一计算设备架构）大大降低了 GPU 的编程难度，使得 GPU-CPU 协同处理架构成为最优秀的超级计算平台之一（张舒，褚艳利，2009）。在诸多领域（如搜索引擎排序、数理统计分析、生物医药工程、无线射频模拟、图像语音识别等）GPU 细粒度并行均取得了明显的加速效果，而在遥感影像处理方面国内外学者和相关机构也进行了广泛深入的研究，例如美国 Tech-X 公司在 NASA SBIR 计划支持下，研发了 GPUlib 库实现从应用层到 GPU 体系架构的映射，用于遥感影像处理算法的 GPU 透明加速；PCI Geomatics 公司在其地理成像加速器（GXL）中采用基于 CUDA 的 GPU 并行处理技术来提高正射纠正等功能模块的处理效率；德国宇航中心（German Aerospace Center，DLR）利用 GPU 硬件实现了航拍数据的实时纠正处理，从而为自然灾害的实时在轨监测提供了技术支持；我国解放军信息工程大学测绘学院的研究人员设计了车载紧凑型 GPU 集群系统，实现集成传感器探测数据的实时、准智能化处理，以满足动态测绘和地理信息直播服务的现实需求（吴恩华，2004；陈飞国，2008；夏健明，魏德敏，2009；张繁等，2010；肖汉，张祖勋，2010）。

9.2　GPU 的硬件体系架构与软件编程模型

通常并行计算的硬件平台和软件开发方法是紧密结合在一起的，为充分发挥并行计算平台的优势，需要深入了解其硬件体系架构和软件编程模型。目前主要的 GPU 生产厂商为 NVIDIA 公司和 AMD 公司，我们以 NVIDIA 公司的 GPU 产品为例介绍其硬件体系架构和软件编程模型（张舒，褚艳利，2009）①。

---

① NVIDIA. Moore's Prediction：CUDA is the Only Ultimate CPU（II）.
NVIDIA. CUDA 2. 0 for WINDOWS CUDA 2. 0 Programming guide.
NVIDIA. CUDA 2. 0 for WINDOWS CUDA 2. 0 Reference Manual.

9.2.1　GPU 的硬件体系架构

与 CPU 的设计目的不同，GPU 是专门针对计算密集型和高度并行化的计算任务而设计的，因此在 GPU 芯片中更多的晶体管被用于数据处理，而非数据缓存和流程控制。二者在设计架构的差别主要体现在以下四个方面。

1）GPU 线程与 CPU 线程

一个 CPU 处理核在某一时刻只能运行一个线程，其多线程运行模式是通过操作系统的时间片轮流机制实现的粗粒度软件虚拟多线程。当一个线程中断运行时，操作系统就会保存其上下文，并装载另一线程的上下文进行处理，相应的线程切换代价高达数百个时钟周期。而 GPU 线程则是由硬件实现的轻量级线程，线程切换的开销仅为几个时钟周期，同时 GPU 围绕每个算术逻辑处理单元（ALU）维护着大量的线程，并通过高效的线程切换避免 ALU 的闲置，保证计算单元的高利用率。

2）GPU 众核与 CPU 多核

由于缓存和逻辑控制部分占用了较大空间，在 CPU 芯片上能够集成的处理核数量受到了限制，当前主流的 CPU 一般有 2～8 个核。而当前主流的 NVIDIA GPU 中一般有 1～30 个完整的流式多处理器，每个流式多处理器又包含 8 个 SIMD 处理核。这使得 GPU 的运行频率低于同时期的 CPU，但由于存在更多的处理单元可以并行化的执行，在数学运算方面还是具有明显优势。

3）GPU 设备显存与 CPU 系统主存

当前主流的 GPU 设备显存带宽是同时期 CPU 系统内存的 5 倍，造成二者差异的主要原因有两个方面：首先，CPU 内存是通过 DIMM 插槽加载到主板上的，而 GPU 显存则是直接固化在 PCB 板上的，信号完整性相对容易解决，工作频率也就相对较高；其次，当前主要的 CPU 存储器是基于双通道或三通道技术，每条通道的位宽为 64bit，而 GPU 中则同时并存着多个存储器控制单元，每个单元能够控制两片位宽为 32bit 的显存，这使得尽管内存的存储空间较大，但实际的数据访问带宽反而比 GPU 低。

4）GPU 缓存与 CPU 缓存

为减少访问延迟和节约带宽，CPU 普遍采用了缓存技术，但是在 CPU 的粗粒度软件虚拟多线程机制下，经常会发生缓存失效问题：因为每次线程切换都需要重新建立缓存上下文，耗时长达几十到上百个时钟周期，同时还需要进行复杂的逻辑控制操作来保证数据的一致性。而 GPU 缓存的主要作用是过滤对存储器控制器的请求，减少显存访问次数，因此它是只读的，不用考虑数据的一致性问题。

综上所述，针对大吞吐量的数据并行计算问题，GPU 采用海量线程并行机制来隐藏存储器的访问延迟，适用于执行计算密度高、逻辑分支少的处理任务；而 CPU 则具有复杂的逻辑控制能力和大容量的缓存，比较适用于复杂的逻辑运算，只有合理安排二者的计算任务才能充分发挥计算机的性能。

9.2.2　GPU 的软件编程模型

自 2001 年第一款具有可编程能力的 GPU 出现以来，就有众多学者不懈努力来开发其并行计算潜力，但是早期的 GPU 并行计算只能通过三维图形绘制 API 来调用，编程难度很大，且不容易调试。为方便开发GPU并行计算程序，NVIDIA公司在2007年推出了CUDA，通过简单易用的类C语言进行开发，就能获得几倍、几十倍，乃至上百倍的加速效率。近年来，主要的硬件厂商又联合提出了OpenCL（开放式计算语言）标准，该标准不再局限于任何特定的硬件或操作系统，使用它可以在CPU、GPU和其他处理器上进行通用目的的并行编程，但是目前应用最为广泛的仍然是CUDA编程模型。

如图9.1所示，CUDA实际上是一种“串行—并行”混杂的编程模型：计算量较小且难以并行化的部分仍然由CPU串行执行；而计算密集且并行程度较高的部分则由GPU并行化执行，这样CPU与GPU协同工作可提高任务的整体计算效率。在编程实现中，CUDA允许程序员定义一种类似于C语言的“核”（kernel）函数，并在CPU端使用<<<...>>>语法指定每次调用核函数的GPU线程组织结构。与普通的C语言函数仅执行一次的模式不同，在调用“核”函数时，CUDA将会同时调用N个线程来并行执行。在执行过程中，每个线程被分配一个独特的线程ID和线程块ID，并通过该线程ID和线程块ID变量在内核中定位需要处理的数据元素。

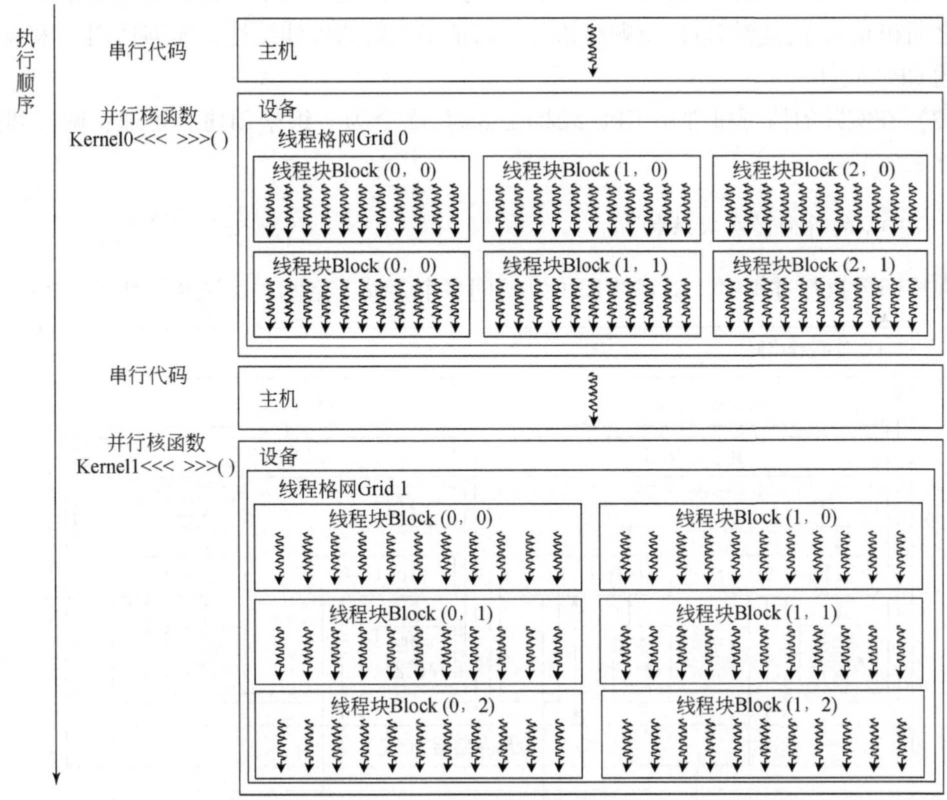

图9.1　GPU并行编程模型CUDA

在上述的CUDA编程模型中，最重要的是GPU线程和GPU存储器的组织结构。

1. GPU线程的组织结构

在CUDA中，GPU线程是以“线程格网（Grid）—线程块（Block）—线程

(Thread)” 三层结构来组织管理的，一个核函数对应一个线程格网，如图 9. 2 所示。

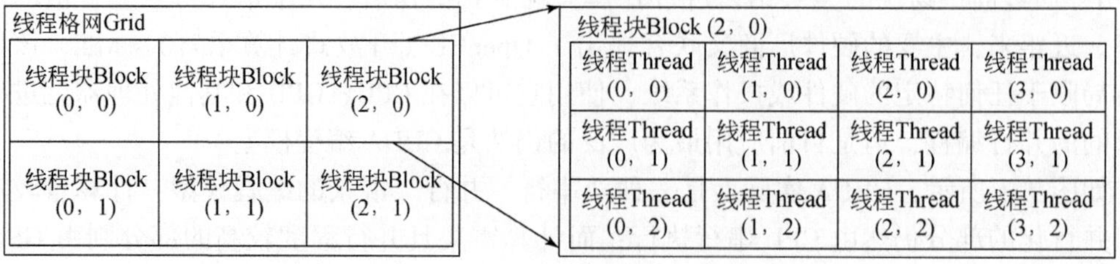

图 9. 2　GPU 线程的组织结构

（1）相互合作的一组线程以一维、二维或三维的形式组织为一个线程块，并通过内置的三维向量 threadIdx 来索引、标识线程，定位数据域中待处理的元素。目前 NVIDIA 公司主流 GPU 的一个线程块内最多可以包含 512 个线程。

（2）更多的线程则可以基于线程块以一维或二维形式组织成线程格网，并通过内置向量 blockIdx 来定位，线程块的数量由待处理数据大小限定，而不受处理器数量限制，且线程块之间相互独立，能够以任意顺序执行，保证了代码的可伸缩性，能够适用于未来更高性能的 GPU 硬件。

（3）在实际的执行过程中 GPU 线程是以每 32 个为一组来创建、管理、调度和执行的，称之为 Warp。

2. CUDA 的存储器层次结构

在核函数执行过程中，GPU 线程可以访问多个存储器空间，如图 9. 3 所示。

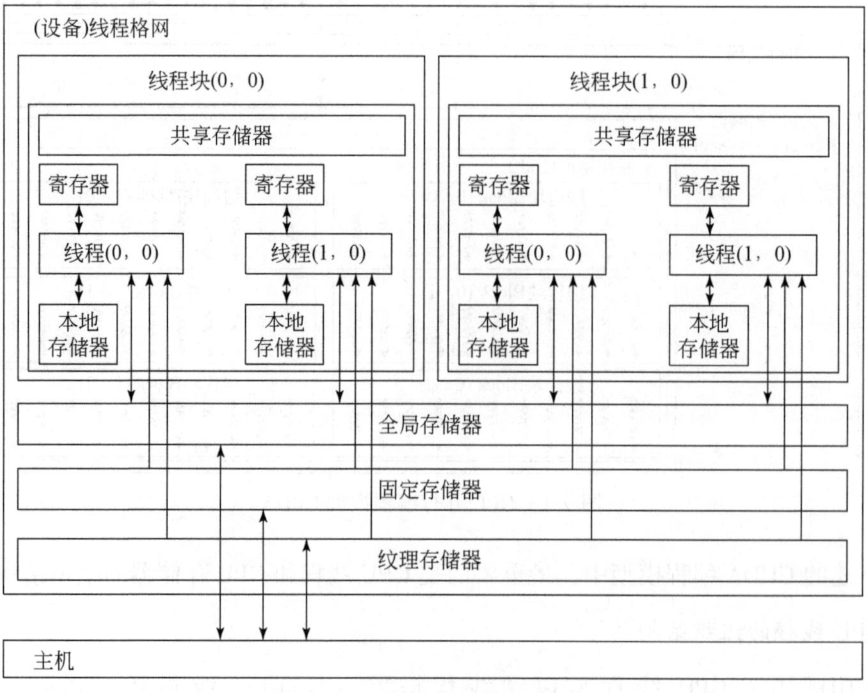

图 9. 3　GPU 存储器的组织结构

(1) 每个 GPU 线程都有与之对应的一个私有本地存储器 Local Memory;

(2) 每个 GPU 线程块对应着一个共享存储器 Shared Memory，并与该线程块具有相同的生命周期，块内的所有线程均可访问该存储器;

(3) 所有的 GPU 线程都可访问相同的全局存储器 Global Memory，但由于在芯片制作过程中，没有为其设计缓存，访问延迟高达 400～600 个时钟周期，极易成为性能提升的瓶颈。

(4) 此外 GPU 还有两个数据访问效率较高的只读存储器空间，纹理存储器 (texture memeory) 和固定存储器 (constant memory)，可供所有线程访问。

9.3 单 GPU 内部的细粒度数据并行处理及性能优化策略

强大的多线程处理器阵列使 GPU 已经发展成为一种高效的并行计算平台，同时适用于图形和通用计算领域，从高性能发烧级 GeForce GTX 580 显卡与专业级 Tesla 计算产品到多种经济性 GeForce 显卡均支持基于 CUDA 开发环境的 GPU 细粒度并行计算。以几何纠正算法为例研究其 GPU-CPU 协同处理方法，实现重采样操作的 GPU 细粒度数据并行处理，并探讨性能优化策略。

9.3.1 GPU-CPU 协同处理方法

所谓几何纠正就是按照一定的数学模型，消除遥感成像过程中产生的各种几何畸变，得到一幅符合某种地图投影或图形表达要求的新图像。虽然几何纠正模型及方法多种多样，但是一般都包括坐标变换系数求解、纠正目标区预测和灰度重采样几个基本步骤。由于遥感影像数据量巨大，相对于重采样操作，坐标变换系数求解和纠正目标区预测的计算量非常小，可以忽略不计，所以几何纠正并行化的关键是重采样操作的并行化，设计相应的 GPU-CPU 协同处理方案 (陈文光，武永卫，2004)，如图 9.4 所示。

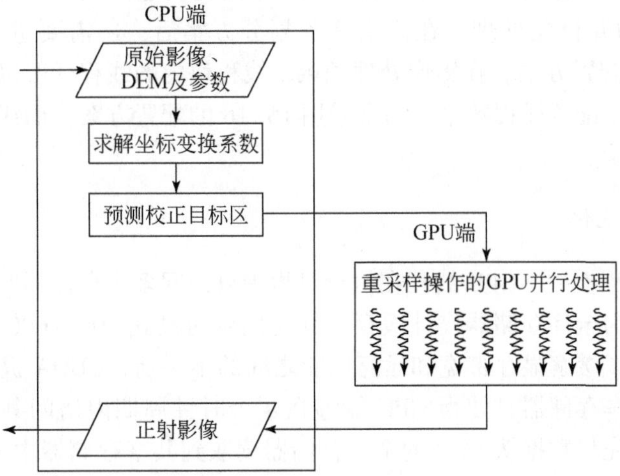

图 9.4 遥感影像几何纠正的 GPU-CPU 协同处理方案

9.3.2　GPU 并行处理的优化策略

为实现重采样操作的 GPU 细粒度数据并行需要编写与之对应的“核”函数，并在函数内部通过 CUDA 的内置变量（线程块索引 blockIdx 和线程索引 threadIdx）定位像素进行处理。但由于 GPU 具有与 CPU 完全不同的系统架构和编程模型，直接按照传统的 CPU 编程思路将重采样操作移植到 GPU 上，并不能充分发挥 GPU 的并行计算优势，为获得更大的性能提升，需要对其进行优化。优化工作包括 GPU 核函数执行过程优化和 GPU 核函数的调用方案优化，基本原则是提高处理过程的计算访存比和隐藏各层次存储器的访问延迟，特别是 GPU 全局存储器的访问延迟（陈文光，武永卫，2004；韩博，周秉锋，2009；Fatahalian et al.，2004；He et al.，2007）。

1. 任务划分与执行配置优化

对于遥感影像的几何纠正处理，存在着按照输入影像进行任务划分的直接法重采样方案和按照输出影像进行任务划分的间接法重采样方案，然而通过对其适用情况的分析，发现后者更适合 GPU 的细粒度并行处理，因为前者存在以下弊端。

首先，传统的直接法重采样不能直接得到纠正结果影像上每个像点的灰度值，需要进行规则化后处理，但是后处理过程不仅计算量大，而且存储器寻址复杂，难以发挥 GPU 的并行计算优势。

其次，虽然可以利用灰度值分配的思路来简化直接法重采样处理过程，达到与间接法重采样同等规模的计算复杂度，但这是针对 CPU 串行处理而言，并不适用于 GPU 的并行化处理，因为在核函数执行过程中，每个 GPU 线程需要将原始影像上一个像素点的灰度值按照权重值分配到纠正结果影像上的多个像点，这使得同一线程块内的线程间存在非常严重的存储器访问冲突，不仅极大地降低了 GPU 并行计算性能，还会造成数据的不一致性错误。

而采用基于输出影像的间接法重采样不仅可以避免上述问题，而且计算过程简单、明确，有利于 GPU 的并行化处理。在确定任务划分方案后，还需要进一步研究确定调用 GPU 核函数的具体配置方案。在影像处理领域，线程块内的线程一般以二维矩阵结构进行组织，且以 2 的倍率配置线程数量，通常采用 16×16 的配置方案。而线程格网的配置则由问题的求解规模来确定。

2. 共享存储器优化

根据 CUDA 编程模型，GPU 线程在执行过程中可访问多个存储器空间，但由于在芯片制作过程中，没有为全局存储器设计缓存，其访问延时高达 400 ~ 600 个时钟周期，极易成为性能瓶颈。为了缓解显存带宽和运算性能之间的不平衡，CUDA 提供了具有一般读写访问能力的高速共享存储器，使得 GPU 能够在 4 个时钟周期内访问共享内存。为提高处理速度，通常需要先将数据从 GPU 的全局存储器读取到共享存储器中再进行核函数运算，即进行共享存储器优化。

在重采样操作过程中，目标影像上的每一个像素都需要通过逆向坐标变换计算其在原始影像上的位置，然后进行灰度内插。在这一过程中，每个线程都需要获得一组坐标变换系数，如果所有的线程都从缓慢的全局存储器来读取数据，不仅效率低下，且重复访问次数过多，成为性能提升的主要瓶颈。为提高处理效率，可以将坐标变换系数先从全局存储器读取到高速的共享存储器，来供整个线程块内的所有线程共享，但为确保能够正确转移所有的数据，需要增加线程同步语句_ syncthreads ( )。

对于基于通用传感器模型（如有理函数模型、多项式模型等）的几何纠正和基于严格共线条件方程的面阵影像几何纠正而言，整幅影像对应同一组坐标变换参数，且数据量非常小，可以在纠正过程中一次性地从全局存储空间转移至共享存储空间来提高数据的访问效率。

而对于线阵影像而言，每条扫描行都有与之对应的外方位元素，可以用来构建相应的共线条件方程，故在几何纠正过程中需要进行最佳扫描行搜索，而最佳扫描行判断的依据为地物点在其上投影的 x 坐标理论上为 0。由于直接的线性搜索模式耗费时间过长，研究人员提出了多种提高搜索效率的方法。例如，刘军等提出了一种逐步缩小搜索窗口的二分法搜索方法（刘军，王冬红，2007），如图 9. 5 所示。

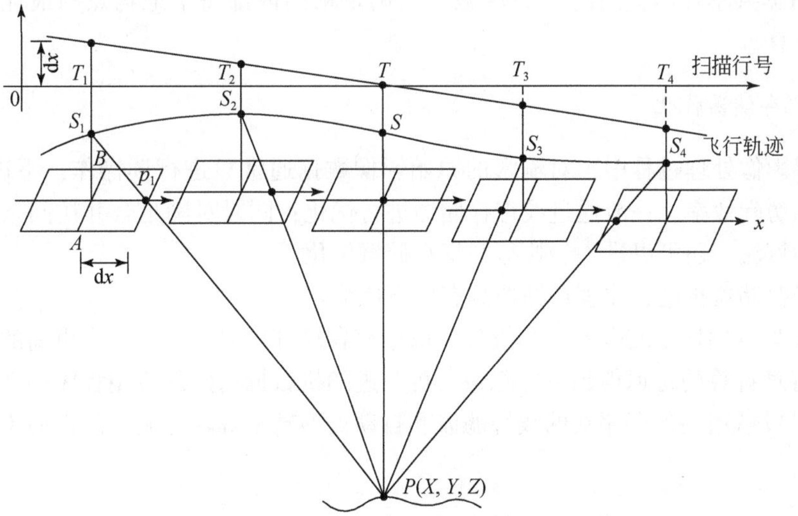

图 9. 5　最佳扫描行的折半搜索方法

具体步骤如下：

(1) 给定初始搜索窗口。如果影像由 N 条扫描行构成，则初始搜索窗口取为 [1, N]，即 $T_S^0 = 1$, $T_E^0 = N$, $T_M^0 = (T_S^0 + T_E^0)/2$。

(2) 分别利用 T_S^0, T_M^0, T_E^0 计算 $\mathrm{d}x$，并记作 $\mathrm{d}x_S^0$，$\mathrm{d}x_M^0$ 和 $\mathrm{d}x_E^0$。如果 $(\mathrm{d}x_S^0 \cdot \mathrm{d}x_M^0) \leqslant 0$，则令 $T_S^1 = T_S^0$, $T_E^1 = T_M^0$, $T_M^1 = (T_S^1 + T_E^1)/2$；反之则令 $T_S^1 = T_M^0$, $T_E^1 = T_E^0$, $T_M^1 = (T_S^1 + T_E^1)/2$。迭代进行，直至搜索窗口的宽度小于指定的阈值（如 20 个扫描行）。

(3) 将最终搜索窗口内每条扫描行的外方位元素数据代入共线条件方程，分别计算出所对应的 $\mathrm{d}x$，并寻找 $\mathrm{d}x$ 的最小值所对应的扫描行 $T_{\min}$。

(4) 利用 $(T_{\min} - 1)$ 和 $(T_{\min} + 1)$ 两扫描行的 $\mathrm{d}x$ 值建立线性关系式，并由此计算出

$dx=0$时对应的值 T，此即为 P 成像的最佳扫描行。

通过逐步缩小搜索窗口的折半搜索方法可以大大减少确定最佳扫描行的时间，但计算量仍然显得比较大，且在搜索过程中，需要更加频繁的读取 POS 数据（每条扫描行的外方位元素）。由于线阵影像的 POS 数据量比较大，受 GPU 共享存储空间的大小限制无法一次性加载所有行的 POS 数据，同时考虑到：在折半搜索的前期，扫描行的移动跨度比较大，不具有明显的局部性特点；而在折半搜索的后期，则移动跨度比较小，且局部范围内的地物点所对应的最佳扫描行也应该在一个局部的片段内，具有明显的局部性特点。针对这一数据访问特点，本书设计了一种格网划分、分步纠正的数据优化策略。

（1）对纠正目标区进行大间隔的格网划分（如 256×256），并设置初始搜索窗口为整条航带进行折半搜索，确定每个格网点的最佳扫描行，此时格网内部其他点的最佳扫描行则必在其附近的局部范围内。

（2）对格网内部点设置较小的初始搜索窗口（如 256），并根据格网点的最佳扫描行号确定相应的起始扫描行和结尾扫描行，由于此时数据量比较小，可以一次性将 POS 数据片段从全局存储空间加载至共享存储空间。

（3）依据共享存储空间内的 POS 数据，确定格网内部每个地物点的最佳扫描行，进行重采样计算。

3. 纹理存储器优化

在遥感影像处理过程中，对输入的原始影像数据通常只进行读操作，不进行写操作，为提高数据访问效率，一般通过纹理存储器进行优化；同时对满足合并访问条件且重复性访问较高的算法，还可以进一步执行共享存储器优化。

与全局存储器相比，纹理存储器具有以下优势：

（1）纹理存储器是缓存的，当纹理获取中存在局部性时，将表现出更高的带宽；

（2）寻址计算的延迟得到更好隐藏，可改进随机数据访问的应用程序的性能；

（3）可以使用纹理存储器的线性滤波和自动类型转换等功能调用硬件的不可编程计算资源。

9.4 GPU 集群节点间的粗粒度数据并行处理

9.4.1 GPU 集群系统的搭建模式

GPU 集群是基于传统 CPU 集群系统卓越的性价比和现代 GPU 飞速增长的计算能力而提出的新的并行计算体系架构：通过消息传递机制或共享存储器机制将任务分配到多个集群节点，实现节点间的粗粒度数据并行；而在每个节点内部实现 GPU 的超多线程细粒度数据并行，既可以充分发挥每个节点的并行计算能力，又能够很好地利用集群系统的可扩展性，为更大规模的并行计算提供一种切实可行的解决方案（Kindratenko et al.，2009；Fan et al.，2004；Takizawa and Kobayashi，2006）。小规模的 GPU 集群可以通过在一块计算机主板上加载多个 GPU 并行加速卡来搭建，即单机多卡模式；而较大规模的集群则可以通过对传统集群系统的改造升级，其中的每个计算节点都配置相应的GPU并行计算加速卡来搭建，即多机多卡模式。

1. 单机多卡模式

单机多卡模式的GPU集群是利用操作系统的多线程机制和CUDA提供的设备管理API建立的多设备并行系统，每个主机端CPU线程选取其中的一个GPU设备执行内核程序。为有效管理多个GPU调度线程，通常采用OpenMP多线程编程接口来管理多个GPU设备，如图9.6所示。OpenMP基于共享存储器体系结构，采用Fork-Join并行执行模型：初始阶段程序以单线程（这个线程被称为主线程）模式串行执行；当运行至需要并行执行的部分时，主线程会派生出一组额外线程在一个并行域内并行执行；而当派生线程运行至并行域的末尾时就会处于等待状态，直到整个线程组都执行完毕，派生线程再一次连接在一起，只有主线程继续执行；直到下一个并行域或者程序结束。

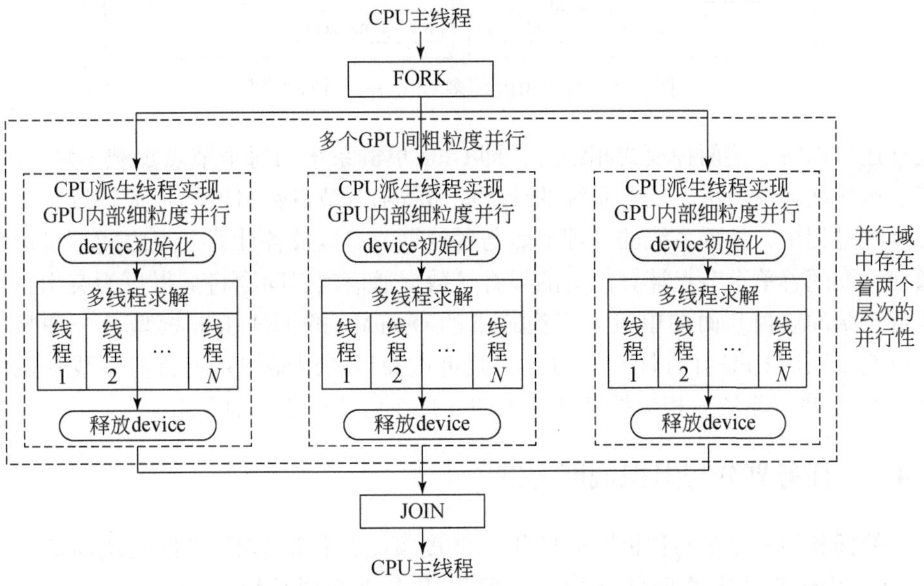

图9.6 基于OpenMP的多GPU并行计算模型

2. 多机多卡模式

多机多卡模式的GPU集群是通过对传统纯CPU集群的改造升级来搭建的，消息传递接口（message passing interface，MPI）是目前国际上最流行的集群并行编程模型，具有移植性好、执行效率高、使用灵活方便等优势，逐渐成为了事实上的并行编程标准。在MPI程序中，每个计算节点运行一个进程，并首先通过MPI_ Comm_ rank（）函数获得其进程标识；然后依据该进程标识分配任务，使不同的进程（即计算节点）能够并行执行各自不同的任务；同时在执行过程中，各进程间可以通过传递消息的方式来交换信息、协调同步、控制执行流程，以便更好更快地完成整个处理任务①。

在 GPU 集群系统搭建过程中，需要保留传统纯 CPU 集群的任务管理与调度、数据通信、功能实现等接口不变，仅将其计算节点升级为 GPU 并行计算机，实现节点内部的 GPU-CPU 协同处理，充分挖掘 GPU 的细粒度并行计算潜力，如图 9.7 所示。

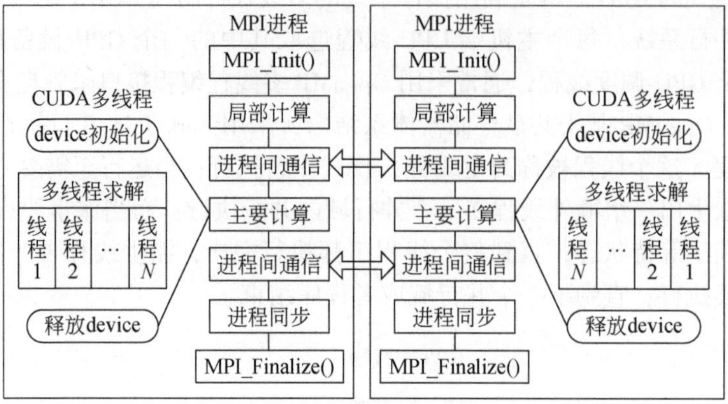

图 9.7　基于 MPI 的多 GPU 并行计算模型

此外还可以将上述两种模式相结合，即 GPU 集群系统的每个节点加载多块 GPU 并行加速卡。虽然从理论上讲，集群系统的计算能力将随着节点数目的增加而持续提高；但是在实际处理过程中，集群系统的管理节点与各计算节点以及各计算节点之间不可避免得要进行通信，而随着单个节点计算能力的提升，数据通信延迟问题将显得更为突出，从而限制了集群系统的规模。而在单机多卡模式下的 OpenMP 的 Fork-Join 模型是一种紧耦合结构，难以充分利用 GPU 并行计算能力，因此重点探讨利用操作系统自身多线程机制来构建松耦合 GPU 集群系统，相应的任务组织调度将在后续章节详细介绍。

9.4.2　任务划分与组织调度方案

合理的任务划分方案与积极有效的组织调度策略是保证 GPU 集群系统高负荷运行的关键。在大规模批量化处理任务中，一般采用作业管理系统（job management system, JMS）来组织、调度任务。目前已经存在几十种集群作业管理系统软件，其中具有代表性的有：OpenPBS、CONDOR、LSF、LOADLEVELER 等。集群作业管理系统根据用户需求，统一管理调度集群系统的软、硬件资源，形成对用户透明的单一管理系统，提高资源的利用率和吞吐率。通常一个作业管理系统主要由三个部分组成：用来提交、删除和查询作业状态的用户服务器；用于排列和调度作业的作业调度器；用来定义、分配、监控资源，执行资源分配和调度策略的资源管理器。

① MPI. A Message Passing Interface. http://www.mpi-forum.org/MPICH. High-performance and Widely Portable MPI. http://www.mcs.anl.gov/mpi/mpich/.

1. 体系架构

针对松耦合 GPU 集群计算环境特点，采用任务池和计算节点主动请求机制来组织调度处理任务，通过任务划分模块、节点负载监测模块、任务组织调度模块、任务监控存储模块的协同配合，实现处理任务的精细划分和高效调度，如图 9.8 所示。

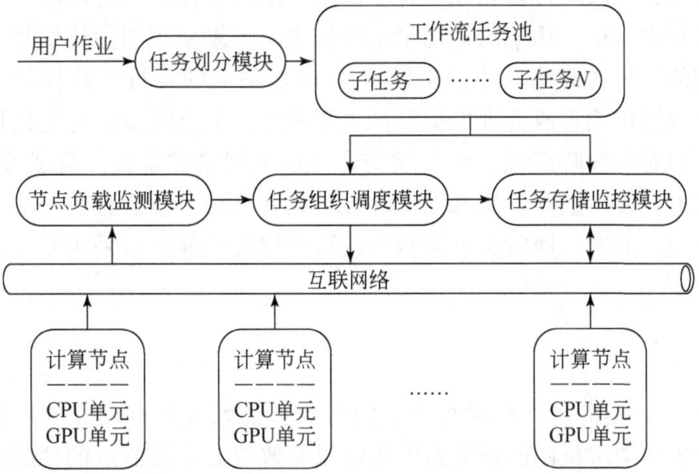

图 9.8　任务的划分与组织调度体系结构

图 9.8 中各模块的基本功能如下。

（1）任务划分模块：综合考虑待处理任务的数据特点、计算量大小、处理节点数量及其并行计算能力等多方面因素，选择合理的任务划分方案，对用户提交的作业进行划分，形成任务列表（即任务池）。

（2）节点负载监测模块：定时获取各个计算节点的状态信息，生成负载报告，并将报告发送至任务组织调度模块，作为任务调度的重要依据之一。

（3）任务组织调度模块：按照一定的负载均衡的策略，将待处理的任务发送到相应的处理节点上，并通知任务监控存储模块。

（4）任务监控存储模块：不断收集处理节点上运行任务的信息，并通过人机交互界面让操作人员实时了解任务进展，并可以对处理失败的任务进行存储和转移。

上述体系架构的核心是“任务池”，所谓任务池本质上就是一个描述任务信息的列表，其中的每个节点描述一项处理任务。任务划分模块负责生成初始任务列表，其中的某些数据项可能为空，但随着任务处理的进行，其对应信息将同步更新；而任务组织调度模块则响应处理节点的任务请求，遍历任务列表，依据一定的策略选择其中未完成的任务分发给处理节点；任务存储监控模块则定时查询任务列表，并通过人机交互界面输出用户关心的数据项。

2. 任务划分

如前文所述，GPU 集群系统主要开发的是集群节点之间的粗粒度数据并行性和节点内部的 GPU 细粒度数据并行性，其中 GPU 内部的细粒度并行已经在前文进行了论述，故在集群框架下主要考虑的是集群节点之间的粗粒度任务划分方案。然而并行粒度是一个相对的概念，对影像处理而言，粗粒度并行一般包括影像文件级粗粒度并行和影像块级粗粒度并行。在处理过程中应结合具体情况优化选择，例如，面阵影像和线阵影像在数据量、成像模型及其处理算法复杂度等方面存在诸多差异，应采用不同粒度的任务划分方案。

对于面阵影像，一般应开发影像文件级的粗粒度并行性，因为面阵影像的数据量相对较小，成像模型较为简单，相应的计算量也比较少，如果采用图像块级粗粒度并行则每个计算节点所分配的计算任务比较小，难以发挥 GPU 强大的并行计算优势；而且随着节点数目增加，多次数据传输将成为性能提升的主要瓶颈，节点间 I/O 开销的增加反而会延长作业处理时间。而对于线阵影像，整条航带影像的数据量非常大，且成像模型比较复杂，相应的计算量更大，故一般开发局部图像块级粗粒并行性。影像分块一般有一维条带划分和二维矩阵划分两种方案，通常为方便数据读写与拼接处理，多采用基于输出影像的一维条带划分方案。

3. 任务调度

针对松耦合 GPU 集群计算环境特点，同时为保证系统具有良好的可扩展性，设计基于任务池和节点主动请求机制的任务调度策略以有效应对计算节点的性能差异及其增、减和失效问题，如图 9.9 所示。

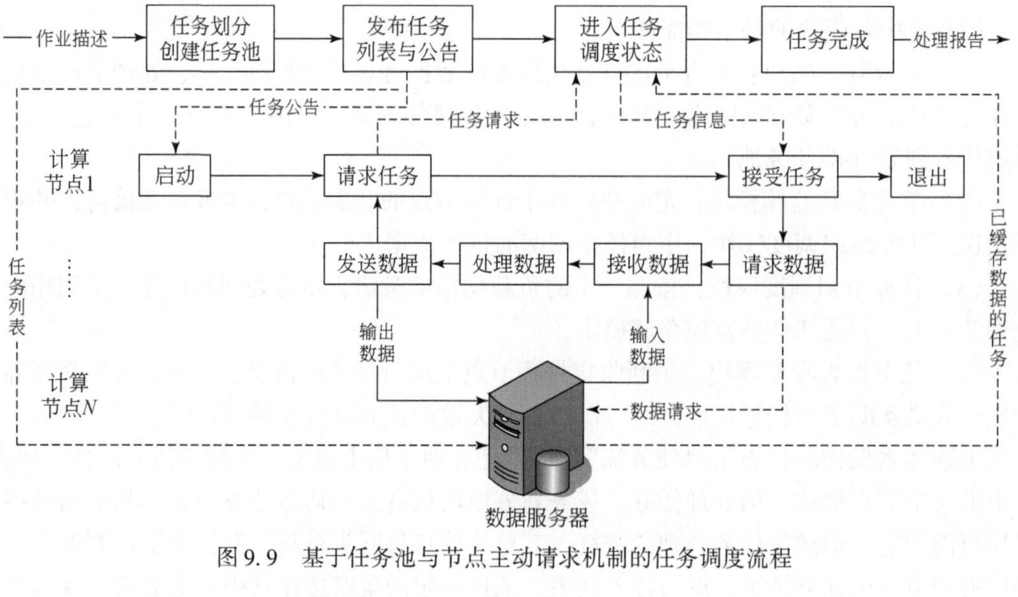

图 9.9　基于任务池与节点主动请求机制的任务调度流程

相应的任务调度具体流程如下：

（1）任务组织调度服务器依据作业描述信息进行任务划分，形成任务列表（即任务池），并向数据服务器发送任务列表，向计算节点发送任务公告；

（2）数据服务器接收任务列表，并依据一定的任务优先级机制进行数据缓存；

（3）计算节点接收任务公告，并向任务调度服务器提交任务请求；

(4) 任务调度服务器响应计算节点的任务请求，并依据一定的任务调度策略发送任务描述信息给计算节点；

(5) 计算节点接收并解析任务描述信息，如果任务描述信息表示已经没有计算任务，则直接退出；否则根据任务描述信息向数据服务器请求数据；

(6) 数据服务器接受计算节点的数据请求，发送数据给对应的计算节点；

(7) 计算节点接收数据，进行处理，并将处理结果发送至数据服务器进行保存；

(8) 计算节点进入下一次任务循环，向任务调度服务器请求处理任务。

在上述任务调度流程中，任务调度服务器仅是向各计算节点转发任务描述信息和少量的参数信息，而大数据量的原始数据影像（某些情况下还包括 DSM、DEM 数据等）则由专门的数据服务器来提供，整个系统的层次结构和功能模块更加清晰，但同时也将计算性能的瓶颈转化为了数据服务器的 I/O 瓶颈，不仅需要配置高端的数据存储磁盘阵列和专用的数据传输通道，还需要研究相应的高效数据存取与传输机制。

9.4.3　数据缓存与流水线并行

在实际数据处理作业中，海量数据的传输效率极大地影响着集群系统性能的发挥，当没有数据可供处理时就会造成处理器的闲置。通常采用缓存技术来提高数据服务效率，这包括数据服务节点的缓存与计算节点的缓存，在单机模式下，二者可以合并在一起。数据服务节点根据任务列表信息提前将待处理数据读至缓存中，并在任务调度过程中优先进行处理，计算节点的缓存则主要用于进一步开发集群节点内部 CPU 与 GPU 之间的流水线并行性。

流水线并行处理的思想得益于现代工业领域的流水线生产模式。在流水线处理模型中，一般存在同一问题的多个实例，且每个实例又可以分解为按照一定顺序执行的步骤，每个步骤由一个处理单元来完成，并将其结果传递给下一处理单元进行后续处理，从而实现任务叠加，提高生产效率。在 GPU 集群节点内 GPU-CPU 协同处理过程中，主要的密集型任务由 GPU 通过细粒度并行模式来完成，而 CPU 则主要用于流程控制，大部分时间处于闲置状态。为充分利用计算资源，同时考虑到目前 GPU 不具备直接的网络数据传输接口，可以将 CPU 作为 GPU 的数据搬运工，为 GPU 运算提供源源不断的待处理数据，利用流水线并行处理的思想将节点内部的处理过程划分为数据输入、处理和输出三个节点，开发 CPU 与 GPU 之间的流水线并行性，如图 9.10 所示。首先，在系统内存中申请两个比较大的存储空间分别作为原始数据的输入缓存和结果数据的输出缓存；然后，再开启三个执

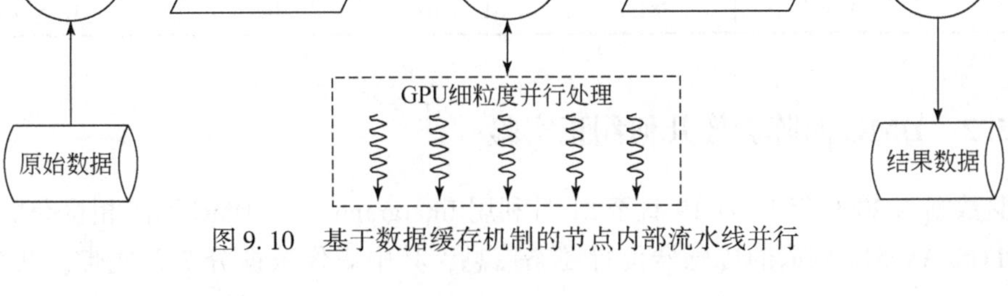

图 9.10　基于数据缓存机制的节点内部流水线并行

行线程分别用于数据读、写和处理操作，实现任务叠加和流水线并行，这样只要输入数据缓存不干涸，就会有源源不断的数据供 GPU 处理，保证了处理器的高负荷运行。

9.5 应用实例与分析

9.5.1 试验平台

以美国 AMAX 公司研制的 PSC-2N 个人桌面超级计算机（图 9.11）为硬件平台对河南登封嵩山航空航天遥感实验场中 8km×8km 区域的 DMC 面阵影像与 ADS40 线阵影像进行几何纠正处理以展示 GPU 集群系统强大的并行处理能力。

图 9.11 美国 AMAX 公司研制的 PSC-2N 个人桌面超级计算机

PSC-2N 计算机的硬件配置为：两颗 Intel E5620 2.40GHz CPU，共 2×8＝16 核；6 条 DDR3 系统内存，共 6×4＝24GB；三块 NVIDIA Tesla C2050 GPU 并行加速卡和 2TB 的 7200 转串口硬盘。其中每块 Tesla C2050 并行加速卡的详细参数如表 9.1 所示。相应的实验过程中的软件开发环境为：Microsoft Windows 7 64 位操作系统；Microsoft Visual Studio 2008 开发环境；NVIDIA 公司的 CUDA 3.2 驱动（driver）、工具包（toolkit）以及软件开发包（SDK）。

表 9.1 Tesla C2050 GPU 并行加速卡的详细配置参数

项目	显存容量	显存位宽	显存频率	GPU 处理单元数	GPU 处理单元核心频率
数值	3.0GB	384bit	1.5GHz	448	1.15GHz

9.5.2 DMC 面阵影像几何纠正实验

实验数据为 2009 年 12 月 19 日至 21 日利用 Intergraph 公司 DMC 面阵相机获取的影像数据和 POS/AV 510 获取的传感器位置姿态信息，其中影像数据分 7 条航带，共 203 幅，总数据量约为60.2GB，平均航高为2800m，地面分辨率为25cm。首先利用IPAS软件处理POS数据，得到每幅影像的外方位元素数据，然后以250m的平均高程进行几何纠正，最后利用ERDAS软件进行拼接，如图9.12所示。

图9.12　登封实验场8km×8km区域的DMC面阵影像镶嵌图

实验过程中，分别记录每幅影像的文件读、写时间和几何纠正过程的传统CPU串行处理时间、单GPU并行处理时间与三GPU并行处理时间，如图9.13所示；并统计单GPU并行和三GPU并行模式下的单纯计算加速比和包含文件读写操作的整体加速比以及不同处理模式下各步骤耗时的比值关系，如图9.14和图9.15所示。同时统计不同模式的整体处理耗时，如表9.2所示。

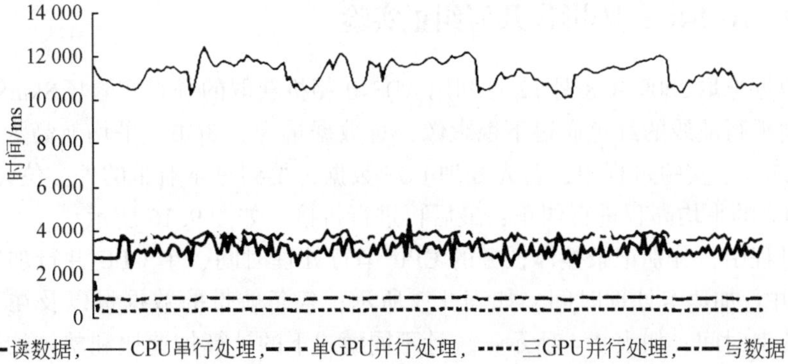

图9.13　203幅影像的数据读、写时间和不同处理模式的几何纠正时间

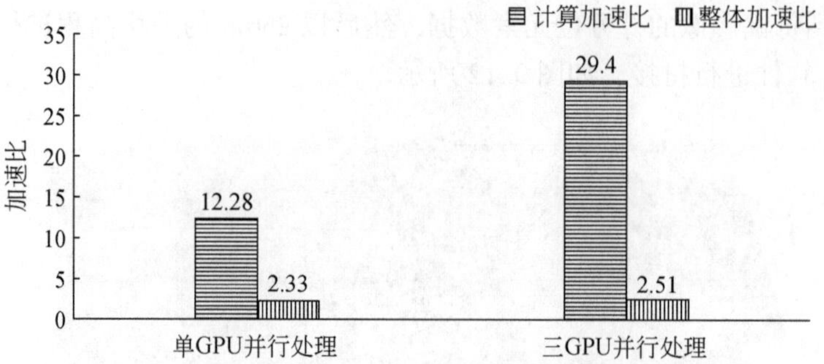

图 9.14　单 GPU 并行加速卡处理模式与三 GPU 并行加速卡处理模式的计算加速比与整体加速比

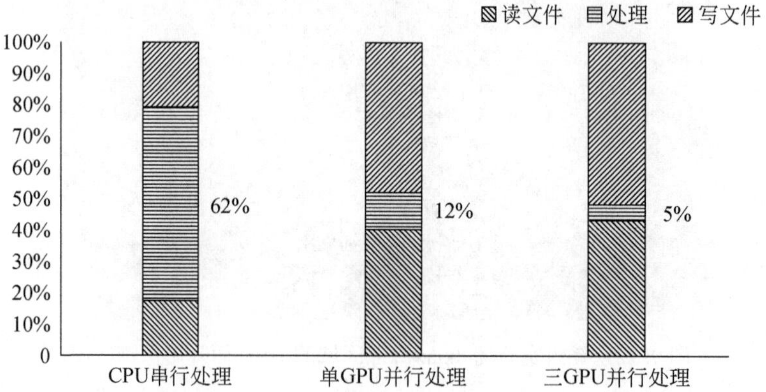

图 9.15　不同处理模式下文件读、写与几何纠正过程耗时的比值关系

表 9.2　不同处理模式下的整体任务耗时　　（单位：min）

处理模式	CPU 串行处理	单 GPU 并行处理	三 GPU 并行处理
耗费时间	61	26	24

9.5.3　ADS40 线阵影像几何纠正实验

实验数据选取 2009 年 8 月 12 日利用 ADS40 相机获取的登封实验场 8km×8km 区域的 6 条东西方向平行航线的红色通道下视影像，总数据量为 5.8GB，平均航高为 3200m，地面分辨率为 25cm。实验过程中，首先处理 POS 数据，得到每条航带的外方位元素数据文件；然后以 250m 的平均高程进行纠正；最后再进行拼接，如图 9.16 所示。

实验过程中，分别记录整体任务的 CPU 串行处理时间、单 GPU 并行加速卡处理时间和三 GPU 并行加速卡处理时间，如表 9.3 所示；各条航带的数据量以及在不同处理模式下各步骤耗费时间，如表 9.4 所示；统计不同模式下的计算加速比和整体加速比以及微分纠正耗时占整体耗时的比值，如图 9.17 和图 9.18 所示。

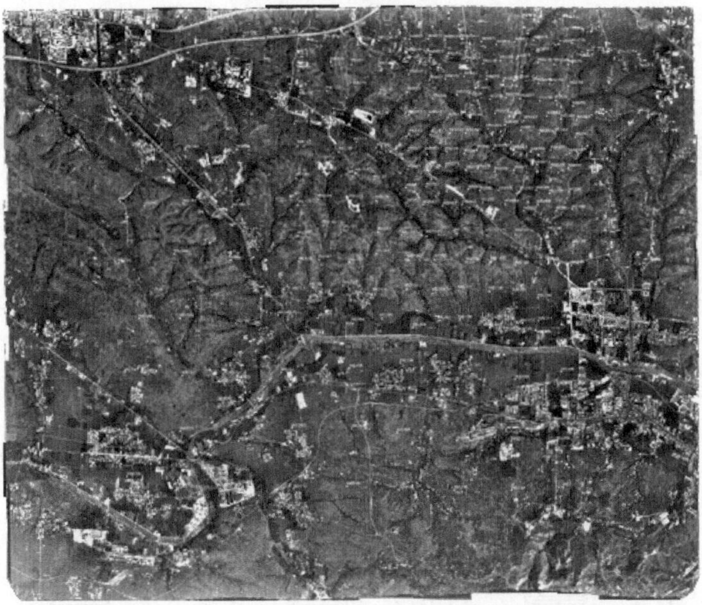

图 9.16　登封实验场 8km×8km 区域的 ADS40 线阵影像镶嵌图

表 9.3　不同处理模式下的整体任务耗时　（单位：min）

处理模式	CPU 串行处理	单 GPU 并行处理	三 GPU 并行处理
耗费时间	94	5.2	3.5

表 9.4　各条航带的数据量及不同处理模式下各步骤耗时　（单位：ms）

影像文件名	数据量	读文件	CPU 串行处理	单 GPU 并行处理	三 GPU 并行处理	写文件
redn00a001.tif	978MB	12182	884664	27328	10933	12511
redn00a002.tif	1052MB	12163	921982	27830	11107	12933
redn00a003.tif	962MB	12187	938791	26615	10646	12730
redn00a004.tif	1018MB	12075	935908	27381	10934	12714
redn00a005.tif	984MB	12232	988557	27077	10823	12979
redn00a006.tif	1008MB	12273	933635	27298	10910	12730
平均值	1000MB	12185	933923	27255	10892	12766

通过对前文 DMC 面阵影像和 ADS40 线阵影像的几何纠正实验得出如下结论：

（1）单 GPU 并行和三 GPU 并行均能够非常有效地减少微分纠正的处理时间，并行化处理能够达到很高的加速比，且线阵影像的几何纠正过程比较复杂，计算量更大，相应的 GPU 并行加速比也更高。

（2）面阵影像几何纠正的整体处理时间比较短，且微分纠正耗时占整体耗时的比例不高，使得处理任务的整体加速比难以提升；而线阵影像的几何纠正不存在这一问题，整体加速比也比较高。

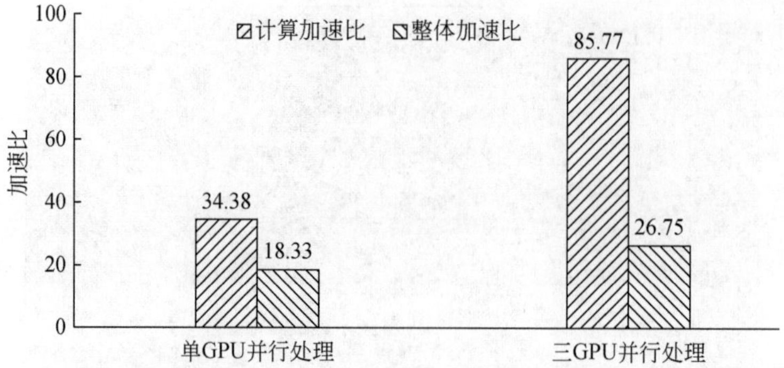

图 9.17　单 GPU 并行加速卡处理模式与三 GPU 并行加速卡处理模式的计算加速比与整体加速比

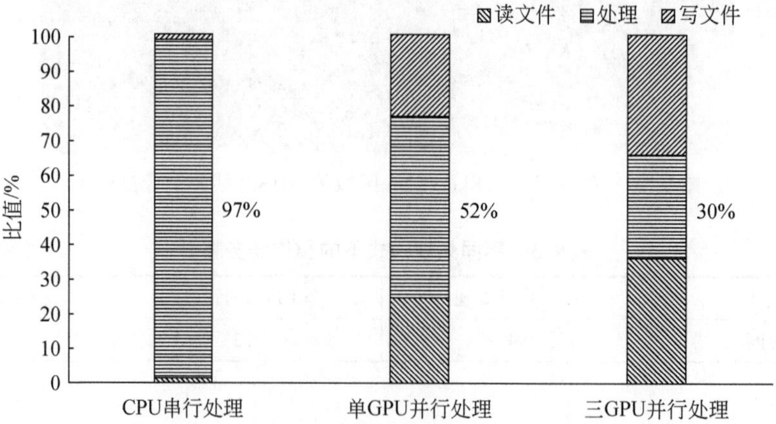

图 9.18　不同处理模式下文件读、写与几何纠正过程耗时的比值关系

（3）数据通信与计算是并行处理的两大部分，由于 GPU 具有强大的并行处理能力，数据读写环境在一定程度上成为制约性能提升的瓶颈，为充分利用 GPU 的并行计算优势，还需要有高性能的数据存取与传输设备以及高效的数据传输方法。

第 10 章　海量遥感影像管理的数据结构与算法

10.1　概　　述

随着高分辨率遥感技术的发展，海量遥感影像管理已成为遥感数据应用非常重要的内容，也是当前遥感领域的研究热点之一。在海量遥感影像管理的研究方面，国内外已取得可喜成果，一些研究成果已经进入实用阶段，例如，Image Server System（ISS）①、TerraServer②、TerraShare③、Image Web Server（IWS）④、Intelligent Library System（ILS）⑤、Image Map Library（IML）⑥、Terrain Server Systems（TSS）等。Google Earth 则是在互联网平台面前为大众提供遥感影像数据服务的一种新模式。

ISS 是美国国防部高级研究计划署（DARPA）MAGIC 项目的研究成果，它的最大特点是能够为地形可视化系统提供连续的高吞吐率影像数据和 DEM 数据。TerraServer 是 Microsoft 公司与 Digital 设备公司、Aerial Images 公司和 USGS 共同设计开发的航空影像和卫星影像发布系统，其影像管理能力在 10TB 以上。TerraShare 是 Z/I Imaging 公司开发的产品，能够有效管理 TB 级以上的遥感影像数据，适合生产单位在局域网络环境中管理海量遥感影像。IWS 是 ER Mapping 公司开发的产品，能够为低带宽网络提供一种分发海量影像数据的方法，能同标准的 Web 浏览器、微软办公系统、GIS 及 CAD 等应用系统集成工作。ILS 是 Lockheed Martin 公司开发的产品，其影像管理系统 SmartArchiver 提供从原始影像到具有附加值的影像产品的全周期的管理功能，通过组合在线 RAID、近线 jukebox 和离线存储资源提供高达 5000TB，甚至更大的影像管理能力。IML 是解放军信息工程大学研制的遥感图像信息系统，其最大特点是跨平台。Terrain Server Systems 是信息工程大学的研究成果，目前正在向实用化方向发展，其原型系统已具有管理 32TB 遥感影像的能力，并且具有提供连续高吞吐率遥感影像和 DEM 数据的能力。当然，这些研究成果或产品都具有各自的专业应用特点。

一个高效的海量遥感影像管理系统，需要多方面高技术的支持，如高性能计算机、高速宽带网络、海量存储资源、高效的数据结构、高性能数据分布、高性能影像压缩以及软件开发平台等。本章主要在海量遥感影像管理的数据结构和算法方面进行讨论。

---

① Image Server System. http：//www-itg. lbl. gov/ISS/homepage. html

② Microsoft TerraServer. http：//terraserver. homeadvisor. msn. com/

③ TerraShare-An Image Storage and Distribution Solution. http：//www. ziimaging. com/

④ Image Web Server User Guide. http：//www. earthetc. com/

⑤ Lockheed Martin，Intelligent Library System（ILS）. http：//www. lockheedmartin. com/

⑥ 罗睿 . 2001. 遥感图像信息系统的设计与分析［D］. 郑州：解放军信息工程大学

10.2　遥感影像的分块组织策略

遥感影像数据的自然组织形式是一个像素矩阵 $N\times M$，如图 10.1 所示，圆点代表像素。通常情况下，像素矩阵按行或按列顺序存储，如图 10.2 所示，圆点代表像素，虚线矩形框代表像素所占磁盘空间，即字节数。

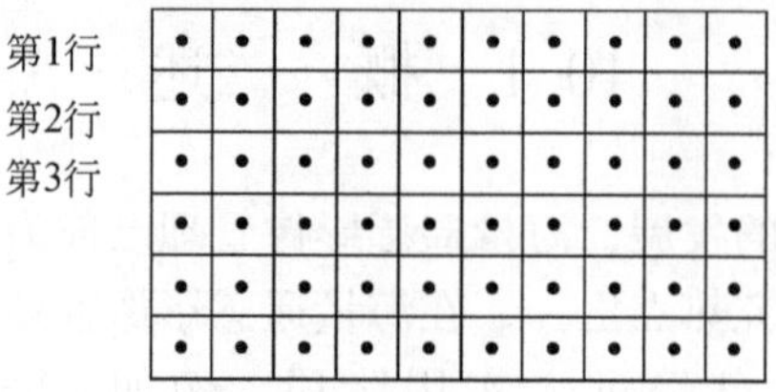

图 10.1　像素矩阵

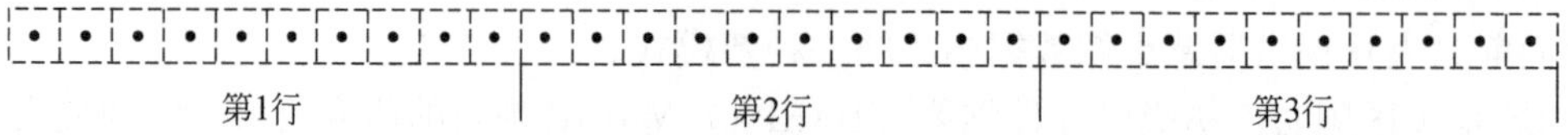

图 10.2　像素矩阵按行顺序存储示意图

对存储在磁盘上的遥感影像的最基本操作是读。从一幅影像中读取一小块影像，例如 $n\times m$，有很多种实现方式，其中比较有效的方式主要有两种。一种是直接在磁盘上按行或按列定位读指针，然后读取需要的影像，这种方式需要移动读指针 n 次或 m 次。另一种是先把 $n\times M$（按行顺序存储）或 $N\times m$（按列顺序存储）大小的影像一次性读到内存，然后再在内存中提取需要的影像。通常我们可以根据 n/N 或 m/M 的值来决定采用哪种读取方式，如果遥感影像是按行顺序存储的，当 m/M 的值比较小时，前一种方式的效率比较高，当 m/M 的值比较大时，则后一种方式的效率比较高。

按行或按列顺序存储是一种基本的存储方式，但不是一种高效的存储方式。为了提高海量遥感影像管理系统的存储性能，一般都要对遥感影像进行分块处理，形成影像子块，或称之为“瓦片”，然后以瓦片为单位进行存储，并建立瓦片索引。这种数据组织方式对提高系统的性能很有帮助，如多磁盘数据分布、并行数据服务等。

单纯就分块而言，并没有一般性标准可循，可以按任意规则分块，但在应用中则需要考虑某些实际问题，如瓦片索引、磁盘读效率、影像重组效率等。不规则分块将直接影响构建瓦片索引，使索引结构变得复杂，同时也会降低磁盘读效率和影像重组效率。另外，数据块太大或太小会影响系统的有效性能。如果数据块太大，可能导致读取过多的多余数据（不在目标范围内的数据）。如果数据块太小，尽管减少了多余数据，但却增加了磁盘寻址和读操作次数，不利于节省总的读数据时间。

在实际应用中，一般采用等大小分块原则，该原则包括两方面的内容，一方面是指瓦片的宽与高相等，另一方面是指瓦片与瓦片的大小是相等的。为了应用方便，还可以附加一些条件，如规定瓦片的宽高为 2 的整数幂等。相对于不规则分块，等大小分块可以使加载时间保持一致，简化内存管理和阻止产生内存碎片，而 2 的整数幂规则则可以简化构建金字塔的复杂度和便于构建四叉树索引。

下面从实验角度来看看瓦片大小对磁盘读性能的影响。

实验数据总量为 64MB，瓦片大小依次为 32 × 32 × 1B、32 × 32 × 2B、32 × 32 × 3B、64 × 64 × 1B、64 × 64 × 2B、64 × 64 × 3B、128 × 128 × 1B、128 × 128 × 2B、128 × 128 × 3B、256 × 256 × 1B、256 × 256 × 2B、256 × 256 × 3B、512 × 512 × 1B、512 × 512 × 2B、512 × 512 × 3B、1204 × 1024 × 1B、1024 × 1024 × 2B、1024 × 1024 × 3B，对应 1KB、2KB、3KB、4KB、8KB、12KB、16KB、32KB、48KB、64KB、128KB、192KB、256KB、512KB、768KB、1024KB、2048KB、3072KB。对每种瓦片大小进行 10 次实验，取平均值得实验结果，时间单位为 ms，实验结果见表 10.1。

表 10.1　瓦片大小对磁盘读性能的影响实验结果比较

瓦片大小/KB	1	2	3	4	8	12	16	32	48
读取次数	65536	32768	21846	16384	8192	5462	4096	2048	1366
随机读/ms	1302	1203	1172	1153	1135	1132	1129	1127	1123
连续读/ms	1222	1172	1155	1142	1132	1127	1125	1121	1121
瓦片大小/KB	64	128	192	256	512	768	1024	2048	3072
读取次数	1024	512	342	256	128	86	64	32	22
随机读/ms	1127	1138	1151	1167	1222	1273	1301	1313	1292
连续读/ms	1122	1133	1141	1162	1215	1269	1299	1311	1292

从表 10.1 中可以看出，读取同样大小的数据（64MB），采用不同大小的瓦片所需的总时间是不同的，瓦片太小或太大都不利于节省总时间，同时也显示出随机读几乎总是比连续读需要更多时间。另外，当读取次数减小到一定程度时（如<100），随机读与连续读所需总时间已经很接近，而在读取次数很大时，随机读与连续读所需总时间相差比较明显，这显示随机寻址对磁盘读性能是有影响的。

10.3　遥感影像的瓦片金字塔模型

10.3.1　影像金字塔

金字塔是一种多分辨率层次（multi-resolution hierarchy）模型，准确意义上讲，金字塔是一种连续分辨率模型，但在构建金字塔时很难做到分辨率连续变化，并且这样做也没有实际意义。因此在构建影像金字塔时总是采用倍率方法构建，从而形成多个分辨率层次。从金字塔的底层到顶层，分辨率越来越低，但表示的范围不变，可以用一个公式来表示各层的分辨率。

设遥感影像的初始分辨率为 r_0，倍率为 m，则第 l 层的分辨率 r_l 为

$$r_l = r_0 m^l \tag{10.1}$$

假设以遥感影像作为影像金字塔的第 0 层，倍率 m 可以是任何大于 1 的整数，一般采

用 2 作为构建影像金字塔的倍率，即每 2×2 个像素合成为 1 个上层像素。在这种情况下，如果初始分辨率为 1m，则第 1 层的分辨率为 2m，第 l 层的分辨率为 2^lm。

金字塔模型的应用非常广泛，很多商业影像数据库系统都采用金字塔模型来管理影像，如 MrSID，TerraServer，TerraShare 等。

10.3.2　瓦片金字塔模型

首先把遥感影像作为影像金字塔的底层，即第 0 层，并对其进行分块，形成第 0 层瓦片矩阵。在第 0 层的基础上，按每 2 × 2 个像素合成为一个像素的方法生成第 1 层，并对其进行分块，形成第 1 层瓦片矩阵。再在第 1 层的基础上采用同样的方法生成第 2 层瓦片矩阵，如此下去，构成整个瓦片金字塔，如图 10.3 所示。假设按 128 × 128 个像素大小对遥感影像进行分块，则当第 l 层的像素矩阵大小小于或等于 128 × 128 时，影像的瓦片金字塔模型构建完毕。

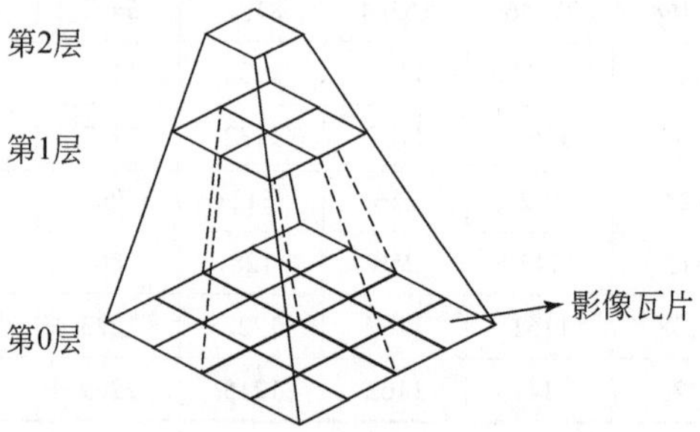

图 10.3　瓦片金字塔模型

通常我们在生成影像金字塔时采用平均值方法进行像素合成。平均值方法是用于构建影像金字塔的最简单方法，有可能造成更多的细节损失。实际上，影像金字塔构建过程就是一种数据压缩过程，因此可以选择适当的影像压缩算法用于构建影像金字塔，以期能够尽量降低细节或特征损失。至于采用哪种方法更为合适，则应根据实际应用中的精度要求而定。

为不失一般性，规定像素合成从像素矩阵的左下角开始，从左至右，从下到上依次进行。同时规定分块也从左下角开始，从左至右，从下到上依次进行。因此，“2 倍率”瓦片金字塔模型就具有如下性质：

（1）上层大小为下层大小的四分之一；

（2）上层分辨率数值为下层分辨率数值的 2 倍；

（3）每层表示的地面范围不变；

（4）从第 1 层开始，每个瓦片在其下层有 1、2 或 4 个分支。

性质 1 就有效像素个数而言；性质 2 就单个像素表示的区域大小而言；性质 3 就每层表示的地面有效范围而言；性质 4 就瓦片级合成而言。可以用图 10.4 来形象描述“2 倍率”瓦片金字塔模型的性质。

由于瓦片金字塔模型是一个多分辨率层次模型，因此这种模型为相关应用中的数据服

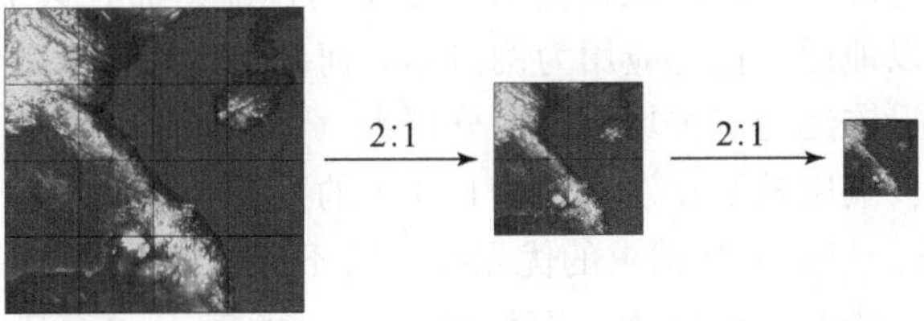

图 10.4　“2 倍率”瓦片金字塔模型性质图解

务提供了很大的方便，这当中一个典型的应用就是地形可视化。我们知道地形可视化需要多分辨率影像数据的支持，这种多分辨率需求是非均匀的，也就是说，为了实现地形场景的细节层次，不同位置需要不同分辨率的影像块，瓦片金字塔模型可以直接提供这些多分辨率影像数据而无需进行“实时”重采样。如果没有瓦片金字塔模型，则必须在初始影像的基础上进行“实时”简化，以达到细节层次效果。瓦片金字塔模型虽然增加了存储空间，但能够减少完成每帧地形绘制所需的总机时，这对地形可视化系统来说是至关重要的。另外，在地形可视化中，不同的视点高度对影像的范围和分辨率的要求是不同的。当视点足够高时，需要整个区域的影像，但对分辨率的要求在整个变化过程却是最低的。随着视点不断降低，要求的影像范围随之变小，要求的分辨率随之增高。对于这些问题，瓦片金字塔模型可以非常方便地解决，只需要提取与要求的影像范围交叠的满足所需分辨率的影像瓦片即可，而无需访问相离的影像瓦片或从底层影像提取进行“实时”简化，这无疑有助于提高服务效率和地形绘制效率。类似应用还包括影像浏览、影像匹配、目标查询等。

对于网络环境中的多用户影像服务，瓦片金字塔模型同样可以提供很好的支持。首先，瓦片金字塔模型具有良好的数据缓冲特性，我们可以采用适当的预测机制合理预测用户“将要”的影像瓦片，并把这些影像瓦片提前读到内存，从而达到缓冲数据的目的。其次，瓦片金字塔模型具有良好的并行特性，我们可以采用合适的数据分布方法把影像瓦片分布到多个并行磁盘上，当用户所需的影像瓦片分布在多个磁盘上时，服务系统便可以提供并行数据服务。

10.3.3　瓦片请求预测

一般来说，合适的数据缓冲机制总是可以提高服务系统的性能。如果应用系统能够提前“告知”服务系统它在“将来”需要的影像瓦片，而服务系统又能够在“空闲”时间提前从磁盘把这些影像瓦片读到缓冲区，那么当应用系统真正需要这些影像瓦片的时候，服务系统便可以直接从缓冲区把这些影像瓦片发送给应用系统，从而省去了“即时”从磁盘读取这些影像瓦片的时间。

数据缓冲通过预测瓦片请求实现。我们首先来定义瓦片请求的优先级。我们把瓦片请求划分为三种优先级，即高、中、低三种优先级。“高”优先级瓦片请求被服务系统立即处理；“中”优先级瓦片请求在没有“高”优先级瓦片请求的情况下被读取到缓冲区，但不被发送，即所谓数据缓冲；“低”优先级瓦片请求只是在服务系统“空闲”的时候才被读取到缓冲区，并且也不被发送，同样是数据缓冲。

如果预测方法不合理，不但不能提高服务系统的性能，而且会加重服务系统的负担，导致性能下降。下面以地形可视化应用为例讨论如何确定瓦片请求的优先级。

为表述方便，假设连续的三个场景窗口分别为“窗口1”、“窗口2”和“窗口3”。为了实现影像瓦片缓冲，应用系统在发送“窗口1”的瓦片请求时应附带发送“窗口2”和“窗口3”的瓦片请求，只是瓦片请求的优先级有所不同，这便是瓦片请求预测。很显然，属于“窗口1”的瓦片请求应该设为“高”优先级，而属于“窗口2”的瓦片请求除与“窗口1”公共部分外设为“中”优先级，属于“窗口3”的瓦片请求除与“窗口1”及“窗口2”公共部分外设为“低”优先级，如图10.5所示。这样，当场景运动到“窗口2”时，应用系统在发送“窗口2”的瓦片请求后，服务系统就可以直接从缓冲区提取影像瓦片发送给应用系统，而无须“即时”从磁盘读取。当然，前提条件是服务系统有能力处理“中”优先级的瓦片请求。

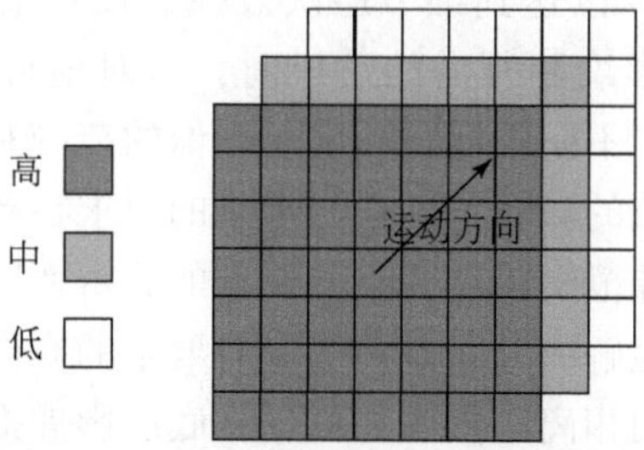

图10.5　瓦片请求优先级设置示意图

设场景运动速度为 v 瓦片/秒，运动方向与 tx 的夹角为 θ，刷新频率为 f 帧/秒，则“中”、“低”优先级瓦片请求的扩展幅度由下面的公式计算：

$$\begin{cases} \Delta tx = \dfrac{v}{f}\cos\theta \\ \Delta ty = \dfrac{v}{f}\sin\theta \end{cases} \tag{10.2}$$

例如，当 $v=24\sqrt{2}$ 瓦片/秒、$\theta=45°$ 和 $f=24$ 帧/秒时，“中”、“低”优先级瓦片请求的扩展幅度 Δtx，Δty 都为1个瓦片，即在当前场景窗口的基础上沿运动方向的分解方向各扩展1个瓦片为“中”优先级瓦片请求，再扩展1个瓦片为“低”优先级瓦片请求。下面来看一个瓦片请求预测的实验。

实验窗口大小为6×8个瓦片，瓦片大小为128×128×3B，$v=24\sqrt{2}$ 瓦片/秒，$\theta=45°$，$f=24$ 帧/秒，即“中”、“低”优先级瓦片请求的扩展幅度 Δtx，Δty 都为1个瓦片。窗口序列依次为1，2，3，4，5，6，7，8，除“窗口1”的“高”优先级瓦片请求数为48外，其他窗口的“高”优先级瓦片请求都为13。如果执行预测，则增加13个“中”优先级瓦片请求和13个“低”优先级瓦片请求。响应时间从发送瓦片请求开始计算，直到“高”优先级瓦片接收完毕。响应时间以毫秒（ms）为单位，实验结果见表10.2。

表 10.2　执行预测与不执行预测响应时间比较

窗口序列	1	2	3	4	5	6	7	8
不执行预测响应时间/ms	344	156	145	140	145	138	142	157
执行预测响应时间/ms	406	94	87	63	94	94	78	79

从表 10.2 中可以看出，预测可以明显减小响应时间。在表 10.2 的第二行中，“窗口 1”的响应时间比其他窗口的响应时间多出两倍多，这是因为服务系统需要为“窗口 1”处理 48 个“高”优先级瓦片请求，为其他窗口只需要处理 13 个“高”优先级瓦片请求。在表 10.2 的第三行中，“窗口 1”的响应时间比其他窗口的响应时间多出 4 倍多，这是因为服务系统在处理“窗口 1”的“高”优先级瓦片请求过程中，由于线程调度问题，可能预先读取了“中”优先级的瓦片请求。而在处理其他窗口的“高”优先级瓦片请求时，可能只需要“即时”从磁盘读取小部分“高”优先级瓦片请求的数据，或者根本不需要“即时”从磁盘读取数据，因为服务系统有可能在两次请求的时间间隔内把上次请求中的部分或全部“中”优先级瓦片请求的数据读到缓冲区。这同样也是执行预测的响应时间比不执行预测的响应时间短的主要原因。

10.3.4　瓦片金字塔模型的数据结构

瓦片金字塔模型的数据结构如下：

```
typedef struct tagTILE_ PYRAMID {
    int  ir, ic; //第 0 层像素矩阵的大小
    double  res; //初始分辨率
    int  isz; //瓦片的大小
    int  sampMulti; //采样倍率
    int  sampMethod; //采样方法
    int  lvl; //金字塔的层数
} TILE_ PYRAMID;
```

上述数据结构已经包含了构建瓦片金字塔模型的基本元素，在保持构建顺序一致的情况下，从遥感影像到瓦片金字塔模型是可逆的。

当然在实际应用中还需要处理一些元素，如像素通道数、通道比特数等。

10.4　瓦片金字塔模型的线性四叉树索引

10.4.1　四叉树结构

树型结构是一类重要的非线性数据结构。直观来看，树是以分支关系定义的层次结构。树结构在客观世界中广泛存在，如人类社会的族谱和各种社会组织机构都可用树来形象表示。

四叉树结构是树型结构的一种。顾名思义，四叉树结构是一种每个非叶子节点最多只

有四个分支（或称孩子）的树型结构。如图 10.6 所示，矩形代表叶子节点，圆形代表非叶子节点。四叉树结构显然是一种层次数据结构，其公共特性是空间递归分解。

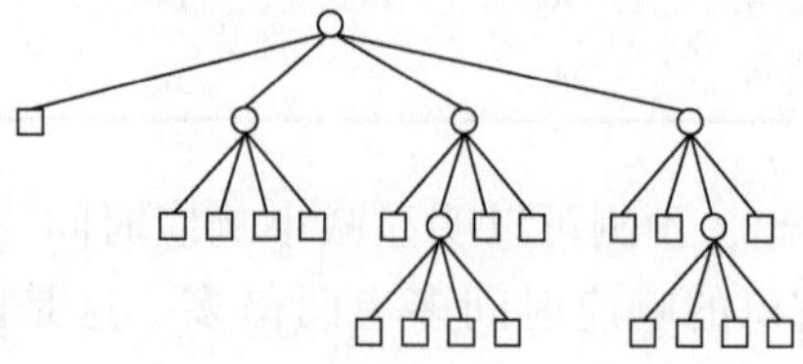

图 10.6　四叉树

同金字塔结构一样，四叉树结构被广泛用于影像处理、影像压缩、影像检索、空间索引、地形简化等应用领域。

10.4.2　线性四叉树索引

当采样倍率为 2 时，瓦片金字塔模型可以用四叉树结构进行存储管理，具体来说就是从瓦片金字塔的第 0 层开始，以瓦片为存储单元，每层瓦片矩阵按行顺序依次存储，并采用四叉树结构建立存储索引。四叉树结构有多种表示方法，如果按数据结构来划分，则主要有两种，一种是指针四叉树，另一种是线性四叉树。下面介绍一种线性四叉树，该线性四叉树具有瓦片索引定位时间恒定性。

设（ix，iy）为像素坐标，isz 为瓦片大小，以像素为单位；（tx，ty）为瓦片坐标，以块为单位；l 为层号。如果瓦片坐标（tx，ty）已知，则瓦片左下角的像素坐标（ix_{lb}，iy_{lb}）为

$$\begin{cases} ix_{lb} = tx \times isz \\ iy_{lb} = ty \times isz \end{cases} \tag{10.3}$$

右上角的像素坐标(ix_{rt}，iy_{rt})为

$$\begin{cases} ix_{rt} = (tx + 1) \times isz \\ iy_{rt} = (ty + 1) \times isz \end{cases} \tag{10.4}$$

如果像素坐标（ix，iy）已知，则像素所属瓦片的坐标为

$$\begin{cases} tx = \lfloor ix/isz \rfloor \\ ty = \lfloor iy/isz \rfloor \end{cases} \tag{10.5}$$

注："⌊ ⌋" 为 "向下" 取整符。

另外，由像素矩阵的行数 ir 和列数 ic，可以计算出瓦片矩阵的行数 tr 和列数 tc，进而可以计算出每层的瓦片总数。

为了提取瓦片（tx，ty，l），必须计算出存储偏移量。设每层起始偏移量为 os_l，瓦片字节数为 tbs，则瓦片（tx，ty，l）的存储偏移量 offset 按下式计算：

$$\text{offset} = (ty \times tr_l + tx) \times tbs + os_l \tag{10.6}$$

其中

$$os_l = \sum_{i=0}^{l-1} tr_i \times tc_i \times tbs \tag{10.7}$$

下面来看一个简单的区域提取例子。

假设需要从第 l 层提取与区域（ix_{lb}，iy_{lb}）和（ix_{rt}，iy_{rt}）交叠的所有瓦片。由式（10.5）可得（tx_{lb}，ty_{lb}）和（tx_{rt}，ty_{rt}），再由式（10.6）可得瓦片的存储偏移量 offset，到此问题得到解决。

由于计算瓦片的存储偏移量无需进行比较运算，因此上述线性四叉树索引具有时间恒定性。

10.4.3　瓦片拓扑关系

瓦片金字塔模型中的瓦片拓扑关系包括两个方面：①同一层内邻接关系；②上下层之间的双亲与孩子关系，如图 10.7 所示。邻接关系分别为东（E）、西（W）、南（S）、北（N）四个邻接瓦片，如图 10.7（a）所示。与下层四个孩子的关系分别为西南（SW）、东南（SE）、西北（NW）、东北（NE）四个孩子瓦片，如图 10.7（b）所示。与上层双亲的关系是一个双亲瓦片，如图 10.7（c）所示。

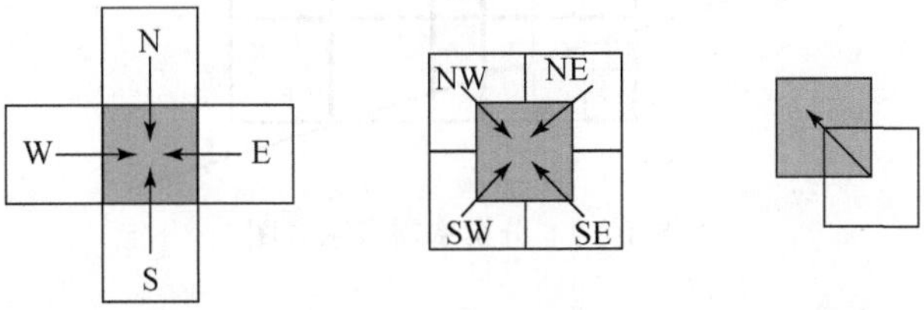

(a)东西南北　(b)四个孩子　(c)双亲

图 10.7　瓦片拓扑关系

已知瓦片坐标（tx，ty，l），下面的计算公式成立。

（1）东、西、南、北四个邻接瓦片的坐标分别为（$tx+1$，ty，l），（$tx-1$，ty，l），（tx，$ty-1$，l），（tx，$ty+1$，l）；

（2）西南、东南、西北、东北四个孩子瓦片的坐标分别为（$2tx$，$2ty$，$l-1$），（$2tx+1$，$2ty$，$l-1$），（$2tx$，$2ty$，$l-1$），（$2tx+1$，$2ty+1$，$l-1$）；

（3）双亲瓦片的坐标为（$\lfloor tx/2 \rfloor$，$\lfloor ty/2 \rfloor$，$l+1$）；

（4）计算例子图解如图 10.8 所示。

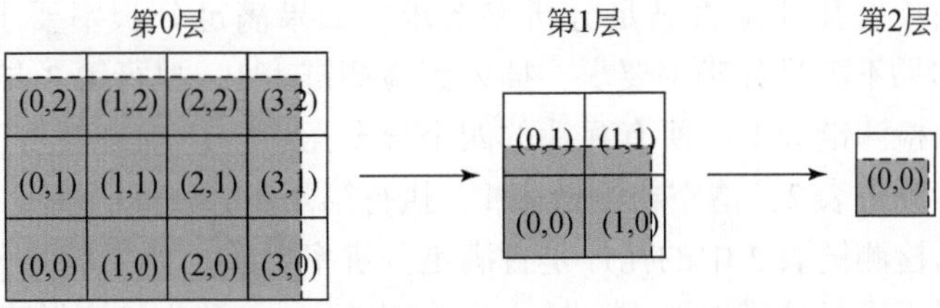

图 10.8　邻接、孩子及双亲位置解算图解（阴影区为有效范围）

10.4.4 目标瓦片快速搜索算法

目标瓦片搜索实际上伴随着分辨率检测。如果采用一种分辨率，则只涉及层搜索和区域搜索。对于采用视相关 LOD 技术的地形可视化系统，要求不同的位置对应不同分辨率的遥感影像。因此在搜索过程中需要进行分辨率检测。Yvan 等提出了一种目标瓦片搜索算法（Yvan et al.，1994），该方法由粗到细（coarse-to-fine）沿四叉树分支层层推进，直到找出所有满足分辨率要求的瓦片。图 10.9 显示了某种状态下分辨率的需求情况，白色矩形区域表示与视场交叠的瓦片，小矩形区域表示高分辨率瓦片，大矩形区域表示低分辨率瓦片，v 表示视点位置。

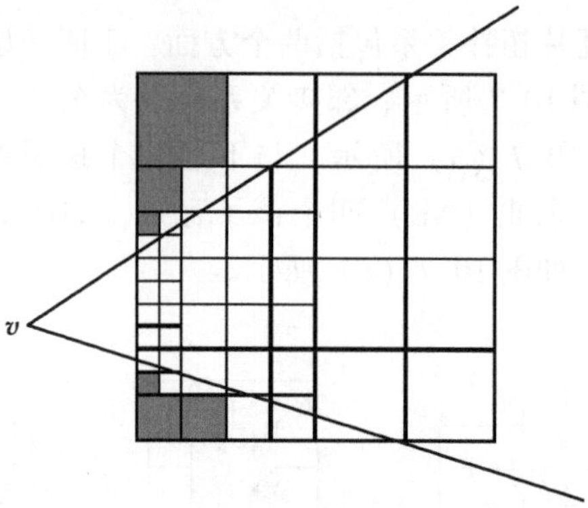

图 10.9　分辨率需求示意图

搜索可见区域中满足分辨率要求的瓦片的方法大致可分为两种：①直接法；②间接法。

直接法首先计算每个屏幕像素对应的影像区域及分辨率，然后根据区域和分辨率从四叉树中查找并提取数据。计算所得区域并不遵照四叉树划分，因此是不规则的，这增加了查找和提取算法的复杂度。另外，由于每次都需要计算屏幕中每个像素对应的影像区域和分辨率，显然很费机时。虽然精确很高，但不实用。

间接法采用由粗到细、层层推进的策略。首先判断可见区域是否在影像所表示的范围内，检测与可见区域交叠的顶层瓦片是否满足分辨率要求，如果不满足，则继续检测瓦片的分支，直到搜索出所有满足分辨率要求的瓦片。完整的算法过程描述如下。

第 1 步：判断可见区域是否与影像交叠。如果交叠，执行第 2 步；如果相离，结束。

第 2 步：判断顶层瓦片是否满足分辨率要求。如果满足分辨率要求，插入到绘制链表，结束搜索；如果不满足分辨率要求，插入到检测链表 1，执行第 3 步。

第 3 步：提取检测链表 1 中所有瓦片的四个分支瓦片，判断是否与可见区域交叠。如果交叠，插入到检测链表 2；清空检测链表 1，执行第 4 步。

第 4 步：判断检测链表 2 中的瓦片是否满足分辨率要求。如果满足分辨率要求，插入到绘制链表；如果不满足分辨率要求，插入到检测链表 1；清空检测链表 2，执行第 3 步。

算法终止条件：检测链表 1 为空。

交叠检测：只需判断瓦片四个角点的任何一点在可见区域内，即表示该瓦片与可见区域交叠。

分辨率检测：首先计算瓦片四个角点的目标分辨率，如果四个角点的目标分辨率数值都大于或等于瓦片的分辨率数值（瓦片所处金字塔层的分辨率数值），则表示该瓦片满足分辨率要求，否则不满足分辨率要求，需要检测其四个分支。假设被检测瓦片的分辨率为 2，图 10.10 显示了分辨率检测过程。

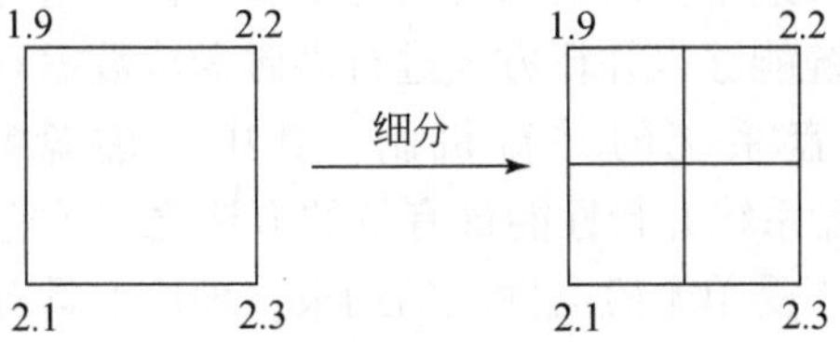

(a) 因为左上角小于2，必须进行细分，然后再进行交叠检测和分辨率检测

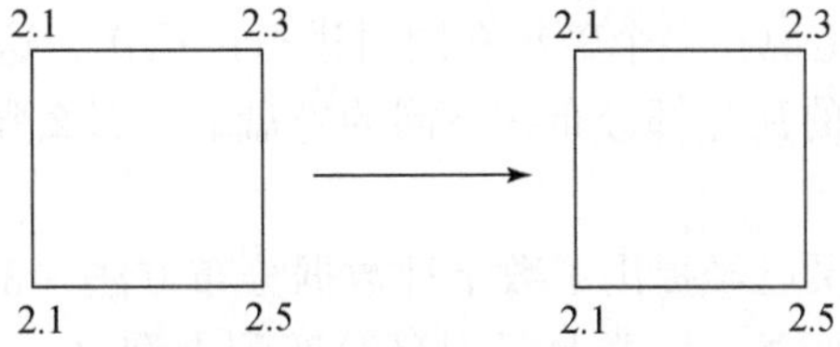

(b) 因为所有四个角点都大于2，因而不需要进行细分

图 10.10　瓦片分辨率检测图解

上述目标瓦片搜索算法是一个递归过程。在进行分辨率判断时只须对瓦片的四个角点进行判断，因而效率很高。事实上，从图 10.10（a）中不难发现，对四个分支瓦片的检测只须检测五个角点的目标分辨率，其他四个角点的目标分辨率无须再进行检测。另外，采用 10.4.2 节中的方法管理影像，无须对瓦片分支进行空间位置判断，只须计算出偏移量就行，这同样能够显著地提高算法的性能。

10.4.5　线性四叉树索引的数据结构

线性四叉树索引的数据结构如下：

```
typedef struct tagLINEAR_ QUADTREE {
    int  ir, ic; //第 0 层像素矩阵的大小
    int  isz; //瓦片的大小
    int  tbs; //瓦片的字节数
    int  lvl; //四叉树的层数
} LINEAR_ QUADTREE;
```

上述数据结构已经包含了实现 10.4.2 节中的算法的必要元素。

10.5　异构磁盘系统的瓦片分布方法

为了使服务系统能够提供高速率影像数据流，首先必须减少从磁盘读取影像数据的时间。对于单个磁盘，其最高读速率是不变的。如果系统基于单个磁盘提供影像数据服务，则系统的最高吞吐率将受限于单个磁盘的最高读速率，也就是说，系统的最高吞吐率将不会超过系统中最快磁盘的读速率。即使系统拥有很多磁盘，这种状态还是不会改变。提高系统吞吐率的方法是使系统能够以并行方式进行多磁盘读数据和多主机传输数据。有很多方法可以用来提高多磁盘系统的并行机制，其中多磁盘数据分布（multi-disk data declustering）是提高多磁盘系统并行性能最有效的方法之一，它是基于算法性能而不是硬件性能的解决方法，因此不受单个磁盘性能的约束，理论上具有很大潜力。

二维平面中瓦片分布的核心思想是使彼此相邻和接近的瓦片尽可能地被分开存储到不同的磁盘上。当应用系统请求区域 A 的影像数据时，服务系统能够以并行方式提取与区域 A 交叠的影像瓦片，也就是说，多个磁盘在同时进行读操作，这无疑能够提高服务系统的性能。如果与区域 A 交叠的瓦片都分布在不同的磁盘上，那么服务系统在这时可以取得最好的并行性能。

到目前为止，研究人员已经提出了数十种数据分布方法（declustering methods）。大致可以把这些分布方法分为两类，一类是针对部分匹配查询（partial match queries）的，如 DAGA 方法（Ahn and Park，1990）；另一类是针对范围查询（range queries）的，如 GRS 方法（Bhatia et al.，2000）。也有些是针对多处理节点的分布方法和针对动态情况的动态分布方法，如 HRPS 方法（Shahram and David，1990）、DCMD 方法（李建中，1999）等。

通过分析发现，大多数分布方法总是隐含假设所有磁盘的速率相同，容量不限。为了节约开支，现有很多磁盘系统都是基于以前的平台系统和硬件配置，只是对系统的瓶颈部件进行升级换代，这就造成了系统的不均匀性，即异构性。因此本节主要讨论异构磁盘系统的影像瓦片分布问题。

数据分布能够最大化多磁盘存储系统的并行性能，而数据聚类（data clustering）则可以减小磁盘在随机读过程中的寻址时间（Chen et al.，1995），从而使磁盘保持相对稳定的传输速率。因此我们将在本节的最后部分讨论另一个问题——瓦片聚类。

10.5.1　二维数据分布方法

1. 二维数据分布问题定义

设像素矩阵被水平和垂直网格线划分成为 $N_1 \times N_2$ 个瓦片，记为（tx，ty），其中 $0 \leqslant tx \leqslant N_1-1$，$0 \leqslant ty \leqslant N_2-1$，$N_1$ 和 N_2 是正整数。像素矩阵网格划分规则如图 10.11 所示。按照习惯，假定 tx 从左至右依次为 0 到 N_1-1，ty 从下至上依次为 0 到 N_2-1。例如，(0，0) 表示 8×8 瓦片矩阵中的左下角瓦片。

设瓦片矩阵中的两瓦片分别为（tx_1，ty_1），（tx_2，ty_2），其中 $tx_1 \leqslant tx_2$，$ty_1 \leqslant ty_2$，则范围查询 Q 可以定义为 $Q\ [(tx_1, ty_1), (tx_2, ty_2)] = \{(tx, ty): tx_1 \leqslant tx \leqslant tx_2,\ ty_1 \leqslant ty \leqslant ty_2\}$

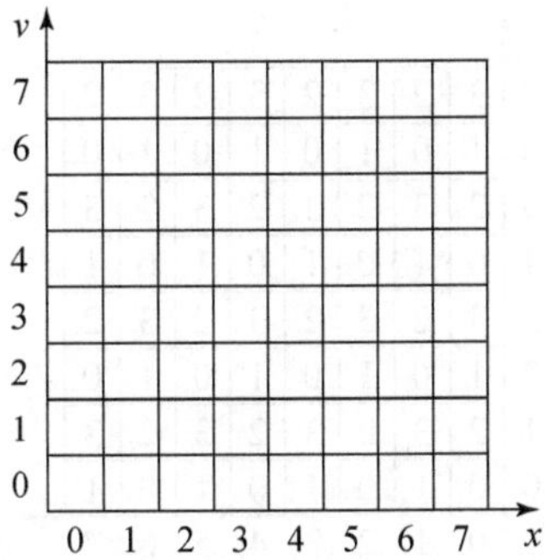

图 10.11　像素矩阵网格划分（8×8）

(Moon and Saltz, 1996)。很显然，范围查询 Q 的区域面积 A 为（tx_2-tx_1+1）·（ty_2-ty_1+1）个瓦片。例如，范围查询 Q［（2，3)，(4，5)］的区域面积 A 为 3×3＝9 个瓦片，如图 10.12 所示。

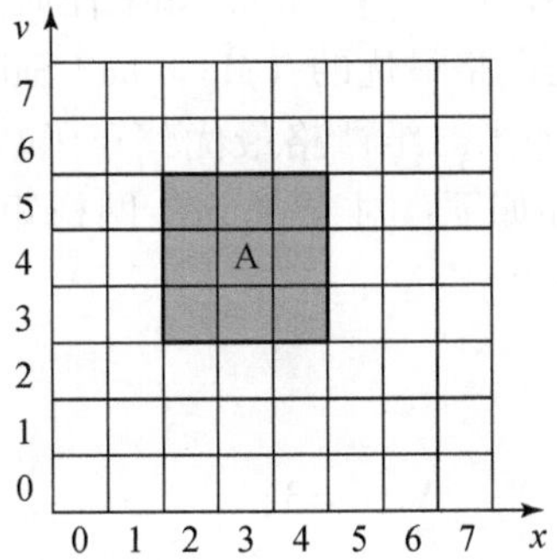

图 10.12　范围查询定义图解（Q［（2，3)，(4，5)］）

设系统磁盘数为 M（假定所有磁盘的速率相同，容量不限）。为了使系统能够在进行范围查询时提供多磁盘并行操作，需要首先把瓦片分布到各个磁盘上，并尽可能使与查询区域交叠的瓦片分布到不同的磁盘上，以获得尽可能短的查询响应时间。

设瓦片分布方法，或称分布函数为 disk（tx，ty，M)，其中 disk（tx，ty，M）$\in \{0, 1, \cdots, M-1\}$。根据某种分布方法，如 DM 分布方法，瓦片（$tx$，$ty$）被分配到磁盘 disk（$tx$，$ty$，$M$)。图 10.13 显示了一个 8×8 瓦片矩阵的分布实例。从图中可以看出瓦片（1，4）被分配到磁盘 disk（1，4，4）＝1。

设 A_i（Q）表示范围查询 Q 需要从磁盘 i 提取的瓦片数，则 $A=\sum_{i=1}^{M-1} A_i(Q)$。很显然，查询响应时间 RT（$Q$）与从单个磁盘提取的最大瓦片数 max $\{A_i(Q) \mid 0 \leqslant i \leqslant M-1\}$ 成正比。为简化计算查询响应时间的复杂性，假定从磁盘提取 1 个瓦片所需时间为 1 个时间单位，则范围查询 Q 的响应时间 RT（Q）＝max $\{A_i(Q) \mid 0 \leqslant i \leqslant M-1\}$。也就是说，范围查询 Q 的响应时间等于提取瓦片最多的那个磁盘所需的时间。例如，给定某个范围查询 Q［（2，3)，(4，5)］，结合图 10.12 和图 10.13 可以看出，完成该查询需要从磁盘 0 提取 2 个瓦片，从磁盘 1 提取 1 个瓦片，从磁盘 2 提取 3 个瓦片，从磁盘 3 提取 3 个瓦片。

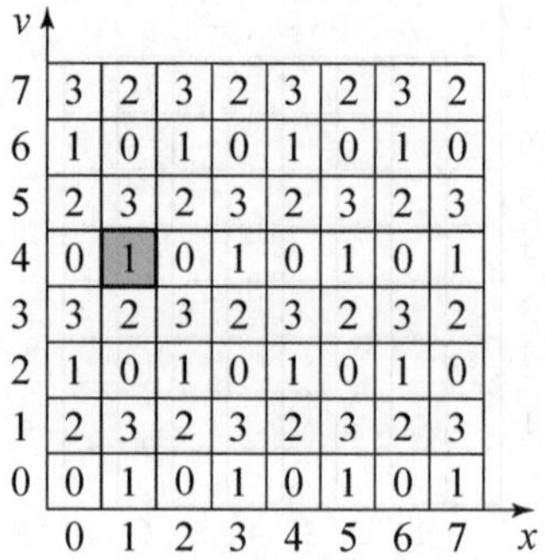

图 10.13　瓦片矩阵分布实例（M=4）

因此，范围查询 Q［（2，3），（4，5）］的响应时间为 3。

由于系统中所有磁盘的速率相同，不难理解范围查询 Q 的最优响应时间 ORT（Q）= $\lceil A/M \rceil$。“⌈ ⌉”为“向上”取整操作符，例如 $\lceil 0.1 \rceil = 1$。

对于某个特定的分布函数 disk（tx，ty，M），如果任何范围查询 Q 的响应时间 RT（Q）= ORT（Q），则称该分布函数是严格最优的（Moon and Saltz，1996）。

Ghaffar 和 Abbadi 给出并证明了二维严格最优分布函数存在的充分必要条件（Ghaffar and Abbadi，1997），其完整描述如下：对于 $N_1 \times N_2$ 网格矩阵，有且仅有下面任何一个条件成立，则严格最优分布函数存在：

（1）$\min\{N_1, N_2\} \leqslant 2$；

（2）$M \in \{1, 2, 3, 5\}$；

（3）$M = N_1 N_2 - 4$ 并且 $\min\{N_1, N_2\} = 3$；

（4）$M = 8$ 并且 $N_1 = N_2 = 4$。

很显然，二维严格最优分布函数存在的充分必要条件是很苛刻的。从管理遥感影像角度来看，4 个充分必要条件没有一个条件既适合高性能并行，又适合海量存储的。为了说明这个问题，有必要对这些条件的应用限制进行分析。

条件 1 可以适合海量存储，因为磁盘数不受限制；但不适合高性能并行，因为范围查询 Q 受限制。例如，如果把 10km×10km 的 1m 分辨率卫星影像分成 $2 \times N_2$ 或 $N_1 \times 2$ 个瓦片，看起来已经很不合理了，而且可能还会有更大尺寸的影像。

条件 2 可以适合海量存储，因为可以对超出数量限制的磁盘进行分组。但不适合高性能并行，因为磁盘并行数最多只有 5 个。

条件 3 与条件 1 类似，多出的一点限制就是磁盘数 M 的配置也受到了限制。

条件 4 适合海量存储，因为可以对超出数量限制的磁盘进行分组；但不适合高性能并行，因为最优范围查询 Q 受到限制，这种限制间接地影响了网格划分，对于超大影像，也只能按 4×4 进行网格划分。

根据上面的分析，海量遥感影像管理系统将要采用的分布方法不能是基于严格最优充分必要条件的分布方法，或者说不能以严格最优分布为选择条件。

既然不能是严格最优的，那么就寻找约束最优的。在海量遥感影像管理系统中，执行最多的查询操作可能就是范围查询。我们提出这样一个约束条件：给定磁盘数 M，寻找最

大查询半径 R，当实际查询半径小于最大查询半径 R 时，查询区域中的瓦片所处的磁盘彼此不同，也就是说在这样一次查询中，每个磁盘最多只会被命中 1 次。由约束条件可以引出另外一个结论：当实际查询半径大于或等于最大查询半径 R 时，查询区域中的瓦片所处磁盘的总数等于 M，也就是说每个磁盘至少会被命中 1 次。

上面所涉及的问题都是针对磁盘速率相同，容量不限的磁盘系统的，而在实际应用中，异构磁盘系统更常见，也就是说磁盘的速率和容量会各不同，而且容量更有限。例如，一个本来速率均匀的磁盘系统，由于需要增加存储空间，要求添加磁盘设备，从发展角度来说，谁都不会赞同购买与原来性能相当的磁盘设备，而是会选择性能更好、容量更大的磁盘设备，于是便构成了异构磁盘系统。另外，还有磁盘控制器、处理器、内存、网络适配器等诸多个层面的异构性。如何既充分利用系统的存储资源，又充分发挥系统的并行性能呢？

对于运行中的磁盘系统来说，磁盘数 M 总是有限的。如果像素矩阵很大，由网格划分产生的瓦片总数超出了磁盘数，则某些磁盘将会被分配多个瓦片，实际上这种情况总是出现。如果同一个瓦片矩阵中的多个瓦片被分配到了同一个磁盘上，并且存储位置相距很远（存储地址偏移很大），则当某个查询需要从一个磁盘提取多个瓦片时（这种情况也很常见），将增加磁盘在寻址过程中的磁头移动距离，也就降低了磁盘读速率。如果采用某种方法能够使在二维平面中位置接近的瓦片在磁盘中也能保持这种接近关系，则可以减少磁盘在寻址过程中的磁头移动距离，从而提升磁盘读速率。

2. 二维数据分布方法举例与分析

（1）磁盘模数分布方法（disk modulo，DM）（Du and Sobolewski，1982）。

设磁盘数为 M，按下式计算瓦片（tx，ty）被分配的磁盘号：

$$\text{disk}(tx,\ ty,\ M) = (tx + ty)\bmod M$$

DM 分布方法通过计算瓦片纵横坐标之和，然后与磁盘数进行模数运算获得瓦片被分配的磁盘号。图 10.14 显示了 DM 分布方法的一个实例。

3	0	1	2	3	0	1	2
2	3	0	1	2	3	0	1
1	2	3	0	1	2	3	0
0	1	2	3	0	1	2	3
3	0	1	2	3	0	1	2
2	3	0	1	2	3	0	1
1	2	3	0	1	2	3	0
0	1	2	3	0	1	2	3

图 10.14　DM 分布方法实例（M=4）

（2）域异或分布方法（field-wise exclusive-or，FX）（Kim and Pramanik，1988）。

设磁盘数为 M，按下式计算瓦片（tx，ty）被分配的磁盘号：

$$\text{disk}(tx,\ ty,\ M) = (tx \oplus ty)\bmod M$$

其中，$\oplus$为比特异或操作符。图 10.15 显示了 FX 分布方法的一个实例。

FX 分布方法用“异或”运算代替了 DM 分布方法的“求和”运算。为了计算瓦片

3	2	1	0	3	2	1	0
2	3	0	1	2	3	0	1
1	0	3	2	1	0	3	2
0	1	2	3	0	1	2	3
3	2	1	0	3	2	1	0
2	3	0	1	2	3	0	1
1	0	3	2	1	0	3	2
0	1	2	3	0	1	2	3

图 10.15　FX 分布方法实例（$M=4$）

（tx，ty）被分配的磁盘号，首先把十进制数 tx，ty 转换成二进制数，然后在二进制数的基础上进行“异或”运算，最后再转换成十进制数与 M 进行模数运算。例如，设磁盘数 $M=4$，瓦片（3，7），则瓦片分配的磁盘编号 disk（3，7，4）＝（$(011)_2 \oplus (111)_2$）mod4 = $(100)_2$mod4 = 0。

（3）希尔伯特曲线分配方法（Hilbert curve allocation method，HCAM）（Faloutsos and Bhagwat，1993）。

设磁盘数为 M，按下式计算瓦片（tx，ty）被分配的磁盘号：

$$\mathrm{disk}(tx,\ ty,\ M) = \mathrm{Hilbert}(tx,\ ty)\,\mathrm{mod}M$$

其中，Hilbert（tx，ty）是瓦片在希尔伯特填充曲线线性序列中的编码。图 10.16 显示了 HCAM 方法的一个实例，淡虚线为 Hilbert 空间填充曲线。

1	2	1	2	1	2	1	2
0	3	0	3	0	3	0	3
3	2	1	0	3	2	1	0
0	1	2	3	0	1	2	3
3	0	3	2	1	0	3	0
2	1	0	1	2	3	2	1
1	2	3	2	1	0	1	2
0	3	0	1	2	3	0	3

图 10.16　HCAM 实例（$M=4$）

HCAM 用 Hilbert 填充曲线编码代替了 DM 分布方法的“求和”运算。为了计算瓦片（tx，ty）被分配的磁盘号，首先用 Hilbert 曲线填充瓦片矩阵，然后沿着 Hilbert 填充曲线路径依次对瓦片进行编码，再用瓦片的 Hilbert 码与 M 进行模数运算。

由于 Hilbert 空间填充曲线具有非常好的空间聚类特性，HCAM 的分布性能也很好，因为 Hilbert 码与 M 的模数运算过程实际上是循环复用（round-robin）的过程。一些文献的模拟实验也证明了这一点（Faloutsos and Bhagwat，1993，Moon and Saltz，1996）。另有文献通过比较分析不同分布方法的性能，认为 HCAM 方法比 DM 和 FX 方法更为突出（Prabhakar et al.，1993）。

（4）矢量基对分布方法（vector based declustering）（Chen and Rotem，1993）。

设磁盘数为 M，矢量基对为 $u=(a,\ b)$ 和 $v=(c,\ d)$。如果存在任何整数 m 和 n，使得瓦片（tx'，ty'）能够表示成（$tx+ma+nc$，$ty+mb+nd$）的形式，则瓦片（tx'，ty'）与瓦片（tx，ty）同处一个磁盘。图 10.17 显示了矢量基对分布方法的一个实例。

3	2	3	2	3	2	3	2
1	0	1	0	1	0	1	0
2	3	2	3	2	3	2	3
0	1	0	1	0	1	0	1
3	2	3	2	3	2	3	2
1	0	1	0	1	0	1	0
2	3	2	3	2	3	2	3
0	1	0	1	0	1	0	1

图 10.17　矢量基对分布方法的实例（M=4）

矢量基对分布方法特别适合二维影像和地图数据库。对于给定的可用磁盘数 M，矢量基对分布方法首先产生一对线性无关的矢量 u=（a，b）和 v=（c，d），它们最有可能使查询半径最大化，并且保证在小于最大半径的查询范围内，不会出现两个瓦片同时位于一个磁盘中的情况。也就是说在查询半径小于最大半径的情况下，每个磁盘最多只会被访问一次。其他分布方法则没有这样的保证。对于二维空间数据分布，这样的保证无疑是非常重要的。

Moon 等的模拟分析显示，在二维笛卡儿乘积文件（Cartesian product file）分布中，矢量基对分布方法在大多数情况下是最好的分布方法（Moon and Saltz，1996，Moon et al.，1996）。Chen 和 Rotem 证明了矢量基对分布方法在最坏情况下最多比最优分布低 7%（Chen and Rotem，1993）。

（5）黄金比例序列分布方法（Bhatia et al.，2000）。

设磁盘数为 M，获得黄金比例序列（golden ratio sequences，GRS）及其分布图的算法如下。

第一步：构造 M 对（i，key_i），其中 $0 \leqslant i < M$，key_i 是 $\dfrac{2i}{1+\sqrt{5}}$ 的小数部分；

第二步：基于 key 值对第一分量进行排序，得到 0，1，…，M-1 的一个置换，称之为 GRS（M）；

第三步：计算逆置换 GRS^{-1}，GRS^{-1} 按下式计算

$$\text{for } i = 0 \text{ to } M - 1$$
$$GRS^{-1}(GRS(i)) = i$$

第四步：按下式计算瓦片（tx，ty）被分配的磁盘号

$$\text{disk}(tx, ty, M) = (tx - GRS^{-1}(ty \bmod M)) \bmod M$$

GRS 是高度规则化的序列，序列中的成员几乎可以统一分布。对于二维数据分布，GRS 分布方法基于 GRS 序列选择那些分配到同一磁盘的瓦片，因此能够保证那些在二维平面中位置接近的瓦片被很好地分开（Bhatia et al.，2000）。图 10.18 显示了 GRS 分布方法的一个实例。

Bhatia 等的模拟分析显示（Bhatia et al.，2000），当 $M \leqslant 22$ 时，分布性能最佳。当磁盘 M 是 Fibonacci 数时，GRS 的平均性能比最优性能最多低 14%。

（6）其他分布方法。

除上面列出的分布算法外，还有其他分布方法。例如，ECC 方法（Faloutsos and

1	2	3	0	1	2	3	0
3	0	1	2	3	0	1	2
2	3	0	1	2	3	0	1
0	1	2	3	0	1	2	3
1	2	3	0	1	2	3	0
3	0	1	2	3	0	1	2
2	3	0	1	2	3	0	1
0	1	2	3	0	1	2	3

图 10.18　GRS 分布方法实例（$M=4$）

Metaxas，1991），Cyclic 方法（Prabhakar et al.，1998），DAGA 方法（Ahn and Park，1990），MDS 方法（Sajal and Pinotti，1999），Lattice 方法（Zhou et al.，1994）等。ECC 方法利用了 ECC 码的特性来达到在多磁盘分布数据的目的，DAGA 方法采用遗传算法实现磁盘分配，MDS 方法则是通过最大距离分离编码分布数据，Lattice 方法则利用了直立砖墙中相邻层的砖错位一段距离这一原理。Cyclic 方法实际上是一组分布方法，其二维分布函数的形式为 disk（tx，ty，M）=（$tx+H\times ty$）mod$M$ 或 disk（tx，ty，M）=（$H\times tx+ty$）mod$M$，只要 H 的形式改变，就变成了另一种方法，FX 方法、DM 方法以及 HCAM 方法等都可以看成是它的特例。

还有一些是基于相似图形（similarity graph-based）理论的分布方法。例如，Fang 等利用最小生成树（MST）和次短生成路径（SSP）提出了一种分布方法（Fang et al.，1986）。Liu 等提出了一种基于相似技术的 Max-Cut 分布方法（Liu et al.，1996）。基于相似图形的分布方法的好处是它们能够处理更一般的数据结构，如网格文件和 R-树，也包括笛卡儿乘积文件。

另外一些则是针对空间数据分布（spatial data declustering）的 NP-Hard 问题提出的，一般采用启发式方法（heuristic methods）分布空间数据（Shekhar et al，1995）。最常用的三种启发式方法是空间分区映射函数（space-partitioning mapping functions）、本地负载平衡方法（local load-balancing method）和相似图形方法（similarity-graph method）。例如，Hilbert 空间填充曲线、LLB 方法、WSG 方法、PDB 方法和 R-tree 等（Koudas et al.，1996）。Shashi 等则提出了用于设计空间数据多磁盘分配方法的一般性框架①。

（7）模拟实验与分析。

响应时间 RT 是评价各种数据分布方法性能的标准，但 RT 不唯一，因为即使查询窗口 Q 的大小和形状不变，RT 也可能随着窗口位置的改变而有所不同。为了对各种数据分布方法的性能进行比较和分析，一般采用响应时间 RT 的平均值$\overline{\text{RT}}$。对于二维数据分布，响应时间 RT 受磁盘数 M 和查询窗口 Q 的影响。下面采用模拟实验对磁盘模数分布方法（DM）、域异或分布方法（FX）、矢量基对分布方法（VEC）、希尔伯特曲线分配方法（HCAM）和黄金比例序列分布方法（GRS）进行比较和分析。最优分布（OPT）作为比

① Shashi Shekhar and Mark Coyle. Perfect Allocation Methods for Spatial Queries in Parallel Disk Systems. www. cs. umn. edu/tech_ reports/1993/.

较和分析的基准。

模拟实验分两类：一类是保持查询窗口 Q 的大小不变，磁盘数 M 从 4 到 32；另一类是保持磁盘数 M 不变，查询窗口 Q 的大小从 2 到 32。Q 为正方形，瓦片矩阵大小为 64×64。详细实验结果见图 10. 19、图 10. 20、图 10. 21 和图 10. 22。

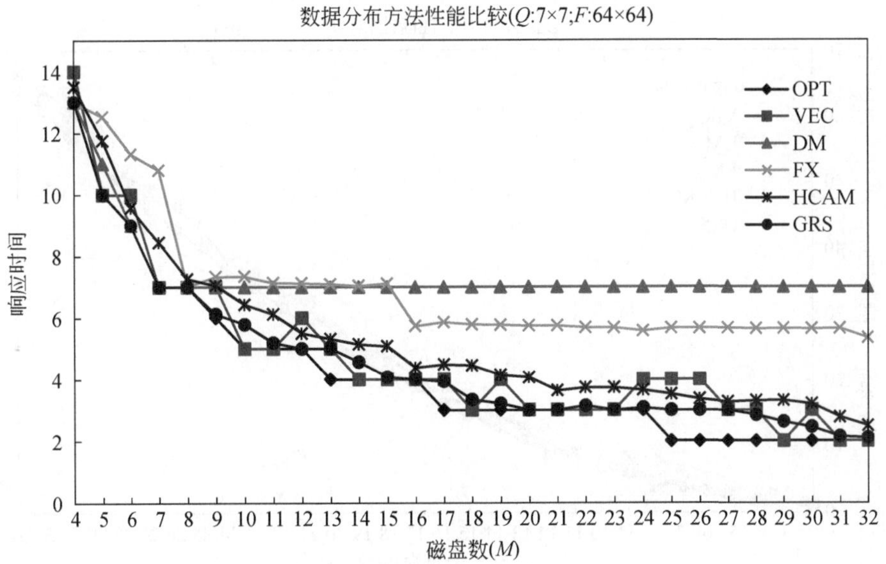

图 10. 19　数据分布方法平均响应时间曲线（Q：7×7）

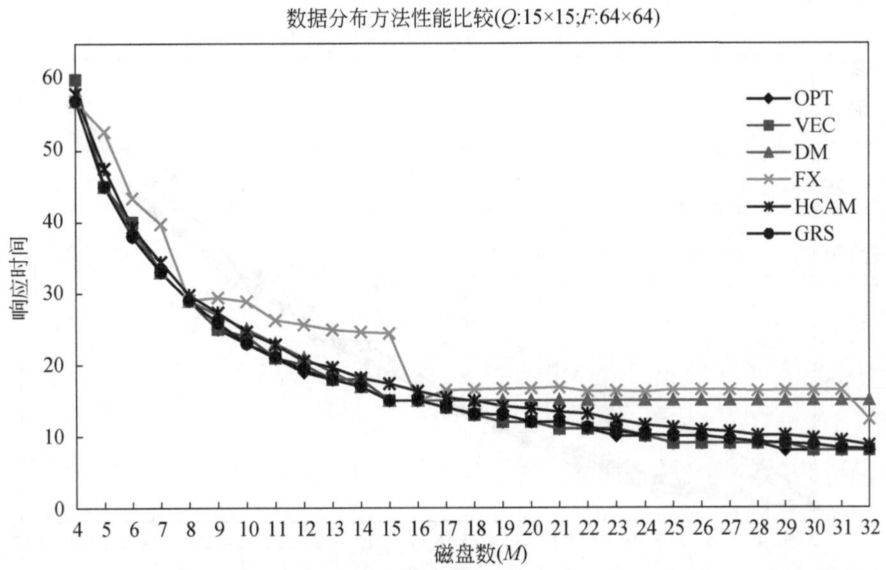

图 10. 20　数据分布方法平均响应时间曲线（Q：15×15）

从图 10. 19 和图 10. 20 可以看出：①随着磁盘数 M 不断增加，各种数据分布方法的平均响应时间 $\overline{RT}$ 呈减小趋势；②如果查询窗口 Q 保持不变，当磁盘数 M 超过某个数值后，

DM 方法的平均响应时间$\overline{RT}$不再减小；③FX 方法的平均响应时间$\overline{RT}$呈阶梯状递减；④在“小”窗口情况下，VEC 方法的平均响应时间曲线有明显的“回弹”现象；⑤相对来说，VEC 方法和 GRS 方法更接近最优分布 OPT，而 HCAM 方法在多数情况下优于 FX 方法和 DM 方法，与最优分布 OPT 也比较接近。

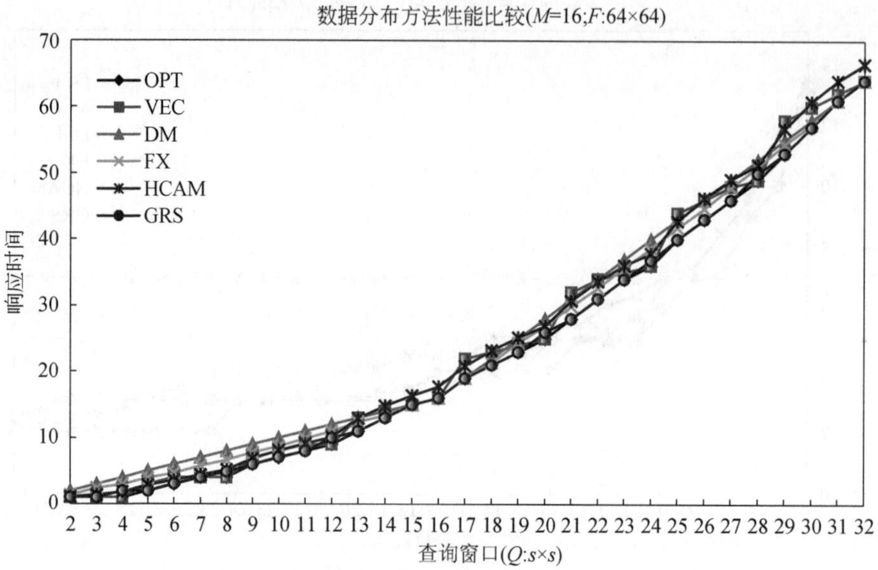

图 10.21　数据分布方法平均响应时间曲线（$M=16$）

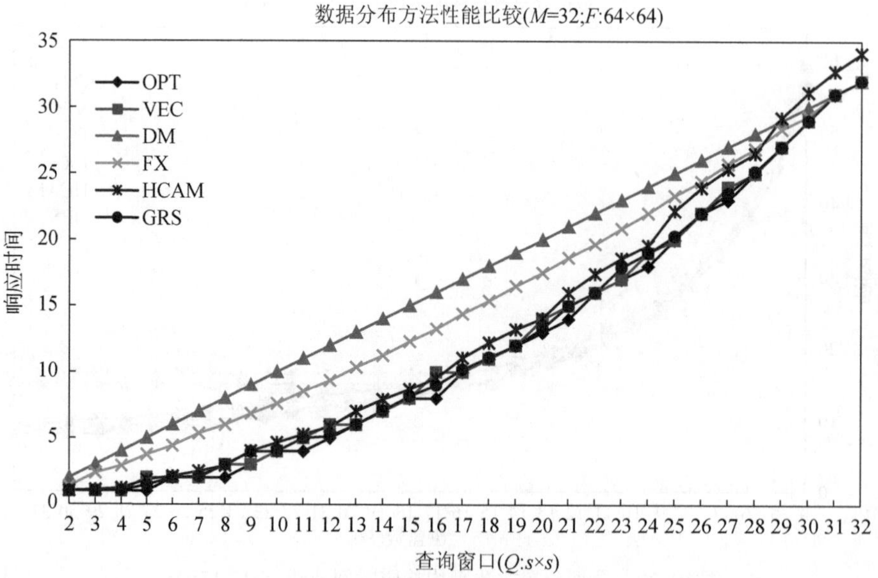

图 10.22　数据分布方法平均响应时间曲线（$M=32$）

从图 10.21 和图 10.22 中可以看出：①当 $s<M$ 时，VEC 方法和 GRS 方法的性能最好，

HCAM 方法其次，而 FX 方法和 DM 方法则差些；②当 $s>M$ 时，HCAM 方法的平均响应时间曲线开始远离最优分布 OPT 曲线，而其他方法则相对比较接近，与最优分布 OPT 相差很小。

总的来说，VEC 方法和 GRS 方法更优秀些（更多模拟计算结果也验证了这一点），更接近最优分布 OPT。

10.5.2　异构磁盘系统的数据分配

大多数数据分布方法隐含着多磁盘系统是速率均匀的，即所有磁盘具有相同的速率，但容量不限。而在实际应用中，大多数磁盘系统是异构的，不但磁盘的速率可能不相同，容量有限，而且其他诸如磁盘控制器、处理器/内存、网络适配器等计算机组件的性能也可能不相同。从响应时间 RT 的定义不难知道，如果不考虑这些不均匀因素，即使分布最优，也不能获得最优性能，因为低速磁盘或其他低带宽组件将成为系统瓶颈。基于这种情况，我们认为，在进行瓦片分布前，应首先确定分配到每个磁盘的数据比例，然后根据数据分配比例把异构磁盘系统转换成速率均匀的磁盘系统。

实际上可以通过增加某些约束条件将异构磁盘系统转换成速率均匀的磁盘系统，从而使现有分布方法同样适用于异构磁盘系统。例如，可以将一个高速物理磁盘划分成几个具有相同速率的低速虚拟磁盘，从而使转换后的磁盘系统具有速率均匀性。

1. 无容量约束最大速率数据分配

首先来看一个简单的例子。假设需要在 2 个磁盘上存储 1GB 影像数据，其中磁盘 1 的速率为 100Mbps，磁盘 2 的速率为 150Mbps，磁盘容量都是 1GB。又假设查询请求需要从磁盘 i 提取的数据量与存储在磁盘 i 上的数据总量成正比。

查询响应时间等于从第一个字节读取开始到最后一个字节到达所经过的时间，也就是说，需要等到所有磁盘完成它们的数据传输。如果按平均分配影像数据（每个磁盘 0.5GB 影像数据），则查询请求 100MB 影像数据需要从每个磁盘读取 50MB 影像数据，响应时间等于 max（50×8/100，50×8/150）= 4s。如果磁盘 1 分配 0.4GB 影像数据，磁盘 2 分配 0.6GB 影像数据，则查询请求 100MB 影像数据需要从磁盘 1 读取 40MB 影像数据，从磁盘 2 读取 60MB 影像数据，响应时间等于 max（40×8/100，60×8/150）= 3.2s。

上面所描述的是在理想情况下获得的结果。在实际应用中，由于各种不可避免因素的存在，系统实际响应时间比理想的要长。例如，由网格划分造成的实际分配比例与理想分配比例不相等的情况，查询窗口移动引起需要读取的瓦片的分配比例与理想分配比例不相等的情况，等等。

如果不考虑容量约束，上面的例子可总结为下面的命题。

命题 1（Chen et al.，1995）：假设所有磁盘的容量无限，大小为 C 的数据需要存储到有 M 个磁盘的存储系统上，磁盘速率分别为 B_1，B_2，…，B_M，则最小响应时间分配方案为磁盘 i 存储的数据量（a_i）与磁盘速率（B_i）成正比。换句话说，磁盘 i 上存储的数据量（a_i）按下式计算：

$$a_i = C \cdot B_i / \sum_{k=1}^{M} B_k \tag{10.8}$$

命题 1 实际上是一个极值求解问题：按什么比例分配 C，使得系统能够获得最大速率 $B_{\max}$。很显然，只有当所有磁盘在同一时间完成各自的数据传输，系统才能获得最大速率，因此，问题可转换成如下方程式：

$$\begin{cases} \dfrac{a_1}{B_1} = \dfrac{a_2}{B_2} = \cdots = \dfrac{a_M}{B_M} = \dfrac{C}{B_{\max}} \\ a_1 + a_2 + \cdots + a_M = C \end{cases} \tag{10.9}$$

由于 C 和 B_1，B_2，…，B_M 已知，因此，只需对方程（10.9）作简单变换便可求得最大速率 $B_{\max}$ 的解：$B_{\max} = B_1 + B_2 + \cdots + B_M$，于是可得 $\dfrac{a_i}{B_i} = C / \sum_{k=1}^{M} B_k$。进一步可得分配比例为 $B_1 : B_2 : \cdots : B_M$。

上面仅仅只是确定了系统中各个磁盘的数据分配比例。为了使现有分布方法能够适用于异构磁盘系统，还必须把异构磁盘系统转换成速率均匀的磁盘系统。上面例子确定的数据分配比例为 2 : 3，不妨把它理解为虚拟磁盘划分比例，即物理磁盘 1 划分成 2 个速率为 50Mbps，容量为 500MB 的虚拟磁盘，物理磁盘 2 划分成 3 个速率同样为 50Mbps，而容量为 333.3MB 的虚拟磁盘。这样，拥有 2 个异构物理磁盘的异构磁盘系统便转换成了拥有 5 个虚拟磁盘的速率均匀磁盘系统。

我们称上面描述的虚拟磁盘划分方法为“速率均匀虚拟磁盘划分方法”，方法详细过程描述如下。

第一步：把 $B_1 : B_2 : \cdots : B_M$ 变换成 $s_1 : s_2 : \cdots : s_M$，其中 s_1，s_2，…，s_M 的最大公约数为 1。

第二步：划分虚拟磁盘，虚拟磁盘的速率和容量分别为 B_i / s_i 和 A_i / s_i。

2. 容量约束最优速率数据分配

假设需要在 3 个磁盘上总共存储 150GB 影像数据，磁盘 1 的容量为 50GB、速率为 150Mbps，磁盘 2 的容量为 100GB、速率为 100Mbps，磁盘 3 的容量为 150GB、速率为 50Mbps。

如果不考虑磁盘的容量约束，则根据方程（10.9）可得分配比例 3 : 2 : 1，系统将获得 300Mbps 的最大速率，而系统在这种情况下的最大存储量为 $50 + \dfrac{100}{3} + \dfrac{50}{3} = 100$GB，不妨称之为“最大速率容量”。显然，如果系统必须存储所有 150GB 影像数据，则不可能获得 300Mbps 的最大“恒定”速率。下面我们讨论这样一个问题：寻找最优速率 B_{opt} 和最优分配方法。

在无容量约束最大速率分配情况下，磁盘 1 最多存储 50GB 影像数据，磁盘 2 最多存储 33.33GB 影像数据，磁盘 3 最多存储 16.67GB 影像数据，总共存储 100GB 影像数据，系统针对这部分数据的最大速率为 300Mbps。如果把剩余的 50GB 影像数据存储到磁盘 2 和 3 上，则系统针对这部分数据的最大速率就不再是 300Mbps 了，而是 150Mbps，磁盘 2

本次分配的影像数据为 33. 33GB，磁盘 3 本次分配的影像数据为 16. 67GB。问题到此已变成附加容量约束的最优分配问题。

假设多磁盘系统有 M 个磁盘，磁盘 i 的容量为 C_i、速率为 B_i，求系统存储大小为 C 的数据的最优分配比例。

显然，对于任何可能的分配方案，a_i 都应该满足如下条件：

$$C = \sum_{i=1}^{M} a_i,\ 0 \leqslant a_i \leqslant C_i \tag{10.10}$$

首先考虑如何确定系统能够达到的速率 B。假设系统能够达到速率 B，则读取大小为 C 的数据所需要的时间 $T=C/B$。因此，磁盘 i 在时间 T 内最多能够读取的数据量为 $T \cdot B_i$。显然必须考虑磁盘 i 是否具有存储这些数据的容量。因此定义如下函数：

$$f(i,\ T) = \min(T \cdot B_i,\ C_i) \tag{10.11}$$

那么，对应于速率 B，系统能够存储的数据总量则为

$$g(T) = \sum_{i=1}^{M} f(i,\ T) \tag{10.12}$$

命题 2（Chen et al.，1995）：系统能够获得的最优速率 B_{opt} 必须满足下面的条件：

$$C = g(T_{opt}) \tag{10.13}$$

其中

$$T_{opt} = \frac{C}{B_{opt}} \tag{10.14}$$

证明：设 B_{opt} 是最优速率，则 $T_{opt}=\frac{C}{B_{opt}}$。如果 $g(T_{opt})$ 大于 C，则意味着能够找到更大的 B_{opt}，也就是说当前的 B_{opt} 不是最优速率。如果 $g(T_{opt})$ 小于 C，则意味着系统不能提供最优速率 B_{opt}。因此 $C=g(T_{opt})$ 是正确的。

由于 g 包含函数 f，因此 g 的反函数不存在，B_{opt} 的闭合形式解也不存在。寻找 B_{opt} 最有效的方法将是在不同速率值 B 上的二元搜索。对于每个速率值 B，如果 $g(C/B)>C$，则说明 B 值太小，需要增加，相反，说明 B 值太大，需要减小。重复搜索过程，直到 $g(C/B)$ 足够接近 C 为止，这时 B 将同样足够接近 B_{opt}。搜索结束，获得每个磁盘需要存储的数据量 a_i。

最优速率搜索算法描述如下（Chen et al.，1995）：

（1）计算 B_{max}，显然 B_{max} 的最大值为 $\sum_{i=1}^{M} B_i$。

（2）用一个二元搜索过程在 0 到 B_{max} 之间寻找一个速率值 B，使其满足 $0 \leqslant |g(T)-C| \leqslant \varepsilon$，其中 ε 是趋近阈值，$T=C/B$。同时还应该给定最大速率趋近不等式 $|B-B_{opt}|<\delta$，δ 是 ε 的函数。

（3）磁盘 i 需要存储的数据量为 a_i，其中 $a_i=f(i,\ C/B)$。

从理论上讲，当所有 $f(i,\ T)$ 等于 $T \cdot B_i$ 或 C_i 时，二元搜索将终止。从这一点来看，由于 B_i 是常量，因此 f 的反函数存在，从而保证可以获得 f 的闭合形式解。从算法实现角度来看，编程实现该二元搜索过程是很简单的，其时间复杂度为 $O\left(M \log_2 \frac{B_{max}}{\delta}\right)$。

假设数据库的某一部分 X 还没有存储到磁盘上，子集 U 是 k 个仍未用完存储空间的磁盘的集合。如果按照速率比例存储数据，则系统可以获得最大速率为 $\sum_{i=1}^{k} B_i$。但按照速率比例有可能存储不了 X 的所有数据，因为有可能有一个或几个磁盘的存储空间被提前用完，这些磁盘便是“容量瓶颈”磁盘。

根据速率比例分配原则，如果存储 X 数据，则磁盘 i 存储的数据量必须满足下面的条件：

$$\frac{B_i}{B_{\max}} \cdot X \leqslant C_i \tag{10.15}$$

其中，$B_{\max} = \sum_{i=1}^{k} B_i$。于是对于所有 i，下面的不等式成立：

$$X \leqslant \frac{C_i}{B_i} \cdot B_{\max} \tag{10.16}$$

因此，如果磁盘 l 是“容量瓶颈”磁盘，则下式成立：

$$\frac{C_l}{B_l} = \mathrm{Min}_{i \in U} \{ C_i / B_i \} \tag{10.17}$$

下面来分析一个简单的数据分配例子。

假设有 3 个磁盘，速率分别为 5MB/s，2MB/s，1MB/s，容量分别为 2GB，4GB，3GB，则该磁盘系统的最大存储量为 9GB。第 1 次循环按 5∶2∶1 的比例进行存储，第 1 个磁盘首先被标识为“容量瓶颈”磁盘，因此每个磁盘的存储量分别为 2GB，0.8GB，0.4GB，本次总共存储 3.2GB 数据，相应的该部分数据的速率为 8MB/s，剩余磁盘的容量分别为 3.2GB，2.6GB。第 2 次循环将按 2∶1 的比例进行存储，第 2 个磁盘被标识为“容量瓶颈”磁盘，因此第 2、第 3 个磁盘的存储量分别为 3.2GB，1.6GB，本次总共存储 4.8GB 数据，相应的该部分数据的速率为 3MB/s。第 3 次循环将使第 3 个磁盘存储 1GB，本次总共存储 1GB，相应的该部分数据的速率为 1MB/s。对于任何存储量为 0 到 9GB 的数据库，如果要加载到该磁盘系统都可以根据上面的分配方法计算。

从式（10.17）不难看出，所有同类型磁盘，或者说具有相同速率和容量的磁盘都将在同一个循环中被标识为“容量瓶颈”磁盘，从而退出下一次循环。因此算法的时间复杂度为 $O(n^2)$，其中 n 为磁盘系统中磁盘的类型数。

10.5.3　异构磁盘系统的瓦片分布

在 10.5.2 节中，我们已经分析了异构磁盘系统的最大速率数据分配问题。系统获得最大速率必须首先满足两个前提条件，一是按磁盘速率比例分配数据，二是从每个磁盘读取的数据量与其存储的数据量成正比。如果只是简单地把数据 C 按速率比例分成 M 段存储在 M 个磁盘上，则系统在大多数情况下的服务速率将小于最大速率 $B_{\max}$。问题的证明很简单，如图 10.23 所示，图中 a_i 表示分配到磁盘 i 的数据总量，虚线框表示数据提取窗口，从方程（10.9）中的第一式可知，只有当提取窗口覆盖整个数据 C 时，系统才获得最大速率 $B_{\max}$，其他情况都小于 $B_{\max}$。从磁盘并行角度来讲，多数情况下，系统的磁盘并行数小于 M。

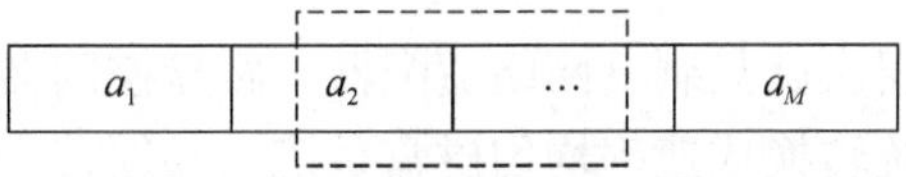

图 10.23　数据提取窗口示意图

如何才能改变这种状况，或者说如何才能提高系统的并行性能呢？这就是下面将要讨论的问题——异构磁盘系统的瓦片分布。

首先，决定选择矢量基对分布方法作为分布影像瓦片的分布方法。在查询半径小于最大查询半径（由一对线性无关矢量决定）的情况下，矢量基对分布方法能够保证“每个磁盘最多只被命中一次”，而在查询半径大于或等于最大半径的情况下，矢量基对分布方法能够保证“每个磁盘至少被命中一次”，这就在理论上保证了系统能够提供最大程度的磁盘并行。

对于矢量基对分布方法，文献是这样定义的（Chen and Rotem，1993）：M 为磁盘数，$u=(a, b)$ 和 $v=(c, d)$ 是一对线性无关矢量，a，b，c，d 为整数，并且 $|a \cdot d-b \cdot c|=M$，如果存在任何整数 m 和 n，使得 (tx', ty') 能够表示成 $(tx+ma+nc, ty+mb+nd)$ 的形式，则瓦片 (tx', ty') 和 (tx, ty) 被分布到同一磁盘。

其次，需要对异构磁盘系统的磁盘按速率均匀原则进行虚拟磁盘划分。只有这样，矢量基对分布方法才能适用于异构磁盘系统。

1. 速率均匀虚拟磁盘系统

影响磁盘最终输出速率的有几个层次，按从底至上依次为磁盘、磁盘控制器、处理器/内存、网络适配器、集线器、交换机等，如图 10.24 所示。

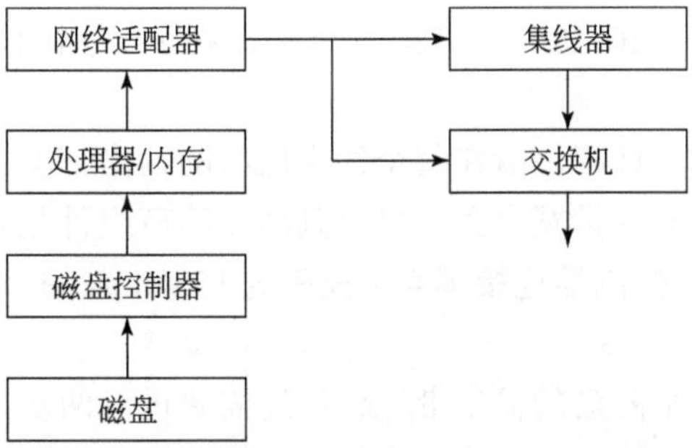

图 10.24　磁盘输出速率影响层次

为简化所要讨论的问题，在此不对集线器和交换机进行讨论。

如果服务系统的所有磁盘主机的所有组件都是均匀的，那问题就简单了，无须进行任何额外处理便可适用于众多分布方法，进行瓦片分布。实际上这种情况是很少见的，有必要对最终的分布方案提前进行优化。

受磁盘内部机械运动速度的限制，处理器和内存的带宽已远远超过了磁盘速率。另外，把处理器和内存的带宽纳入讨论确实比较复杂，因为处理器和内存负责整个主机所有组件的管理和事务处理，不太容易计算出单独分配给磁盘的带宽，在此假设它们的带宽总是足够的。

到此，要讨论的约束层次就只剩下网络适配器、磁盘控制器和磁盘本身了。我们已经知道，为了使异构磁盘系统转换成速率均匀磁盘系统，必须首先计算出数据分配比例，然后才能进行速率均匀虚拟磁盘划分。另外，最终分配的数据是以瓦片为单位，因此需要将数据分配比例转换成瓦片分配比例。当然，后一个问题很简单，只须作简单的单位换算。现在讨论三个约束层次如何处理。

首先是磁盘本身的约束。如果没有另外两个约束层次，磁盘输出速率受磁盘平均读速率的约束，换句话说，这时磁盘的输出速率等于磁盘平均读速率。根据 10.5.2 节中给出的分配比例计算方法，可以计算出每个磁盘被分配的瓦片比例。

对于磁盘控制器，作这样的假定：如果是 IDE 控制器，则假定每个 IDE 控制器只连接一个磁盘，如果是 SCSI 控制器，则无需这样的假定，因为 IDE 控制器在物理上不支持并行，而 SCSI 控制器则是支持并行的。因此，对于 IDE 控制器与磁盘，则只能选择带宽和速率中两者的最小者。而对于 SCSI 控制器，则需要根据磁盘输出速率分配 SCSI 控制器带宽。采用如下方程组计算分配给每个 SCSI 磁盘的带宽：

$$\begin{cases} b'_1 + b'_2 + \cdots b'_m = B_{\mathrm{SCSI}} \\ b'_1 : b'_2 : \cdots : b'_m = B_1 : B_2 : \cdots : B_m \end{cases} \tag{10.18}$$

式中，B_i 为磁盘 i 本身的输出速率，b'_i 为分配给磁盘 i 的 SCSI 控制器带宽，B_{SCSI} 为 SCSI 控制器的总带宽。为什么采用式（10.18），而不采用其他形式的分配方程式呢？如磁盘容量比例。这主要是出于这样一种考虑，即希望速度快的磁盘被分配的瓦片多。如果按容量比例分配带宽，则可能出现速度慢的磁盘被分配的瓦片却多，这与希望相悖。

一个磁盘服务器主机可能安装了多个 SCSI 控制器，根据方程（10.18）可以计算出该主机所有磁盘的输出带宽，设为 b'_1，b'_2，…，b'_n，$n \geqslant m$。设主机网络适配器的带宽为 B_c，同样可以根据方程（10.18）计算出每个磁盘在 B_c 约束下的输出带宽 b_1，b_2，…，b_n。

从磁盘开始，一步一步计算磁盘在每个约束层次的输出带宽，通过分别计算该约束层次磁盘的输出带宽之和与输入带宽之和，可以判断该约束组件是否为速率瓶颈。例如，假设带宽为400Mbps 的 SCSI 控制器连接了 4 个速率为150Mbps 的 SCSI 磁盘，显然 SCSI 控制器是速率瓶颈。

尽管已经计算出了每个磁盘的输出带宽，但还需要进行两步才能应用于瓦片分布。这两步依次为瓦片分配比例计算和速率均匀虚拟磁盘划分。

首先利用式（10.9）计算瓦片分配比例，注意：式中的速率变量的值已不再是 B_i，而是 b_i。然后，把分配比例转换成速率均匀虚拟磁盘划分比例。分配比例可以不是整数比例，而虚拟磁盘划分比例则必须是整数比例。设磁盘 i 的划分比例为 s_i。最后，根据 s_i 和 b_i 划分虚拟磁盘，物理磁盘 i 被划分成 s_i 个虚拟磁盘，每个虚拟磁盘的速率为 b_i/s_i，容量为 A_i/s_i，A_i 为物理磁盘 i 的可用磁盘空间。

异构磁盘系统在经过上述转换后形成虚拟磁盘系统，每个虚拟磁盘的速率都相同，这样便可以使用矢量基对分布方法进行瓦片分布。

如果需要存储的影像数据量大于“最大速率容量”，更具体点说，金字塔的瓦片数量大于“最大速率容量”（这时的单位是瓦片），则需要进行“迭代分配”。“迭代分配”过程为：当“最大速率容量”使用完后，标出已无存储空间的物理磁盘，然后再对剩下的物理磁盘进行瓦片分配比例计算和速率均匀虚拟磁盘划分，重复进行这一过程，直到金字塔的所有瓦片被分布完毕。

上述瓦片分配方法可能造成不同分配批次的瓦片具有不同的输出带宽。如果“最大速率容量”不够，这便是无法避免的。

2. 基于矢量基对分布方法的瓦片分布

设虚拟磁盘数为 M，对应矢量基对 $u=(a, b)$ 和 $v=(c, d)$。关于最优矢量基对 u 和 v 的求解问题，文献对求解算法和相关理论进行了详细阐述（Chen and Rotem，1993），在此就不再重复。

又设瓦片金字塔的层数为 L，每层的瓦片行列数分别为 X_l 和 Y_l，瓦片（tx，ty）被分布到磁盘 disk（tx，ty，M）上，disk（tx，ty，M）初始值为-1。瓦片分布算法用程序代码描述如下：

```
for (l=0; l<L; l++)
{
  for (i=0; i<M; i++)
   {
    for (ty=0; ty<Y_l; ty++)
     {
      for (tx=0; tx<X_l; tx++)
       {
        if (disk (tx, ty, M) ==-1)
         {
          disk (tx, ty, M) =i;
          用 i 标记所有具有 (tx+m*a+n*c, ty+m*b+n*d) 形式的瓦片;
          //m, n 为整数;
          goto next_ disk;
         }
       }
     }
  next_ disk:
   }
}
```

瓦片最终被分布到了物理磁盘上，虚拟磁盘只是在算法进行过程中存在，当算法结束后，需要对瓦片进行物理磁盘映射，即虚拟磁盘由哪个物理磁盘划分而来，瓦片就属于那个物理磁盘。映射完毕，虚拟磁盘也就不存在了。

矢量基对 u 和 v 构成一个平行四边形，不管平行四边形移动到何处（移动单位为瓦片)，其所包含（假定瓦片面积超过一半处于平行四边形中才算包含）的瓦片被分配的虚拟磁盘号都是不同的（Chen and Rotem，1993)，如图 10. 25 所示。虚拟磁盘 1，2 来自物理磁盘 1，虚拟磁盘 3，4 来自物理磁盘 2，虚拟磁盘 5，6，7 来自物理磁盘 3，虚拟磁盘 8，9 来自物理磁盘 4。另外，物理磁盘 1，2 来自主机 1，物理磁盘 3，4 来自主机 2。

从图 10. 25 所示的瓦片分布图中，我们发现一种现象，即虚拟磁盘编号连续排列，连续步长约为 $\sqrt{M}$。如果连续的虚拟磁盘编号是来自同一个物理磁盘，则会出现相邻瓦片被分布到同一个物理磁盘的现象，由此将造成系统并行性能下降。而我们希望相邻的瓦片应尽量避免被分布到同一个主机。

处理这个问题最直接的方法是对虚拟磁盘进行排序，使来自同一个物理磁盘的虚拟磁盘在一维数组中相距尽可能远，也就是偏移量尽可能大。我们可以通过在两个来自同一物理磁盘的虚拟磁盘间插入来自其他物理磁盘的虚拟磁盘来加大偏移量，并在插入过程中增加了主机约束。图 10. 26 显示了虚拟磁盘排序结果，其中第一行为虚拟磁盘编号，第二行为物理磁盘编号，第三行为主机编号。图 10. 27 是对虚拟磁盘进行排序后的瓦片分布图。虚拟磁盘号定义同图 10. 25。

7	8	9	7	8	9	7	8	9	7	8	9	7	8	9	7	8	9	7	8
4	5	6	4	5	6	4	5	6	4	5	6	4	5	6	4	5	6	4	5
1	2	3	1	2	3	1	2	3	1	2	3	1	2	3	1	2	3	1	2
8	9	7	8	9	7	8	9	7	8	9	7	8	9	7	8	9	7	8	9
5	6	4	5	6	4	5	6	4	5	6	4	5	6	4	5	6	4	5	6
2	3	1	2	3	1	2	3	1	2	3	1	2	3	1	2	3	1	2	3
9	7	8	9	7	8	9	7	8	9	7	8	9	7	8	9	7	8	9	7
6	4	5	6	4	5	6	4	5	6	4	5	6	4	5	6	4	5	6	4
3	1	2	3	1	2	3	1	2	3	1	2	3	1	2	3	1	2	3	1
7	8	9	7	8	9	7	8	9	7	8	9	7	8	9	7	8	9	7	8
4	5	6	4	5	6	4	5	6	4	5	6	4	5	6	4	5	6	4	5
1	2	3	1	2	3	1	2	3	1	2	3	1	2	3	1	2	3	1	2

图 10. 25　虚拟磁盘瓦片分布图（排序前）($M=9$，$m \times n=12 \times 20$)

5	1	8	3	6	2	9	4	7
3	1	4	2	3	1	4	2	3
2	1	2	1	2	1	2	1	2

图 10. 26　虚拟磁盘排序结果

为了评价上述处理方法是否有效，可以通过统计“相邻瓦片对”处于同一个物理磁盘的对数来反映。如果统计数值大，则表示“相邻瓦片对”处于同一个物理磁盘的概率大。如果经过排序后的统计数值仍大于或等于排序前的统计数值，则说明方法无效，不必采用。在例子图 10. 25 的基础上，我们统计了排序前和排序后的统计数值，它们分别是：70 和 19。从这一点来看，排序是有效的。图 10. 28 显示了排序前的物理磁盘瓦片分布图，图 10. 29显示了排序后的物理磁盘瓦片分布图。

9	4	7	9	4	7	9	4	7	9	4	7	9	4	7	9	4	7	9	4
3	6	2	3	6	2	3	6	2	3	6	2	3	6	2	3	6	2	3	6
5	1	8	5	1	8	5	1	8	5	1	8	5	1	8	5	1	8	5	1
4	7	9	4	7	9	4	7	9	4	7	9	4	7	9	4	7	9	4	7
6	2	3	6	2	3	6	2	3	6	2	3	6	2	3	6	2	3	6	2
1	8	5	1	8	5	1	8	5	1	8	5	1	8	5	1	8	5	1	8
7	9	4	7	9	4	7	9	4	7	9	4	7	9	4	7	9	4	7	9
2	3	6	2	3	6	2	3	6	2	3	6	2	3	6	2	3	6	2	3
8	5	1	8	5	1	8	5	1	8	5	1	8	5	1	8	5	1	8	5
9	4	7	9	4	7	9	4	7	9	4	7	9	4	7	9	4	7	9	4
3	6	2	3	6	2	3	6	2	3	6	2	3	6	2	3	6	2	3	6
5	1	8	5	1	8	5	1	8	5	1	8	5	1	8	5	1	8	5	1

图 10.27　虚拟磁盘瓦片分布图（排序后）（$M=9$，$m\times n=12\times 20$）

3	4	4	3	4	4	3	4	4	3	4	4	3	4	4	3	4	4	3	4
2	3	3	2	3	3	2	3	3	2	3	3	2	3	3	2	3	3	2	3
1	1	2	1	1	2	1	1	2	1	1	2	1	1	2	1	1	2	1	1
4	4	3	4	4	3	4	4	3	4	4	3	4	4	3	4	4	3	4	4
3	3	2	3	3	2	3	3	2	3	3	2	3	3	2	3	3	2	3	3
1	2	1	1	2	1	1	2	1	1	2	1	1	2	1	1	2	1	1	2
4	3	4	4	3	4	4	3	4	4	3	4	4	3	4	4	3	4	4	3
3	2	3	3	2	3	3	2	3	3	2	3	3	2	3	3	2	3	3	2
2	1	1	2	1	1	2	1	1	2	1	1	2	1	1	2	1	1	2	1
3	4	4	3	4	4	3	4	4	3	4	4	3	4	4	3	4	4	3	4
2	3	3	2	3	3	2	3	3	2	3	3	2	3	3	2	3	3	2	3
1	1	2	1	1	2	1	1	2	1	1	2	1	1	2	1	1	2	1	1

图 10.28　物理磁盘瓦片分布图（排序前）

针对上述排序方法，我们进行了更多统计实验，除瓦片矩阵的大小改变外，其他条件与上述例子相同。实验结果见表 10.3。

从表 10.3 中的实验结果来看，排序方法十分有效，而且比较稳定。

上面讨论了瓦片金字塔中某一层瓦片的分布问题。从追求最优性能来讲，应该综合考虑整个瓦片金字塔的瓦片分布。假设应用系统要求提取瓦片 A，一般情况下不会同时要求提取瓦片 A 的孩子瓦片。因此在分布瓦片时应尽量使双亲与孩子分布在同一个虚拟磁盘上。由于每个双亲有四个孩子，这样做确实有点困难，不如反过来考虑这个问题。由于矢量基对分布方法能够保证四个孩子分布在四个不同的虚拟磁盘（要求虚拟磁盘数 $M\geqslant 4$）上，因此可以任选四个中的其中一个虚拟磁盘存储它们的双亲。

4	2	3	4	2	3	4	2	3	4	2	3	4	2	3	4	2	3	4	2
2	3	1	2	3	1	2	3	1	2	3	1	2	3	1	2	3	1	2	3
3	1	4	3	1	4	3	1	4	3	1	4	3	1	4	3	1	4	3	1
2	3	4	2	3	4	2	3	4	2	3	4	2	3	4	2	3	4	2	3
3	1	2	3	1	2	3	1	2	3	1	2	3	1	2	3	1	2	3	1
1	4	3	1	4	3	1	4	3	1	4	3	1	4	3	1	4	3	1	4
3	4	2	3	4	2	3	4	2	3	4	2	3	4	2	3	4	2	3	4
1	2	3	1	2	3	1	2	3	1	2	3	1	2	3	1	2	3	1	2
4	3	1	4	3	1	4	3	1	4	3	1	4	3	1	4	3	1	4	3
4	2	3	4	2	3	4	2	3	4	2	3	4	2	3	4	2	3	4	2
2	3	1	2	3	1	2	3	1	2	3	1	2	3	1	2	3	1	2	3
3	1	4	3	1	4	3	1	4	3	1	4	3	1	4	3	1	4	3	1

图 10.29 物理磁盘瓦片分布图（排序后）

表 10.3 虚拟磁盘排序前后“相邻瓦片对”统计数值的比较

瓦片矩阵大小	12×20	24×40	48×80	96×160	64×64	128×128	256×256	512×512
排序前统计值	70	299	1238	5035	1323	5377	21675	87039
排序后统计值	19	91	395	1643	441	1778	7225	28957
剩余百分数	27%	30%	32%	33%	33%	33%	33%	33%

10.5.4 基于 Hilbert 空间填充曲线的瓦片聚类

我们知道，从磁盘读一个瓦片至少需要执行两步操作。首先是寻址，使磁头移到瓦片数据开始的位置，然后才是读。磁头从一个位置移动到另一个位置需要花费时间，移动距离越长，花费的时间越多，磁盘性能也就越低。这与测试磁盘的随机读性能和连续读性能是一致的，磁盘连续读的性能几乎总是比随机读的性能要高。下面仍然以地形可视化系统为例来分析瓦片聚类的必要性。

在地形可视化系统中，场景变化过程一般是连续的，也就是说应用系统请求的瓦片在二维平面上是连续的，一块接一块，这些瓦片被分布在服务系统的磁盘上。理想情况下，每个磁盘最多被命中一次。实际上很难保证在任何情况下“每个磁盘最多只被命中一次”，因为对于磁盘数 M，最大查询半径总是有限的。而更多的情况是一个“请求窗口”可能包含来自同一磁盘的多个瓦片，因此，磁盘需要进行多次读操作。如果这些瓦片在磁盘上的存储位置相邻或接近，则能够减少磁盘寻址时间，从而降低响应时间。

如何才能使二维平面中位置相邻或接近的瓦片映射到一维磁盘空间仍然保持原来的邻近关系呢？研究人员对这类问题进行了广泛的研究，对多种聚类方法的空间聚类特性进行了比较分析，认为 Hilbert 空间填充曲线是现有聚类方法中聚类效果最好的（Jagadish, 1990；Moon et al.，1996；陆峰，周成虎，2001）。除 Hilbert 空间填充曲线外，还有其他聚类方法，如 z-曲线、Gray 编码、Morton 数等。

Hilbert 空间填充曲线的递归生成过程如图 10.30 所示。图 10.30（b）是在图 10.30（a）的基础上通过复制、旋转，然后首尾相接形成的。图 10.30（c）是在图 10.30（b）的基础上也是通过复制、旋转，然后首尾相接形成的。如此递归，无穷无尽。下面以图 10.30（b）为例，阐述其形成规则：在（b）的左下象限复制（a）并顺时针旋转 90°，在（b）的右下象限复制（a）并逆时针旋转 90°，在（b）的左上和右上象限复制（a），然后按首尾连接便形成了（b）。

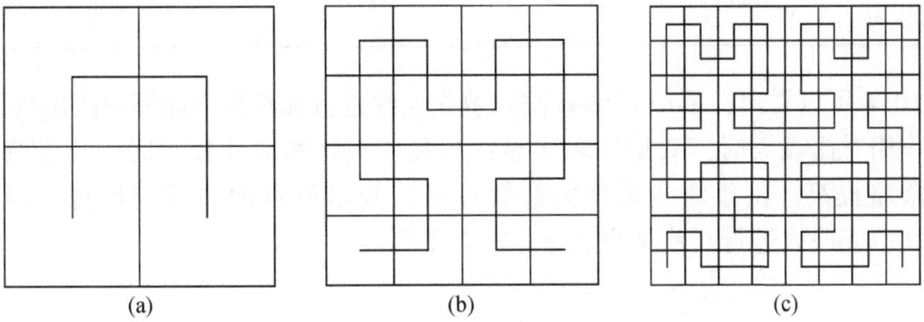

图 10.30　Hilbert 空间填充曲线递归生成示意图

基于 Hilbert 空间填充曲线的瓦片聚类过程如下：

（1）用 Hilbert 曲线填充整个瓦片矩阵；

（2）从曲线的左下角端点开始按曲线路径依次对瓦片进行编码；

（3）按瓦片编码大小确定瓦片在磁盘中的存储顺序。

不难看出，Hilbert 空间填充曲线要求网格的行列数相等并且是 2 的整数幂。对于任意大小的遥感影像，瓦片矩阵的行列数很难满足这样的要求。因此，在使用 Hilbert 空间填充曲线进行瓦片编码前，必须把瓦片矩阵补足，以满足网格行列数相等并且是 2 的整数幂这一条件。如图 10.31 所示，灰色网格表示瓦片实际不存在，虚曲线是 Hilbert 空间填充曲线，数字注记表示瓦片被分布的磁盘号。根据 Hilbert 编码规则，图中瓦片（0，0）的编号是 0，瓦片（2，0）的编号是 4，瓦片（3，2）的编号是 9，…，因此它们在磁盘 0 中的存储顺序应该是（0，0），（2，0），（3，2），…。

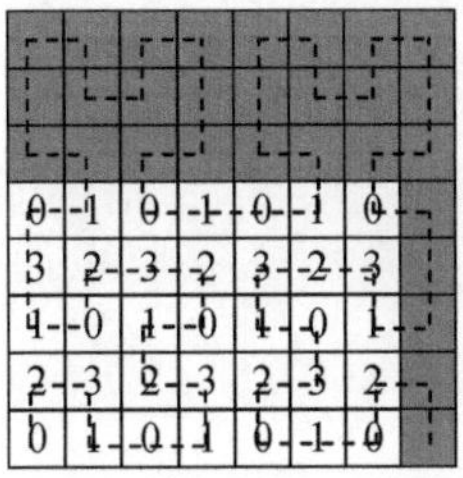

图 10.31　基于 Hilbert 空间填充曲线的瓦片聚类示意图（$M=4$）

为说明上述基于 Hilbert 空间填充曲线的瓦片聚类方法的有效性，设计了如下实验：首先按 Hilbert 空间填充曲线的填充顺序存储瓦片数据，瓦片大小为 128×128×3B = 48KB，然后分别按 Hilbert 空间填充曲线的填充顺序和按先行后列顺序读取所有瓦片数据，计算各自消耗的总时间。每项测试进行 10 次，取平均值，时间单位为 ms（毫秒）。实验结果见表 10.4。

表 10.4 Hilbert 空间填充曲线聚类效果实验结果比较

瓦片矩阵大小	16×16 (12MB)	32×32 (48MB)	48×48 (108MB)	60×60 (169MB)	64×64 (192MB)
先行后列顺序平均总耗时/ms	211	846	1900	15829	18550
Hilbert 曲线填充顺序平均总耗时/ms	210	841	1895	9222	11598

从表 10.4 可以看出，采用 Hilbert 空间填充曲线进行瓦片聚类能够提高磁盘读取性能。当瓦片矩阵相对比较大时，效果比较明显；当瓦片矩阵相对比较小时，效果则不是很明显，只有微略提高。由于海量遥感影像管理系统要求管理海量遥感影像，因此，采用 Hilbert 空间填充曲线进行瓦片聚类也是非常必要的。

第 11 章 遥感数据的网格剖分组织与可视化

11.1 全球离散网格剖分与网格剖分组织理论

11.1.1 全球离散网格剖分

随着科技的发展，人们观察世界的视角、手段和方式正在逐步发生变化，传统的以局部区域为研究对象的方法和思路正面临极大的挑战，面向全球的研究正悄然升起。但是，当前相关的应用手段、工具和方法并未充分适应海量遥感观测数据的飞速发展，致使大部分数据都只是被存储，并没有得到充分地利用。美国前副总统戈尔在《数字地球》一文中明确指出（Gore，1998）："问题的根源在于信息的处理和显示方法。"因此，如何对全球海量空间数据进行有效的组织、管理和利用已成为国内外学术界与应用科学界面临的一大难题。从对全球的覆盖观测到对重点区域的详查将获得热点地区从低到高不同分辨率的空间数据，这就需要一种新型的全球多尺度数据模型，更好地支持从背景到目标、从整体到局部的空间观察视角，以保证数据间的平滑过渡以及目标自身的叠加与融合。传统的平面区域数据模型显然不能有效地满足这一需求。因此，构建具有连续性、层次性和动态性的全球数据模型已成为广受关注的重要研究方向（李德仁，邵振峰，2005；Goodchild and Yang，1992；胡鹏等，2001）。如何建立新型的适合全球空间信息无缝多尺度组织、管理与表达的框架，是在实际应用中亟需解决的问题。其中，构建"全球离散网格剖分系统"（discrete global grid subdivision systems，DGGSs），正是针对该问题提出的一种解决方案（Sahr et al.，2003；Goodchild，2000；White，2000；Vince and Zheng，2009）。

所谓全球离散网格剖分系统，是指把地球表面按一定规则离散分割成不同尺度的许多区域，在每块区域中都有一个单独的点与之关联，区域和点的组合定义为单元。适用于地球空间信息组织管理的则是规则网格，其基本原理是将球面或者参考椭球面递归剖分为面积、形状近似或相等且具有多分辨率层次结构的网格单元，同时采用每个单元对应的地址编码代替地理坐标在球面上进行各种操作（张永生等，2007）。因为不同层次的网格单元在记录位置信息的同时也携带了比例尺和精度信息，所以具有处理多尺度空间数据的潜力。从数据质量的角度思考，任何地球空间数据都有一定精度，可用一系列分辨率不同的网格与之匹配（赵学胜等，2007）。

11.1.2 全球网格剖分组织

全球网格剖分组织理论的思想旨在通过建立多层次、嵌套及连续剖分的地球空间剖分框架结构，为全球空间信息提供统一的多尺度索引结构，为空间信息表达提供一致的定位基础及表现结构。由于全球范围内任何空间信息都可以与相应尺度大小的面片建立起关联，由此，可以实现全球多尺度、多源、多时相空间数据的高效编目、存储与检索，从而提高全球空间信息的多源整合与综合管理能力，提高全球大规模海量空间数据的存储、索引与综合应用服务等能力，解决全球信息的空间关联与内容快速检索问题，实现全球空间信息的统一组织、管理和应用。

11.2　全球网格剖分的历史渊源与分类

11.2.1　全球离散网格的历史渊源

网格剖分的观念起源于3000年前农牧社会原始部落推行的“井田制”，其中的“井”表示四周没有边界的网格，“田”则代表四周封闭的网格（陈述彭，2002；邵振峰，李德仁，2005）。几千年来，城市规划一直继承着网格的理念。例如，北京的城市规划严格遵循“十”字形的中轴线，街道、四合院、交通枢纽、商业中心、社区管理等无不依此布局（陈述彭等，2004）。由此可见，网格源于地理空间的位置划分，在中国早已深入人心。

在小比例尺地图编制中采用网格最早也起源于我国。裴秀（223～271年）系统地提出了“计里画方”和“制图六体”并在中国沿用了近2000年；“禹迹图”和“华夷图”的石刻至今保存在西安碑林；罗洪先、朱思本编制的中国地图都使用了网格，并影响到朝鲜和日本（陈述彭等，2004）。

步入信息社会，网格（grid）的含义已经远远超出了空间位置的划分，这一古老的词汇又被赋予了新的含义。由于网格有着极为广阔的科学、工程应用范畴，各学科、各行业都有自己的解释和任务重点，对它的认识也在不断深化之中，因此很难有一个精确的定义（高俊，2005）。概括地讲，网格就是构建在互联网上的一组新兴技术，它将互联网、计算机、大型数据库、传感器、远程设备等融为一体，为科技人员和普通百姓提供更多的资源、功能和服务（李德仁，2005）。互联网主要为人们提供电子邮件、网页浏览等通信功能，而网格功能则更多更强，它能让人们共享计算、存储和其他资源（Foster and Kesselman，1998）。

广义的空间信息网格是指在网格技术支撑下，空间数据获取、更新、传输、存储、处理、分析、信息提取、知识发现到应用的新一代空间信息系统。狭义的空间信息网格则是指网格计算环境下的新一代地理信息系统，是广义空间信息网格的一个组成部分（李德仁，2005）。从历史发展的角度来看，狭义空间信息网格则是在“计里画方”之后网格概念对其本源的回归，但内涵已大大丰富。例如，空间数据库中广泛使用的“树”结构其实就是将特定的空间范围进行逐级网格划分，形成不同层次的网格；不同比例尺的图幅划分实际上也形成了一种多级网格（邵振峰，李德仁，2005）；数字高程模型（digital elevation model，DEM）利用采样点近似表示覆盖区域内的地形，采样点之间也可构成网格；遥感影像的单个像素也是分辨率很高的网格，因此遥感数据的处理从另一角度也可理解为网格单元的重组与转换。

11.2.2　全球离散网格的分类

按照构建网格的方法的不同，全球离散网格剖分系统当前的研究可大致划分为等经纬度全球剖分网格、变经纬度全球剖分网格、自适应全球剖分网格和正多面体全球剖分网格系统四类（赵学胜等，2007）。

1. 等经纬度全球剖分网格系统

等经纬度全球剖分网格是指采用等间隔的经线和纬线将地球交织分割成若干网格单元，这是地学界最早建立、也是目前应用最广泛的一类全球网格，它将地球表面按相等经纬度增量划分成一个个单元格，所有的数据都与这些单元相关。

近年来，国外一些机构又对等经纬度网格进行了一些新的探索。2005 年 6 月底，世界互联网巨擘 Google 发布了极具震撼力的全球三维搜索工具——Google Earth。Google Earth 采用的就是等经纬度全球网格，经差固定，纬度方向则是在通用横轴墨卡托投影（Universal Transverse Mercator，UTM）基础上再做等间隔划分。美国国家航空航天局（National Aeronautics and Space Administration，NASA）发布的开源软件 World Wind 也是采用等经纬度全球剖分的典型系统。类似的成果还包括美国佐治亚理工学院（Georgia Institute of Technology）研制的 VGIS（Virtual GIS）（Koller et al.，1995；Lindstrom et al.，1998）、NASA 开发的虚拟行星探测工程（Virtual Planetary Exploration Project，VPEP）（Hitchner，1992）、美国海军研究生院（Naval Postgraduate School，NPS）研发的 NPSNET（NPS Network）（Falby et al.，1993）和斯坦福研究所（Stanford Research Institute International，SRI）开发的分布式地形浏览器 TerraVision（Leclerc et al.，2002）等。

国内情况，以武汉大学研制成功的天地图（龚建雅，2007）系列产品和解放军信息工程大学开发的全球多分辨率虚拟地形环境系统（Virtual Global Terrain Environment System，VGTES）（游雄，2008）等为代表，涌现出一系列等经纬度的遥感数据球产品。在理论探索方面，以武汉大学李德仁院士为代表的一些学者提出了“空间信息多级网格”（spatial information multi-grid，SIMG）的概念（李德仁，邵振峰，2005；李德仁等，2003）。北京大学的程承旗教授等提出了 2^n 一维整型数组地理坐标的全球剖分网格（geographical coordinate global subdivision based on one-dimension-integer and two to n^{th} power，GeoSOT），通过三次地球扩展，实现整度、整分的四叉树剖分，形成一个上至地球（0 级）、下至厘米级面元（32 级）的多尺度四叉树网格（程承旗等，2012）。

很多全球数据集的组织也采用等经纬度剖分。如美国地质调查局（US Geological Survey，USGS）提供的 GTOPO 30 数据集和 ETOPO 5 数据集，还有 NASA 戈达德宇航中心（Goddard Space Flight Center）提供的 JGP95E5′数据集等。等经纬度全球网格符合人们的习惯，数据的显示和表达都非常方便，而且经纬度与其他坐标系统之间的转换较简单，相关算法也很成熟。

2. 变经纬度全球剖分网格系统

近年来，为了使同一层次网格的面积近似相等，业界提出了变间隔的经纬网格剖分，其典型代表是椭球四叉树（ellipsoid quad tree，EQT）剖分（Ottoson and Hauska，2002）。基本思想是采用经差固定、纬差变化或纬差固定、经差变化的经纬线剖分地球，以保证同一层次的网格单元面积相等。中国科学院地理科学与资源研究所的周成虎研究员从地图设计的角度，提出了椭球面上变经纬度划分的地理网格数据模型的研究思路（周成虎等，2009）。也有一些全球数据集的组织采用变经纬度网格，如美国国家地理空间情报局（National Geospatial Intelligence Agency，NGA）的前身NIMA（National Imagery and Mapping Agency）提供的数字高程数据（digital terrain elevation data，DTED）采用了纬度间隔固定（3弧秒），而经度间隔从赤道到两极逐渐增大的方案①。挪威学者Bjφrke在此基础上采用了比DTED更细的全球网格方案，进一步保证网格单元的面积相等②。

一些著名的国际组织和面向全球的国际科学活动也设计了有针对性的变经纬度全球网格，其中比较具代表性的有为国际卫星云气候项目（International Satellite Cloud Climatology Project，ISCCP）设计的ISCCP GRID③，如图11.1（a）所示。还有就是在全球海洋和冰川模拟中常用的POP GRID（Parallel Ocean Program，POP）④ 和ORCA GRID⑤，如图11.1（b）和（c）所示。

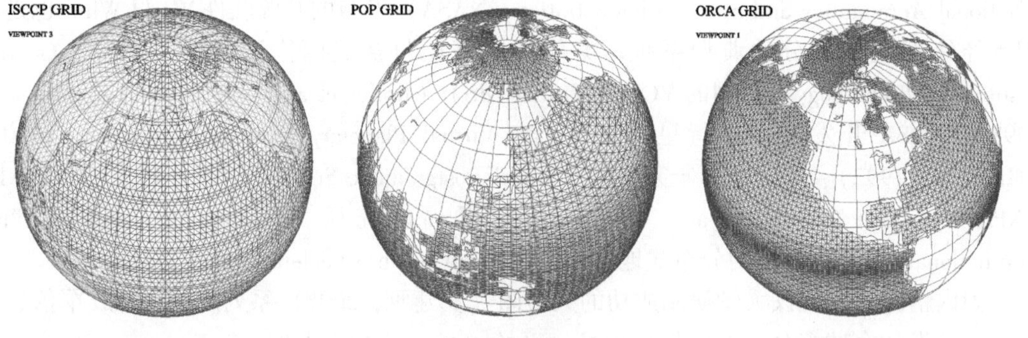

(a)ISCCP GRID　　(b)POP GRID　　(c)ORCA GRID

图11.1　变经纬度全球网格的一些例子

为了克服经纬度网格单元在高纬地区变形严重的问题，GeoFusion⑥ 将全球划分为6个区域，其中4个处于南北纬45°之间，采用矩形网格覆盖，两个处于高纬地区，采用三角形网格覆盖。通过这种方式，GeoFusion充分利用了两者的优势，避免了在高纬地区使用矩形网格带来的形变。而在专业领域，美国环境系统研究公司（Environmental Systems Research Institute，ESRI）于2003年发布的ArcGlobe 9更是集成了GeoFusion的全球网格技术⑦，它的最终目标并不是仅仅解决空间数据三维可视化的问题，而是试图建立一种新颖

① NIMA. Digital terrain elevation data［EB/OL］. 2003. http：//www. niama. mil/.
② Bjφrke J. 2003. A Global Grid Model based on "Constant Area" Quadrilaterals.
③ ISCCP. ISCCP Map Grid Information［EB/OL］. 2005. http：//isccp. giss. nasa. gov/docs/mapgridinfo. html.
④ NCL. POP Grid［EB/OL］. http：//www. ncl. ucar. edu/Applications/popgrid. shtml.
⑤ NCL. ORCA Grid［EB/OL］. http：//www. ncl. ucar. edu/Applications/orca. shtml.
⑥ GeoFusion［EB/OL］. 2001-2010. http：//www. geofusion. com/.
⑦ Google VS ESRI. 3S 新闻周刊［EB/OL］. 2006. http：//www. 3snews. net.

的全球数据模型。

3. 自适应全球剖分网格系统

自适应全球剖分网格是以球面上的实体要素为基础，按照实体的某种特征对地球表面进行网格化。Lukatela 在其开发的 Hipparchus 系统中利用球面 Voronoi 多边形剖分建立了全球不规则三角网格模型（triangulated irregular network，TIN），网格单元可根据实体数据的密度自适应调整（Lukatela，1987）。图 11.2 是两类自适应网格的例子。

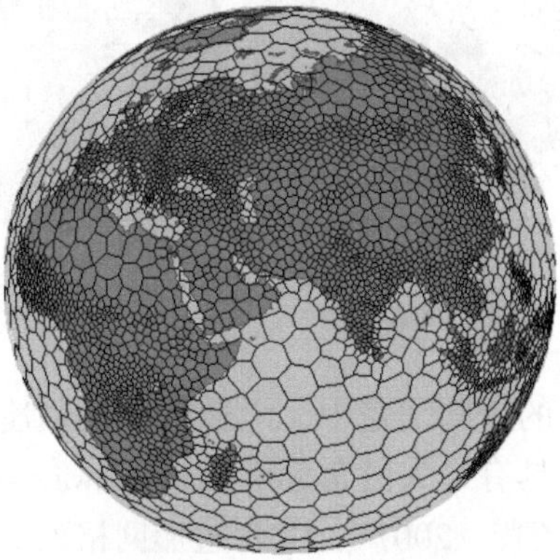

(a)不规则实体的Voronoi网格

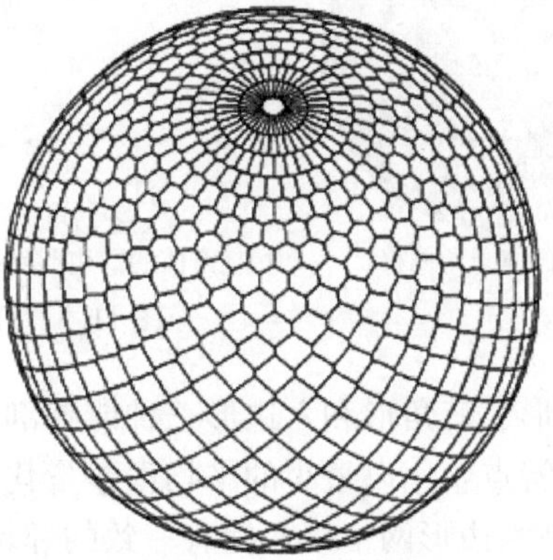

(b)规则实体的Voronoi网格

图 11.2　自适应网格的例子

基于 Voronoi 剖分的自适应网格比规则或半规则剖分产生的网格具有更大的灵活性。但是，Voronoi 网格的递归剖分相当困难，几乎不可能建立多分辨率金字塔结构，这对大规模场景的三维可视化等需要多尺度数据支持的应用非常不利。

4. 正多面体全球剖分网格系统

20 世纪 80 年代末，为了有效管理全球多分辨率数据，满足不同应用的需求，许多学者研究了采用正多面体剖分地球的方法。美国著名学者 Fuller 较早从事球面离散化的研究并且发明了 Geodesic Dome 结构[①]，一些与全球网格系统相关的研究都直接或间接地受到了他的影响。

近年来，在全球离散网格系统相关的基础理论方面，Dutton（1989；1984），Goodchild 和 Yang（1992），Szalay 等（2005），赵学胜等（2007；2004）研究了在正八面体上进行的三角剖分，如图 11.3（a）所示；Alborzi 和 Samet（2000）等研究了基于立方体的四边形剖分，如图 11.3（b）所示；White（2000）等研究了基于正二十面体的菱形剖分，如图 11.3（c）所示；Sahr 等（2003），Peterson（2011），Vince（2006），Zheng[②]，

① Wikipedia，Geodesic dome［EB/OL］，http：//en. wikipedia. org/wiki/Geodesic_ dome.

② Zheng X. 2007. Efficient Fourier transforms on hexagonal arrays［D］. University of Florida.

贲进①和童晓冲②等研究了正二十面体上六边形剖分的全球网格，如图 11.3（d）所示。基于多面体的全球网格数据系统在矢量数据结构（Dutton，1999）、空间数据索引（Dutton，1996a）、制图综合（Dutton，1996b）、全球动态数据结构（Goodchild and Yang，1992）、全球土地监测（Wagner，2005；Suess et al.，2004）、全球海洋分析（Kidd et al.，2003）、全球气候模型（David et al.，2002）等诸多方面得到了广泛应用。

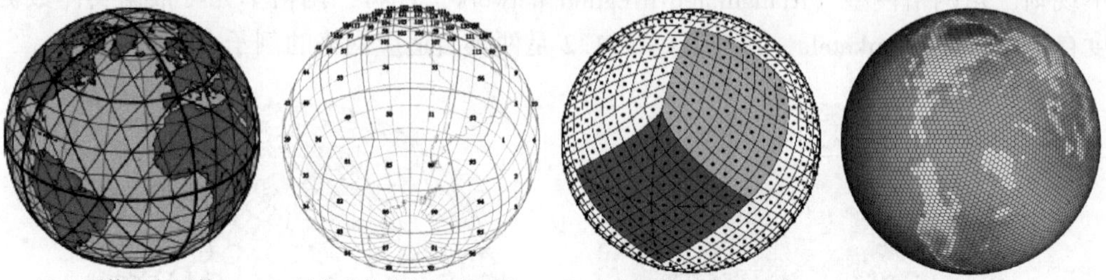

(a)八面体三角网格　(b)立方体的四边形网格　(c)二十面体的菱形网格　(d)二十面体的六边形网格

图 11.3　几种典型的剖分网格

在矩形、三角形和六边形三种能够剖分平面的规则铺盖中，六边形是最紧凑的，它具有下面的特点：①以最小的平均误差量化平面，具有最大的角分辨率（Conway and Sloane，1998）；②六边形网格单元拥有一致的邻域（章毓晋，2007）；③六边形网格的 6 个离散的速度向量足以描述连续的各向同性的流体③；④在表达相同信息量的情况下，六边形网格比矩形网格要节省约 14% 的采样量（Usman and Torsten，2008）。正因为六边形网格具有上述独特的性质，它非常适合用作空间数据的处理，受到越来越多的重视。Saff 和 Kuijlaars（1997）、Kimerling 等（1999）经过研究得出结论：平面六边形网格的各种优点可以延续到全球网格系统上。

由于六边形不具备自相似性，即不可能将一个六边形分解为小一些的六边形（或将较小的六边形组合成一个大六边形），导致多分辨率六边形网格系统的应用受到了限制。Laurie Gibson 和 Dean Lucas 设计了一种优美的、在六边形图像处理中广泛应用的方案，该方案被称为“一般平衡三进制”（generalized balanced ternary，GBT）（Gibson and Lucas，1982）。然而，GBT 并不能很好地满足单元分解的需求，而且 GBT 单元在某一层次上是真正的六边形，而在其他层次上则变为 7 个六边形组成的星型玫瑰形状，这些形状随着单元层次不断旋转，导致 GBT 的相关应用比较复杂。

随后的研究中许多学者对 GBT 的特性进行了跟踪分析与改进，特别是 Middleton 和 Sivaswamy（2005）在 GBT 的基础上，提出了 HIP（hexagonal image processing）结构，将其系统地应用于数字图像处理的多个领域，在处理效果和效率等诸多方面取得了优于矩形网格的结果。这些结构虽然解决了多分辨率与索引问题，但相邻层次网格间产生的是非一致性（non-congruent）（Kidd，2005）网格，且网格单元方向随网格的层次不断变化（张

① 贲进．2005．地球空间信息离散网格数据模型的理论与算法研究［D］．郑州：解放军信息工程大学．

② 童晓冲．2010．空间信息剖分组织的全球离散网格理论与方法［D］．郑州：解放军信息工程大学．

③ Wolfram MathWorld Hexagonal Close Packing ［EB/OL］．http：//mathworld.wolfram.com/HexagonalClosePacking.html.

永生等，2007）。因此，将它们直接移植到球面上具有较大的困难。

为了建立全球六边形离散网格的层次索引结构，Sahr 针对球面二十面体上的六边形网格，提出了两种六边形层次编码定位系统。一种是“改良的一般化平衡三进制”（modified generalized balanced ternary，MGBT）用于点数据的索引；另一种是二十面体上孔径为 3 的六边形树状结构（aperture 3 hexagon tree，A3HT）用于栅格数据的索引和基于桶排序的空间数据库（Sahr，2005；Sahr，2008；Sahr，2011）。无独有偶，加拿大 PYXIS Innovation Inc 的 Peterson 设计了全球六边形离散网格的 PYXIS 结构（图 11.4（a）），并申请了美国专利（Peterson，2011）。在此基础上，还研究出了一套新型的全球空间数据组织、融合与显示方法[①]，并与 IPV6 等网络新技术紧密结合，如图 11.4（b）所示。目前，该成果的许多技术细节仍属于商业秘密，无从知晓。一些学者在 PYXIS 基础上，研究了六边形全球离散网格的其他性质[②]（Vince and Zheng，2009）。

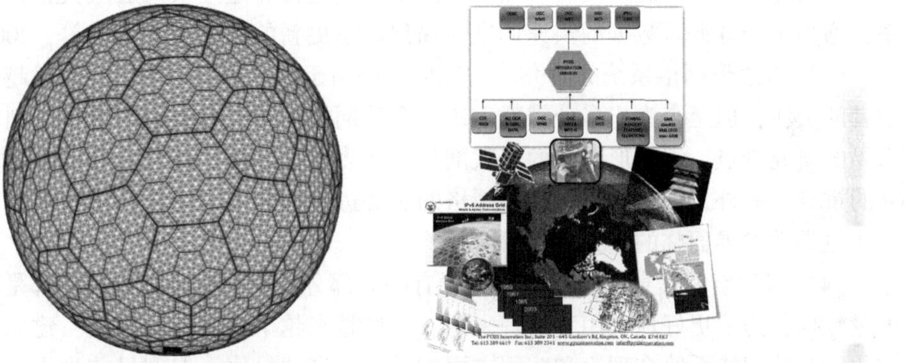

(a)球面上的PYXIS网格系统　(b)PYXIS innovation的相关技术拓展

图 11.4　PYXIS 球面网格及其相关技术拓展

2009 年 11 月 3 日欧洲空间局（European Space Agency，ESA）在 Living Planet Program 计划中发射了 SMOS 卫星[③]，该卫星采用六边形全球离散网格系统的方式记录与处理全球空间数据（Suess et al.，2004）。

5. *存在问题的分析*

基于地理坐标（经纬坐标）的传统离散网格在理论和技术上起步较早，我们考察的主流软件系统大多都采用了这种方式。采用多面体剖分的新型离散网格种类繁多，每一种都针对不同的应用背景，虽然在气候模拟、制图综合等领域有部分应用，但绝大部分成果还仅限于学术研究，并且这些成果整体上来说是分散的、实验性的，系统性和实用性尚有待加强，且存在许多需要进一步解决的问题，特别是对全球离散网格系统的一些基础理论和关键技术方法还缺乏深入的研究，具体表现如下。

① PYXIS Innovation. 2011. PYXIS News & Events. http：//www. pyxisinnovation. com/news-events. php.

② Zheng X. 2007. Efficient Fourier transforms on hexagonal arrays ［D］. University of Florida.

③ ESA. SMOS mission overview ［EB/OL］. http：//www. esa. int/esaLP/ESAL3B2VMOC_ LPsmos_ 0. html.

（1）高精度的全球离散网格参考框架与数据模型的研究。目前全球离散网格系统的研究基本上都是以球体为研究基础的，而忽视了高精度参考框架下的地球网格框架。虽然网格单元与地理坐标能够建立一一对应的转换关系，在坐标转换、数据表达与空间查询等问题上不存在歧义性，但单元本身的几何形状与单元间的几何关联由于球面的特殊性发生了变化，致使网格上直接的几何处理存在困难。在应对高精度的全球科学研究或国家安全任务，如地球动力学、板块运动、地震观测、卫星导航和卫星对地观测精确定位等时，将无法适应其需求。

（2）全球层次网格的编码与高效索引研究。层次性是全球离散网格系统有效管理和使用空间数据的基础。由于球面无法像平面一样具有各向同性的流型结构（侯妙乐等，2004），因此，无法用完全均匀的矩形网格进行连续铺盖。在采用三角形、四边形、六边形进行球面铺盖时，对每一个单元进行编码，尽管编码都是层次性的，但缺乏均匀分块特征，在实际操作中不能直接使用编码对数据本身进行邻近搜索与层次关联，大大降低了效率，增加了全球海量数据的快速调度与局部动态更新的难度（赵学胜等，2007）；

（3）六边形网格系统的研究。六边形网格由于其几何与拓扑属性的优越性，受到许多学者的关注，但至今为止多分辨率六边形全球网格系统数字空间和索引机制的建立仍是学术界的研究难点。六边形网格的层次剖分方式多样，选择一种合适高效的剖分方式也是研究的重点。另外，如何利用六边形网格的优势进行诸如空间分析、动态模拟、数据融合等工作也是学术界面临的重大课题。

（4）多种空间信息的集成研究。现有的大部分全球网格系统处理的都是单一的栅格或矢量数据，为了更好地利用和管理来源、类型越来越丰富的空间数据，建立矢量、栅格一体化的全球网格系统在理论和应用方面均具有较高的价值。但到目前为止，还鲜见能集成多种空间信息的全球网格系统的相关研究成果。

（5）不同专业领域的应用模式研究。作为一个新兴的研究方向，目前国内外的研究大多把全球网格作为一种空间划分和建立空间索引的工具，而对网格应用模式的深层次研究还远远不够。作者认为，全球离散网格系统是一种与存储、处理、分发、可视化、聚合、转换等空间计算系统具有天然关联性的数学参考模型，它在全球表面无缝且同质，可以被用来整合各类空间数据。离散网格的单元就像地球表面的电子数据表格，可以像数据库一样对空间数据作各种统计与分析。因此探讨全球离散网格系统在不同领域的应用模式，是学界和业界需要重点关注的问题。

总之，上述的一系列问题，归根结底源于对全球离散网格的定位，究竟只是将其作为一种全球无缝的剖分与索引结构，还是作为一种新的网格空间数据模型，并用于多源空间数据的集成与操作的基础框架？随着研究的不断深入，全球离散网格的特点、性质和作用也将越来越清晰，其在不同领域的应用也将越来越广泛，那时我们对全球离散网格的定位将更加清晰明确（赵学胜等，2007）。

11.2.3 新型地球剖分网格体系的意义

目前，针对全球离散网格的大多数研究都是把它作为一种建立空间索引的工具。事实上，这并未充分发挥其在空间数据组织方面的独特优势。第一，它以整个地球为研究对象，满足全球海量空间数据处理的基本要求；第二，它将连续的地球分解成结构相同的单元，满足异构空间数据统一建模、按需重组的需要；第三，它具有层次性，可满足多尺度空间数据表达的需要；第四，它通过编码运算进行数据操作，更适合计算机高效处理。采用全球离散网格的方法，有利于空间数据检索效率的提高，可以为全球空间信息的高效整合与发现服务提供一种新的技术思路。综上所述，全球离散网格系统的研究有望解决下面几个问题。

（1）空间语义的一致性。原有空间数据由于用途不同、目的不同，缺少可以通用的空间语义。这种方式在原有的使用模式下本无问题，但随着信息技术的发展，用户需要关心更多相关的信息，传统分散的数据存储模式由于语义复杂，无法充分地体现这些空间数据信息的共性，因而较难胜任空间应用的新需求。全球离散网格实际上体现了空间数据的共性特征，将多尺度的空间属性作为关联所有空间数据的统一标识。这种方法在空间上增加了不同类型数据的横向联系，增加了不同尺度数据间的纵向关联，在时间上便于描述不同时相数据间的差异，为不同用户、不同时间、不同视角对感兴趣区域的关注提供了一种高效的数据关联与检索方法。

（2）空间信息查询的高效性。传统方式仅通过不同数据库数据排序、查询范围界定、范围内数据遍历、相关数据的查询结果分析显示等过程完成，对于数据海量、用户众多、跨多库的空间数据服务，在上面的几个步骤都存在瓶颈。而采用全球离散网格的方法不需要传统的排序、范围界定、数据遍历过程，只需在给定范围内找出最大覆盖的网格单元，再采用网格的方法逐步精化区域边缘即可以完成搜索区域的任务，由于单元本身在数据统计方面具有优势（数据本身是以编码的方式统计记录在网格单元中），可以快速完成每个单元中的信息数据空间统计等工作，大大简化了空间数据查询的过程，提高了效率。

（3）数据整合的合理性。目前以 Google Earth 为代表的全球三维浏览系统（或空间信息服务平台）呈现的只是预先整合好的空间数据，尽管添加了一些上传地标和模型的辅助功能，但总体而言用户只能被动地接收 Google 认为“有价值”的数据，得到的也是完全相同的数据视图。然而，不同用户关注的对象不尽相同，数据视图的生成应该充分考虑用户的需求，“一刀切”式的数据整合只能是一种目前暂时采用的方案。全球离散网格可以作为多源、异构空间数据整合、操作的基础框架，从数据组织层面上对空间数据整合提供有力的支持。

（4）动态模拟的可行性。全球多分辨率时空数据的动态模拟是一个新的课题，传统的地理空间模型和组织方法对时变的空间数据几乎无能为力，只能通过建立不同规则的方式来局部模拟时空变化，无论是粒度还是尺度上都十分有限，而全球离散网格系统的出现有望为多分辨率全球时空数据的动态模拟提供一个有力的支持。采用高维的时空数据，结合元胞自动机的理论，对全球时空数据进行动态模拟，使得数字地球变成一个动态的模型而不仅仅是静止的系统，可以更好地模拟气象、海洋等动态过程，还可以将其引申到土地资源、环境监测等领域。另外，目前的各学科领域进行全球模拟的方法只有单一分辨率的模拟，而采用全球离散网格系统旨在建立一种从宏观到微观，动态的模拟方式，不同尺度之间的信息可以高效地交换与共享。

11.3 新型地球剖分网格体系的数字空间构建

11.3.1 新型地球剖分网格的构建思路

空间数据应用必然涉及大量多分辨率的情况，通常的矩形网格方式组织和表达多分辨率数据不曾出现的问题，在采用六边形网格时就会碰到，导致多分辨率六边形网格系统的应用受到了限制。因此，设计高效的多分辨率六边形网格的层次结构成为该问题的关键所在。

六边形网格层次结构的建立有两种方式，一种是组合法，另一种是剖分法。组合法指的是将几个六边形单元合并成一个图形，构成上一层次的单元。多个六边形拼合后的图形不可能是六边形，可以是一系列相似的图形（如 GBT 和 HIP 等采用的是图 11.5（a）中梅花状的拼合图形），其他图形如图 11.5（b）和（c）中的情况。这种方式虽然单元的归属关系很明确，但逐层之间较难产生对准（Kidd，2005）的网格或发生了旋转，以及采用了“自下而上”的组合方式，因此，也就较难移植到球面上。

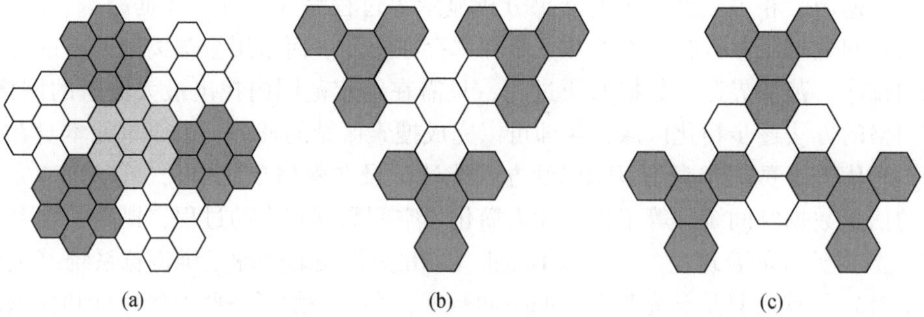

图 11.5　六边形单元的组合方式

剖分法指的是将当前层次的单元剖分成多个形状大小相同的单元。根据六边形的拓扑结构，至少有三种剖分方式，如图 11.6 所示，其中阴影部分的单元与上层单元之间具有明确归属关系，但其他空白部分的单元，无法明确其与上层单元的归属关系，因而，也就难以合理地进行层次编码与索引。部分文献根据剖分几何形状、类型和频数对网格剖分建立了命名规则（孔径+剖分形状+剖分类型）（Sahr et al.，2003；张永生等，2007），依照该规则把图 11.6（a）称为 A4HCI 剖分，（b）称为 A3HCI/II 剖分，由于文献中目前没有对（c）中的六边形剖分命名，根据相似的命名规则，暂且称其为 A4HCIII 剖分。

如何设计一种高效的六边形网格层次结构，满足剖分过程中上下层对准并且归属关系明确成为一个关键性的问题。根据对几种剖分结构的分析，我们发现 A4HCI、A4HCIII 两种网格的孔径均为 4，且在逐层剖分的过程中，所有的剖分偶数次结果均相同，而剖分奇数次则结果不同，如图 11.7 所示。

值得注意的是，所有单元的记录方式都是针对单元中心的，在此称之为格点。将同一层次 A4HCIII 和 A4HCI 两种类型单元的全部格点都表示出来，如果有一个系统能够完整地

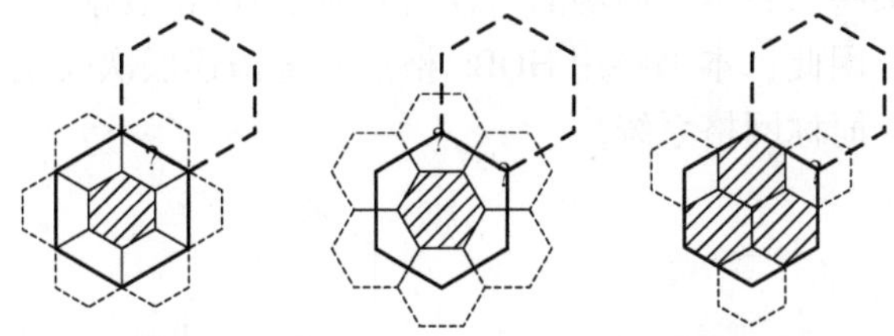

(a)A4HCI　(b)A3HCI/II　(c)A4HCIII

图 11.6　三种六边形单元的剖分方式与单元的层次归属情况

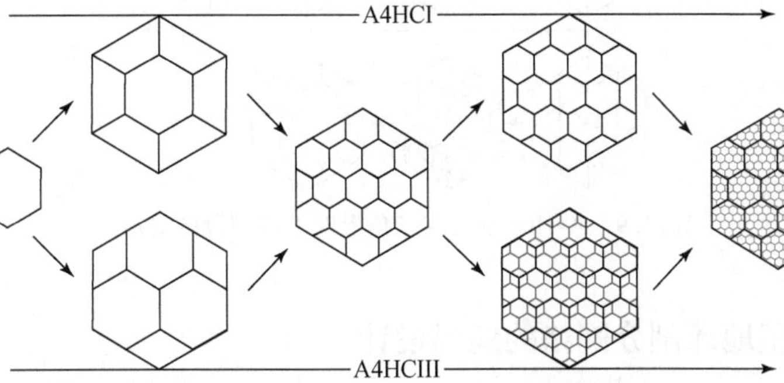

图 11.7　A4HCI 与 A4HCIII 两种方式逐层剖分的情况

标识全部格点，则两类剖分网格完全可以相互转换。图 11.8 是将 A4HCIII 和 A4HCI 两类剖分网格第 4 层的格点组合到一起的结果，如果同时考虑第 0 ~4 层格点并将其按层次分类，组合到一起的格点集合成为一个完整的四叉树结构，将该四叉树结构描述命名为 HQBS 的格点系统，简称格点系统。因此，HQBS 格点系统必能单独描述两者中任意一个网格系统，将 A4HCIII 与 A4HCI 系统完全统一成 A4HCI 网格系统没有任何问题。

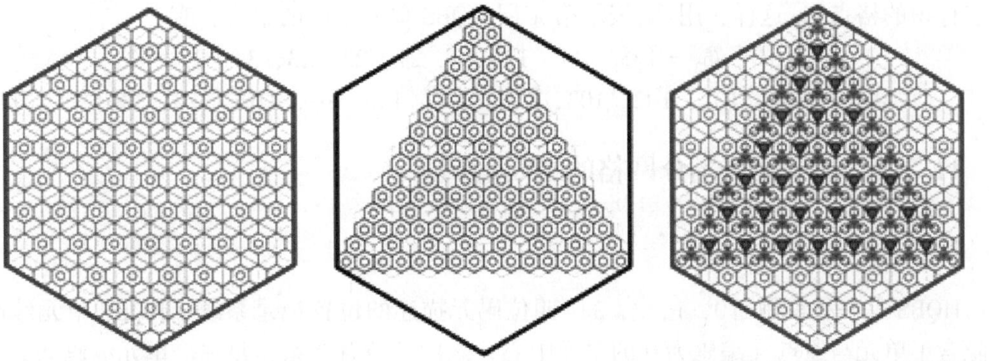

A4HCI　A4HCIII　组合的结果：三角形四叉树结构

图 11.8　A4HCI 与 A4HCIII 网格的格点组合的结果

另外，由于 A4HCI 剖分的过程等同于某一层中的一个六边形单元分成六个三角形，对每个三角形进行三角四叉树划分，再将六个小三角形归并为一个下一层的 A4HCI 剖分单元的过程（图 11.9），这样 A4HCI 剖分实际上又与三角形四叉树对应起来，使得在利用六边形网格系统表达某些 2.5 维表面场的时候（例如，DEM 数据），具备了规则 TIN 的特性，便于处理与显示。因此，本书将用 HQBS 格点系统描述层次关系的 A4HCI 网格系统称之为 HQBS 网格系统，简称网格系统。

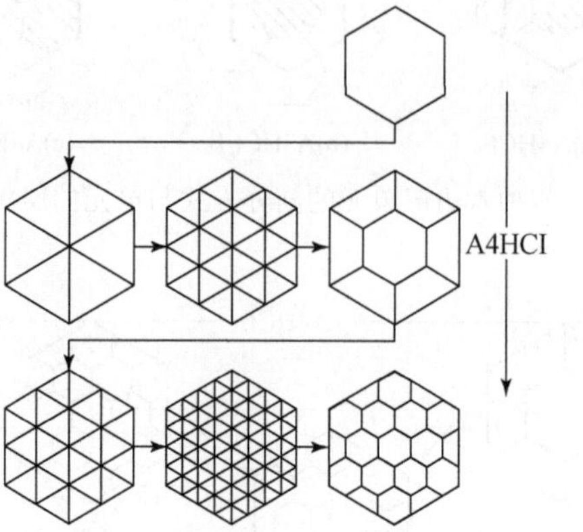

图 11.9　A4HCI 剖分与三角形四叉树剖分的对应

11.3.2　新型地球剖分网格的编码设计

HQBS 格点系统是一个完整的四叉树结构，可以用 {0，1，2，3} 四位码元组成编码进行标识，编码从 0 开始。例如，第一层 N_1 对应的格点编码集合：$G_1 = \{0, 1, 2, 3\}$。对于第二层 N_2，对应的格点编码集合：

$$G_2 = \{G_1, 10, 11, 12, 13, 20, 21, 22, 23, 30, 31, 32, 33\} \tag{11.1}$$

以此类推，得到 G_λ 的编码集合。图 11.10（a）是 G_3 的结果。

HQBS 网格系统是 HQBS 格点系统的子集，其坐标、编码描述方式与格点坐标、编码方式一致，但格点编码中存在一些不属于 HQBS 网格单元的编码（如图 11.10（b）中小黑点标识的格点）。这样，用 $\mathbb{G}_\lambda$ 表示第 λ 层 HQBS 单元编码的集合，有：

$$\mathbb{G}_1 = \{0\}, \mathbb{G}_2 = \{\mathbb{G}_1, 11, 12, 13, 21, 22, 23, 31, 32, 33\}$$
$$\mathbb{G}_3 = \{\mathbb{G}_2, 101, 102, 103, 110, 120, 130, \cdots, 310, 320, 330\} \tag{11.2}$$

11.3.3　新型地球剖分网格的编码运算

1. 运算的定义

HQBS 是一种使用 {0，1，2，3} 四位码元描述的位置记录系统，HQBS 单元编码本身隐含了单元与原点（编码为 0 的单元中心）之间的位置关系，每一个单元编码都显示了它相对于原点的方位和距离，这意味着单元编码可以看成一个向量并且可以在此基础上定义相关的运算法则。HQBS 单元的加法运算可以定义为两个向量之间的加法，如图 11.11（a）所示。同样，HQBS 单元编码的减法运算也满足向量相减的平行四边形法则，用$\ominus$来表示 HQBS 单元编码的向量减法。$\oplus$和$\ominus$运算是逆运算，求逆运算用 ~ 表示，$a \ominus b = a \oplus \tilde{b}$。

下一个运算是乘法运算，乘法运算的定义基于极坐标的计算，对于任意 HQBS 单元编

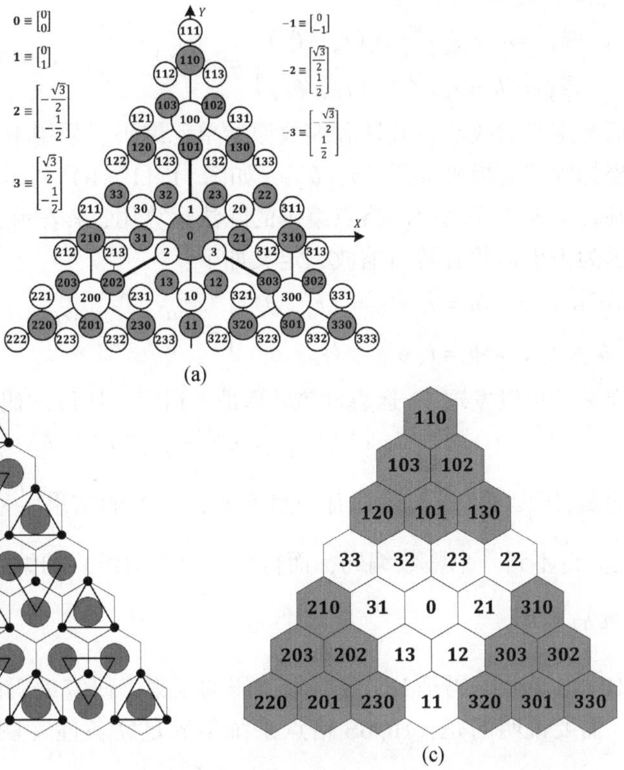

图 11.10　A4HCI 剖分与三角形四叉树剖分的对应

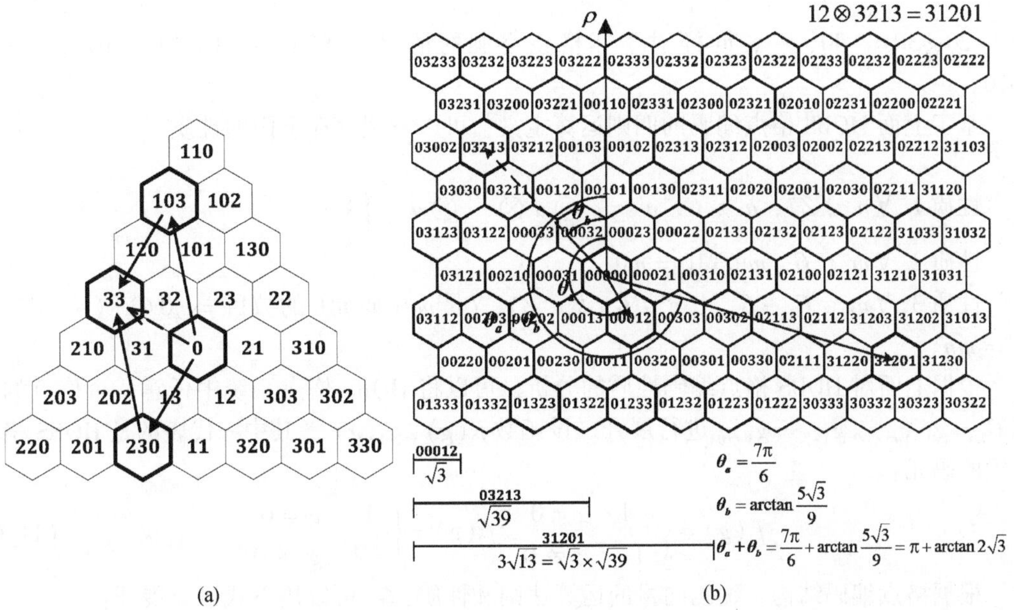

图 11.11　HQBS 单元编码⊕、⊗运算

码 $\boldsymbol{a}$，$\boldsymbol{b}$，定义⊗运算，满足：

$$\left.\begin{array}{l} a \in \mathbb{G},\ \Rightarrow a = r_a \mathrm{e}^{\mathrm{j}\theta_a} = (r_a,\ \theta_a) \\ b \in \mathbb{G},\ \Rightarrow b = r_b \mathrm{e}^{\mathrm{j}\theta_b} = (r_b,\ \theta_b) \end{array}\right\} \Rightarrow a \otimes b = r_a r_b \mathrm{e}^{\mathrm{j}(\theta_a+\theta_b)} = (r_a r_b,\ \theta_a + \theta_b) \quad (11.3)$$

乘法运算定义的核心是旋转和缩放原始单元编码。采用 HQBS 格点系统斜坐标系的单位长度和坐标轴建立极坐标系（ρ，θ），如图 11.11（b）所示。⊗ 运算的过程是通过初始单元向量旋转、缩放实现的。格点编码的除法运算用⊘来表示，与 ⊗ 运算类似，⊘运算同样可以表示为极坐标的旋转与缩放，定义如下：

$$\left.\begin{array}{l} a \in \mathbb{G},\ \Rightarrow a = r_a \mathrm{e}^{\mathrm{j}\theta_a} = (r_a,\ \theta_a) \\ b \in \mathbb{G},\ \Rightarrow b = r_b \mathrm{e}^{\mathrm{j}\theta_b} = (r_b,\ \theta_b) \end{array}\right\} \Rightarrow \frac{a}{b} = \frac{r_a}{r_b} \mathrm{e}^{\mathrm{j}(\theta_a-\theta_b)} = \left(\frac{r_a}{r_b},\ \theta_a - \theta_b\right) \quad (11.4)$$

根据定义，可以发现 ⊗ 运算和⊘运算是逆运算，所以编码 g 和 h 满足：

$$g \oslash h = g \otimes h^{-1} = g \otimes (1 \oslash h) \quad (11.5)$$

值得注意的是，⊘运算与 ⊗ 运算有一点不同，有可能结果$\left(\frac{r_a}{r_b},\ \theta_a-\theta_b\right)$不在单元中心，即有可能⊘运算得不到一个整数编码，而得到一个小数形式的编码。

2. 运算的性质

由于 HQBS 单元编码是 HQBS 格点编码的子集，研究编码的运算需要回归到 HQBS 格点系统中。需要说明的是，HQBS 格点系统不满足完备性（图 11.10（a）），存在许多空洞。例如，$\widetilde{1}=\varnothing$，为了更好地研究四则运算，需要补全 HQBS 格点编码的完备性，针对不存在的格点空洞，如$\widetilde{1}$，$\widetilde{2}$，$\widetilde{3}$，$\widetilde{10}$，$\widetilde{20}$，$\widetilde{30}$，…，定义$\widetilde{1}=-1$，$\widetilde{2}=-2$，$\widetilde{3}=-3$，$\widetilde{10}=-10$，$\widetilde{20}=-20$，$\widetilde{30}=-30$，…；同样对于非格点空洞的情况，有$\widetilde{23}=-23=13$，$\widetilde{110}=-110=1010$，…。

基于上面 HQBS 格点编码的四则运算定义，可以发现存在下面的性质：

性质 1. $\forall n \in \overline{Z^-}$，$a \in G$，$a^n = a \otimes a \otimes \cdots \otimes a = \prod_{i=1}^{n}{}^{\otimes} a$；

性质 2. $\forall m \in G$，$m \otimes 10 = m0$；

性质 3. $\forall m \in G_k - G_{k-1}$，$n \in G$，$k \in Z^+$，$l$ 是 m 中码元 0 的数目 $\Rightarrow m0 \oplus [(-1)^{k+1} \otimes n] = mn$。

根据上面对 HQBS 格点编码性质的分析，可以将 HQBS 格点系统中任意一个格点的编码 $G_\lambda = g_{\lambda-1} g_{\lambda-2} g_{\lambda-3} \cdots g_1 g_0$ 进行展开。设函数 $f_1(g)$，$f_2(g)$，其中 g 代表的是 HQBS 格点编码的码元：

$$f_1(g) = \begin{cases} -1 & g = 0 \\ 1 & g \neq 0 \end{cases},\ f_2(g) = \begin{cases} 1 & g = 0 \\ -1 & g \neq 0 \end{cases} \quad (11.6)$$

根据格点编码结构、编码向量的运算法则和性质，G_λ 可以用下式进行展开：

$$\begin{aligned} g_{\lambda-1}g_{\lambda-2}\cdots g_0 = g_{\lambda-1} \otimes 10^{\lambda-1} &\oplus [f_2(g_{\lambda-2}) \cdot f_2(g_{\lambda-1})] \otimes g_{\lambda-2} \otimes 10^{\lambda-2} \\ &\oplus \cdots \oplus [f_2(g_0) \cdot f_2(g_1) \cdots f_2(g_{\lambda-2}) \cdot f_2(g_{\lambda-1})] \otimes g_0 \otimes 1 \end{aligned}$$

$$=g_{\lambda-1} \otimes 10^{\lambda-1} \oplus^{\oplus} \sum_{i=1}^{\lambda-1} \left[\prod_{j=\lambda-i-1}^{\lambda-2} f_2(g_j) \otimes g_{\lambda-i-1} \otimes 10^{\lambda-i-1} \right]$$

$$=^{\oplus} \sum_{i=0}^{\lambda-1} \left[(-1)^i \cdot \prod_{j=\lambda-i-1}^{\lambda-1} f_1(g_j) \otimes g_{\lambda-i-1} \otimes 10^{\lambda-i-1} \right] \tag{11.7}$$

由于 HQBS 单元编码集合 $\mathbb{G}$ 是格点编码集合 G 的子集，即 $\mathbb{G} \subset G$，式（11.7）同样可用于 HQBS 单元编码 $\mathbb{G}$ 的展开。

3. 运算的实现

在设计 HQBS 格点编码的运算前，给出下面几个概念。

编码序列：一系列码元的组合，未必是一个合法的 HQBS 格点编码，单元的地址编码只是编码序列的特例，用〈·，·，…，·〉表示，即 $\forall\ a_i \in \{-3, -2, -1, 0, 1, 2, 3\}$，则 $\langle a_{n-1}, a_{n-2}, \cdots, a_0 \rangle = a_{n-1} \underbrace{00\cdots0}_{n-1} \oplus a_{n-2} \underbrace{00\cdots0}_{n-2} \oplus \cdots \oplus a_1 0 \oplus a_0$，称为编码序列。

编码取反：即 HQBS 格点编码求逆的过程，用 ~ 表示。例如，$\widetilde{130} = 230$。由于 HQBS 格点编码的不完备性，可能某些编码 a 不存在逆元，可以用 $-a$ 来表示。

编码规则化：对于任意编码序列 $\langle a_{n-1}, a_{n-2}, \cdots, a_0 \rangle$，$a_i \in \{-3, -2, -1, 0, 1, 2, 3\}$，如果能转化成一个合法的 HQBS 格点编码（满足式（11.7）定义的编码序列），则将这个转换过程称为编码规则化，用 $\langle \widehat{\cdot, \quad \cdot} \rangle$ 表示。

由于 HQBS 格点编码的不完备性，因此编码规则化之后可能不存在合法编码（即满足式（11.7）的编码），但如果不存在该编码，则规则化后取反必然存在，反之亦然。

根据⊕运算定义，可以得到表 11.1（a）的加法运算表，具体的推导见文献①（Tong et al.，2013）。

表 11.1　HQBS 的运算查找表

⊕	-3	-2	-1	0	1	2	3
-3	30	1	2	-3	32	32	0
-2	1	20	3	-2	23	0	21
-1	2	3	10	-1	0	13	12
0	-3	-2	-1	0	1	2	3
1	32	23	0	1	-10	-3	-2
2	31	0	13	2	-3	-20	-1
3	0	21	12	3	-2	-1	-30

（a）

⊗	-3	-2	-1	0	1	2	3
-3	2	1	3	0	-3	-1	-2
-2	1	3	2	0	-2	-3	-1
-1	3	2	1	0	-1	-2	-3
0	0	0	0	0	0	0	0
1	-3	-2	-1	0	1	2	3
2	-1	-3	-2	0	2	3	1
3	-2	-1	-3	0	3	1	2

（b）

被除码（列）；除码（行）

⊘	-3	-2	-1	0	1	2	3
-3	1	3	2	0	-2	-3	-1
-2	2	1	3	0	-3	-1	-2
-1	3	2	1	0	-1	-2	-3
0	⊘	⊘	⊘	0	⊘	⊘	⊘
1	-3	-2	-1	0	1	2	3
2	-2	-1	-3	0	3	1	2
3	-1	-3	-2	0	2	3	1

（c）

① 童晓冲. 2010. 空间信息剖分组织的全球离散网格理论与方法［D］. 郑州：解放军信息工程大学.

利用⊕运算查找表，针对编码序列 $A=\langle a_{n-1}, a_{n-2}, \cdots, a_0\rangle$，首先设计编码序列的规定化操作 $G=\widehat{A}$，见表 11.2，它是所有运算的基础。

表 11.2　HQBS 编码序列规定化过程

Step1	初始化过程： （1）编码序列 $\langle g_n, g_{n-1}, \cdots, g_1, g_0\rangle$，$g_0=g_1=\cdots=g_n=0$；循环变量 $i=0$； （2）定义新的数据结构 Q，含两位整型的数据结构，分别为 $\{q_1, q_0\}$； （3）针对表 11.1（a）中的数据，初始化，⊕运算查找表 B［7］［7］（B［7］［7］是指二维数组），数据类型为 Q，根据式（11.7）的编码展开规则，例如 B［0］［0］＝{3，0}，B［0］［1］＝{0，1}，B［0］［3］＝{0，−3}，B［0］［4］＝{3，−2}；
Step2	if $i\leqslant n-1$：转到 Step3；
Step3	if $a_i\neq 0$：初始化循环变量 $L=-1$，转到 Step4；else：$g_i=0$，$i=i+1$，转到 Step2；
Step4	if $L\leqslant 1$：$g_i=L\times a_i$，初始化进位变量 $J=(L>0)?\ 0: g_i$，符号变量 $F=(g_i>0)?\ -1: 1$，定义查找表查找的两位码元分别为 k_1、k_0（整型），转到 Step5；else：编码序列 A 不存在规定化后的合法编码 G，返回 FALSE；
Step5	if $i<n$：$k_1=B[a_{i+1}+3][J+3].q_1$，$k_0=B[a_{i+1}+3][J+3].q_0$，转到 Step6；else：转到 Step9；
Step6	if $k_0=0$：$g_{i+1}=0$，$J=k_1$，$i=i+1$，转到 Step5；else：转到 Step7；
Step7	if $k_0\times F>0$：$g_{i+1}=k_0$，$J=k_1$，$F=-F$，$i=i+1$，转到 Step5；else：转到 Step8；
Step8	$g_{i+1}=-k_0$，$J=B[g_{i+1}+3][k_1+3].q_0$，$F=-F$，$i=i+1$，转到 Step5；
Step9	if $J=0$：初始化标识变量 $Z=n$，转到 Step10；else：转到 Step12；
Step10	while $g_{Z-1}=0$：$Z=Z-1$；转到 Step11；
Step11	if $g_{Z-1}<0$：$L=L+2$，转到 Step4；else：转到 Step13；
Step12	if $J<0 \parallel F\times J<0$：$L=L+2$，转到 Step4；else：$g_n=J$，转到 Step13；
Step13	输出规定化后的合法编码 $G=\|g_n\|\|g_{n-1}\|\cdots\|g_1\|\|g_0\|$，返回 TRUE。

说明：(条件)? a：b 为条件运算符，下文同。

上面的编码规定化运算过程同样适用于编码的取反运算～，将合法编码用式（11.7）的方法展开成编码序列，将表 11.2 中的算法进行如下修改。

（1）Step4 中，将 $L\leqslant 1$ 的判断条件改成 $L\leqslant -1$，让取反～过程中编码序列第一个非 0 码元的规定化符号永远和原始编码序列对应码元的符号相反；

（2）Step11 中，将 if $g_{Z-1}<0$ 判断条件去掉，直接输出合法编码 G。

例如，$\langle 3, \widetilde{0, 2,} 3\rangle=3213$；$\widetilde{13011}=\langle 1, \widetilde{-3, 0, 1,} -1\rangle=23101$。

根据⊕运算表和表 11.2 的编码序列规定化方法，可以设计网格编码的⊕运算，设两个网格编码按照式（11.7）展开成编码序列为 $G_\lambda=\langle g_{\lambda-1}, g_{\lambda-2}, \cdots, g_1, g_0\rangle$，$H_\mu=\langle h_{\mu-1}, h_{\mu-2}, \cdots, h_1, h_0\rangle$，其中 $\lambda\geqslant\mu$，计算编码 $L=G_\lambda\oplus H_\mu$，见表 11.3。

表 11.3　HQBS 网格编码⊕运算步骤

Step1	初始化过程： （1）设置⊕运算查找表 B［7］［7］，数据类型、初始化方法与表 11.2 中一致； （2）进位变量 $J=0$；循环变量 $i=0$； （3）定义查找表查找的两位码元分别为 k_1，k_0（整型）； （4）定义用于记录查找表两位码元的中间变量 m_1，m_0（整型）； （5）编码 L 展开的编码序列[a]为〈l_λ，$l_{\lambda-1}$，$l_{\lambda-2}$，$l_{\lambda-3}$，…，l_1，l_0〉；
Step2	if $i<\mu$：$k_1=B[g_i+3][h_i+3].q_1, k_0=B[g_i+3][h_i+3].q_0$， $m_1=B[k_0+3][J+3].q_1, m_0=B[k_0+3][J+3].q_0$， $l_i=m_0, J=B[k_1+3][m_1+3].q_0, i=i+1$，转到 Step2； else：转到 Step3；
Step3	if $i<\lambda$：转到 Step4；else：转到 Step5；
Step4	if $J=0$：$l_i=g_i, i=i+1$，转到 Step3；else：$k_1=B[g_i+3][J+3].q_1, k_0=B[g_i+3][J+3].q_0, l_i=k_0, J=k_1, i=i+1$，转到 Step3；
Step5	$l_i=J$，调用表 11.2 中编码序列规定化，返回编码 $L=\langle l_\lambda, l_{\lambda-1}, \widehat{l_{\lambda-2}, l_{\lambda-3}}, \cdots, l_1, l_0\rangle$。

a. 两个编码序列⊕运算，加出的结果不会比其中最长的编码长 1 位。

例如，103⊕230=33；23⊕32=101；3213⊕2001=2332。

根据 HQBS 的⊗运算定义，可以得到表 11.1（b）的乘法运算表，具体的推导见文献①（Tong et al.，2013）。

利用⊗运算查找表，根据编码⊕运算和表 11.2 的编码序列规定化方法，可以设计网格编码的⊗运算，设两个网格编码按照式（11.7）展开成编码序列 G_λ =〈$g_{\lambda-1}$，$g_{\lambda-2}$，$g_{\lambda-3}$，…，g_1，g_0〉，H_μ =〈$h_{\mu-1}$，$h_{\mu-2}$，$h_{\mu-3}$，…，h_1，h_0〉，其中 $\lambda\geqslant\mu$，计算编码 $L=G_\lambda\otimes H_\mu$，见表 11.4。

表 11.4　HQBS 网格编码⊗运算步骤

Step1	初始化过程： （1）针对表 11.1（b）中数据，设置⊗运算查找表 A［7］［7］，数据类型为整型； （2）循环变量 $i=0$；初始化编码序列 $L=$〈0〉；
Step2	if $i<\mu$：初始化编码序列 $M=$〈$m_{\lambda+i-1}$，$m_{\lambda+i-2}$，…，m_1，m_0〉=〈0，0，…，0，0〉，循环变量 $j=0$，转到 Step3；else：转到 Step4；
Step3	if $j<\lambda$：$m_{j+i}=A$［g_j+3］［h_i+3］，$j=j+1$，转到 Step3；else：调用表 11.3 中算法计算 $L=L\oplus M$[a]，释放 M，$i=i+1$，转到 Step2；
Step4	L 进行规定化，返回 $\widehat{L}$。

a. 两个编码序列⊕运算，先不规定化，直到整个过程结束后再对 L 进行规定化，返回 $\widehat{L}$。

例如，3213⊗12=31201。

最后，推导⊘运算的计算方法。⊘运算和⊗运算互为逆运算，如式（11.5），⊘运算的

① 童晓冲．2010．空间信息剖分组织的全球离散网格理论与方法［D］．郑州：解放军信息工程大学．

关键是求h^{-1}，即$1 \oslash h$的编码，由于$h \geqslant 1$，$1 \oslash h$的结果可能不是一个整数的编码，因此在求h^{-1}的过程中，需要对编码1进行扩展，类似整数的除法运算，将编码1转变成1.000…，在$\oslash$运算的过程中，不足1的补0即可。$\oslash$运算的实质就是消去运算，通过$\otimes$运算和$\ominus$运算将$\oslash$运算中的每一位消去，并进行求余。

对于一般形式的编码序列h，由于是采用$1 \oslash h$的形式，除了$h=1$的情况（$1 \oslash 1=1$），其余整数位上都必须是0，$\oslash$运算得到的小数位形成n位的编码序列$\langle a_{n-1}, a_{n-2}, \cdots, a_0 \rangle$。$\oslash$运算满足：

$$g \oslash h = g \otimes h^{-1} = \langle g \otimes \langle a_{n-1}, \overset{\frown}{a_{n-2}}, \cdots, a_0 \rangle \rangle \oslash 10^n \tag{11.8}$$

由式（11.8）知，$\oslash$运算的关键是计算h^{-1}，通过对每一位编码的消去得到最终结果。由于$\oslash$运算和$\otimes$运算互为逆运算，将表11.1（b）的$\otimes$运算查找表重新排列即得到单个码元$\oslash$运算的查找表，如表11.1（c），其中除数码元不能为0。

11.3.4　新型地球剖分网格的空间关系

空间关系是离散网格系统的重要组成部分，建立网格的目的之一就是快速分析其目标的空间关系，而空间关系的基础就是单元查找算法的设计，包括层次关系的查找、邻近单元的查找等，这些操作也同样是空间聚类、邻近分析和相关空间操作的基础。本节将重点使用HQBS结构及编码运算进行单元空间关系算法的设计，包括邻近关系和层次关系的确定。

设单元$G_\lambda = g_{\lambda-1}g_{\lambda-2}\cdots g_1g_0$，查找$G_\lambda$周围邻近的单元。由于六边形网格存在6个直接相邻的单元，分别归属于6个不同的方向，并不像三角形网格和四边形网格那样需要考虑边邻近和角邻近的情况，因此根据HQBS编码的$\oplus$运算，采用向量加法的性质，6个方向上G_λ的邻近单元的编码分别为：

$$G_\lambda \oplus 12,\ G_\lambda \oplus 13,\ G_\lambda \oplus 31,\ G_\lambda \oplus 32,\ G_\lambda \oplus 23,\ G_\lambda \oplus 21$$

对于任意一个采用A4HCI剖分方式的六边形网格，它的剖分层次是λ，则其在$\lambda+1$层必有7个子单元，其中1个与它本身是对准的，其余6个是对准子单元的邻近单元。根据这样的分析，可以得到查找子单元的方法。设第λ层的单元$G_\lambda = g_{\lambda-1}g_{\lambda-2}\cdots g_1g_0$，查找其在$\lambda+1$层的子单元。

（1）G_λ子单元中与它对准的中心子单元编码为$G_{\text{son},0} = G_{\lambda+1} = g_{\lambda-1}g_{\lambda-2}\cdots g_0 0$；

（2）其他周围的6个子单元$G_{\text{son},i}$（$i=1, 2, 3, 4, 5, 6$）分别为中心子单元的邻近单元：

$$G_{\lambda+1} \oplus 12,\ G_{\lambda+1} \oplus 13,\ G_{\lambda+1} \oplus 31,\ G_{\lambda+1} \oplus 32,\ G_{\lambda+1} \oplus 23,\ G_{\lambda+1} \oplus 21$$

另一类层次关系的搜索就是查找父单元，由于A4HCI剖分方式的特殊性，网格单元分成两类：一类是与其父单元对准的单元，称为中心继承单元，该类单元具有1个父单元；另一类是与其父单元不对准的单元，称为偏心继承单元，该类单元具有2个父单元（张永生等，2007）。针对第λ层的HQBS单元$G_\lambda = g_{\lambda-1}g_{\lambda-2}\cdots g_1g_0$，下面分情况讨论。

（1）如果码元满足$g_0=0$的条件，那该单元就是中心继承单元，其父单元为

$$G_{\text{father}} = G_{\lambda-1} = g_{\lambda-1}g_{\lambda-2}\cdots g_1g_1$$

（2）如果不满足（1）的条件，则该单元为偏心继承单元，由于$g_0 \neq 0$，设剩下可能的码元全集为 $M = \{1, 2, 3\}$，计算集合 $N = M \cap \{\overline{g_0}\} = M - \{g_0\} = \{1, 2, 3\} - \{g_0\}$，则集合 N 中必有两个码元元素，设它们分别为n_1，n_2，则G_λ的父单元分别为

$$G_{\text{father, 1}} = g_{\lambda-1} g_{\lambda-2} \cdots g_1 \ominus n_1 = g_{\lambda-1} g_{\lambda-2} \cdots g_1 \oplus - n_1$$
$$G_{\text{father, 2}} = g_{\lambda-1} g_{\lambda-2} \cdots g_1 \ominus n_2 = g_{\lambda-1} g_{\lambda-2} \cdots g_1 \oplus - n_2$$

11.3.5　HQBS 与其他坐标系的快速转换

HQBS 与其他坐标系的转换过程中涉及图 11.12 中四个坐标系统：格点编码坐标系、格点斜坐标系、单元斜坐标系、标准笛卡儿坐标系。由于 HQBS 单元是 HQBS 格点的子集，因此，HQBS 单元编码坐标系与格点编码坐标系是一致的。

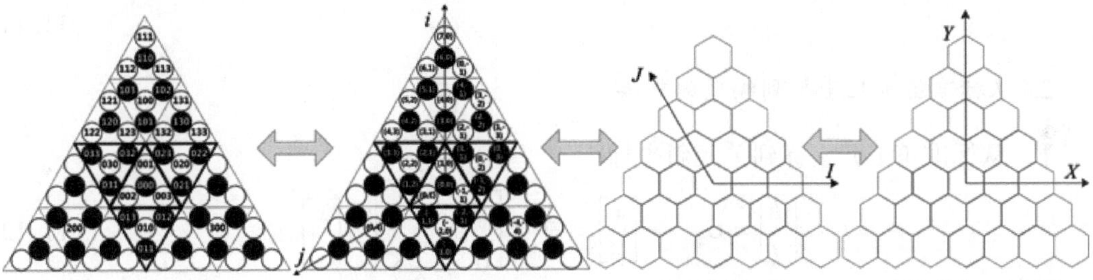

(a)格点编码坐标系　(b)格点斜坐标系　(c)单元斜坐标系　(d)标准笛卡儿坐标系

图 11.12　与 HQBS 结构相关的四个坐标系统

1. 从编码到标准笛卡儿坐标的转换

1）从编码到格点斜坐标

从格点编码（单元编码是格点编码的子集）到格点斜坐标系实际上是通过编码计算格点相对于原点位置的过程。对于$G_\lambda = g_{\lambda-1} g_{\lambda-2} \cdots g_0$，有：

$$\begin{bmatrix} i \\ j \end{bmatrix} = \sum_{k=0}^{\lambda-1} \left(\begin{bmatrix} -2 & 0 \\ 0 & -2 \end{bmatrix}^k \cdot \omega\left((-1)^{\lambda-k-1} \cdot \left(\prod_{j=k}^{\lambda-1} f_1(g_j) \right) \otimes g_k \right) \right)$$
$$= \sum_{k=0}^{\lambda-1} \left(\begin{bmatrix} -2 & 0 \\ 0 & -2 \end{bmatrix}^k \cdot \omega(\langle \widehat{g_k} \rangle) \right) = \sum_{k=0}^{\lambda-1} (R_k \cdot \omega(\langle \widehat{g_k} \rangle)) \tag{11.9}$$

$\langle \widehat{g_k} \rangle$：对$G_\lambda = g_{\lambda-1} g_{\lambda-2} \cdots g_0$中$g_k$进行规则化，$\langle \widehat{g_k} \rangle = (-1)^{\lambda-k-1} \cdot \left(\prod_{j=k}^{\lambda-1} f_1(g_j) \right) \otimes g_k$，$\omega(g)$的结果如表 11.5 所示。

表 11.5　不同码元对应的极角与 ω

码元	−3	−2	−1	0	1	2	3
角度	$\frac{\pi}{3}$	$\frac{5\pi}{3}$	π	—	0	$\frac{2\pi}{3}$	$\frac{4\pi}{3}$
ω	$\begin{bmatrix}1\\1\end{bmatrix}$	$\begin{bmatrix}0\\-1\end{bmatrix}$	$\begin{bmatrix}-1\\0\end{bmatrix}$	$\begin{bmatrix}0\\0\end{bmatrix}$	$\begin{bmatrix}1\\0\end{bmatrix}$	$\begin{bmatrix}0\\1\end{bmatrix}$	$\begin{bmatrix}-1\\-1\end{bmatrix}$

2）从格点斜坐标到单元斜坐标

从格点斜坐标系到单元斜坐标系涉及两个转换，一个是旋转，另一个是单位长度的缩放，两个坐标系都是坐标轴夹角为120°的斜坐标系，格点斜坐标系顺时针旋转90°得到单元斜坐标系，其旋转矩阵很容易得到，转换过程如下：

$$\begin{bmatrix} I \\ J \end{bmatrix} = C_1 \cdot \begin{bmatrix} i \\ j \end{bmatrix} = \frac{1}{3}\begin{bmatrix} 1 & -2 \\ 2 & -1 \end{bmatrix} \cdot \begin{bmatrix} i \\ j \end{bmatrix} = \frac{1}{3}\begin{bmatrix} 1 & -2 \\ 2 & -1 \end{bmatrix} \sum_{k=0}^{\lambda-1}\left(\begin{bmatrix} -2 & 0 \\ 0 & -2 \end{bmatrix}^k \cdot \omega(\langle \widehat{g_k} \rangle)\right) \tag{11.10}$$

3）从单元斜坐标到标准笛卡儿坐标

从单元斜坐标系到标准笛卡儿坐标系的转换过程同样是一个坐标变换过程，有：

$$\begin{bmatrix} x \\ y \end{bmatrix} = C_2 \cdot \begin{bmatrix} I \\ J \end{bmatrix} = \frac{1}{2}\begin{bmatrix} 2 & -1 \\ 0 & \sqrt{3} \end{bmatrix} \cdot \begin{bmatrix} I \\ J \end{bmatrix} = \frac{1}{6}\begin{bmatrix} 0 & -3 \\ 2\sqrt{3} & -\sqrt{3} \end{bmatrix} \cdot \sum_{k=0}^{\lambda-1}\left(\begin{bmatrix} -2 & 0 \\ 0 & -2 \end{bmatrix}^k \cdot \omega(\langle \widehat{g_k} \rangle)\right) \tag{11.11}$$

2. 从标准笛卡儿坐标到编码的转换

1）从标准笛卡儿坐标到单元斜坐标

$$\begin{bmatrix} I \\ J \end{bmatrix} = C_2^{-1} \cdot \begin{bmatrix} x \\ y \end{bmatrix} = \frac{1}{3} \cdot \begin{bmatrix} 3 & \sqrt{3} \\ 0 & 2\sqrt{3} \end{bmatrix} \cdot \begin{bmatrix} x \\ y \end{bmatrix} \tag{11.12}$$

2）从单元斜坐标到格点斜坐标

$$\begin{bmatrix} i \\ j \end{bmatrix} = C_1^{-1} \cdot \begin{bmatrix} I \\ J \end{bmatrix} = \begin{bmatrix} -1 & 2 \\ -2 & 1 \end{bmatrix} \cdot \begin{bmatrix} I \\ J \end{bmatrix} = \begin{bmatrix} -1 & \sqrt{3} \\ -2 & 0 \end{bmatrix} \cdot \begin{bmatrix} x \\ y \end{bmatrix} \tag{11.13}$$

3）从格点斜坐标到地址编码

从格点斜坐标到地址编码的转换可以通过编码⊕运算和⊗运算完成：

$$G_\lambda = g_{\lambda-1}g_{\lambda-2}\cdots g_0 = (i \otimes 1) \oplus (i \otimes 2) = \left({}^{\oplus}\sum_{m=1}^{i} 1\right) \otimes 1 \oplus \left({}^{\oplus}\sum_{n=1}^{j} 1\right) \otimes 2 \tag{11.14}$$

11.3.6　HQBS 在全球的扩展

确定 HQBS 单元在球面上的排列之前，首先需要明确平面网格与球面的对应关系，部分文献给出了具体的方法（Sahr et al.，2003；张永生等，2007；Kidd，2005）。考虑到正二十面体在几种理想多面体中面数最多，对应的球面网格变形较小，因此采用二十面体进行基础剖分。

使用文献中的六边形网格生成算法完成平面三角面上 HQBS 网格单元的生成（即 A4HI 网格的生成）（贲进等，2007），并通过球面与理想多面体表面对应关系的逆变换将平面网格映射到球面上，生成球面 HQBS 单元。为了拼合成一个完整的球面，该排列方式中三角面的边与 HQBS 单元结构的关系如图 11.13 所示，对应着第 3 层的 HQBS 单元，三角面的三个顶点分别落在编码为 110、220、330 的三个单元中心。

参照 David 提出的基于六边形网格的分块排列方案（David et al.，2002），设计 HQBS 单元在二十面体展开面上的排列方式，如图 11.13 所示。将二十面体展开面分成五个平行四边形分别处理，这样的分块方案能够提高数据访问速度，当然以这种方式在球面上排布六边形单元，必然在每个二十面体的三角面顶点会出现五边形单元（张永生等，2007），共 12 个五边形，图 11.13 中用黑色灰色单元进行了标注。球面的 HQBS 单元分成 7 块，其中编号为 5、6 的两块分别为南北两极，其余的 5 块分别编号为 0 ~ 4，可以采用行列方式分块记录，在每个平行四边形面内建立离散网格斜坐标系统（O_i-I_iJ_i，其中 $i \in [0, 4]$），按照（块编号（0 ~ 6），行列号（I, J））记录坐标，当块编号为 5、6 时，行列号一律为（0，0）。这样的球面 HQBS 单元记录方式和图 11.12（c）中的平面 HQBS 单元斜坐标系可以通过简单的旋转进行互换。

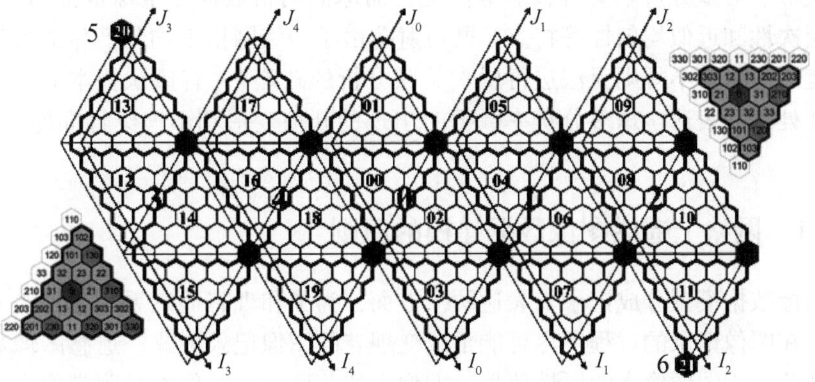

图 11.13　第 3 层 HQBS 单元网格排列在二十面体上的情况

对图 11.13 中 HQBS 单元网格排列在二十面体上的情况进行分析，可以得到对于第 n 层球面离散网格的单元总数为 $5\times(3\cdot 2^{n-2}\times 3\cdot 2^{n-1})+2=45\cdot 2^{2n-3}+2$。采用这种球面单元排布方式，将平面 HQBS 单元编码扩展到全球范围，也比较容易，只需将图 11.13 中的 20 个三角面分开进行编码即可，针对第 P 个三角面上的第 λ 层的单元，对 $\mathbb{G}_\lambda$ 扩展后采用形如式（11.15）的方式进行编码，对于南北极单独处理。

$$\mathbb{PG}_\lambda=\begin{cases}P-\underbrace{000\cdots0}_{\lambda个0},\ P\in\{21,\ 22\}，若单元为南北极\\ P-g_{\lambda-1}\,g_{\lambda-2}\cdots g_2\,g_1\,g_0,\ P\in\{0,\ 1,\ 2,\ \cdots 20\}，其他\end{cases}\tag{11.15}$$

扩展后的全球单元，在进行运算过程中，需要注意的问题就是编码跨三角面的情况，考虑跨面的一些特殊条件，可以解决此类问题，本书不再赘述。

11.4　新型地球剖分网格体系下的遥感数据建模

空间数据的组织和表达是处理和应用中不可回避的关键问题，任何实际操作都必须在一定的数字空间中进行（龚炜等，1997）。在处理全球或大范围的海量空间数据的过程中，基于平面的数字空间和数据表达方式受到了较大的限制，亟须在适宜的数字空间中建立有效的数据表达方式，并且该数字空间还应具备均匀与多尺度等特性。全球六边形离散网格系统正是一种可供选择的球面数字空间形式。

本节重点研究栅格数据在网格系统上的数据建模问题，栅格数据本身和球面离散网格有着天然的联系，两者都是对空间的剖分，但传统的栅格数据是在平面上利用规则矩形网格对空间进行的剖分，而球面离散网格是对球面空间采用规则多边形进行剖分。最常见的栅格数据中包括图像数据和 DEM 数据，本书就遥感数据的网格建模进行分析讨论，其他更多的内容可以参考文献①。

随着全球多时相、多分辨率遥感图像获取手段的多样化，图像信息逐渐成为“数字地球”表达中的重要组成部分，因此图像数据也越来越多地被用于全球性问题的研究中，并已成为大区域乃至全球性研究的数据基础。传统的图像数据模型是以平面为基础的数据模型，在记录和表达大范围或全球数据的时候，采用现有的经纬网格往往会产生数据冗余、网格单元变形、对多分辨率支持较弱等问题；而球面网格数据在全球范围内具有连续性、稳定性、层次性和近似均匀性等特点，既可避免由于经纬网格不均匀产生的数据冗余，又克服了现有球面网格不规则无法进行层次关联分析的缺陷②，有望从根本上解决传统图像数据模型在处理和表达全球多分辨率数据时出现的几何变形和不连续性问题（赵学胜等，2007）。

11.4.1　网格上遥感图像数据建模的原则

遥感图像数据模型分成记录与表达两个方面，为了和现有遥感系统兼容，我们遵循下面的原则：在图像记录的过程中尽可能不改变现有的图像记录方式。遥感图像数据的记录包括两个部分：①图像像素的属性信息，即像素的灰度；②图像本身附带的定位信息，包括坐标系信息、投影类型、控制点位信息等内容。这两类信息中，采用行列方式存储的像素灰度和光谱信息与空间位置无关，在新的数据记录中保持不变，而第二类信息是空间信息，确定图像在地理空间的定位，由控制点的坐标信息与对应的像素坐标信息构成。控制点的坐标信息包括坐标系信息、投影信息以及坐标值等内容，对应像素坐标信息包括像素采样间隔与像素的行列号。对于控制点信息，一般采用两种记录方式，即经纬度的方式或局部坐标的方式。采用经纬度的方式可以做到全球无缝的数据表达，但对于高纬地区可能会产生较大的数据冗余；而采用局部坐标系记录控制点信息，将可能导致不同坐标系的图像数据在进行球面拼接的过程中产生裂缝。而在全球离散网格的框架下，采用网格单元来记录控制点定位信息，能有效地解决上述的问题。

对于遥感图像而言，有两类信息是与几何属性相关的：一个是精度误差 ρ，另一个就是图像分辨率 λ。遥感图像的精度误差实际上指的就是定位误差，即图像本身相对于地球参考系之间的位置差异；而图像分辨率指的是像素所对应地面区域的大小，与像素的采样间隔对应，一般有 $\rho \geqslant \lambda$。因此，确定遥感图像所对应的网格层次与这两个几何信息相关。

我们选择全球六边形离散网格系统是 ISEA4HI（Icosahedral Snyder Equal Area Aperture 4 Hexagonal I DGG）网格③（张永生等，2007；Tong et al.，2013），分析每一层网格单元的大小情况。取地球半径为 WGS-84 参考椭球的等积半径（吴忠性，1989），即

① 童晓冲 . 2010. 空间信息剖分组织的全球离散网格理论与方法［D］. 郑州：解放军信息工程大学 .

② 白建军 . 2005. 基于椭球面三角网格的数字高程模拟［D］. 北京：中国矿业大学 .

③ 童晓冲 . 2010. 空间信息剖分组织的全球离散网格理论与方法［D］. 郑州：解放军信息工程大学 .

$$R = \sqrt{(1 - e^2)\sum_{n=1}^{\infty}\frac{n}{2n-1}e^{2(n-1)}} \cdot a \approx a\left(1 - \frac{1}{6}e^2 - \frac{17}{360}e^4\right) = 6\ 371\ 007.223\ 47(\mathrm{m}) \tag{11.16}$$

其中，a=6 378 137m 为 WGS-84 参考椭球的长轴半径，e^2=0.006 694 379 990 13 为第一偏心率。对于第 n 层的球面离散网格系统，共有 $45 \cdot 2^{2n-3}+2$ 个单元。表 11.6 统计了剖分层次为 n 的离散网格中单元的平均面积H_n（球面面积）、单元的平均半径D_n（球面离散网格每单元等积球冠的半径（张永生等，2007））和单元的平均曲率误差h_n（球面单元由于地球曲率引起的平面与球面之间的逼近误差（赵学胜等，2007））。

表 11.6　球面离散网格上单元的平均面积、平均半径和平均曲率误差

层数	平均面积/km²	平均半径/km	平均曲率误差/m	层数	平均面积/m²	平均半径/m	平均曲率误差/m
2	5 544 191.614 5	1 460.808 1	169 735.362 5	16	21 112.694 9	90.145 9	0.000 638
3	1 409 021.073 3	736.432 3	42705.668	17	5 278.173 7	45.072 9	0.000 159
4	353 720.962 9	368.981 4	10 693.883 8	18	1 319.543 4	22.536 5	0.000 040
5	88 522.323 6	184.586 7	2 674.570 2	19	329.885 9	11.268 2	0.000 010
6	22 136.343 6	92.305 4	668.711 4	20	82.471 5	5.634 1	0.000 002
7	5 534.446 2	46.154 2	167.1821	21	20.617 9	2.817 1	0
8	1 383.634 1	23.077 3	41.795 8	22	5.154 5	1.408 5	0
9	345.909 9	11.538 7	10.449	23	1.288 6	0.704 3	0
10	86.477 6	5.769 3	2.612 2	24	0.322 2	0.352 1	0
11	21.619 4	2.884 7	0.653 1	25	0.080 5	0.176 1	0
12	5.404 8	1.442 3	0.163 3	26	0.020 1	0.088	0
13	1.351 2	0.721 2	0.040 8	27	0.005	0.044	0
14	0.337 8	0.360 6	0.010 2	28	0.001 3	0.022	0
15	0.084 5	0.180 3	0.002 6	29	0.000 3	0.011	0

假设数据的几何精度为ρ（将坐标点当成一个误差圆，点的精度相当于误差圆的直径，对应的面积为S_ρ），根据表 11.6 中剖分层次为 i 的离散网格单元平均面积和平均半径，有：

$$\begin{cases} \dfrac{S_\rho}{H_i} \geqslant \dfrac{1}{2} \\[2mm] \dfrac{S_\rho}{H_{i-1}} < \dfrac{1}{2} \end{cases} \Rightarrow \frac{1}{2}H_i \leqslant S_\rho < \frac{1}{2}H_{i-1} \Rightarrow \sqrt{2}\,D_i \leqslant \rho < \sqrt{2}\,D_{i-1} \Rightarrow \text{对应剖分层次 } n = i \tag{11.17}$$

由于全球离散网格是一种坐标框架，图像在网格上的定位首先就是与这个框架间的套合，因此图像数据所对应的最低网格层次n_1应与遥感图像的定位精度ρ相关，而对应的最高网格层次n_2应该与图像本身的分辨率λ相关。遥感图像只有与$n_1 \leqslant n \leqslant n_2$这个范围内的网格框架进行无缝的对接，才可以满足图像高分辨率显示的要求。其中最低网格层次n_1与图像的定位精度ρ满足式（11.17）的要求，图像的定位精度往往由数据提供商或数据生产部门综合评定得到，最直接的方法可以从控制点数据的有效数字中得到。当然对于某些特定的图像数据，数据精度没有具体说明，甚至无法从控制点坐标的有效数字中得到，如果不考虑数据叠加时的严格对准问题，有时只考虑对应于图像分辨率λ的最高网格层次n_2即可，同样遵循式（11.17）的要求。根据上面的分析，在遥感图像的记录中，控制点信息所对应的离散网格层次应该为n_1，将定位的地理坐标或经纬度坐标转换成第n_1层的球面离散网格编码。由于不改变原有图像数据本身，因此，对应的像素坐标记录信息保持不变。

下面着重讨论图像在球面离散网格上的表达问题。由于全球离散网格是采用六边形单元进行空间表达，而传统的遥感图像是采用矩形网格作为像素进行采样的，因此将遥感图像在离散网格上表达，最核心的问题就是建立两者之间的对应关系。在离散网格上表达遥感图像一般有两种思路。

（1）将网格本身作为几何框架，遥感图像作为纹理，采用地形显示叠加纹理的方式进行表达。这种表达方式最大的优点是兼容现有的图像显示方式，不改变遥感图像本身的特点，图像显示效率较高。这种表达方式，球面网格本身的离散特性没有很好地发挥出来，由于单元的大小大于像素，遥感图像和矢量数据（采用网格方式表达的矢量）的融合相对困难，并且网格的空间分析功能也不能充分体现出来。这种方式从本质上来说还是传统的地形显示方式，将离散网格当作显示框架来使用。

（2）另一种方式是将遥感图像真正意义上做到与网格的配合显示，网格单元不仅是显示框架，同样还是像素单元。这种方式将各类空间数据根据精度与尺度的特点按照同样的粒度进行离散化，做到数据同构。空间数据能够更好地从产品向数据本身过渡，具备将多源的数据按需整合的潜力，有助于形成一种因人而异的用户视图模式。但就目前的应用来说，由于传统遥感图像是使用平面矩形网格进行采集和处理的，因此完全转换成球面六边形网格进行记录和表达存在效率和精度的缺失，本章只是在这方面的一种尝试，初步探讨了采用球面六边形网格表达栅格数据的可行性与精度。在这方面，欧空局（ESA）发射的SMOS卫星采用六边形网格进行遥感数据的记录和处理，显得更加直接一些（Suess，2004）。

这两种方式都能将遥感图像在离散网格的框架下表达出来，前一种方式实现的思路与传统地形显示类似，只需要完成单元的显示，计算纹理坐标后可以进行贴图，具体的方法不再赘述。本书就第二种方式，讨论遥感图像的表达问题。

11.4.2 六边形网格上遥感图像的表达

采用六边形网格对矩形像素进行表达，关键的一步就是图像采样，首先考虑离散网格在平面的情况。根据前文的描述，在遥感图像表达的过程中，对应的离散网格层次满足$n_1 \leqslant n \leqslant n_2$，现在的问题就是如何从采样间隔是$\Delta D$的遥感图像上获得六边形表达的网格图像，如图11.14所示。最直接的方式是图像内插，内插的方式非常多，有最邻近插值、双二次插值、双三次插值、样条插值等，就是用各种数学函数模拟内插像素与相邻像素间的关系。

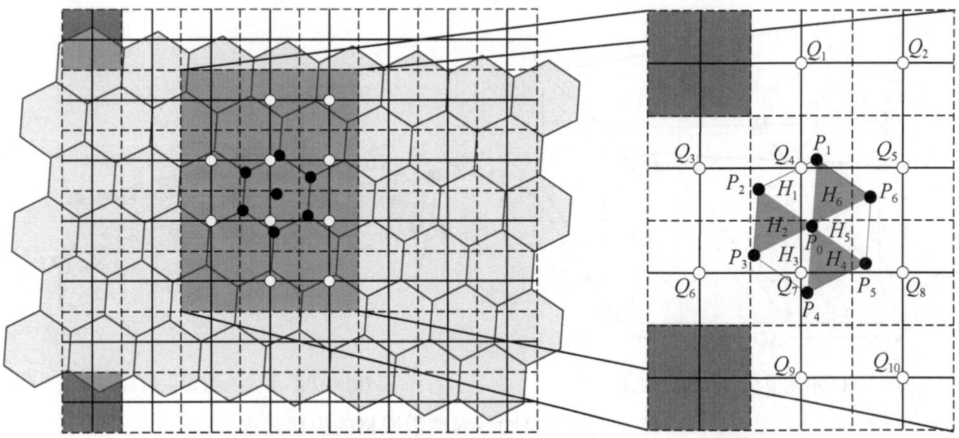

(a)六边形网格图像的内插　　(b)单个单元的分块内插

图 11.14　六边形离散网格对矩形网格图像的内插过程

○：遥感图像的采样点（像素中心）；●：六边形单元的节点

在这些方法中，最邻近插值效率最高，但相对带来的误差也最大，多项式和样条插值等能带来较高的插值精度，但损失的是效率。由于在遥感图像数据记录的过程中不改变现有的图像记录方式，只是在数据表达的过程中实时加载，因此需要选择一种既快相对又好的内插方式，双线性内插是一种较好的选择。但是，双线性内插的精度仍相对较低，需要一种能够保证双线性内插的效率，而又能提高其精度的插值方法用于遥感图像在六边形网格上的表达。

以单个单元的内插情况为例，传统的内插方式只是内插单元的中心点，即内插单元的中心节点P_0的像素值，采用双线性内插的方式，在图像采样点$Q_7Q_4Q_5Q_8$组成的矩形区域内进行内插，如图 11.15（a）所示。这种方式的内插效率虽然高，但采样精度肯定不会太好。如果换一种方式理解像素，可以得到另一种采样思路。对于图像像素而言，如果考虑其大小 $\Delta D\times\Delta D$（底面）和像素的灰度信息（高），像素可以看成是一个长方体，像素同样也可以用这个长方体来表示。同样，对于六边形像素，也可以看成是一个六棱柱。观察六边形单元的特点，它由中心 1 个节点与周围 6 个节点组成，传统的采样方式形成的六棱柱像素中，7 个节点处的高度一致，如果对 7 个节点分别进行内插，这样得到 7 个像素值，将这 7 个高度值连接在一起，形成了一个新的六棱柱，只是该六棱柱的顶部不一定是平面，如图 11.15（b）所示。

这样的采样方式，将过去由一点确定的像素单元变成由多点确定的像素单元，相邻单元的过渡将更加平滑。这种像素定义方式，将图像显示与像素值的获取分开。

（1）在图像显示中，一个六边形像素由 7 个灰度值组成，共同组成像素立方体，像素值出现在节点处，给 6 个三角面的每一个顶点赋予色彩。如图 11.16 所示，其中六边形单元被明显放大。

（2）而在像素值获取的过程中，按照传统的思路一个像素只能获得一个灰度信息，而图 11.15（b）的像素六棱柱包含 7 个灰度信息，最直接的方式就是寻找一个与该六棱柱同底的柱体，使两个柱体的体积相等，则新柱体的高度就是像素的灰度值。

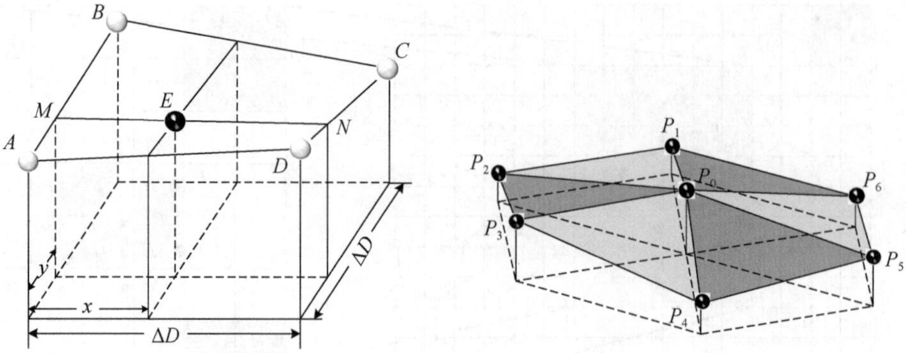

(a)单元节点的双线形内插　　(b)六边形单元的像素六棱柱

图 11.15　矩形网格图像对离散网格的内插过程

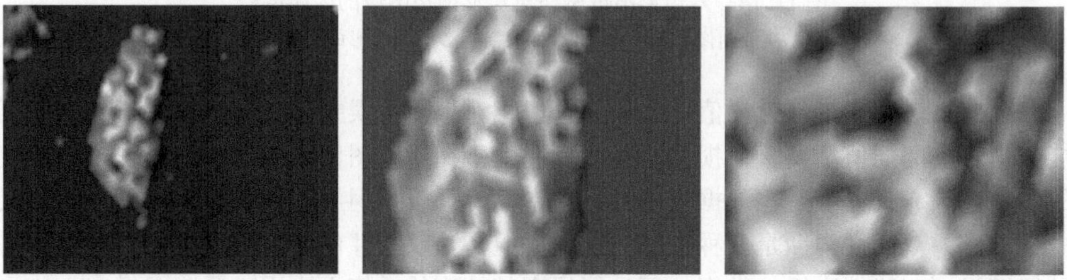

图 11.16　六边形网格像素的放大显示

这种采样方式，将图像显示与灰度获取分开，采用双线性内插的简单形式保证了采样效率，像素六棱柱的显示方式又使得遥感图像在显示中过渡更加均匀，避免了马赛克的出现。而像素灰度的获取问题，是否能够达到足够的内插精度也是评价该方法的重要指标，下面将文献对 DEM 精度评价的方法（李志林，朱庆，2007；朱长青，史文中，2006）进行扩展，使其能够更加合理地评价本书提出的图像内插的方法。

11.4.3　六边形网格上遥感图像表达的理论精度

首先考虑六边形单元节点的双线性内插问题，如图 11.15（a）所示，对于任意节点 $E \in ABCD$（相邻像素采样点组成的四边形），用 I 表示节点的灰度值，由双线性内插有：

$$I_E = \frac{\Delta D - x}{\Delta D} I_M + \frac{x}{\Delta D} I_N \tag{11.18}$$

其中

$$I_M = \frac{\Delta D - y}{\Delta D} I_A + \frac{y}{\Delta D} I_B,\ I_N = \frac{\Delta D - y}{\Delta D} I_D + \frac{y}{\Delta D} I_C \tag{11.19}$$

由于原始遥感图像也是经过采样、量化得到的数字图像，因此图像本身也必然存在误差，如何评价这些误差，一般采用单位权中误差 σ 或 σ^2 方差来表示，这和原始图像获取有较大的关系。图像经过内插后，有多少这样的误差被传递给新的采样点，这是需要思考的问题。考虑式（11.19）中 I_M 的情况，这是在图 11.15（a）中的柱体左侧面上的线性内

插，根据误差传递理论，有

$$\sigma_M^2 = \left(\frac{\Delta D - y}{\Delta D}\right)^2 \sigma_A^2 + \left(\frac{y}{\Delta D}\right)^2 \sigma_B^2 = \left(\frac{\Delta D - y}{\Delta D}\right)^2 \sigma_I^2 + \left(\frac{y}{\Delta D}\right)^2 \sigma_I^2 \tag{11.20}$$

对于一幅遥感图像而言，由于采用相同的采集设备进行像素采集，可以认为每个像素的误差相同，用 σ_I^2 表示。该平面上的平均方差，沿 AB 方向为

$$\sigma_{AB}^2 = \frac{1}{\Delta D}\int_0^{\Delta D} \sigma_M^2 \mathrm{d}y = \frac{1}{\Delta D}\int_0^{\Delta D} \left(\left(\frac{\Delta D - y}{\Delta D}\right)^2 \sigma_I^2 + \left(\frac{y}{\Delta D}\right)^2 \sigma_I^2\right) \mathrm{d}y = \frac{2}{3}\sigma_I^2 \tag{11.21}$$

其中，$2\sigma_I^2/3$ 是采用一维线性内插传递的像素误差。除此之外，对于内插而言还需要考虑的是因线性表达像素表面而带来的精度损失，即采用线性内插逼近真实图像，会带来的误差，同样也用方差表示 σ_L^2，即一维线性内插带来的误差，则 AB 方向上内插点总体的精度为

$$\sigma_{AB,\ L}^2 = \sigma_{AB}^2 + \sigma_L^2 = \frac{2}{3}\sigma_I^2 + \sigma_L^2 \tag{11.22}$$

考虑双线性内插的情况，在 CD 方向上的内插点同样存在相同的精度，令

$$\sigma_{CD,\ L}^2 = \frac{2}{3}\sigma_I^2 + \sigma_L^2 = \sigma_{AB,\ L}^2 = \sigma_{1-D,\ L}^2 \tag{11.23}$$

根据式（11.18），在 MN 方向上的内插点同样满足精度传递的特性，其总的精度包含像素点的精度和内插方法的精度，其中 M，N 两点的精度皆为 $\sigma_{1-D,L}^2$，双线性内插总体的精度用 $\sigma_{2-D,L}^2$ 表示：

$$\sigma_{MN,\ L}^2 = \sigma_{MN}^2 + \sigma_L^2 = \frac{2}{3}\sigma_{1-D,\ L}^2 + \sigma_L^2 = \frac{4}{9}\sigma_I^2 + \frac{5}{3}\sigma_L^2 = \sigma_{2-D,\ L}^2 \tag{11.24}$$

式（11.24）给出的是单个节点双线性内插得到的精度，而本书采用的是多点双线性内插的情况，因此还需要考虑误差的继续传递问题。在图 11.15（b）中的六棱柱像素中，可以用体积来描述像素，用同底等面积柱体的高度来表示像素的灰度值。设六棱柱的 7 个节点的坐标分别为（x_{P_i}，y_{P_i}，I_{P_i}），$i=0\sim6$，则六棱柱的体积 V 可以用 6 个以H_i面为底的三棱柱累加而成，平面$P_iP_jP_k$可以用方程I_i（P_i，P_j，P_k）$=I_i$（x，y）来表示，有

$$V = \sum_{i=1}^{6} V_{H_i} = \sum_{i=1}^{6} \iiint_V \mathrm{d}x\mathrm{d}y\mathrm{d}I = \sum_{i=1}^{6} \iint_{H_i} I_i(P_0,\ P_i,\ P_{f(i,\ 1)})\,\mathrm{d}x\mathrm{d}y \tag{11.25}$$

用S_{H_i}表示H_i面的面积，同样等效的采样像素灰度值为

$$H = \frac{\sum_{i=1}^{6} V_{H_i}}{\sum_{i=1}^{6} S_{H_i}} = \sum_{i=1}^{6} \frac{V_{H_i}}{\sum_{i=1}^{6} S_{H_i}} \tag{11.26}$$

其中，$f(a,b)=\begin{cases}\{(a+b)/6\}, & [(a+b)/6]\neq 0\\ 6, & [(a+b)/6]=0\end{cases}$，[ ]和{ }为取整和求余符号，$i=1\sim6$。

建立空间直角坐标系统，在图 11.14(b) 中以Q_7为坐标原点，Q_7Q_8为 X 轴方向，Q_7Q_4为 Y 轴方向，按照右手螺旋法则建立 Z 轴。根据空间解析几何的理论，空间三个点P_0，P_i，$P_{f(i,1)}$组成的平面方程为

$$I_i(x,\ y)=-\frac{\begin{vmatrix} y_{P_i}-y_{P_0} & I_{P_i}-I_{P_0} \\ y_{P_{f(i,\ 1)}}-y_{P_0} & I_{P_{f(i,\ 1)}}-I_{P_0} \end{vmatrix}}{\begin{vmatrix} x_{P_i}-x_{P_0} & y_{P_i}-y_{P_0} \\ x_{P_{f(i,\ 1)}}-x_{P_0} & y_{P_{f(i,\ 1)}}-y_{P_0} \end{vmatrix}}(x-x_{P_0})+\frac{\begin{vmatrix} x_{P_i}-x_{P_0} & I_{P_i}-I_{P_0} \\ x_{P_{f(i,\ 1)}}-x_{P_0} & I_{P_{f(i,\ 1)}}-I_{P_0} \end{vmatrix}}{\begin{vmatrix} x_{P_i}-x_{P_0} & y_{P_i}-y_{P_0} \\ x_{P_{f(i,\ 1)}}-x_{P_0} & y_{P_{f(i,\ 1)}}-y_{P_0} \end{vmatrix}}$$

$$(y-y_{P_0})+I_{P_0}=-\frac{\Delta_1}{\Delta_3}(x-x_{P_0})+\frac{\Delta_2}{\Delta_3}(y-y_{P_0})+I_{P_0} \tag{11.27}$$

考虑单个三棱柱H_i的体积问题，采用二重积分完成，该柱体在底面的投影是一个三角形，如式（11.28），底面三角形的面积由式（11.29）确定：

$$V_{H_i}=\int_{x_{P_i}}^{x_{P_0}}\mathrm{d}x\int_{\frac{y_{P_i}-y_{P_{f(i,\ 1)}}}{x_{P_i}-x_{P_{f(i,\ 1)}}}(x-x_{P_i})+y_{P_i}}^{\frac{y_{P_i}-y_{P_0}}{x_{P_i}-x_{P_0}}(x-x_0)+y_0} I_i(x,\ y)\,\mathrm{d}y+\int_{x_{P_0}}^{x_{P_{f(i,\ 1)}}}\mathrm{d}x\int_{\frac{y_{P_i}-y_{P_{f(i,\ 1)}}}{x_{P_i}-x_{P_{f(i,\ 1)}}}(x-x_{P_i})+y_{P_i}}^{\frac{y_{P_{f(i,\ 1)}}-y_{P_0}}{x_{P_{f(i,\ 1)}}-x_{P_0}}(x-x_0)+y_0} I_i(x,\ y)\,\mathrm{d}y$$

$$=\frac{\omega_i}{6}I_{P_0}+\frac{\omega_i}{6}I_{P_i}+\frac{\omega_i}{6}I_{P_{0f(i,\ 1)}} \tag{11.28}$$

$$S_{H_i}=\frac{1}{2}\begin{vmatrix} x_{P_0} & y_{P_i} & 1 \\ x_{P_i} & y_{P_i} & 1 \\ x_{P_{f(i,\ 1)}} & y_{P_{f(i,\ 1)}} & 1 \end{vmatrix}$$

$$=x_{P_i}y_{P_{f(i,\ 1)}}-x_{P_{f(i,\ 1)}}y_{P_i}+x_{P_{f(i,\ 1)}}y_{P_0}-x_{P_0}y_{P_{f(i,\ 1)}}+x_{P_0}y_{P_i}-x_{P_i}y_{P_0} \tag{11.29}$$

将式（11.28）和式（11.27）代入式（11.26）中，可以得到等效的六边形网格上采样像素灰度值H，需要注意的是，H是关于7个六边形单元节点（x_{P_i}，y_{P_i}，I_{P_i}）的方程，如果按照误差传递的理论，需要计算7个节点对其误差的图像，再考虑I在网格上的平均方差，这将是$6\times2=12$重积分的问题，很难得到结论。思考平面六边形网格单元的特点，由于是正六边形，实际上只需要知道任意两个节点，其他节点可以根据相关性计算出来。两个节点共6个变量，误差传递方程降低为$2\times2=4$重积分，这样的结果就可以接受了。用P_0和P_1计算P_i点的平面坐标x_{P_i}，y_{P_i}，有：

$$\begin{bmatrix} x_{P_i} \\ y_{P_i} \end{bmatrix}=\begin{bmatrix} \cos\frac{\pi}{3}(i-1) & -\sin\frac{\pi}{3}(i-1) \\ \sin\frac{\pi}{3}(i-1) & \cos\frac{\pi}{3}(i-1) \end{bmatrix}\begin{bmatrix} x_{P_1}-x_{P_0} \\ y_{P_1}-y_{P_0} \end{bmatrix}+\begin{bmatrix} x_{P_0} \\ y_{P_0} \end{bmatrix} \tag{11.30}$$

代入式（11.26）中得到H的表达式H（x_{P_0}，y_{P_0}，x_{P_1}，y_{P_1}，I_{P_0}，I_{P_1}，I_{P_2}，I_{P_3}，I_{P_4}，I_{P_5}，I_{P_6}），利用误差传递的理论可以得到H的精度信息。

$$\sigma_H^2=\left(\frac{\sum_{i=1}^{6}\omega_i}{6\cdot\sum_{i=1}^{6}S_{H_i}}\right)^2\sigma_{2-D,\ L}^2+\sum_{i=1}^{6}\left(\frac{\omega_i+\omega_{f(i,\ 1)}}{6\cdot\sum_{i=1}^{6}S_{H_i}}\right)^2\sigma_{2-D,\ L}^2 \tag{11.31}$$

假设P_0所在x和y坐标范围皆为（0，ΔD），P_i点所在x范围为（$a\Delta D$，（a+1）ΔD），

y 范围为（$b\Delta D$，$(b+1)\ \Delta D$），其中 a 和 b 皆为整数，则六边形采样像素的平均方差为

$$\sigma_H^2 = \frac{\sigma_{2-D,\ L}^2}{\Delta D^4}\int_0^{\Delta D} \mathrm{d}\,x_{P_0}\int_0^{\Delta D} \mathrm{d}\,y_{P_0}\int_{a\Delta D}^{(a+1)\Delta D} \mathrm{d}\,x_{P_1}\int_{b\Delta D}^{(b+1)\Delta D}\left[\left(\frac{\sum_{i=1}^{6}\omega_i}{6\cdot\sum_{i=1}^{6}S_{H_i}}\right)^2 + \sum\nolimits_{i=1}^{6}\left(\frac{\omega_i+\omega_{f(i,\ 1)}}{6\cdot\sum_{i=1}^{6}S_{H_i}}\right)^2\right]\mathrm{d}y_{P_1}$$

$$= \frac{5}{108}\sigma_{2-D,\ L}^2 = \frac{5}{108}\left(\frac{4}{9}\sigma_I^2 + \frac{5}{3}\sigma_L^2\right) = \frac{5}{243}\sigma_I^2 + \frac{25}{324}\sigma_L^2 \tag{11.32}$$

除此之外，对于本书提出的多点内插方法，还需要考虑的是采用这种方式表达像素表面带来的精度损失，用方差 σ_V^2 来表示。因此采用多点双线性内插得到的像素灰度值的总的精度可以用式（11.33）来表示：

$$\sigma_{3-D,\ L}^2 = \sigma_I^2 + \sigma_V^2 = \frac{5}{243}\sigma_I^2 + \frac{25}{324}\sigma_L^2 + \sigma_V^2 \tag{11.33}$$

下面考虑最后一项由多点表达六边形像素带来的精度损失 σ_V^2。理想情况像素表面是不规则的曲面，可以用顶部不规则的柱体表示，而采用式（11.26）的等效像素灰度计算方法，实际上是将不规则的像素表面用规则的 6 个三角面代替，在该过程之中，同样用到了线性内插的近似，而 σ_V^2 正是由该过程带来的，如图 11.17 所示。

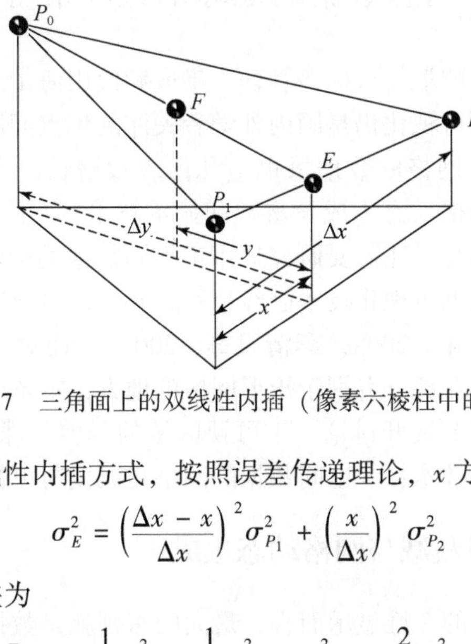

图 11.17　三角面上的双线性内插（像素六棱柱中的一个面）

根据三角面上的双线性内插方式，按照误差传递理论，x 方向上 E 点的误差为

$$\sigma_E^2 = \left(\frac{\Delta x - x}{\Delta x}\right)^2\sigma_{P_1}^2 + \left(\frac{x}{\Delta x}\right)^2\sigma_{P_2}^2 \tag{11.34}$$

则沿 P_1P_2 方向的平均误差为

$$\sigma_{P_1}^2 P_{2,\ L} = \frac{1}{3}\sigma_{P_1}^2 + \frac{1}{3}\sigma_{P_2}^2 + \sigma_{L,\ T}^2 = \frac{2}{3}\sigma_P^2 + \sigma_{L,\ T}^2 \tag{11.35}$$

$\sigma_{L,T}^2$ 为三角面上一维线性内插带来的误差。同样，沿 y 方向的平均误差，即三角面上双线性内插的精度为

$$\sigma_{2-D,\ L,\ T}^2 = \frac{1}{3}\sigma_{P_0}^2 + \frac{1}{3}\sigma_{P_1}^2 P_{2,\ L} + \sigma_{L,\ T}^2 = \frac{5}{9}\sigma_P^2 + \frac{4}{3}\sigma_{L,\ T}^2 \tag{11.36}$$

其中，P_i（i=0 ~6）是采用矩形网格上双线性内插得到的结果，所以式（11.36）为

$$\sigma_V^2 = \sigma_{2-D,\ L,\ T}^2 = \frac{5}{9}\left(\frac{4}{9}\sigma_I^2 + \frac{5}{3}\sigma_L^2\right) + \frac{4}{3}\sigma_{L,\ T}^2 = \frac{20}{81}\sigma_I^2 + \frac{25}{27}\sigma_I^2 + \frac{4}{3}\sigma_{L,\ T}^2 \tag{11.37}$$

将式（11.37）代入式（11.33）中，得到$\sigma^2_{3-D,L}$的最终表达式：

$$\sigma^2_{3-D,\ L} = \frac{65}{243}\sigma_I^2 + \frac{325}{324}\sigma_L^2 + \frac{4}{3}\sigma^2_{L,\ T} \tag{11.38}$$

式（11.38）可以进一步写成：

$$\sigma_{3-D,\ L} = \frac{\sqrt{65}}{9\sqrt{3}}\sigma_I + \frac{5\sqrt{13}}{9\sqrt{3}}\sigma_L + \frac{2}{\sqrt{3}}\sigma_{L,\ T} \tag{11.39}$$

式（11.38）和（11.39）是评价本书提出的内插方式的精度模型，发现有三部分的误差源，其中σ_I^2是遥感图像数据本身进行采样过程中带来的采样量化误差，通过误差传递，有65 $\sigma_I^2/243$ 误差被传递给重采样得到的网格像素，该部分的误差和原始数字图像本身的质量密切相关，文献给出了σ_I^2的分析（奥本海姆等，2009）。第二部分的误差σ_L^2是采用线性函数代替实际图像表面带来的误差，最后一项误差项$\sigma^2_{L,T}$同样是由于单线性内插产生的。文献通过理论分析与实验给出了这两部分误差的数量级①，其中σ_L^2约为10^{-1}数量级的灰度级，$\sigma^2_{L,T}$约在0.35个灰度级左右，因此得到最终的灰度级均方误差上限$\sigma_{3-D,L}\approx 1.6$个灰度级。

11.5 遥感数据的地球剖分网格可视化

建立球面离散网格系统的最终目标是管理、集成和使用海量地球空间信息，而在诸多应用中，大范围空间数据的可视化仍是国内外学者关注的焦点问题之一。在球面网格系统中，随着剖分层次的增加，网格的数据量也呈几何级数增长，为了保证可视化系统的效率，必须研究合理的离散网格动态生成、裁减和显示技术、空间数据的调度加载技术等。另外，针对遥感数据的特殊性，还需要研究适用于不同数据类型的可视化算法。目前，基于矩形网格的大范围空间数据可视化技术已经相对成熟，许多研究团队都给出了自己的解决方案（龚建雅，2007；游雄，2008；李清泉等，2003）。而对于全球六边形离散网格上的空间数据显示而言，仍存在部分有别于矩形网格的地方，本章就解决网格空间数据可视化问题中的几个关键技术环节展开讨论：①可视区域的裁剪与球面全球网格的动态生成；②全球离散网格的实时显示技术；③空间数据的网格化调度与可视化。

11.5.1 可视化区域裁减与网格动态生成

对于全球离散网格系统的三维显示而言，最大的瓶颈就是数据量的问题。为了提高显示效率，避免所有数据集中在一个场景中，解决海量数据显示问题的基本思路不变，但必须进行可视区域剪裁，然后再对数据进行简化。

1. 可视区域裁减

首先定义空间三维显示的坐标系统，大地空间直角坐标系 *O-XYZ*（也称为世界坐标

① 童晓冲. 2010. 空间信息剖分组织的全球离散网格理论与方法［D］. 郑州：解放军信息工程大学.

系）及视点坐标系 $P\text{-}xyz$ 的定义如图 11.18（a）所示。其中，P 为视点，S 为观察点。一般情况下，视景体与平面的交线是一个梯形；但在球面上，该区域变为一个不规则的曲面多边形的可见区。文献①中用选取特征点的方法估算该多边形的范围（球面凹八边形），从而建立了可见区的范围，如图 11.18（b）所示。为了计算简便，本书将该八边形简化成球面凸四边形 $S_1S_2S_3S_4$，这样的处理虽然放大了裁剪区域（随着视点的拉近，两者间的差异将越来越小），但减少了判断在每个单元可视区内的计算量，反而提高了计算效率。

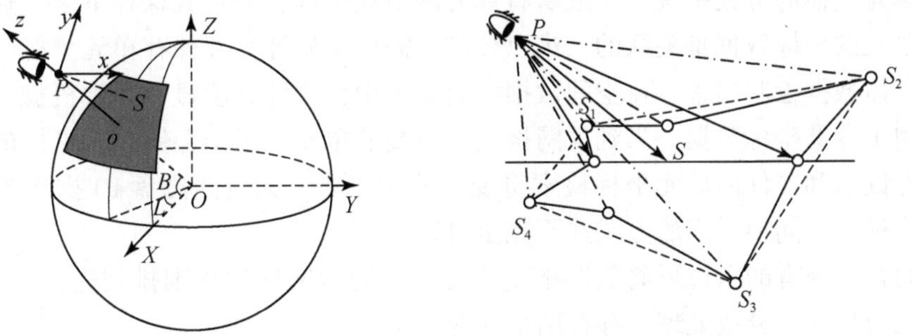

(a)基于球面的视点坐标系　　(b)球面表面可见区范围

图 11.18　坐标系定义与可见区裁减

对于视景体在球面上形成的可见区域，裁减的目的就是判断哪些单元需要出现在显示序列中，这些单元如何显示，下面就解决该问题的核心进行讨论。先考虑简单的情况，即在平面上，六边形网格与任意区域边界之间的隶属关系判断。图 11.19 列出了区域边缘与六边形单元的几种位置关系。本书约定：满足图中（a）（b）（c）情况的六边形单元属于该区域；（d）（e）两种情况不属于该区域。

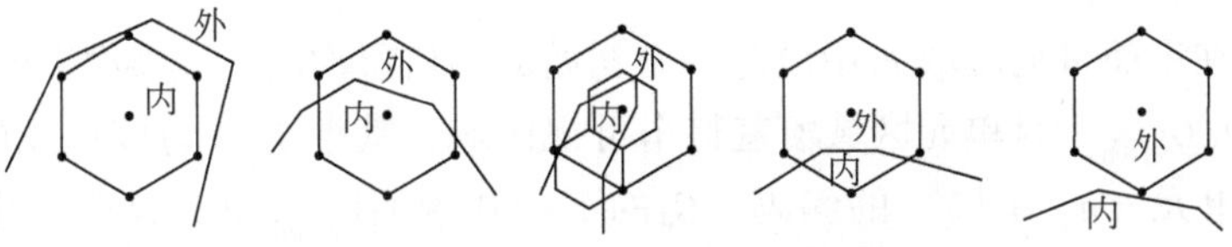

图 11.19　区域边缘与六边形单元的位置判断

需要说明的是，图 11.18（b）中可见区域的界定实际上是一个近似划定，为了保证在显示过程中不出现漏洞，可见区域往往要比实际可视区域略大，采用单元中心判定单元是否属于可见区域不但不会出现漏洞，还能避免同时判断单元的 6 个节点而带来的效率降低问题，并在保证显示效果的情况下，减少了显示单元数。判断单元中心是否在可视区域中通常采用过该点的射线与可视区边界相交的奇偶次数来判断，具体的方法可参见文献（魏海涛，2001）。

① 杜莹. 2005. 全球多分辨率虚拟地形环境关键技术的研究［D］. 郑州：解放军信息工程大学.

2. 六边形离散网格的坐标计算

在利用六边形网格进行全球空间数据的建模过程中，必须根据网格的层次确定每个六边形单元7个节点（1个中心+6个边界）的坐标值，这样才可以进行网格显示，形成一个连续的网格表面，因此，六边形单元的生成是球面建模的重要环节。

文献提出的网格生成方法是一种静态的算法（张永生，2007），它是在数据建模的初期，采用单元变换的方式一次性生成所有单元的节点坐标，并将其保存下来。这种网格生成方式，单元的坐标数据是关联的，难以分割，需要事先计算并保存单元坐标，到显示时当作空间实体数据绘制出来。在空间数据实时显示中，这种方法显得非常机械，耗费大量磁盘空间用于存储坐标数据。当到了网格层次较高的单元，用于存储单元坐标的文件非常庞大，文件读取和文件内单元坐标检索将变得非常困难，大量的磁盘IO操作带来不必要的损耗，这种以空间换时间的方式并不完全可取。

总结而言，现有的六边形离散网格生成方式，通过网格的规则排列先计算单元中心，再计算单元边界进行分层处理，存在两个问题。

（1）在同层的网格生成中，单元的边界点会被多次重复地计算，一个边界点被三个六边形单元共同占用，运算量会增加到7/3倍；

（2）在逐层的网格生成中，割裂了层次间的关联，在计算高层次的单元时，并没有使用到低层次已经算好的数据，重新进行计算，增加了运算量。

本书设计了一种任意层次离散网格的动态生成方法，当前时刻待生成的单元可以被快速地找到，并高效生成单元的节点坐标。为了简单起见，考虑HQBS六边形网格在平面上的情况，为了加快网格单元裁减的效率，采用单元逐级层次生成，并判断其是否属于可视区域的方法，基本步骤如下。

（1）考虑在平面可见区域F中设定一个初始的网格层次n_0，该层次上的球面网格中有且只有一个单元G_{n_0,G_0}，且单元区域覆盖整个可视区域，其中G_{n_0,G_0}为该单元的HQBS编码，下标G_0为其父单元（n_0-1层）的编码，G_0的下标0说明G_{n_0,G_0}单元是G_0的中心继承单元，根据11.3.4节的描述有$G_{n_0,G_0}=G_0 0$。

该单元由7个节点构成，中心的节点坐标用$P(G_{n_0,G_0})_0$来表示，周围6个节点坐标分别用$P(G_{n_0,G_0})_j$来表示，其中$j=1\sim6$，具体的排列顺序如图11.20所示。

（2）在n_0层的离散网格上，G_{n_0,G_0}的6个邻近单元的编码分别为

$$\begin{cases}G_{n_0,G_1}=G_{n_0,G_0}\oplus 12,\ G_{n_0,G_2}=G_{n_0,G_0}\oplus 21,\ G_{n_0,G_3}=G_{n_0,G_0}\oplus 23\\ G_{n_0,G_4}=G_{n_0,G_0}\oplus 32,\ G_{n_0,G_5}=G_{n_0,G_0}\oplus 31,\ G_{n_0,G_6}=G_{n_0,G_0}\oplus 13\end{cases}\tag{11.40}$$

（3）在HQBS的层次剖分框架下，n_0层的单元G_{n_0,G_0}拥有7个子单元。其中，中心继承单元1个：G_{n_0+1,G_0}，令其对应的节点分别为$P(G_{n_0+1,G_0})_j$，$j=0\sim6$；偏心继承单元7个：G_{n_0+1,G_i}，令其对应的节点分别为$P(G_{n_0+1,G_i})_j$，i，$j=0\sim6$。

采用网格的层次生成方法，由低层次的单元生成高层次的单元。根据父单元的编码G_{n_0,G_0}，检索7个子单元的编码G_{n_0+1,G_i}，$i=0\sim6$。子单元G_{n_0+1,G_i}的所有节点坐标由G_{n_0,G_0}及其6个邻近单元G_{n_0,G_i}的节点通过简单的平均运算得到，其中$i=1\sim6$。

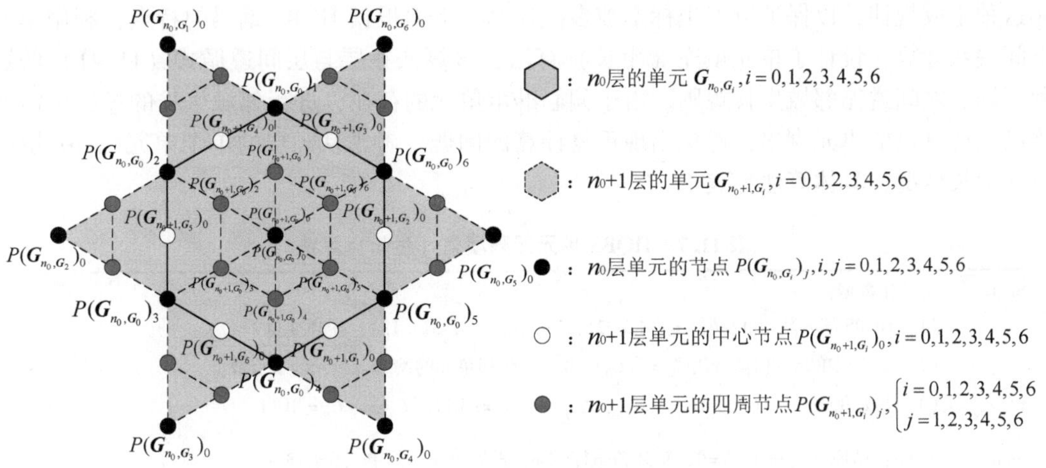

图 11.20　网格动态生成过程中单元与节点之间的关系

在初始n_0层的网格上，存储着单元G_{n_0,G_i}，$i=0\sim6$ 的全部节点坐标，则G_{n_0,G_0}的n_0+1 层子单元的所有节点数据$P(G_{n_0+1,G_i})_j$,$i,j=0\sim6$ 可以由式(11.41)得到。其中式(11.41)(a)是计算中心继承单元节点的过程，式（11.41）（a～f）是计算偏心继承单元所有节点的过程。

$$
\begin{cases}
P(G_{n_0+1,\ G_0})_0 = P(G_{n_0,\ G_0})_0,\ P(G_{n_0+1,\ G_0})_j = \dfrac{1}{2}(P(G_{n_0,\ G_0})_0 + P(G_{n_0,\ G_0})_j) & \text{(a)} \\
\begin{cases}
P(G_{n_0+1,\ G_i})_0 = \dfrac{1}{2}(P(G_{n_0,\ G_0})_{f(i,\ 3)} + P(G_{n_0,\ G_0})_{f(i,\ 4)}) & \text{(b)} \\
P(G_{n_0+1,\ G_i})_i = P(G_{n_0+1,\ G_0})_{f(i,\ 4)},\ P(G_{n_0+1,\ G_i})_{f(i,\ 1)} = P(G_{n_0+1,\ G_0})_{f(i,\ 3)} & \text{(c)} \\
P(G_{n_0+1,\ G_i})_{f(i,\ 2)} = P(G_{n_0,\ G_0})_{f(i,\ 3)},\ P(G_{n_0+1,\ G_i})_{f(i,\ 5)} = P(G_{n_0,\ G_0})_{f(i,\ 4)} & \text{(d)} \\
P(G_{n_0+1,\ G_i})_{f(i,\ 4)} = \dfrac{1}{2}(P(G_{n_0,\ G_{f(i,\ 3)}})_0 + P(G_{n_0,\ G_0})_{f(i,\ 4)}) & \text{(e)} \\
P(G_{n_0+1,\ G_i})_{f(i,\ 3)} = \dfrac{1}{2}(P(G_{n_0,\ G_{f(i,\ 3)}})_0 + P(G_{n_0,\ G_0})_{f(i,\ 3)}) & \text{(f)}
\end{cases}
\end{cases}
\tag{11.41}
$$

其中，$f(a,\ b)=\begin{cases}\{(a+b)/6\}, & [(a+b)/6]\neq 0 \\ 6, & [(a+b)/6]=0\end{cases}$，[ ]和{ }为取整和求余符号，$i=1\sim6$。

整个过程在纵向上（从 $n\to n+1$）是层次递进的关系，从上一层单元的节点坐标能够得到与其相关的所有后代单元的节点坐标；在横向上（同层次）是一个由内到外的过程，按照式（11.41）（a～f）的顺序计算节点坐标，即先计算中心继承单元，再计算邻近单元，这种方式所有子单元的节点仅需要计算 1 次，可以减少运算量。

3. 六边形离散网格的动态生成顺序

在单元节点的计算过程中，节点坐标的计算是核心。思考将网格生成从 $n\to n+1$ 层推广到 $n\to n'$的情况，以何种顺序进行单元的计算才能保证效率最高？从前面的分析可知，在相邻层次的单元过程中，遵循式（11.41）的方式计算量最小，推广到一般情况同样遵循这种生成规律，以保证节点坐标不被多次计算。下面根据 HQBS 编码的特点，利用单元空间关系计算，设计了单元填充（生长）算法，该算法在层与层间遵循式（11.41）的过程，同层之间遵循邻域生长规则。由于偏心继承单元的存在，进行邻域生长的过程中需要将已经计算过的单元剔出，避免出现重复计算的问题。考虑从n_0层的单个单元$G_0 \to n$ 层的单元生长情况，具体算法见表 11.7。

表 11.7　HQBS 单元无限填充（生长）算法

Step1	初始化数据： （1）HQBS 编码数组 $A[6]=\{12, 21, 23, 32, 32, 31, 13\}$；循环变量 $i=n_0$； （2）第 k 层单元数据集合用$\mathbb{G}_k=\{G_0\}$ 表示，包括单元的编码与单元的节点数据； （3）初始化$\mathbb{G}_{n_0}=\{G_0\}$，$C_{n_0}=\{0\}$；$\mathbb{G}_{n_0+1} \sim \mathbb{G}_n=\text{NULL}$；$C_{n_0+1} \sim C_n=\text{NULL}$；
Step2	if $i<n$：循环变量 $j=0$，$k=0$，转到 Step3；else：返回第 n 层的单元集合$\mathbb{G}_n$；
Step3	if $j \leqslant \text{card}(\mathbb{G}_i)$：$\mathbb{G}_i[j]$ 的中心子单元 $G=\mathbb{G}_i[j]\ 0$，利用式（11.41）（a）计算 G 的节点信息，加入到$\mathbb{G}_{i+1}$中，$k=k+1$，初始化变量 $m=0$，转到 Step4；else：清空$\mathbb{G}_i$，令$\mathbb{G}_i=\text{NULL}$，$i=i+1$，返回 Step3；
Step4	if $m<6$：$G=G \oplus A[m]$，转到 Step5；else：$j=j+1$，返回 Step3；
Step5	if $G \notin \mathbb{G}_{i+1}$：利用式（11.41）（b ~ f）计算偏心继承单元 G 的节点信息，加入到$\mathbb{G}_{i+1}$中，$k=k+1$，返回 Step4；else：返回 Step4。

根据表 11.7 的单元无限填充（生长）算法可以得到任意层次的单元集合，图 11.21 给出了依照该算法得到的从第n_0层单元生长出第n_0+3 层单元集合过程中，每一层单元的计算顺序，图中用 0，1，2，…数字表示生成顺序（填充顺序）。

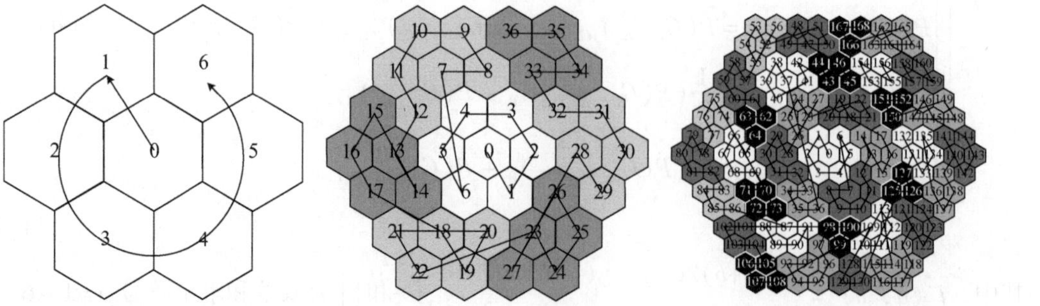

(a) n_0+1层的单元计算顺序　　(b) n_0+2层的单元计算顺序　　(b) n_0+3层的单元计算顺序

图 11.21　网格动态生成过程中每一层单元的计算顺序

根据 11.5.1 节中的假设，在初始层次n_0保证可视区域 F 中有且只有一个单元，同层次的相邻单元的中心节点$\notin S$，单元能够完整覆盖可视区。分析 HQBS 结构网格的剖分特性，随着剖分层次 n 的逐渐变大，采用父子单元关系进行剖分的网格在图 11.19 的填充模式下，必定会填满可视区 F。将判断单元中心节点是否在可视区域的条件加入到表 11.7 的单元无限增长算法中，就可以得到区域约束下的单元生长（填充）算法（图 11.22），也可以说是单元的裁剪算法，只需将 Step5 中判断条件 $G \notin \mathbb{G}_{i+1}$改成 $G \notin \mathbb{G}_{i+1} \cap \{G$ 的中心节点$\in F\}$ 即可。

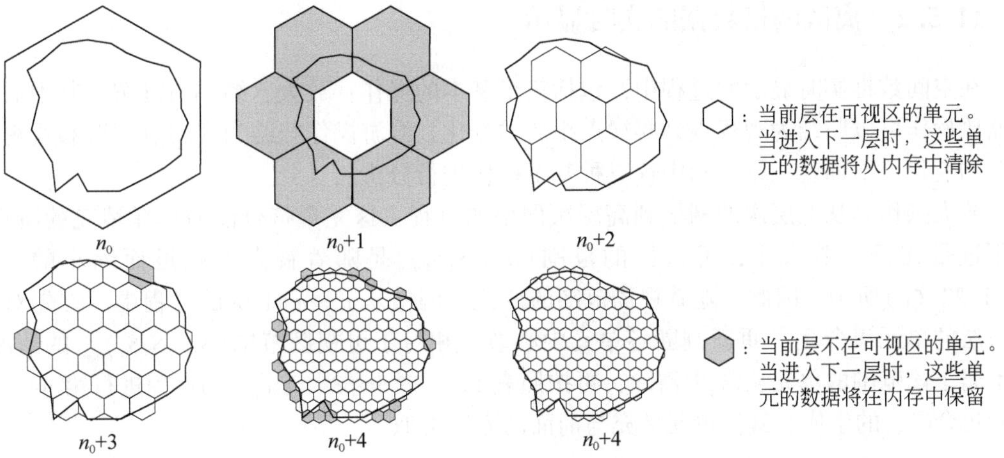

图 11.22　网格动态生成过程中单元的填充（裁剪）和保留

在网格数据逐层发生变化时，例如，在实体剖分深度的增加和减少过程中，区域内的单元将如何变化？这个问题是空间数据多尺度综合的基础，下面先考虑剖分层次增加的情况。网格剖分层次增加是从低层次的单元到高层次单元的过程，在固定的区域范围内，这完全符合前面单元填充的过程，因此，处理方式和单元填充一致。

网格剖分层次减少是增加的逆过程，是从高层次单元到低层次单元的过程。由于不可能将可视区内所有层次（从$n_0 \to n$ 层）的单元数据都保存下来，减少到新的网格层次后，所有单元需要重新计算。一种最直接的方法是采用单元填充法对新的层次重新填充，相当于从头再来，这样的方式忽略了单元节点层次间的关系，相对耗时。能否利用现有 $n+1$ 层的网格数据得到 n 层的网格数据？实际上这是一个从高分辨率的网格单元得到低分辨率的网格单元的亚采样过程，低分辨率的单元的中心和边界节点实际上已经隐藏在高分辨率的单元节点中，只需要将相邻层次单元的顺序和序号对应好即可，如式（11.42）。

$$P(G_{n,\ G_0})_0 = P(G_{n+1,\ G_0})_0,\ P(G_{n,\ G_0})_i = P(G_{n+1,\ G_i})_{f(i,\ 5)},\ i = 1 \sim 6 \qquad (11.42)$$

必须说明的是，这种亚采样的前提是中心单元的周围单元都必须存在；否则，依照中心保留的原则，只能计算出第 n 层单元的中心坐标，单元的边界节点会因为在 $n+1$ 层中找不到该偏心继承单元而无法采样。当然，为补全这些单元，可以利用单元填充的方式从n_0层→ n 层再生成一些节点，补全漏洞，但效率上仍会受到影响。

一个较好的解决办法是，网格从第 n 层向第 $n+1$ 层增加过渡的过程中，执行表 11.7 的算法：对于第 n 层的单元 G，如果其 $n+1$ 层的 6 个偏心继承单元中存在被裁剪的单元，则该单元 G 的编码和坐标数据保留在第 n 层的单元集合$\mathbb{G}_n$中，其他不满足该条件的单元都将在网格过渡到第 $n+1$ 层后，从内存中清除，直至当前显示的网格回到第 $n-1$ 层时，才将该单元的信息清除。这样一个过程，实际上将那些无法进行亚采样的单元暂时保存下来，虽然耗费一些空间，但实际上这些单元只是少数，仅分布于区域边界处，如图 11.22 中的阴影部分单元。

11.5.2　离散网格数据的实时显示

在空间数据实时显示的过程中，包括三个基本的操作：放大、缩小与漫游。其中放大和缩放操作可以归结为观察点到凝视点距离的变化，漫游操作归结为观察点位置和凝视点位置的变化。下面就三维显示中这三种基本操作进行分析。

放大操作是从低层次的网格到高层次网格的过程，这完全符合前面单元填充的特点，只不过是在场景放大中，可视区的范围$(S_1S_2S_3S_4)_n$是随着视点的拉近而缩小的，如图 11.23（a）所示。因此，随着视场范围的变化，网格从$n \to n+1$层的过程中，首先对于第n层的单元集合$\mathbb{G}_n$，重新判断各单元中心节点相对于可视区范围$(S_1S_2S_3S_4)_{n+1}$的情况，将不属于该范围的单元从$\mathbb{G}_n$中清除；再按照表 11.7 中 Step3 ~ Step5 的过程进行第$n+1$层单元集合$\mathbb{G}_{n+1}$的生成。其他单元填充与前面的方法类似。

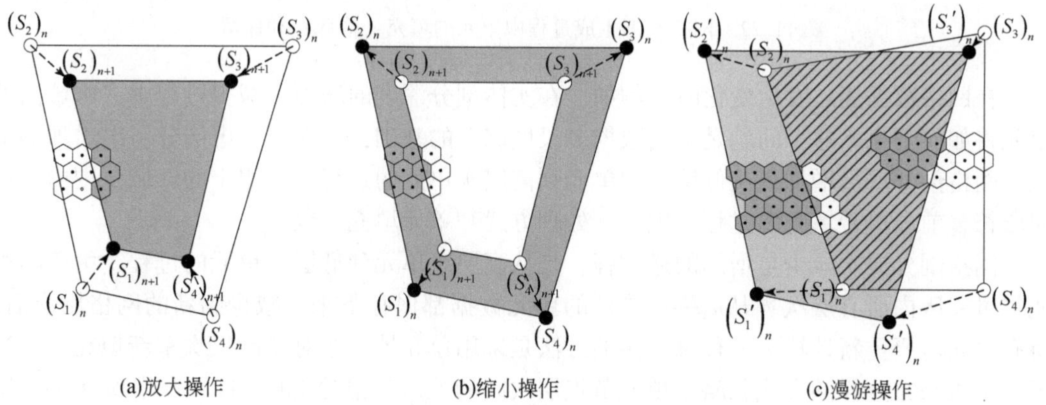

图 11.23　离散网格显示过程中可视区的变化

：后一时刻可视区范围内单元；：前一时刻可视区范围内单元；：前一时刻可视区范围；

：当前时刻可视区范围；：漫游过程中保持不变的可视区

缩小操作是放大操作的逆过程，可视区的范围$S_1S_2S_3S_4$是随着视点的远离而放大，如图 11.23（b）所示。缩小操作同样是单元亚采样的过程，与前面不同的是，可视区的范围在不断扩大，从第$n \to n'$（$n \geqslant n'$）层网格的过程中，单元$\mathbb{G}_n \in$可视区（$S_1S_2S_3S_4$）$_n$时，可以利用式（11.42）的方式通过逐层亚采样得到$\mathbb{G}_{n'}$。对于单元$(S_1S_2S_3S_4)_{n'}-(S_1S_2S_3S_4)_n$的情况，由于$\mathbb{G}_n \notin (S_1S_2S_3S_4)_{n'}-(S_1S_2S_3S_4)_n$，则采用亚采样的方式将无法进行，这就需要采用其他的方式将该区域填充。

最简单的方式就是对该区域采用区域增长的办法，从初始层开始逐层填充，在$(S_1S_2S_3S_4)_n-(S_1S_2S_3S_4)_{n+1}$中的区域进行单元生长，生长至最终的层次$n'$停止。当然还存在一些单元虽然$\in (S_1S_2S_3S_4)_n$，但由于亚采样的过程中，找不到边界节点，因此只能获得中心节点的数据（图 11.22 中的阴影单元），这将导致缩小到n'层后，部分处于$(S_1S_2S_3S_4)_n$边界处的单元不完整。如图 11.23（b）中白色和阴影的单元，在生成过程中采用图 11.19 的单元归属方式，两个部分的单元在同一层必定能够无缝地拼接到一起，那些$\in$（$S_1S_2S_3S_4$）$_n$而无法获取边界节点的单元，可通过编码运算，在$(S_1S_2S_3S_4)_{n'}$ −

$(S_1S_2S_3S_4)_n$ 区域内查找邻近单元，获得对应方向的节点数据。

漫游也是三维显示中一个重要的操作，在漫游的过程中，网格数据逐渐过渡，内存中的单元数据不断更新，这就需要每次计算可视区内的单元，如图 11.23（c）所示。重新填充区域可以解决这个问题，但同样会带来由于数据重复计算而导致的效率问题。这就需要设计一种在横向上逐渐过渡的单元数据更新方法，只计算更新部分的单元，而仍在显示区内的单元保持不变，这样就能最大限度地减少新增单元的计算量，保证显示效率。整个漫游过程中存在三种类型的单元：①一直处于显示区的单元；②新增的单元；③需要裁剪的单元。

漫游过程中，单元的剖分层次保持不变，不存在亚采样或生成更高层次单元的需求。新增的单元，可以采用与缩小操作相同的逐层增长方式完成；对于删除的单元，也可以采用逐层判断的方式将出了显示区的单元裁剪掉。在算法设计的过程中，为保证可视区先被填充，所以遵循先填充新增单元，后裁剪多余单元的顺序。

11.5.3　从平面网格到球面网格的可视化

前面的讨论都是针对平面六边形网格的可视化问题，当研究对象转变成球面六边形离散网格后，将有哪些变化？根据文献①的讨论，利用球面离散网格系统逼近地球表面，当剖分层次大于 10 时，球面效果实际上就已经不是很明显了，因此，以第 10 层作为转折点分段进行处理。将第 10 层的网格数据可以事先用地图投影转换的方法计算好，以文件的方式进行存储。针对不同层次的网格显示采用三种解决方案。

（1）当球面网格层次等于 10 时，加载第 10 层的网格文件，利用裁减算法进行单元裁减即可，无需进行球面网格计算与生成；

（2）当球面网格层次小于 10 时，加载第 10 层的网格文件，利用式（11.42）的亚采样方式获得前面各层单元的节点，只需建立单元间的对应关系，同样无需进行网格的计算与生成；

（3）当球面网格层次大于 10 时，加载第 10 层的网格文件，利用式（11.41）计算深层次单元节点的坐标，与平面网格的生成方法一致。

11.5.4　遥感数据的网格化调度与可视化效果

为了加快数据的显示速度，需要根据视点的位置和视场角的大小确定出需要显示的网格数据层次。本书在离散网格的显示过程中，采用文献（赵学胜等，2007）的方法根据视场范围、视点到视区中心点的距离来确定网格的显示层次。空间数据在网格化显示的过程中遵循第 4 章的数据表达原则。在遥感数据的记录中，采用标准四叉树分块的方式在计算机中进行存储（戴晨光等，2005），块的大小取 128×128。

由于 HQBS 结构的球面离散网格系统与传统的瓦片四叉树结构一致，都是孔径为 4 的网格，对遥感数据建立金字塔和球面离散网格的金字塔缩放是同步的，因此将原始数据构建金字塔模型在网格显示中不会出现遥感数据分辨率与网格分辨率矛盾的情况，并且采用

① 童晓冲. 2010. 空间信息剖分组织的全球离散网格理论与方法［D］. 郑州：解放军信息工程大学.

这样的方式可以降低数据加载时系统的负担。通过可视区的裁减和网格显示的层次快速定位原始遥感数据某一层金字塔中的瓦片，进行逐层采样与显示。

以上算法的前提是程序在每一帧内都能完成瓦片的加载及网格块的构建，尽管数据加载并不占用太多的 CPU 资源，但硬盘的特点决定了数据加载是实时交互的瓶颈。目前常用数据缓存和瓦片加载预测的方法解决这一问题①（戴晨光等，2005），但在数据量较大的情况下，采用异步处理模式的效果更好。异步模式的最大优点体现在数据的加载并不影响绘制，如果某些瓦片尚不可得，则主线程继续运行，而不是挂起等待，这保证了三维交互的连续性。

为了测试全球离散网格加载空间数据后的显示性能，选取了下面数据集进行测试：①全球 GTOPO30 高程晕渲数据，采样点数 43 200×21 600，采样间隔 0. 008 333 33 度，数据量 6. 95GB；②黄河小浪底库区的多光谱融合图像数据和 DEM 数据，采样点数皆为 10 764×8 812，采样间隔 25m，数据量 271MB（图像）；③郑州市 QuickBird 卫星图像，全色波段，地面分辨率 0. 61m，采样点数 33 837×32 272，数据量 8. 14 GB。

图 11. 24 中是不同类型遥感数据在球面离散网格上的显示情况。通过程序的实现，本书所设计的方法在配置为 ThinkPad T61，CPU Intel（R）Core（TM）2 Duo，0. 98GB 内存，5400 转硬盘，Windows XP 操作系统的计算机上，能保证在可视区内的单元数目基本稳定在 100 000 左右，可视区内的三角面数目稳定在 700 000 个左右，显示的平均刷新率在 20 帧/秒左右，基本能保证遥感数据的地球剖分网格实时可视化的要求。由于在网格可视化过程中，遥感图像采用的是实时采样的方式，影响了显示的效率，下一步如果采用并行的采样方法，应该可以大幅度提高遥感数据的地球剖分网格实时可视化的应用要求。

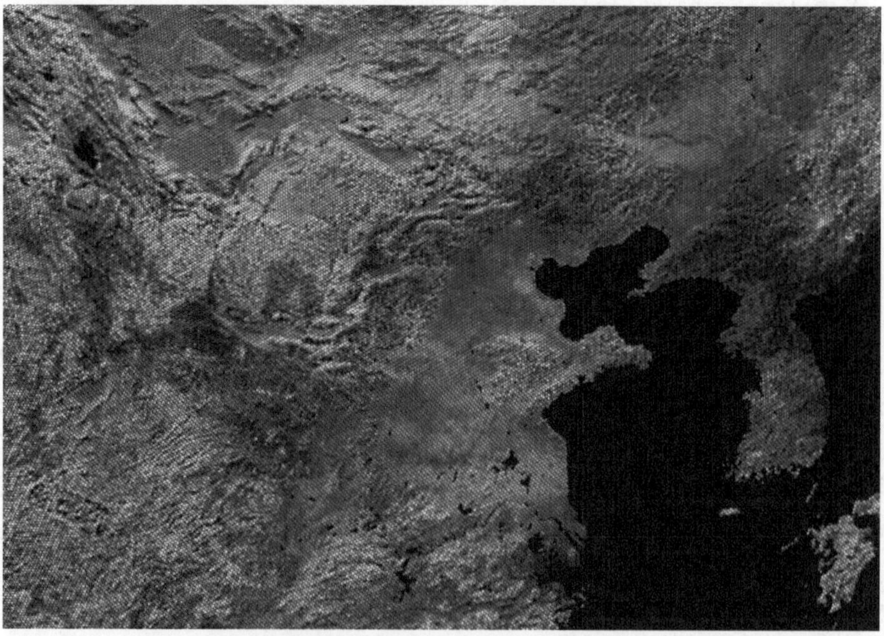

(a) 遥感图像在离散网格上的表达（GTOPO30晕渲图像），层次n=11

① 邓雪清. 2003. 栅格型空间数据服务体系结构与算法研究［D］. 郑州：解放军信息工程大学.

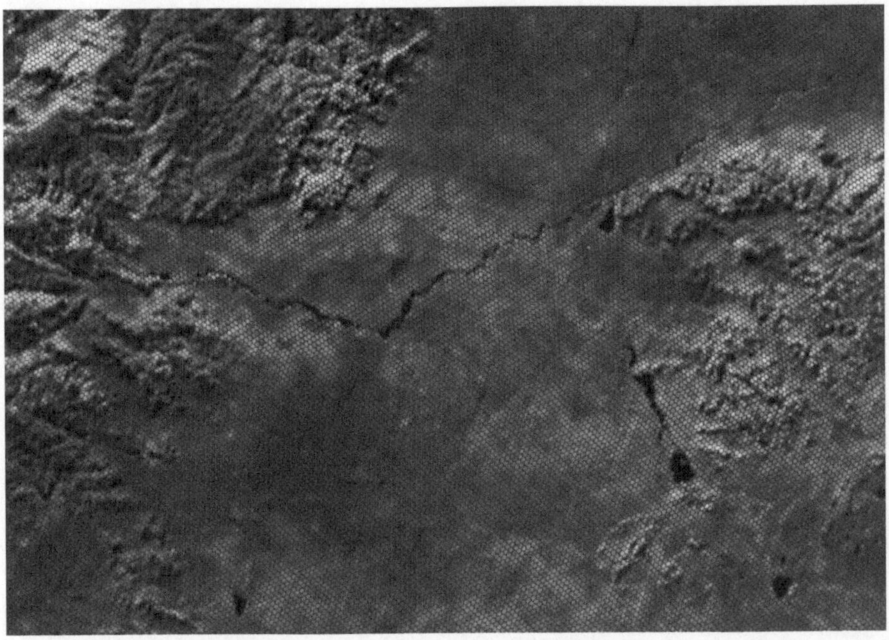

(b) 遥感图像在离散网格上的表达（GTOPO30晕渲图像），层次n=13

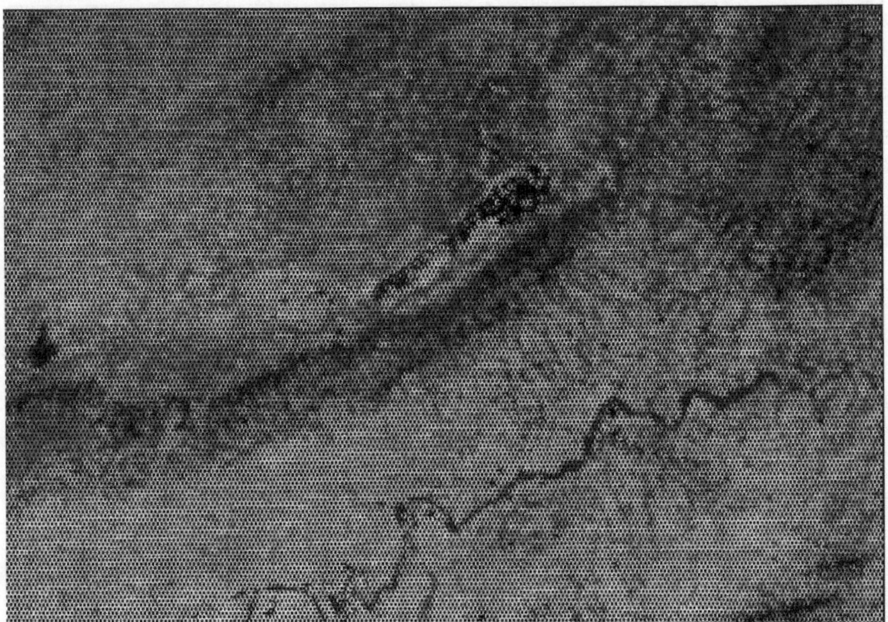

(c) 遥感图像在离散网格上的表达（小浪底多光谱合成图像），网格层次n=16

(d) 高分辨率遥感图像在离散网格上的表达（郑州二七广场），对应全球网格层次n=22

(e) 高分辨率遥感图像在离散网格上的表达（郑州二七广场），对应全球网格层次n=23

(f) 高分辨率遥感图像在离散网格上的表达（郑州二七广场），对应全球网格层次n=24

图 11.24　不同类型遥感数据在球面离散网格上的显示情况

参考文献

奥本海姆，谢弗.2009. 离散时间信号分析.2版. 刘树棠，黄建国，译. 西安：西安交通大学出版社
贲进，童晓冲，张永生.2007. 球面等积网格系统生成算法与软件模型研究. 测绘学报，36（2）：187～191
陈飞国，葛蔚，李静海.2008. 复杂多相流动分子动力学模拟在GPU上的实现. 中国科学（B辑：化学），38（12）：1120～1128
陈国良.2002. 并行计算机体系结构. 北京：高等教育出版社
陈国良，安虹.2004. 并行算法实践. 北京：高等教育出版社
陈述彭.1997. 地球信息科学及其应用. 卫星应用，（3）：1～9
陈述彭.2002. 人口统计的时空分析. 中国人口、资源与环境，12（4）：3～7
陈述彭，童庆禧，郭华东.1998. 遥感信息机理研究. 北京：科学出版社
陈述彭，周成虎，陈秋晓.2004. 网格地图的新一代. 测绘科学，29（4）：1～4
程承旗，任伏虎，濮国梁，等.2012. 空间信息剖分组织导论. 北京：科学出版社
程松涛，龚燃.2011. 首颗“昴宿星”今年升空. 国际太空，（7）：11～16
戴晨光，张永生，邓雪清.2005. 一种用于实时可视化的海量地形数据组织与管理方法. 系统仿真学报，17（2）：406～409
冯桂，卢健，林宗坚.2000. 图像直方图不变特征在影像匹配定位中的应用. 计算机辅助设计与图形学学报，12（2）：146～148
冯钟葵，石丹，陈文熙，等.2007. 法国遥感卫星的发展——从SPOT到Pleiades. 遥感信息，（4）：87～92.
冯钟葵.2001. 国际上航天器研制与发射动态. 遥感信息，（2）：49～49
高俊.2005. 网格与测绘. 军事测绘，1：5～9
高文，陈熙霖.1999. 计算机视觉-算法与系统原理. 北京：清华大学出版社
龚建雅.2007. 对地观测数据处理与分析. 武汉：武汉大学出版社
龚炜，石青云，程民德.1997. 数字空间的数学形态学——理论及应用. 北京：科学出版社
郭璠，蔡自兴，谢斌，等.2010. 图像去雾技术研究综述与展望. 计算机应用，30（9）：2417～2421
韩博，周秉锋.2009. GPGPU性能模型及应用实例分析. 计算机辅助设计与图形学学报，21（9）：1219～1226
韩昌元.2010. 近代高分辨率地球成像商业卫星. 中国光学与应用光学，3（3）：201～208
侯妙乐，赵学胜，陈军.2004. 球面数字空间下的基本拓扑模型. 地理信息世界，2（2）：38～44
胡鹏，吴艳兰，杨传勇，等.2001. 大型GIS与数字地球的空间数学基础研究. 武汉测绘科技大学学报，26（4）：296～301
嵇晓强，戴明，尹传历，等.2011. 航拍降质图像的去雾处理. 光学精密工程，19（7）：1659～1668
纪松，范大昭，张永生，等.2009. 多视匹配MVLL算法及其在ADS40线阵影像中的运用. 武汉大学学报（信息科学版），34（1）：28～31
江东，王珏，王建华，等.2002. 多源图像信息融合的理论与技术. 甘肃科学学报，14（1）：41～45
江万寿，张剑清，张祖勋.2002. 三线阵CCD卫星影像的模拟研究. 武汉大学学报（信息科学版），27（4）:414～419
蒋建国，侯天峰，齐美彬.2011. 改进的基于暗原色先验的图像去雾算法. 电路与系统学报，16（2）：7～12

李德仁. 2005. 论广义空间信息网格和狭义空间信息网格. 遥感学报, 9 (5): 513 ~ 519
李德仁, 邵振峰. 2005. 空间信息多级网格及其功能. 地理空间信息, 3 (4): 1 ~ 5
李德仁, 周月琴, 金为铣. 2001. 摄影测量与遥感概论. 北京: 测绘出版社
李德仁, 朱欣焰, 龚健雅. 2003. 从数字地图到空间信息网格——空间信息多级网格理论思考. 武汉大学学报·信息科学版, 6 (28): 642 ~ 650
李德仁. 2009. 对地观测与抗震救灾. 测绘科学, 34 (1): 8 ~ 10
李建中. 1999. 一种并行数据库的动态多维数据分布方法. 软件学报, 10 (9): 909 ~ 916
李清泉, 杨必胜. 2003. 三维空间数据的实时获取、建模与可视化. 武汉: 武汉大学出版社
李志林, 朱庆. 2007. 数字高程模型. 2 版. 武汉: 武汉大学出版社
林宗坚, 刘政荣. 2003. 从遥感影像提取道路信息的方法评述. 武汉大学学报信息科学版, 28 (1): 90 ~ 93
刘军, 王冬红. 2007. 基于 Level 0 产品的 ADS40 正射影像快速生成. 遥感学报, 11 (2): 247 ~ 251
刘军, 张永生, 王冬红. 2006. 基于 RPC 模型的高分辨率卫星影像精确定位. 测绘学报, 35 (1): 29 ~ 34
刘晓辉, 吴云东. 2006. VLL 方法在自动获取建筑物高程中的应用. 测绘工程, 15 (1): 70 ~ 72
陆峰, 周成虎. 一种基于 Hilbert 排序码的 GIS 空间索引方法. 计算机辅助设计与图形学报, 2001, 13 (5)
马然, 张兆杨, 安平. 1999. 基于活动轮廓模型的 DP 修正算法. 上海大学学报 (自然科学版), 5 (5): 437 ~ 440
马颂德, 张正友. 1998. 计算机视觉——计算理论和算法基础. 北京: 科学出版社
倪国强. 2001. 多波段图像融合算法研究及其新发展. 光电子技术与信息, 14 (5): 11 ~ 17
蒲恬, 方庆结, 倪国强. 2000. 基于对比度的多分辨图像融合. 电子学报, 28 (12): 116 ~ 118
浦瑞良, 宫鹏. 2000. 高光谱遥感及其应用. 北京: 高等教育出版社
钱曾波, 刘静宇, 肖国超. 1992. 航天摄影测量. 北京: 解放军出版社
秋雁. 1999. 印度的 IRS 系列遥感卫星. 航天返回与遥感, 20 (2): 44 ~ 49
曲宏松, 金光, 张叶. 2009. "NextView 计划" 与光学遥感卫星的发展趋势. 中国光学与应用光学, 2 (6): 467 ~ 476
尚东. 2009. WorldView-2 高分辨率卫星发射成功. 国土资源遥感, 2009 (4): 109
邵振峰, 李德仁. 2005. 基于网格计算环境下的空间信息多级网格研究. 地理信息世界, 03 (2): 31 ~ 35
沈邦乐. 1994. 计算机图像处理. 北京: 解放军出版社
史文中, 朱长青, 王昱. 2001. 从遥感影像提取道路特征的方法综述与展望. 测绘学报, 30 (3): 257 ~ 262
史照良, 沈泉飞, 曹敏. 2007. 像素工厂中真正射影像的生产及其精度分析. 测绘科学技术学报, 24 (5): 332 ~ 335
孙承志, 唐新明, 翟亮. 2009. 我国测绘卫星的发展思路和应用展望. 测绘科学, 34 (2): 5 ~ 7
孙家炳, 刘继凌, 李军. 1998. 多源遥感影像融合. 遥感学报, 2 (1): 47 ~ 52
孙敏, 马蔼乃, 陈军. 2002. 三维城市模型的研究现状评述. 遥感学报, 6 (2): 155 ~ 160
唐新明. 2010. 我国测绘卫星发展现状与展望. 国际摄影测量与遥感动态, 2010 (5): 1 ~ 4
王洪华, 王双亭, 杜春萍. 2002. 基于特征的多进制小波的多源遥感影像融合. 中国图像图形学报, 7 (4): 341 ~ 345
王之卓. 1990. 摄影测量原理. 武汉: 武汉测绘科技大学出版社
魏海涛. 2001. 计算机图形学. 北京: 电子工业出版社
吴恩华. 2004. 图形处理器用于通用计算的技术、现状及其挑战. 软件学报, 15 (10): 1493 ~ 1504
吴忠性. 1989. 数学制图学原理. 北京: 测绘出版社
夏健明, 魏德敏. 2009. 用 GPU 加速求解线性方程组的高斯消元法. 计算机工程与设计, 30 (19): 4447

~4450.
肖汉，张祖勋. 2010. 基于GPGPU的并行影像匹配算法. 测绘学报，39（1）：46~51
徐青，吴寿虎，朱述龙，等. 2000. 近代摄影测量. 北京：解放军出版社
徐文. 2011. 我国陆地观测卫星现状及发展战略思考. 中国科学：信息科学，41（增刊）：1~9
徐晓刚，于金辉，马利庄. 2001. 复杂物体轮廓提取. 中国图像图形学报，6（5）：455~459
许妙忠，尹粟，李振涛. 2010. 航空几何定标场建设技术研究//Asia GIS 2010 International Conference，Taiwan
严柏军，郑链，王克勇. 2001. 基于不变矩特征匹配的快速目标检测算法. 红外技术，23（6）：8~12
杨靖宇，张永生，邹晓亮，等. 2010. 利用暗原色先验知识实现航空影像快速去雾. 武汉大学学报（信息科学版），35（11）：1292~1295
游雄. 2008. 空间数据可视化. 郑州：信息工程大学（内部教材）
袁修孝，明洋. 2009. 一种综合利用像方和物方信息的多影像匹配方法. 测绘学报，38（3）：216~222
张繁，王章野，姚建，等. 2010. 应用GPU集群加速计算蛋白质分子场. 计算机辅助设计与图形学学报，22（3）：412~419
张剑清，张祖勋. 2002. 高分辨率遥感影像基于仿射变换的严格几何模型. 武汉大学学报（信息科学版），（6）：555~559
张剑清，柯涛，孙明伟，等. 2008. 并行计算在航空摄影测量中的应用与实现—数字摄影测量网格（DPGrid）并行计算技术研究. 测绘通报，2008（12）：11~15
张军屏，方艾里，万志龙. 2001. 对地观测与对空监视. 北京：科学出版社
张坤华，王敬儒，张启衡. 2002. 多特征复合的角点提取方法. 中国图像图形学报，7（4）：319~324
张舒，褚艳利. 2009. GPU高性能运算之CUDA. 北京：中国水利水电出版社
张永生. 1999. 遥感动态监测. 北京：解放军出版社
张永生. 2000. 遥感图像信息系统. 北京：科学出版社
张永生. 2012. 高分辨率遥感测绘嵩山实验场的设计与实现. 测绘科学技术学报，29（2）：79~82.
张永生. 2013. 遥感测绘卫星全球广域定标定位框架体系. 测绘科学技术学报，30（4）：416~423
张永生，刘军. 2004. 高分辨率遥感卫星立体影像RPC模型定位的算法及其优化. 测绘工程，13（1）：1~4
张永生，贲进，童晓冲. 2007. 地球空间信息球面离散网格——理论、算法及应用. 北京：科学出版社
张祖勋. 2007. 从数字摄影测量工作站（DPW）到数字摄影测量网格（DPGird）. 武汉大学学报（信息科学版），32（7）：565~571
张祖勋，张剑清. 1997. 数字摄影测量学. 武汉：武汉大学出版社
张祖勋，周月琴. 1989. 用拟合法进行SPOT影像的近似核线排列. 武汉测绘科技大学学报，14（2）：20~24
章毓晋. 1999a. 图像工程下册-图像理解与计算机视觉. 北京：清华大学出版社
章毓晋. 1999b. 图像工程上册-图像处理和分析. 北京：清华大学出版社
章毓晋. 2007. 图像工程. 2版. 北京：清华大学出版社
赵利平，刘凤德，李健，等. 2007. 印度测图卫星IRS-P5定位精度初步研究. 遥感信息，（2）：28~32
赵学胜. 2004. 基于QTM的球面Voronoi数据模型. 北京：测绘出版社
赵学胜，侯妙乐，白建军. 2007. 全球离散网格的空间数字建模. 北京：测绘出版社
郑南宁. 1998. 计算机视觉与模式识别. 北京：国防工业出版社
周成虎，欧阳，马廷. 2009. 地理网格模型研究进展. 地理科学进展，28（5）：657~662
周继鹏，耿国华，周明全. 1998. 一种新的动态轮廓模型. 计算机研究与发展，35（8）：734~738
朱长青，史文中. 2006. 空间分析建模与原理. 北京：科学出版社

朱述龙，张占睦．2000. 遥感图像获取与分析．北京：科学出版社

Ahn D Y, Park K H. 1999. Disk allocation methods using genetic algorithm. IEICE TRANSACTIONS on Information and Systems, E82-D (1): 291 ~ 300

Alamus R, Langner M, Kresse W. 2000. Accuracy potential of point measurements in MOMS images using a rigorous mode and a rational function//Klaas J B, Martin M. International Archives of Photogrammetry and Remote Sensing, 33 (B4) . Amsterdam: GITC bv

Alborzi H, Samet H. 2000. Augmenting SAND with a spherical data model//International Conference on Discrete Global Grids, California: Santa Barbara

Baltsavias E, Mason S, Stallmann D. 1995. Use of DTMs/DSMs and orthoimages to support building extraction//Gruen A, Kuebler O, Agouris P. Automatic Extraction of Man-Made Objects from Aerial and Space Images. Birkhauser Verlag, Basel, Boston, Berlin

Bhatia R, Sinha R K, Chen C M. 2000. Declustering using golden ratio sequences//The 16th International Conference on Data Engineering, San Diego

Bignone F. 2003. Processing of Stereo Scanner: from Stereo Plotter to Pixel Factory. Stuttgart, 141 ~ 150

Breton E, Bouillon A, Gachet R, et al. 2002. Pre-flight and in-flight geometric calibration of SPOT5 HRG and HRS images//Pecora 15/Land Satellite Information IV/ISPRS Commission I/FIEOS 2002 Conference Proceedings, Denver

Casella V, Franzini M. 2005. Experiences in GPS/IMU calibration, rigorous and independent cross-validation of results//Heipke C, Jacobsen K, Gerke M. ISPRS Hannover Workshop on High Resolution Earth Imaging for Geospatial Information, Hannover

Chavez P S, Sides S C, Anderson J A. 1991. Comparison of three different methods to merge multiresolution and multispectral data, Landsat TM and SPOT Panchromatic. Photogrammetric Engineering & Remote Sensing, 57 (3):265 ~ 303

Chen L T, Rotem D. 1993. Declustering objects for visualization//Proceedings of the 19th International Conference on Very Large Data Bases, Dublin

Chen L T, Rotem D, Seshadri S. 1995. Declustering databases on heterogeneous disk systems//Proceedings of the 21st vldb conference, San Francisco: Morgan Kaufmann Publishers Inc. 110 ~ 121

Claus B. 2000. Towards fully automatic generation of city models. International Archives of Photogrammetry and Remote Sensing. Amsterdam, XXXIII (B3): 85 ~ 92

Conway J, Sloane N. 1998. Sphere packings, lattices, and groups. New York: Springer-Verlag

Cramer M. 2005. 10 Years ifp test site Vaihingen/Enz: an independent performance study//Dieter Fritsch. Photogrammetric Week 05. Heidelberg: Wichmann Verlag

Crespi M, Colosimo G, Vendictis L D, et al. 2010. GeoEye-1: analysis of radiometric and geometric capability. Lecture Notes of the Institute for Computer Sciences, Social Informatics and Telecommunications Engineering, 43 (7): 354-369

Das S K, Pinotti M C. 1999. An optimal disk allocation strategy for partial match queries on non-uniform cartesian product files//The 13th International Parallel Processing Symposium and 10th Symposium on Parallel and Distributed Processing, San Juan

David A, Todd D, Ross P. 2002. Climate modeling with spherical geodesic grids. Computing In Science & Engineering, 32 ~ 41

Dial G, Grodecki J. 2003. IKONOS stereo accuracy without ground control//ASPRS 2003 Annual Conference Proceedings, Anchorage

Dowman I. 2001. High resolution satellite data: status and issues//Joint Workshop of ISPRS Working Groups I/2, I/5 and I/7 on "High Resolution Mapping from Space 2001", Hanover

Dowman I, Dolloff J T. 2000. An evaluation of rational functions for photogrammetric restitution. //Klaas J B, Martin M. International Archives of Photogrammetry and Remote Sensing, 33 (B3). Amsterdam: GITC bv

Du H C, Sobolewski J S. 1982. Disk allocation for cartesian product files on multiple disk systems. ACM Transactions of Database Systems, 7 (1): 82 ~ 101

Dutton G. 1984. Geodesic modelling of planetary relief. Cartographica 21 (2&3, Monograph 32-33), 188 ~ 207

Dutton G. 1989. Modeling locational uncertainty via hierarchical tessellation//Accuracy of Spatial Database. London: Tayor and Francis

Dutton G. 1996a. Encoding and handling geospatial data with hierarchcal triangular meshes//Proceeding of 7th International Symposium on Spatial Data Handling. Netherlands, 34 ~ 43

Dutton G. 1996b. Improving locational specificity of map data: A multiresolution, metadata-driven approach and notation. International Journal of Geographical Information Systems, 10 (3), 253 ~ 268

Dutton G. 1999. A hierarchical coordinate system for geoprocessing and cartography. Berlin: Springer-Verlag

Ehlers M. 1988. Multisensor image fusion techniques in remote sensing//International Archives of Photogrammetry and Remote Sensing, Kyoto

Falby S, Zyda M J, Pratt D R, et al. 1993. NPSNET: hierarchical data structures for real-time three-dimensional visual simulation. Computer and Graphics, 17 (1): 65 ~ 69

Faloutsos C, Bhagwat P. 1993. Declustering using fractals//Proceedings of the 2th International Conference on Parallel and Distributed Information Systems, San Diego

Faloutsos C, Metaxas D. 1991. Disk allocation methods using error correcting codes. IEEE Transactions on Computers, 40 (8): 907 ~ 914

Fan Z, Qiu F, Kaufman A, et al. 2004. GPU cluster for high performance computing//ACM/IEEE conference on Supercomputing

Fang M F, Lee R T, Chang C C. 1986. The idea of de-clustering and its applications//Proceedings of the 12th International Conference on VLDB. San Francisco: Morgan Kaufmann Publishers Inc

Fatahalian K, Sugerman J, Hanrahan P. 2004. Understanding the efficiency of GPU algorithms for matrix-matrix multiplication//Proceedings of ACM SIGGRAPH/Eurographics Conference on Graphics Hardware

Foster I, Kesselman C. 1998. The Grid: Blueprint for a New Computing Infrastructure

Fraser C S. 2000. High-resolution satellite imagery: A review of metric aspects//Klaas J B, Martin M. International Archives of Photogrammetry and Remote Sensing, Amsterdam: GITC bv

Fraser C S, Hanley H B. 2003. Bias compensation in rational functions for IKONOS satellite imagery. Photogrammetry Engineering & Remote Sensing, 69 (1): 53 ~ 57

Fraser C S, Hanley H B, Yamakawa T. 2001. Sub-meter geopositioning with IKONOS geo imagery//Proceedings of ISPRS Working Groups I/2, I/5 and I/7 on "High Resolution Mapping from Space 2001". Hanover

Fraser C S, Hanley H B, Yamakawa T. 2002. 3D geopositioning accuaracy of IKONOS imagery. Photogrammetry Record, 17 (4): 465 ~ 479

Fritsch D, Stallmann D. 2000. Rigorous photogrammetric processing of high resolution satellite imagery//Klaas J B, Martin M. International Archives of Photogrammetry and Remote Sensing, Amsterdam: GITC bv

Gerlach F. 2000. Characteristics of Space Imaging's one-meter resolution satellite imagery products//Klaas J B, Martin M. International Archives of Photogrammetry and Remote Sensing, Amsterdam: GITC bv

Ghaffar K A, Abbadi A E. 1997. Optimal allocation of two-dimensional data//Afrati F, Kolaitis P. Proceedings of

International Conference on Database Theory

Ghandeharizadeh S, DeWitt D J. 1990. Hybrid- range partitioning strategy: a new declustering strategy for multiprocessor database machines// Proceedings of 16th International Conference on Very Large Data Base. San Francisco: Morgan Kaufmann Publishers Inc

Gibson L, Lucas D. 1982. Spatial data processing using generalized balanced ternary//Proceedings of IEEE Computer Society Conference on Pattern Recognition and Image Processing, Las Vegas, Nevada

Goodchild M. 2000. Discrete global grids for digital earth//International Conference on Discrete Global Grids, California: Santa Barbara

Goodchild M, Yang S. 1992. A hierarchical spatial data structure for global geographic information systems. Graphical Models and Image Processing, 54 (1): 31 ~ 44

Gore A. 1998. The digital earth: understanding our plane in the 21th century: the lecture note on the science center of California [R/OL]. http: /www. digitalearth. net. cn

Grodecki J, Lutes J. 2005. IKONOS geometric calibrations//ASPRS 2005 Annual Conference Proceedings, Baltimore

Grodecki J, Dial G. 2001. IKONOS geometric accuracy//Joint Workshop of ISPRS Working Groups I/2, I/5 and I/7 on "High Resolution Mapping from Space 2001", Hanover

Grodecki J, Dial G. 2003a. Block adjustment of high- resolution satellite images described by rational polynomials. Photogrammetry Engineering & Remote Sensing, 69 (1): 59 ~ 68

Grodecki J, Dial G. 2003b. Test ranges for metric calibration and validation of satellite imaging systems//Morain S A, Budge A M. Post-Launch Calibration of Satellite Sensors. London: Taylor& Francis Group

Grodecki J. 2001. IKONOS stereo feature extraction- rpc approach//ASPRS 2001 Annual Conference Proceedings, Saint Louis

Gruen A, Li H. 1997. Semi-automatic linear feature extraction by dynamic programming and LSB-Snakes. Photogrammetric Engineering and Remote Sensing, 63 (8): 985 ~ 995

Gruen A, Kocaman S, Wolf K. 2007. Calibration and validation of early ALOS/PRISM images. The Journal of the Japan Society of Photogrammetry and Remote Sensing, 46 (1): 24 ~ 38

Haala N. 1995. 3D building reconstruction using linear edge segments//Fritsch D, Hobbie D. Photogrammetric Week 95. Herbert Wichmann Verlag, Heidelberg

Hattori S, OnoT, Fraser C S, et al. 2000. Orientation of high-resolution satellite images based on affine model// Klaas J B, Martin M. International Archives of Photogrammetry and Remote Sensing, Amsterdam: GITC bv

He B S, Govindaraju N K, Luo Q. 2007. Efficient gather and scatter operations on graphics processors// Proceedings of the ACM/IEEE Conference on Supercomputing

He K M, Sun J, Tang X O. 2009. Single image haze removal using dark channel prior//IEEE Conference Computer Vision and Pattern Recognition (CVPR)

He K M, Sun J, Tang X O. 2010. Guided image filtering// Daniilidis K, Maraggos P, Paragios N. 11th European Conference on Computer Vision (ECCV2010), Part 1. Heidelberg : Springer-Verlag

Helava U V. 1991. Prospects in digital photogrammetry. The Photogrammetric Journal of Falkland, 12 (2): 57-64

Henricson O, Bignone F, Willhuhn W, et. al. 1996. Project amobe: Strategies, current status and future work. IAPRS, XXXI (B3): 321 ~ 330

Hiroshi M, Hiroyuki H. 2000. Three- dimension city modeling from laser scanner data by extracting building polygons using region segmentation method. International Archives of Photogrammetry and Remote Sensing. Amsterdam, XXXIII (B3): 556 ~ 562

Hitchner L. 1992. A virtual planetary exploration: very large virtual environment. Proceeding of SIGGRAPH, Chicago. Danvers: Assison-Wssley Publishing Company

Honkavaara E, Peltoniemi J, Ahokas E, et al. 2008. A permanent test field for digital photogrammetric systems. Photogrammetric Engineering & Remote Sensing, 74 (1): 95 ~ 106

Hu Y, Tao C V. 2001. Updating solutions of rational functional model using additional control points for enhanced photogrammetric processing//Proceedings of ISPRS Working Groups I/2, I/5 and I/7 on "High Resolution Mapping from Space 2001", Hanover

Jacobsen K. 2003. Issues and method for in-flight and on-orbit calibration//Morain S A, Budge A M. Post-Launch Calibration of Satellite Sensors. London: Taylor& Francis Group

Jagadish H V. 1990. Liner clustering of okjects with multiple attributes//Proceedings of the 1990 ACM SIGMOD International Conference on Management of Data, 332-342

Kidd R. 2005. NWP Discrete Global Grid Systems//Vienna University of Technology. ASCAT Soil Moisture Report Series, No. 4, Austria: I. P. F TU Wien

Kidd R A, Trommler M, Wagner W. 2003. The development of a processing environment for time-series analysis of SeaWinds scatterometer data//International Geoscience and Remote Sensing Symposium (IGARSS'03), 6: 4110 ~ 4112

Kim M H, Pramanik S. 1986. Optimal file distribution for partial match retrieval//Proceedings of the 1988 ACM SIGMOD International Conference on Management of Data, Chicago

Kim T. 2000. A Study on the Epipolarity of Linear Pushbroon Images. Photogrammetric Engineering and Remote Sensing, 66 (8): 961 ~ 966

Kimerling A J, Sahr K, White D, et al. 1999. Comparing geometrical properties of global grids. Cartography and Geographic Information Science, 26 (4): 271 ~ 287

Kindratenko V V, Enos J J, Shi G C, et al. 2009. GPU clusters for high-performance computing//IEEE International Conference on Cluster Computing and Workshops (CLUSTER 09), New Orleans

Koller D, Lindstrom P, Hodges L, et al. 1995. A Virtual GIS: A Real-Time 3D Geographic Information System. Report GIT-GVU-95-14, IEEE Proceedings Visualization, 94 ~ 100

Koudas N, Faloutsos C, Kamel I. 1996. Declustering spatial databases on a multi-computer architecture//Proceedings of the Extending Database Technology Conference, Avignon

Krupnik A. 2000. Accuracy assessment of automatically derived digital elevation models from SPOT images. Photogrammetric Engineering& Remote Sensing, 66 (8): 1017 ~ 1023

Kuittinen R, Ahokas E, Högholen A, et al. 1994. Test field for aerial photography. The Photogrammetric Journal of Finland, 14 (1): 53 ~ 62

Leclerc Y, Reddy M, Eriksen M, et al. 2002. SRI′ s Digital Earth Project. Technical Note 560, SRI International, Menlo Park, CA

Levin A, Lischinski D, Weiss Y. 2008. A closed-from solution to natural image matting. IEEE Transactions on Pattern Analysis and Machine Intelligence, 30 (2): 1 ~ 15

Li H, Manjunath B S, Mitra S K. 1995. Multisensor image fusion using the wavelet transform. Graphical Models and Image Processing, 27 (3): 235 ~ 244

Lin C, Huertas A, Nevatia R. 1995. Detection of buildings from monocular images//Gruen A, Kuebler O, Agouris P. Automatic Extraction of Man-Made Objects from Aerial and Space Images. Birkhauser Verlag, Basel, Boston, Berlin

Lindstrom P, Koller D, Ribarsky W, et al. 1998. An integrated global GIS and visual simulation system. Submitted to Transactions on Visualization and Graphics

Liu D R, Shekhar S. 1996. Partitioning similarity graphs: a framework for declustering problems. Information Systems: An International Journal, 21 (6): 475 ~ 496

Lukatela H. 1987. Hipparchus geopositioning model: An overview. Proceedings of the Eighth International Symposium on Computer-Assisted Cartography, Baltimore, Maryland, 87 ~ 96

Manadili Y E, Novak K. 1996. Precision rectification of SPOT imagery using the direct linear transformation model. Photogrammetry Engineering & Remote Sensing, 62 (1): 67 ~ 72

Marr D. 1987. 视觉计算理论. 姚国正, 刘磊, 汪云九, 译. 北京: 科学出版社

McKeown D, McGlone J. 1993. Integration of photogrammetric cues into cartographic feature extraction. SPIE Conference on Integrating Photogrammetric Techniques with Scene Analysis and Machine Vision, Orlando, Florida, 1944: 2 ~ 15

Middleton L, Sivaswamy J. 2005. Hexagonal image processing. London: Springer

Mohammad S S, Ali A. 2000. Automatic building regcognition from digital aerial images. International Archives of Photogrammetry and Remote Sensing. Amsterdam, XXXIII (B3): 792 ~ 798

Moon B, Saltz J H. 1998. Scalability analysis of declustering methods for multidimensional range queries. IEEE Transactions on Knowledge and Data Engineering, 10 (2): 310 ~ 327

Moon B, Acharya A, Saltz J. 1996. Study of scalable declustering algorithms for parallel grid files//Proceedings of the 10th International Parallel Processing Symposium, Honolulu

Mulawa D. 2004. On-orbit geometric calibration of the orbview-3 high resolution imaging satellite//International Archives of Photogrammetry and Remote Sensing, Istanbul

Narasimhan S G, Nayar S K. 2003. Contrast restoration of weather degraded images. IEEE Transactions on Pattern Analysis and Machine Intelligence, 25 (6): 713 ~ 724

Nevatia R, Huertas A, Kim Z. 1999. The muri projects for rapid feature extraction in urban areas//International Archives of Photogrammetry and Remote Sensing, Columbus, Ohio, XXXII, Part III/1

Nilsen J B. 2002. Test field Frederikstad and data acquisition for the OEEPE test "Integrated Sensor Orientation" //Heipke C, Jacobsen K, Wegman H. Integrated Sensor Orientation Test Report and Workshop Proceedings. Frankfurt

Okamoto A, Ono T, Akamatsu S, et al. 1999. Geometric characteristics of alternative triangulation models for satellite imagery//ASPRS 1999 Annual Conference Proceedings, Oregon

Ono T, Hattori S, Hasewaga H, et al. 2000. Digital mapping using high resolution satellite imagery based on 2d affine projection model//Klaas J B, Martin M. International Archives of Photogrammetry and Remote Sensing, Amsterdam: GITC bv

Ottoson P, Hauska H. 2002. Ellipsoidal quadtree for indexing of global geographical data. Int. J. Geographical Information Science, 6 (3): 213 ~ 226

Peterson P. 2011. Closed-Packed Uniformly Adjacent, Multi-resolutional Overlapping Spatial Data Ordering. United States Patent #0, 8018, 458, award 2011-09-13

Plaza A, Chang C I. 2007. High Performance Computing in Remote Sensing. Boca Raton : Chapman & Hall/ CRC Press

Prabhakar S, Agrawal D, Abbadi A E. 1998a. Data declustering for efficient range and similarity searching// Proc. SPIE 3527, Multimedia Storage and Architecture Systems III

Prabhakar S, Ghaffar K A, Agrawal D, et al. 1998b. Cyclic allocation of two-dimensional data//The 14th International Conference on Data Engineering, Orlando

Quinn J. 2004. MPI 与 OpenMP 并行程序设计 . 陈文光，武永卫，译 . 北京：清华大学出版社 .

Saff E B, Kuijlaars A. 1997. Distributing many points on a sphere. Mathematical Intelligencer, 19 (1): 5 ~ 11

Sahr K. 2005. Discrete Global Grid Systems: A new Class of Geospatial Pate Structures. Ashland: universtity Oregon.

Sahr K. 2008. Location coding on icosahedral aperture 3 hexagon discrete global grids. Computers, Environment and Urban Systems, 32 (3): 174 ~ 187

Sahr K. 2011. Icosahedral modified generalized balanced ternary and aperture 3 hexagon tree. United States Patent # 07, 876, 967, awarded 2011-01-25

Sahr K, White D, Kimerling A J. 2003. Geodesic discrete global grid systems. Cartography and Geographic Information Science, 30 (2): 121 ~ 134

Savopol F, Armenakis C. 1998. Modeling of the IRS-1C satellite pan stereo-imagery using the DLT model//Fritsch D, Englich M, Sester M. International Archives of Photogrammetry and Remote Sensing, 32 (4): 511 ~ 514

Harizadeh S G, Dewitt D J. 1990. Hybrid Range Partitioning strategy: A new Declustering strategy for Multiprocessor Data base Machines//Proceedings of 16th International Conference on very large Database

Sheffigara V K. 1992. A generalized component substitution technique for spatial enhancement of multispectral images using a higher resolution data set. Photogrammetric Engineering & Remote Sensing, 58 (5): 561 ~ 567

Shekhar S, Ravada S, Kumar V, et al. 1995. Load-balancing in high performance gis: declustering polygonal maps//Proceedings of the 4th International Symposium on Large Spatial Database, Portland

Shih-Hong C, Shue C W, Bernhard W. 2000. Interactive roof patch reconstruction based on 3-D linear segments. International Archives of Photogrammetry and Remote Sensing. Amsterdam, XXXIII (B3): 183 ~ 190

Srinivasa G N, Shree K N. 2002. Vision and atmosphere. Interactional Journal of Computer Vision, 48 (3): 233-254

Suess M, Matos P, Gutierrez A, et al. 2004. Processing of SMOS level 1c data onto a Discrete Global Grid//International Geoscience and Remote Sensing Symposium (IGARSS'04), 3: 1914 ~ 1917

Szalay A S, Gray J, Fekete G, et al. 2005. Indexing the sphere with the hierarchical triangular mesh. Technical report, Microsoft Research

Takizawa H, Kobayashi H. 2006. Hierarchical parallel processing of large scale data clustering on a PC cluster with GPU co-processing. The Journal of Supercomputing, 36 (3): 219 ~ 234

Tan K. 2000. Enhancement of Color Images in Poor Visibility Conditions//Proceedings of IEEE International Conference on Image Processing. Vancouver: IEEE Press

Tao C V, Hu Y. 2000a. Investigation on the rational function model//ASPRS 2000 Annual Conference Proceedings, Washington D. C

Tao C V, Hu Y. 2000b. Image rectification using a generic sensor model-rational function model//Klaas J B, Martin M. International Archives of Photogrammetry and Remote Sensing, Amsterdam: GITC bv

Tao C V, Hu Y. 2001a. The rational function model- a tool for processing high-resolution imagery. Earth Observation Magazine (EOM), 10 (1): 13 ~ 16

Tao C V, Hu Y. 2001b. 3-D reconstruction algorithms with the rational function model and their applications for IKONOS stereo imagery//Proceedings of ISPRS Working Groups I/2, I/5 and I/7 on "High Resolution Mapping from Space 2001", Hanover

Tao C V, Hu Y. 2001c. Use of the rational function model for image rectification. Canadian Journal of Remote Sensing, 27 (6): 593 ~ 602

Tao C V, Hu Y. 2001d. A comprehensive study of the rational function model for photogrammetric processing. Photogrammetry Engineering & Remote Sensing, 67 (12): 1347 ~ 1357

Tong X C, Ben J, Wang Y, et al. 2013. Efficient encoding and spatial operation scheme for aperture 4 hexagonal discrete global grid system. International Journal of Geographical Information Science, 27 (5): 898 ~ 921

Toutin T, Cheng P. 2000. Demystification of IKONOS. Earth Observation Magazine, 9 (7) : 17 ~ 21

Toutin T, Cheng P. 2001. DEM with stereo IKONOS: A Reality if…. Earth Observation Magazine, 10 (7): 13 ~ 17

Toutin T, Cheng P. 2002. Quick Bird- A milestone for high resolution mapping. Earth Observation Magazine, 11 (4):14 ~ 18

Toutin T, Chenier R, Carbonneau Y. 2002. 3D models for high resolution images examples with Quick Bird , IKONOS and EROS//Armenakis C, Lee Y C. Symposium on Geo- spatial Theory, Processing and Applications, Ottawa

Usman R A, Torsten M. 2008. A discrete fourier transform for the hexagonal and body-centered cubic lattices. SFU Computing Science Technical Report

Valorge C, Meygret A, Lebegue L, et al. 2003. 40 years of experience with SPOT in-flight calibration//Morain S A, Budge A M. Post-Launch Calibration of Satellite Sensors. London: Taylor& Francis Group

Vince A. 2006. Indexing the aperture 3 hexagonal discrete global grid. Journal of Visual communication and Image Representation, 17, 1227 ~ 1236

Vince A, Zheng X. 2009. Arithmetic and Fourier transform for the PYXIS multi- resolution digital Earth model. International Journal of Digital Earth, 2 (1): 59 ~ 79

Wagner W. 2005. Implementation Plan for a Soil Moisture Product for NWP//ASCAT Soil Moisture Report Series, No. 5. Institute of Photogrammetry and Remote Sensing, Vienna University of Technology, Austria

Wang Y N. 1999. Automated triangulation of linear scanner imagery//Proceedings of ISPRS Work Groups I/1, I/3, IV/4 on "Sensors and Mapping from Space 1999", Hanover

Weidner U, Forstner W. 1995. Towards automatic building extraction from high resolution digital elevation models. ISPRS Journal of Photogrammetry and Remote Sensing, 50 (4): 38 ~ 49

White D. 2000. Global grids from recursive diamond subdivisions of the surface of an octahedron or icosahedrons. Environmental Monitoring and Assessment, 64 (1): 93 ~ 103

Yang X H. 2000. Accuracy of rational function approximation in photogrammetry//ASPRS 2000 Annual Conference Proceedings, Washington D. C.

Yang X H. 2001. Piece-wise linear rational function approximation in digital photogrammetry//ASPRS 2001 Annual Conference Proceedings, St Louis

Yocky D A. 1995. Image merging and data fusion by means of the discrete two dimensional wavelet transform. Journal of the Optical Society of America A | Optics, Image Science and Vision, 12 (9): 1834 ~ 1841

Yuan G Leclerc Y G, Lau S. 1994. Terravision: A Terrain Visulization System Technical Note 540, SRI International, Menlo Park, CA

Zhou Y, Shekhar S, Coyle M. 1994. Disk allocation methods for parallelizing grid files//Proceedings of the International Conference on Data Engineerin, Houston

